알기 쉬운 기계공학 기초

Fundamentals of Mechanical Engineering

유주식 지음

KM 경문사

PREFACE 머리말

이 책은 기계공학의 5개 기초 과목인 정역학, 동역학, 재료역학(고체역학), 유체역학, 열역학의 기본적인 내용을 간결하게 정리하여 쉽게 이해하도록 설명하였다. 이 책을 쓴 목적은 기계공학 관련 학과에 입학한 신입생들에게는 이후의 전공과목 공부에 필요한 기초 이론을 파악하게 하고, 고학년 학생에게는 기계공학 이론과목의 내용을 전체적으로 복습하는 데 도움이 되도록 하는 것이다.

이 책에서는 각 과목의 주요 내용을 기본적인 예제와 함께 제시하였고, 기초 개념을 파악할 수 있도록 충분한 양의 연습 문제와 정답을 수록하였다. 특히 공무원 임용시험에 출제된 문제를 많이 수록하여 각종 시험 준비에도 도움이 되게 하였다.

아무쪼록 이 책을 통하여 기계공학의 기초 이론을 전체적으로 파악하게 되길 바라는 바이다. 끝으로 책의 출판에 도움을 주신 도서출판 경문사 관계자분들께 감사드린다.

2022년 4월

유 주 식

CONTENTS 차례

제1장 서론

제2장 정역학

제3장 동역학

제4장 재료역학

제5장 열역학

제6장 유체역학

제1장

서론

1.1 기계공학

1.2 차원과 단위

1.3 일과 동력

1.4 에너지

1.5 단위 연산

1.1 기계공학

우리는 일상생활에서 많은 종류의 기계를 이용하고, 기계에 의해 만들어진 많은 물건들을 사용하고 있다. 기계는 인간의 생활을 편리하게 하는 수단으로 이용되며 문명이 발달함에 따라 다양한 기계가 발명되어 나타나기도 하지만 불필요한 기계는 사라지기도 한다. 인간이 도구를 만들어 사용하기 시작한 이후에 만들어진 각종 기계는 인간의 생활에 있어서 없어서는 안 될 꼭 필요한 생활 수단이 되어 있다.

1 기계의 정의

기계에 대한 정의를 분명하게 하기는 어렵지만 기계운동학의 체계를 확립한 19세기의 프란츠 루울로오(Franz Realeaux)는 그의 저서 "The Kinematics of Machinery(1829)"에서 기계를 다음과 같이 정의하였다.

"기계란 저항력이 있는 물체들의 조합체이고, 이들 각 부분은 어떤 일정한 관계에 따라 한정된 운동을 하며, 외부로부터 에너지를 받아서 우리들이 요구하는 유용한 일로 변환시킨다."

현재에도 이 정의가 가장 적절한 것으로 인정되고 있는데 이 정의를 살펴보면 기계에서 크게 중요한 물리량은 '저항력(힘)과 운동' 및 '에너지와 일'이란 것을 알 수 있다. 즉, 기계공학은 자연계에 존재하는 각종 물질을 이용하여 이와 같은 기계 또는 장치를 제조하는 학문적 체계를 의미한다. 갈수록 학문이 다양해지고 복합적으로 나타남에 따라 각 학문 간의 경계가 불분명하지만 기계공학의 근간은 '힘과 에너지'라는 것은 분명하고, 이것을 한 단어로 줄여 말하면 '역학'이다.

2 기계공학의 분야

많은 공학 분야 중에서도 특히 기계공학의 범위가 광범위하고, 기계공학 내에서도 각 영역의 경계가 명확하지는 않지만 기계공학은 크게 다음 세 분야로 구분할 수 있다.

[1] 재료에 관한 분야

(1) 고체 재료의 강도와 변형(정역학, 재료역학/고체역학)

(2) 기체의 상태 변화/에너지 변환(열역학)
(3) 유체의 운동(유체역학)
(4) 재료 사이의 열에너지 이동(열전달)

[2] 가공 및 제조법에 관한 분야

(1) 기계의 고안(기구학 : 힘에 의한 재료 변형을 고려하지 않고 기계요소의 상호 운동을 다룬다.)
(2) 기계의 운동과 힘의 전달(기계역학)
(3) 기계 부품 가공 및 제작(기계공작법)

[3] 설계와 제조공정

(1) 기계요소설계 및 기계설계
(2) 기계 제어 및 자동화(자동제어)
(3) 전자 기계
(4) 전체 시스템 계획

이상에서 언급한 기계공학의 여러 분야에 대한 대학에서의 관련 과목은 아주 다양하며, 각 대학에서 상황에 맞는 커리큘럼을 독자적으로 운영하고 있다.

3 기계공학의 이론적 기초 – 역학

거의 모든 기계공학과에서 기본적으로 배우는 과목은 '정역학, 동역학, 재료역학(고체역학), 열역학, 유체역학'이고, 이들 역학 과목은 다른 모든 과목의 이론적 기초가 된다.

기계공학을 뜻하는 "Mechanical Engineering"에서 "Mechanical"은 역학적이란 말을 나타낸다. 즉 기계공학은 '역학'에 중점을 두고, 이를 응용하여 각종 기계를 설계제작하고 성능을 연구하는 학문이라 할 수 있다. 예를 들어 자동차공학, 내연기관, 원동기, 열동력 등의 주된 이론적 기초는 '열역학'이고, 기계설계, 자동차설계, 조선공학, 선박설계 등의 기초는 '재료역학과 유체역학'이라 할 수 있다. 한편 정역학은 재료역학과 유체 정역학 등의 기초가 되고, 동역학은 운동이 관련된 많은 과목의 기초가 된다. 물론 이들 과목 외에 '기구학, 열전달, 제어' 등에 대한 이론이 요구되기도 하고, 많은 경우에 있어서 여러 과목들의 내용이 복합적으로 나타나지만, 간결하게 줄여서 기계공학의 근간을 이루는 것은 언급한 5가지 역학 과목이라 할 수 있다. 이 책에서는 이들 과목에 대한 기초 이론을 습득하여 기계공학의 기초를 다지게 한다.

1.2 차원과 단위

물리량의 성질을 표현하기 위해 사용되는 변수를 차원(dimension)이라 한다. 단위(unit)는 인위적으로 정한 크기를 기준으로 차원을 표현하기 위해 사용되는 것을 말하며, 여러 가지로 표현될 수 있다. 예를 들어 길이의 차원은 하나이지만, 길이의 단위에는 mm, cm, m, 자, 척, inch, feet 등 여러 가지가 있다. 따라서 인위적으로 정한 크기는 기준에 따라 다를 수가 있으므로 각 나라마다 사용하는 단위가 다양하게 나타나는데 최근에는 국제적으로 공인된 SI 단위(International System of Unit)를 많이 사용하는 추세에 있다.

1 SI 단위

SI 단위는 국제표준화기구(국제 도량형 총회)에서 단위를 통일하여 국제적으로 통용되도록 채택한 단위를 말한다. SI 단위에는 7개의 기본 단위[표 1.2.1]과 2개의 보조 단위[표 1.2.2]가 있다.

[표 1.2.1] SI 기본 단위

기본량(차원)	기호	명칭	기본량(차원)	기호	명칭
질량	kg	킬로그램	물질량	mol	몰
길이	m	미터	전류	A	암페어
시간	s	초	광도	cd	칸델라
온도	K	켈빈			

[표 1.2.2] SI 보조 단위

기본량	기호	명칭
평면각	rad	라디안(radian)
입체각	sr	스테라디안(steradian)

† 각(평면각과 입체각)은 차원이 없는 무차원량이다.

2 절대단위계와 중력단위계

[1] 절대단위계(MLT 계)

기준량으로 질량(M), 길이(L), 시간(T)을 잡고 이들을 기본으로 하여 다른 단위를 나타내는 것이다.

[2] 중력단위계(FLT 계)

기준량으로 힘(F), 길이(L), 시간(T)을 잡고 이들을 기본으로 하여 다른 단위를 나타내는 것이다.

예를 들어 질량을 M, 길이를 L, 시간을 T로 하여 속도(v), 가속도(a), 밀도(ρ)의 차원을 절대단위계로 나타내면 다음과 같다.

$$[v] = \left[\frac{\text{거리}}{\text{시간}}\right] = \frac{L}{T} = LT^{-1}$$

$$[a] = \left[\frac{\text{속도 변화}}{\text{시간}}\right] = \left[\frac{\text{속도}}{\text{시간}}\right] = \frac{L/T}{T} = LT^{-2}$$

$$[\rho] = \left[\frac{\text{질량}}{\text{부피}}\right] = \frac{M}{L^3} = ML^{-3}$$

[3] 단위계 변환

뉴턴 운동법칙으로부터 질량(m)과 힘(F)의 관계를 구하여 단위계를 서로 변환할 수 있다.

질량이 일정한 경우에 대해 뉴턴 운동법칙을 간단하게 쓰면

$$F = ma$$

이다. 여기에서 힘의 차원 $[F]$는 다음과 같다.

$$[F] = [ma] = [m][a] = MLT^{-2}$$

$$\boxed{[F] = MLT^{-2}} \qquad \cdots (1.2.1)$$

그리고 질량(m) 대신에 힘 F를 기본량으로 취하면 질량의 차원 $[m]$은

$$[m] = FL^{-1}T^2 \qquad \cdots (1.2.2)$$

이 된다. 식 (1.2.1)을 이용하면 중력단위계를 절대단위계로 바꿀 수 있고, 식 (1.2.2)를 이용하면 절대단위계를 중력단위계로 바꿀 수 있다.

[표 1.2.3]에 기계공학에서 주로 사용되는 기본차원을 나타내었다. 특히 역학이 주가 되는 기계공학에서 나타나는 거의 모든 물리량들의 차원은 질량(M), 길이(L), 시간(T)의 조합으로 표현된다.

[표 1.2.3] 기본차원과 SI 단위

물리량	차원	SI 단위	물리량	차원	SI 단위
질량	M	kg	온도	Θ	K
길이	L	m	평면각		rad
시간	T	s			

예제 1.2.1 단위면적에 수직으로 작용하는 힘을 압력(pressure)이라 한다. 면적 A에 힘 F가 수직으로 작용할 때 압력 $P = F/A$이다. 압력의 차원을 FLT 계와 MLT 계로 나타내어라.

풀이 압력 $P = \dfrac{F}{A}$이므로 FLT 계에서 압력의 차원$[P]$은

$$[P] = \left[\frac{F}{A}\right] = \frac{[F]}{[A]} = \frac{F}{L^2} = FL^{-2}$$

이고, 힘의 차원$[F]$은

$$[F] = [ma] = [m]\,[a] = M \times \frac{L}{T^2} = MLT^{-2}$$

이므로 MLT 계에서 압력의 차원$[P]$은 다음과 같다.

$$[P] = \frac{F}{L^2} = \frac{ML/T^2}{L^2} = \frac{M}{LT^2} = ML^{-1}T^{-2}$$

예제 1.2.2 질량 m, 속도 v인 물체의 운동량 $p=mv$이다. 운동량(p)의 차원을 FLT계로 나타내어라.

풀이 속도 v의 차원은 $[v]=\frac{L}{T}$이고 $[m]=FL^{-1}T^2$이므로 FLT계에서 운동량의 차원$[p]$은 다음과 같다.

$$[p]=[mv]=[m][v]=M\times\frac{L}{T}=(FL^{-1}T^2)\times\frac{L}{T}=FT$$

3 역학에 관한 단위계

[1] MKS 단위계(SI 단위계)

길이 [m], 질량 [kg], 시간 [s]을 기본단위로 하는 단위계이다. 여기에서 힘의 단위는 N(Newton), 압력은 Pa(Pascal), 일과 에너지는 J(Joule), 동력(일률)은 W(Watt)이고 각 단위의 정의는 다음과 같다.

(1) 1N : 1kg의 물체에 1m/s^2의 가속도를 내게 하는 힘

$$1\text{N}=1\text{kg}\cdot\text{m/s}^2 \qquad \cdots (1.2.3)$$

(2) 1J : 1N의 힘을 작용하여 1m 이동했을 때 한 일

$$1\text{J}=1\text{N}\cdot\text{m} \qquad \cdots (1.2.4)$$

(3) 1Pa : 1N의 힘이 1m^2에 수직으로 작용할 때의 압력

$$1\text{Pa}=1\text{N/m}^2 \quad (1\text{bar}=10^5\text{Pa}) \qquad \cdots (1.2.5)$$

(4) 1W : 1초에 1J의 일을 할 때의 일률

$$1\text{W}=1\text{J/s}=1\text{N}\cdot\text{m/s} \qquad \cdots (1.2.6)$$

[2] CGS 단위계

길이 [cm], 질량 [g], 시간 [s]을 기본단위로 하는 단위계이다. 여기에서 힘의 단위는

dyne, 일의 단위는 erg이고 각 단위의 정의는 다음과 같다.

(1) 1dyne : 1g의 물체에 $1cm/s^2$의 가속도를 일으키는 힘

$$1dyne = 1g \cdot cm/s^2 \quad (1N = 10^5 dyne) \quad \cdots (1.2.7)$$

(2) 1erg : 1dyne의 힘을 작용하여 1cm 이동했을 때 한 일

$$1erg = 1dyne \cdot cm \quad (1J = 10^7 erg) \quad \cdots (1.2.8)$$

일반적으로 기계공학의 주요 과목(정역학, 동역학, 재료역학, 유체역학, 열역학, 기계설계, 기계공작법 등)에서 나타나는 물리량들(힘, 토크, 속력, 일, 동력, 응력, 압력, 열량 등)은 비교적 큰 값을 가지므로 SI 단위계가 주로 사용되며 CGS 단위계는 거의 사용되지 않는다. 그러나 미소 물리량들을 취급할 때는 CGS 단위계를 사용하는 것이 편리하다.

[3] 중력 단위계

길이 [m], 시간 [s]과 힘의 단위 kgf를 사용한다. 1kgf는 질량 1kg의 물체에 작용하는 중력(1kg의 무게)로 정의된다.

$$1kgf = 9.80665N \quad \cdots (1.2.9a)$$

질량 1kg의 무게(W)는 다음과 같다.

$$W = mg = 1kg \times 9.80665m/s^2 = 9.80665kg \cdot m/s^2 = 9.80665N$$

일반적으로 중력가속도의 값을 $g = 9.8m/s^2$으로 하고 1kgf = 9.8N으로 한다. 한편 1gf는 1g(그램)의 무게를 나타낸다.

$$1gf = 1g \times 980cm/s^2 = 980dyne \quad \cdots (1.2.9b)$$

각종 시험문제에서는 계산상의 편의를 위해 $g = 10m/s^2$으로 주기도 한다. 이때는 1kgf = 10N이 되며, 물의 비중량 $\gamma_w = 1000kgf/m^3 = 10000N/m^3$이 된다.

[Note] 토목, 건축 분야에서는 취급하는 무게가 크므로 다음과 같이 정의되는 tonf 또는

tf를 많이 사용한다.

$$1\text{tonf} = 1\text{tf} = 1000\text{kgf}$$

1ton=1t=1000kg이다. 무게를 나타낼 때 f를 생략하고 1000kgf를 1ton 또는 1t로 나타내기도 한다.

예제 1.2.3 SI단위계에서 1J의 일은 CGS단위계에서 몇 erg인가?

풀이 SI 단위에서 힘과 거리를 CGS단위로 표현하면

$$1\text{N} = 10^5\,\text{dyne},\ 1\text{m} = 10^2\,\text{cm}$$

이므로 1J의 일을 CGS단위계의 erg로 나타내면 다음과 같다.

$$1\text{J} = 1\text{N} \cdot \text{m} = 10^5\,\text{dyne} \cdot 100\text{cm} = 10^7\,\text{erg}$$

예제 1.2.4 중력단위계에서 40 kgf의 힘은 SI단위계에서 몇 N인가?

풀이 $F = 40\text{kgf} = 40\text{kg} \times g = 40\text{kg} \times 9.8\text{m/s}^2 = 392\text{kg} \cdot \text{m/s}^2 = 392\,\text{N}$

예제 1.2.5 압력 10 kgf/cm^{2}은 몇 kPa인가?

풀이 SI단위계에서 압력 $1\text{Pa} = 1\text{N/m}^2$이고, $1\text{kgf} = 9.8\text{N}$, $1\text{cm} = 10^{-2}\text{m}$이므로

$$10\frac{\text{kgf}}{\text{cm}^2} = 10 \times \frac{9.8\text{N}}{(10^{-2}\text{m})^2} = 9.8 \times 10^5\frac{\text{N}}{\text{m}^2} = 9.8 \times 10^5\,[\text{Pa}] = 980\,[\text{kPa}]$$

이다. 여기에서 $1\text{kPa} = 10^3\,\text{Pa}$이다.

예제 1.2.6 단위면적에 수직으로 작용하는 힘을 압력이라 한다. 면적 A에 힘 F가 수직으로 작용할 때 압력 $P = F/A$이다. 10 cm^{2}의 면적에 40N의 힘이 수직으로 가해지면 면적에 작용하는 압력은 몇 kPa인가?

풀이 면적 $A = 10\,\text{cm}^2$, 힘 $F = 40\text{N}$이므로 압력은 다음과 같다.

$$P = \frac{F}{A} = \frac{40\text{N}}{10\text{cm}^2} = 4 \times \frac{\text{N}}{(10^{-2}\text{m})^2} = 4 \times 10^4\frac{\text{N}}{\text{m}^2} = 4 \times 10^4\,[\text{Pa}] = 40\,[\text{kPa}]$$

SI 단위계(Standard International unit)는 각국에서 사용하던 단위계를 표준화시키기 위하여 만든 것이다. [표 1.2.4]에 기계공학의 역학에서 많이 사용하는 기본 단위를 요약하여 나타내었다.

[표 1.2.4] 역학의 기본 단위

물리량	MKS (SI)		CGS	
	기호	이름	기호	이름
질량	kg	킬로그램	g	그램
길이	m	미터	cm	센티미터
시간	s	초	s	초
열역학 온도	K	켈빈	K	켈빈
평면각	rad	라디안	rad	라디안
전류	A	암페어	A	암페어
힘	N	뉴턴	dyne	다인
압력, 응력	Pa (N/m^2)	파스칼	$dyne/cm^2$	
일, 에너지	J	줄	erg	에르그
일률, 동력	W	와트	erg/s	

[표 1.2.5]는 SI 단위계에서 사용하는 접두사이다. 그리고 [부록]에 기계공학에서 많이 나타나는 물리량들의 차원과 SI 단위를 종합적으로 나타내었다. 역학을 공부할 때 나타나는 각종 물리량들의 차원과 단위를 잘 알아두도록 한다. 단위를 안다는 것은 그 물리량을 안다는 것과 같은 말이다.

[표 1.2.5] SI 단위의 접두사

곱해지는 수	명칭	기호	곱해지는 수	명칭	기호
10^{12}	tera	T	10^{-3}	milli	m
10^{9}	giga	G	10^{-6}	micro	μ
10^{6}	mega	M	10^{-9}	nano	n
10^{3}	kilo	k	10^{-12}	pico	p
10^{-2}	centi	c			

예 $2\,\mathrm{km} = 2 \times 10^3\ \mathrm{m}$; $4\ \mathrm{MPa} = 4 \times 10^6\ \mathrm{Pa}$; $8\,\mathrm{mm} = 8 \times 10^{-3}\mathrm{m}$.

공학에서는 대부분 문자를 사용하여 현상을 해석하지만 실제의 물리량은 모두 단위를 가지고 있다. 특히 역학에서는 차원이 다른 여러 가지 물리량들이 여러 종류의 단위(mm, cm, km, mm^2, cm^2, dyne, N, kN, kgf, Pa, MPa, GPa, W, PS, ...)로 표현되므로 단위를 잘 알아야 한다. 문자변수로 표현된 결과 식을 알아도(예를 들어 $v = \sqrt{2gh}$, $\Delta L = \dfrac{PL}{AE}$, $H = \dfrac{4\sigma \cos\beta}{\gamma D}$, ...) 단위 환산을 잘못하여 틀리는 경우가 많으므로 단위에 대한 개념을 확실하게 파악해 두도록 한다.

1.3 일과 동력

1 일(work)

[그림 1.3.1]과 같이 힘 F[N]이 물체에 작용하여 힘(F)의 방향으로 s[m]만큼 이동하였을 때 힘 F가 물체에 대하여 한 일 W[J]은 다음과 같다.

$$W = Fs \quad \cdots (1.3.1)$$

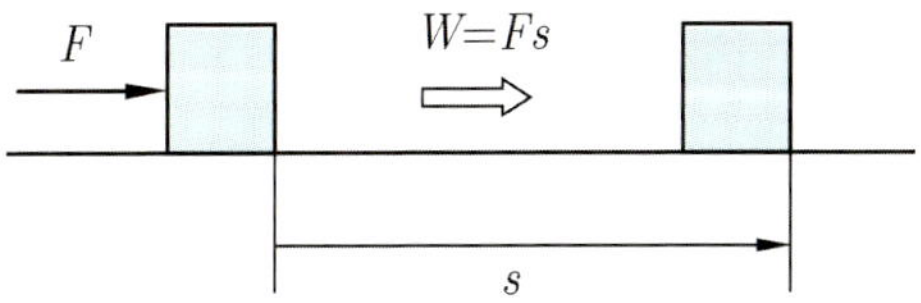

[그림 1.3.1]

1 N의 힘을 작용하여 힘의 방향으로 1 m 이동하였을 때 한 일의 양을 1 J (Joule)이라 한다.

$$1\,\text{J} = 1\,\text{N} \cdot \text{m} = 1\,\text{kg} \cdot \text{m}^2/\text{s}^2 \quad \cdots (1.3.2)$$

일반적인 일의 정의는 다음과 같다.

$$W = \int \vec{F} \cdot \vec{ds} \quad \cdots (1.3.3)$$

[그림 1.3.2]와 같이 일정한 힘 $\vec{F}$의 방향과 이동 거리 $\vec{s}$의 방향이 θ의 각을 이루면 $W = Fs\cos\theta$이다.

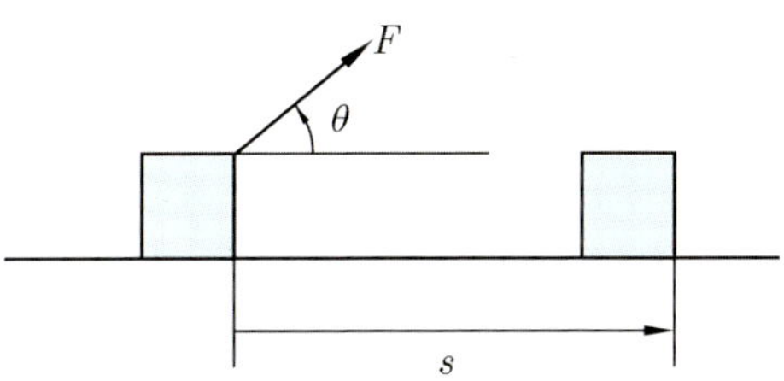

[그림 1.3.2]

[Note] 어떤 사람이 50kg의 물건을 지고 수평방향으로 10km를 걸어갔을 때 한 일의 양은 얼마일까? 상당히 무거운 짐을 지고 꽤 먼 거리를 힘들게 걸어갔으므로 많은 일을 했다고 생각이 든다. 그런데 공학(자연과학)의 관점에서 보면 이 사람이 한 일의 양은 0(zero)이다. 왜냐하면 힘의 방향과 걸어간 거리의 방향이 직각이므로 $W = Fs\cos 90° = 0$이기 때문이다. 일상생활에서 사용하는 일이란 용어와 공학(자연과학)에서 사용하는 일이란 용어의 개념은 조금 다르다.

예제 1.3.1 수평면에 놓인 물체에 수평방향으로 $20\,N$의 힘을 가하여 수평방향으로 $4m$의 거리를 이동하였을 때 물체에 한 일[J]을 구하여라.

풀이 물체에 작용하는 힘의 방향과 물체의 이동 방향이 같으므로

$$W = Fs = 20N \cdot 4m = 80N \cdot m = 80\,[J]$$

예제 1.3.2 수평면에 놓인 물체에 수평면과 $30°$의 방향으로 $10\,N$의 힘을 가하여 수평방향으로 $5m$의 거리를 이동하였을 때 물체에 한 일(J)을 구하여라.

풀이 물체에 작용하는 힘의 방향과 물체의 이동 방향이 $\theta = 30°$의 각을 이루므로

$$W = Fs\cos\theta = 10N \cdot 5m \cdot \cos 30° = 25\sqrt{3}\,N \cdot m = 25\sqrt{3}\,[J]$$

2 동력(power)

단위 시간 동안에 한 일의 양을 동력(power, 일률)이라 한다. 시간 t 동안에 한 일의 양이 W이면 동력 P는 다음과 같다.

$$P = \frac{W}{t} \quad \cdots (1.3.4)$$

속도 v로 운동하는 물체에 같은 방향으로 F의 힘이 작용할 때 동력(P)은 다음과 같다.

$$P = Fv \quad \cdots (1.3.5)$$

설명 ○ 동력 $P = \frac{W}{t} = \frac{Fs}{t} = F \times \left(\frac{s}{t}\right) = Fv$

예제 1.3.3 주행 방향으로 2kN의 힘을 받고 시속 90km로 달리는 자동차의 동력은 몇 kW인가?

풀이 자동차가 받는 힘 $F=2\text{kN}$이고 자동차의 속도(v)는

$$v = 90\frac{\text{km}}{\text{hr}} = 90 \times \frac{1000\text{m}}{3600\text{s}} = 25\,[\text{m/s}]$$

이므로 자동차의 동력(P)은 다음과 같다.

$$P = Fv = 2\text{kN} \times 25\frac{\text{m}}{\text{s}} = 50\frac{\text{kN} \cdot \text{m}}{\text{s}} = 50\,[\text{kW}]$$

3 동력의 단위

공학에서 자주 나타나는 중요한 물리량 중의 하나는 동력(일률, power)이며 일반적으로 많이 사용하는 동력의 단위에는 kW와 마력[PS]이 있다.

$$1\,\text{kW} = 1000\left(\frac{\text{N} \cdot \text{m}}{\text{s}}\right) = 102\left(\frac{\text{kgf} \cdot \text{m}}{\text{s}}\right) \quad \cdots (1.3.6)$$

$$1\,\text{PS} = 75\left(\frac{\text{kgf} \cdot \text{m}}{\text{s}}\right) = 735.5\,\text{W} \quad \cdots (1.3.7)$$

설명
- ○ $1\,\text{kgf} = 9.80665\,\text{N}$
- ○ $1\,\text{kW} = 1000\text{N} \cdot \frac{\text{m}}{\text{s}} = 1000 \times \frac{\text{kgf}}{9.80665} \cdot \frac{\text{m}}{\text{s}} = 102\,\text{kgf} \cdot \frac{\text{m}}{\text{s}}$
- ○ $1\,\text{PS} = \frac{75\,\text{kgf} \cdot \text{m}}{\text{s}} = \frac{75 \times 9.80665\text{N} \cdot \text{m}}{\text{s}} = 735.5\frac{\text{N} \cdot \text{m}}{\text{s}} = 735.5\frac{\text{J}}{\text{s}} = 735.5\,\text{W}$

예제 1.3.4 600kgf의 힘을 받고 힘과 같은 방향으로 5m/s의 속도로 운동하는 물체가 가지고 있는 동력은 몇 PS인가? 또 이것은 몇 kW인가?

풀이 힘 $F = 600\text{kgf}$, 속도 $v = 5\,\text{m/s}$이다. $1\,\text{PS} = 75\left(\dfrac{\text{kgf}\cdot\text{m}}{\text{s}}\right)$이므로 동력[PS]은 다음과 같다.

$$P = Fv = (600\text{kgf})\times\left(5\frac{\text{m}}{\text{s}}\right) = 3000\left(\frac{\text{kgf}\cdot\text{m}}{\text{s}}\right)$$
$$= 3000\times\frac{1}{75}[\text{PS}] = 40[\text{PS}]$$

그리고 $1\,\text{kgf} = 9.8\text{N}$, $1\,\text{W} = 1\left(\dfrac{\text{N}\cdot\text{m}}{\text{s}}\right)$이므로 동력[kW]은 다음과 같다.

$$P = Fv = (600\text{kgf})\times\left(5\frac{\text{m}}{\text{s}}\right) = (600\times 9.8\text{N})\times\left(5\frac{\text{m}}{\text{s}}\right)$$
$$= 29{,}400\left(\frac{\text{N}\cdot\text{m}}{\text{s}}\right) = 29{,}400[\text{W}]$$
$$= 29{,}400\times\frac{1}{1000}[\text{kW}] = 29.4[\text{kW}]$$

1.4 에너지

일을 할 수 있는 능력을 에너지라 하며, 그 저장 형태에 따라 역학적 에너지, 전기 에너지, 원자력 에너지 등이 있다.

에너지의 단위는 일의 단위[J]와 같고, 에너지의 종류에 따라 cal(열에너지), Wh(와트시, 전기에너지), eV(원자력에너지) 등을 사용한다. J와 cal, Wh, eV의 관계는 다음과 같다.

$$1\,\text{cal} = 4.18681\,\text{J},\ 1\,\text{Wh} = 3600\,\text{J},\ 1\,\text{eV} = 1.60217733 \times 10^{-19}\,\text{J}$$

그 외에 화학 에너지(석탄, 석유 등의 화석연료나 전지 또는 음식물 등의 물질에 저장되어 있는 에너지), 파동 에너지(파동에 의해 전달되는 에너지), 빛 에너지(태양이나 전구 등이 가지고 있는 에너지) 등의 여러 종류가 있다. 열역학에서 많이 취급하는 열기관에서는 '역학적 에너지'와 '열에너지'를 주로 고려한다.

태양 에너지는 대부분의 에너지의 근원이다. 태양 에너지가 근원이 아닌 에너지에는 지열 에너지, 핵에너지 등이 있다.

예제 1.4.1 에너지의 차원을 MLT계로 나타내어라.

풀이 에너지(E)의 차원은 일(W)의 차원과 같다.

$$[E] = [W] = [Fs] = [ma][s] = \left[M \times \frac{L}{T^2}\right] \times L = ML^2T^{-2}$$

1 운동에너지

운동하는 물체가 가지고 있는 일을 할 수 있는 능력을 운동 에너지(kinetic energy)라 하며, 속도 v로 운동하고 있는 질량 m인 물체의 운동 에너지 E_k는 다음과 같다.

$$E_k = \frac{1}{2}mv^2 \qquad \cdots (1.4.1)$$

2 중력에 의한 위치에너지

힘을 받는 공간에서 물체의 위치를 바꾸게 되면 그 물체의 일을 할 수 있는 능력이 증가하거나 감소하게 된다. 이와 같이 위치에 따라 발생하는 일을 할 수 있는 능력을 위치에너지(potential energy)라 한다. 위치에너지는 물체를 기준 위치로부터 그 지점까지 옮기는 데 필요한 일의 양과 같다. 기준 위치를 지면으로 할 때 지면으로부터 높이 h에 있는 질량 m인 물체의 중력에 의한 위치에너지는 다음과 같다.

$$E_p = mgh \quad (g\text{는 중력가속도}) \qquad \cdots (1.4.2)$$

3 역학적 에너지 보존법칙

중력에 의한 위치에너지와 운동에너지를 합하여 역학적 에너지(기계적 에너지)라 한다. 중력장에서 운동하는 물체의 위치가 변할 때 운동에너지와 위치에너지는 서로 전환된다. 예를 들어 물체가 낙하할 때는 위치에너지가 감소하고 운동에너지가 증가하는데, 이때 감소한 위치에너지 양과 증가한 운동에너지 양은 같다. 이와 반대로 물체가 위로 올라갈 때는 감소한 운동에너지 양만큼 위치에너지가 증가한다.

일반적으로 마찰에 의한 손실을 무시할 때 물체의 운동 상태가 변하면 물체가 가지고 있는 위치에너지와 운동에너지가 서로 전환되지만 그 전체의 양, 즉 역학적 에너지는 항상 일정하게 보존된다. 이것을 역학적 에너지 보존법칙이라 한다.

$$E_k + E_p = \frac{1}{2}mv^2 + mgh = \text{일정} \qquad \cdots (1.4,3)$$

$$\frac{1}{2}mv_1^2 + mgh_1 = \frac{1}{2}mv_2^2 + mgh_2 \qquad \cdots (1.4.4)$$

즉, 처음의 (운동에너지+위치에너지)는 나중의 (운동에너지+위치에너지)와 같다.

4 스프링의 탄성 변형 에너지

스프링 상수 k[N/mm]인 스프링에서 δ[mm]의 변형이 생겼을 때 스프링에 발생하는 하중은

$$P = k\delta \quad \cdots (1.4.5)$$

이고, 스프링의 탄성 변형 에너지(U)는 다음과 같다.

$$U = \frac{P\delta}{2} = \frac{P^2}{2k} = \frac{1}{2}k\delta^2 \quad \cdots (1.4.6)$$

예제 1.4.2 [그림 1.4.1]과 같이 높이 H인 곳에서 물체를 자유 낙하시켰다. 낙하하는 물체가 높이 $\frac{H}{2}$를 지날 때의 속도 v_1과 지면에 도달하기 직전의 속도 v_2를 구하여라. 중력가속도는 g이다.

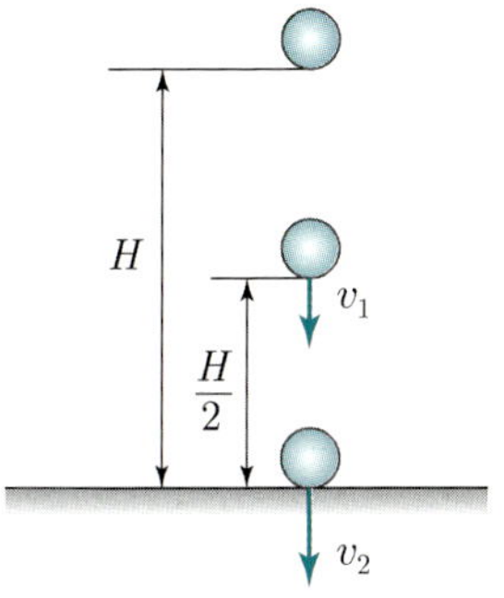

[그림 1.4.1]

풀이 물체를 자유 낙하시켰으므로 초기 속도 $v_0 = 0$이다. 따라서 지면을 위치에너지가 0인 기준면으로 잡으면 질량 m인 물체가 가지고 있는 역학적 에너지는 mgH가 된다. 이때 지면으로부터 높이 h인 점에서 물체의 속도가 v이면 역학적 에너지 보존법칙으로부터 다음 관계식을 얻는다.

$$\frac{1}{2}mv^2 + mgh = mgH$$

$$\therefore \quad v = \sqrt{2g(H-h)}$$

(1) 낙하하는 물체가 높이 $\frac{H}{2}$를 지날 때 속도 v_1 : $h_1 = \frac{H}{2}$일 때이므로

$$v_1 = \sqrt{2g(H-h_1)} = \sqrt{2g\left(H - \frac{H}{2}\right)} = \sqrt{gH}$$

(2) 지면에 도달하기 직전의 속도 v_2 : $h_2 = 0$일 때이므로

$$v_2 = \sqrt{2g(H - h_2)} = \sqrt{2g(H - 0)} = \sqrt{2gH}$$

예제 1.4.3 지면으로부터 높이 H인 곳에서 물체를 자유 낙하시킬 때 이 물체의 위치에너지가 운동에너지의 4배가 되는 곳의 높이를 구하여라.

풀이 지면을 위치에너지가 0인 기준면으로 잡으면 질량 m인 물체가 가지고 있는 역학적 에너지는 mgH이다. 구하는 높이를 h라 하면 이 지점의 위치에너지 $E_p = mgh$이다. 여기에서 위치에너지가 운동에너지(E_k)의 4배가 되므로

$$E_p = 4E_k$$

$$\therefore \ E_k = \frac{1}{4}E_p = \frac{1}{4}mgh$$

이고, 위 두 식을 역학적 에너지 보존법칙

$$E_k + E_p = mgH$$

에 대입하면 구하는 높이(h)가 얻어진다.

$$\frac{1}{4}mgh + mgh = mgH$$

$$\therefore \ h = \frac{4}{5}H$$

1.5 단위 연산

차원이 있는 물리량을 계산할 때 단위 연산을 하는 경우, 단위를 문자와 같이 취급하여 연산한다.

예제 1.5.1 높이 $h=1960\text{cm}$에서 자유낙하한 공이 지면에 떨어졌을 때 공의 속력은 몇 m/s인가? 중력가속도 $g=9.8\text{m/s}^2$이다.

풀이 지면에 떨어졌을 때 공의 처음 위치에너지(mgh)가 전부 운동에너지($mv^2/2$)로 바뀌므로

$$mgh=\frac{1}{2}mv^2$$

$$\begin{aligned}\therefore\ v=\sqrt{2gh}&=\sqrt{2\times9.8\frac{\text{m}}{\text{s}^2}\times1960\text{cm}}=\sqrt{2\times9.8\frac{\text{m}}{\text{s}^2}\times19.6\text{m}}\\&=\sqrt{(19.6)^2\times\frac{\text{m}^2}{\text{s}^2}}=19.6\sqrt{\left(\frac{\text{m}}{\text{s}}\right)^2}\\&=19.6[\text{m/s}]\end{aligned}$$

예제 1.5.2 지면에서 똑바로 위로 $v=980\text{cm/s}$ 의 속력으로 쏘아올린 공이 올라갈 수 있는 최고높이는 몇 m인가? 중력가속도 $g=9.8\text{m/s}^2$이다.

풀이 최고점에서 공의 초기 운동에너지($\frac{1}{2}mv^2$)가 전부 위치에너지(mgh)로 바뀌므로

$$\frac{1}{2}mv^2=mgh$$

$$\therefore\ h=\frac{v^2}{2g}=\frac{\left(980\frac{\text{cm}}{\text{s}}\right)^2}{2\times9.8\frac{\text{m}}{\text{s}^2}}=\frac{\left(9.8\frac{\text{m}}{\text{s}}\right)^2}{2\times9.8\frac{\text{m}}{\text{s}^2}}=\frac{9.8^2\text{m}}{2\times9.8}=4.9\ [\text{m}]$$

예제 1.5.3 밀도 ρ, 유속 v인 유체의 동압은 $\frac{1}{2}\rho v^2$이다. 밀도와 유속이 각각 $\rho=1000\text{kg/m}^3$, $v=2\text{m/s}$일 때 유체의 동압은 몇 Pa인가?

풀이 $1\text{Pa} = 1\text{N/m}^2$, $1\text{N} = 1\text{kg} \cdot \dfrac{\text{m}}{\text{s}^2}$ 이므로 동압(Pa)은 다음과 같다.

$$p_v = \frac{\rho v^2}{2} = \frac{\left(1000\dfrac{\text{kg}}{\text{m}^3}\right) \times \left(2\dfrac{\text{m}}{\text{s}}\right)^2}{2} = 2000\frac{\text{kg}}{\text{m}^3} \times \frac{\text{m}^2}{\text{s}^2}$$
$$= 2000\left(\text{kg} \cdot \frac{\text{m}}{\text{s}^2}\right) \times \frac{1}{\text{m}^2} = 2000\frac{\text{N}}{\text{m}^2} = 2000\,[\text{Pa}]$$

위 예제들에서는 모두 단위를 직접 대입하고 단위연산과 단위 변환을 하여 원하는 단위로 환산된 값을 구하였다. 그런데 차원이 있는 물리량의 계산에서 나타나는 모든 단위를 어느 한 단위계(SI 단위계, kg, m, s, N, Pa, J, W)로 통일해 주면 복잡한 단위 연산을 하지 않아도 구하고자 하는 값을 얻을 수 있다.

예제 1.5.4 수심 h에서 물에 의한 압력 $p = \gamma h$이다. 물의 비중량과 수심이 각각 $\gamma = 9.8\text{kN/m}^3$, $h = 1\text{m}$일 때 압력은 몇 Pa인가?

풀이 (1) 단위연산 : $1\,\text{N/m}^2 = 1\text{Pa}$ 이므로

$$p = \gamma h = \left(9.8\frac{\text{kN}}{\text{m}^3}\right) \times 1\text{m} = \left(9.8 \times \frac{1000\text{N}}{\text{m}^3}\right) \times 1\text{m} = 9800\frac{\text{N}}{\text{m}^2} = 9800[\text{Pa}]$$

(2) 주어진 단위를 SI단위 m, N으로 통일하여 계산한다. SI단위계로 나타낸 비중량과 수심은

$$\gamma = 9.8\text{kN/m}^3 = 9800\text{N/m}^3,\ h = 1\text{m}$$

이므로 압력[Pa]은 다음과 같다.

$$p = \gamma h = 9800 \times 1 = 9800\,[\text{Pa}]$$

이상에서 길이와 힘을 SI단위 m, N으로 바꿔주면 단위연산을 하지 않아도 나오는 압력의 단위는 SI단위 Pa이다.

예제 1.5.5 이상기체의 상태방정식은 $PV = mRT$이다. 압력 $P = 0.9\,\text{MPa}$, 부피 $V = 4 \times 10^4\,\text{cm}^3$, 기체상수 $R = 0.3\,\text{kJ/kg} \cdot \text{K}$, 절대온도 $T = 300\,\text{K}$일 때 기체의 질량

(kg)을 구하여라.

풀이 압력(P), 부피(V), 기체상수(R), 온도(T)를 모두 SI단위로 나타내면

$$P = 0.9\,\text{MPa} = 0.9 \times 10^6\ \text{Pa} = 9 \times 10^5\,\text{Pa}$$
$$V = 4 \times 10^4\,\text{cm}^3 = 4 \times 10^4 \times (10^{-2}\text{m})^3 = 0.04\text{m}^3$$
$$R = 0.3\,\text{kJ/kg} \cdot \text{K} = 300\text{J/kg} \cdot \text{K}$$
$$T = 300\,\text{K}$$

이므로 질량[kg]은 다음과 같다.

$$m = \frac{PV}{RT} = \frac{(9 \times 10^5) \times 0.04}{300 \times 300} = 0.4[\text{kg}]$$

이상에서 P, V, R, T를 모두 SI 단위로 나타내면 단위연산을 하지 않아도 나오는 질량의 단위는 SI단위 kg이다. ◪

예제 1.5.6 체적유량 $Q = AV$이다. $Q = 40\ell/\text{s}$, 면적 $A = 0.02\text{m}^2$일 때 유속 V [m/s]를 구하여라. $1\ell = 1000\text{cc}$, $1\text{cc} = 1\text{cm}^3$이다.

풀이 체적유량 $Q = AV$에서 $V = Q/A$이므로

$$V = \frac{Q}{A} = \frac{40\ell/\text{s}}{0.02\text{m}^2} = \frac{(40 \times 1000)\text{cm}^3/\text{s}}{0.02\text{m}^2}$$
$$= \frac{(40 \times 1000) \times (10^{-2}\text{m})^3/\text{s}}{0.02\text{m}^2} = 2\frac{\text{m}^3/\text{s}}{\text{m}^2} = 2\,[\text{m/s}]$$ ◪

예제 1.5.7 안지름 $D = 20\,\text{cm}$, 동점성계수 $\nu = 1.5 \times 10^{-6}\text{m}^2/\text{s}$, 평균유속 $V = 30\,\text{m/s}$일 때 레이놀즈수 $Re = \dfrac{VD}{\nu}$를 구하여라.

풀이 SI단위로 통일해 계산한다. 안지름 $D = 20\text{cm} = 0.2\text{m}$이므로

$$Re = \frac{VD}{\nu} = \frac{30 \times 0.2}{1.5 \times 10^{-6}} = 4 \times 10^6$$

† 레이놀즈수(Re)는 무차원수(dimensionless number)이다. ◪

예제 1.5.8 피토관으로 측정한 동압이 ΔP일 때 유속 $V=\sqrt{\dfrac{2\Delta P}{\rho}}$이다. 유체의 밀도 $\rho = 1000\text{kg/m}^3$, $\Delta P = 200\,\text{kPa}$일 때 유속 V[m/s]를 구하여라.

풀이 SI단위 kg, m, Pa로 통일하여 계산한다.

$$\rho = 1000\text{kg/m}^3$$
$$\Delta P = 200\,\text{kPa} = 200 \times 10^3\,\text{Pa}$$

이므로 유속 V(m/s)은 다음과 같다.

$$V = \sqrt{\frac{2\Delta P}{\rho}} = \sqrt{\frac{2 \times (200 \times 10^3)}{1000}} = 20\,[\text{m/s}]$$

이상에서 SI단위로 통일하여 나타내면 단위연산을 하지 않아도 나오는 속도의 단위는 SI 단위 [m/s]이다. 실제로 다음과 같이 단위연산을 해보면 압력이 Pa, 밀도가 kg/m^3일 때 속도의 단위$[v]$는 [m/s]가 된다.

$$[v] = \sqrt{\frac{\text{Pa}}{\text{kg/m}^3}} = \sqrt{\frac{\text{N/m}^2}{\text{kg/m}^3}} = \sqrt{\frac{(\text{kg}\cdot\text{m/s}^2)/\text{m}^2}{\text{kg/m}^3}} = \sqrt{\frac{\text{m}^2}{\text{s}^2}} = \frac{\text{m}}{\text{s}}$$

예제 1.5.9 이상기체의 상태방정식은 $\dfrac{P}{\rho} = RT$이다. 압력 $P = 574\,\text{kPa}$, 기체상수 $R = 0.287\,\text{kJ/kg}\cdot\text{K}$, 절대온도 $T = 400\,\text{K}$일 때 기체의 밀도 $\rho[\text{kg/m}^3]$를 구하여라.

풀이 압력(P), 기체상수(R), 온도(T)를 모두 SI단위로 나타내면

$$P = 574\,\text{kPa} = 574 \times 10^3\,\text{Pa}$$
$$R = 0.287\,\text{kJ/kg}\cdot\text{K} = 287\text{J/kg}\cdot\text{K}$$
$$T = 400\,\text{K}$$

이므로 밀도$[\text{kg/m}^3]$는 다음과 같다.

$$\rho = \frac{P}{RT} = \frac{574 \times 10^3}{287 \times 400} = 5\,[\text{kg/m}^3]$$

이상에서 P, R, T를 모두 SI 단위로 나타내면 단위연산을 하지 않아도 나오는 밀도(ρ)의 단위는 SI단위 kg/m^3이다.

예제 1.5.10 비틀림 모멘트 T를 받는 축의 지름(d)은 다음 식으로 결정된다. 허용전단응력 $\tau_a = 160\text{kgf/cm}^2$, $T = 8.1\text{kgf}\cdot\text{m}$일 때 축의 지름[cm]을 구하여라. 단, $\pi = 3$으로 한다.

$$d = \sqrt[3]{\frac{16T}{\pi\tau_a}}$$

풀이 단위를 kgf, cm로 통일하여 계산한다.

$$T = 8.1\,\text{kgf}\cdot\text{m} = 8.1\,\text{kgf}\cdot 10^2\text{cm} = 810\,\text{kgf}\cdot\text{cm}$$

$$\therefore\ d = \sqrt[3]{\frac{16T}{\pi\tau_a}} = \sqrt[3]{\frac{16\times 810}{3\times 160}}\ [\text{cm}]$$

$$= \sqrt[3]{27}\ [\text{cm}] = \sqrt[3]{3^3} = 3\,[\text{cm}]$$

이상에서 $\sqrt[3]{\frac{\text{kgf}\cdot\text{cm}}{\text{kgf/cm}^2}} = \sqrt[3]{(\text{cm})^3} = \text{cm}$이다.

예제 1.5.11 코일 스프링의 처짐량(δ)은 다음 식으로 결정된다. 스프링 전체의 평균지름 $D = 32\,\text{mm}$, 축방향 하중 $P = 100\text{N}$, 처짐량 $\delta = 2\,\text{mm}$, 전단 탄성계수 $G = 80\,\text{GPa}$, 스프링의 유효 감김수 $N_a = 25$일 때 소선의 지름 d[mm]를 구하여라.

$$\delta = \frac{8N_aD^3P}{Gd^4}$$

풀이 주어진 식에서 지름(d)을 구하면 $d^4 = \frac{8N_aD^3P}{G\delta}$이다. 여기에서 단위를 N, mm로 환산하여 계산한다.

$$d^4 = \frac{8N_aD^3P}{G\delta} = \frac{8(25)\left[(2^5)^3\right](100)}{(80\times 10^3)(2)}\ [\text{mm}^4]$$

$$= \frac{25\times 2^{15}}{100\times 2}\ [\text{mm}^4]$$

$$= \frac{2^{14}}{4} = 2^{12} = \left(2^3\right)^4\ [\text{mm}^4]$$

$$\therefore\ d = 2^3 = 8\,[\text{mm}]$$

이상에서 $32=2^5$, $1\,\text{GPa}=10^3\,\text{MPa}=10^3\dfrac{\text{N}}{\text{mm}^2}$ 이다. ◪

[Note] $\text{MPa}=10^6\text{Pa}=10^6\dfrac{\text{N}}{\text{m}^2}=10^6\dfrac{\text{N}}{(10^3\text{mm})^2}=\dfrac{\text{N}}{\text{mm}^2}$ 이다. 특히 재료역학(고체역학)과 기계설계(기계요소설계)에서는 응력의 단위로 MPa을 많이 사용한다. 이때 $\text{MPa}=\dfrac{\text{N}}{\text{mm}^2}$ 이라는 것을 알아두면 편리하게 계산할 수 있다.

예제 1.5.12 양단이 고정된 초기온도 $T_0=20℃$ 의 강관에 T로 온도를 상승시켜 $\sigma=-60\text{MPa}$의 열응력이 발생하였을 때, 온도 T[℃]를 구하여라. 단, 강관의 탄성계수 $E=200\,\text{GPa}$, 선(열)팽창계수는 $1.2\times10^{-5}/℃$ 이고, 열응력(σ)은 다음 관계식을 따른다.

$$\sigma=-E\alpha(T-T_0)$$

풀이 응력의 단위를 MPa로 통일하여 계산한다.

$$\sigma=-E\alpha(T-T_0)$$

$$\therefore\ T=T_0-\frac{\sigma}{E\alpha}=20-\frac{(-60\times10^6)}{(200\times10^9)(1.2\times10^{-5})}=20+25[℃]=45[℃]$$ ◪

예제 1.5.13 속이 찬 축(중실축)이 비틀림 모멘트 T를 받고 회전하고 있을 때 축의 전달동력 H는 다음 관계식을 따른다. 축의 허용 비틀림 응력 $\tau_{\max}=50\,\text{MPa}$, 지름 $d=$ 20mm, 회전속도 $N=300$rpm일때 축의 전달 동력 H[kW]를 구하여라.

$$T=\tau_{\max}Z_p=\tau_{\max}\left(\frac{\pi d^3}{16}\right)$$

$$H=T\omega=T\times\frac{2\pi N}{60}$$

풀이 지름 $d=20\text{mm}=0.02\text{m}$ 이다. 단위를 SI단위(N, m, s)로 통일하여 계산한다. SI단위에서 동력의 단위는 $\text{W}=\dfrac{\text{N}\cdot\text{m}}{\text{s}}$ 이다.

$$H=T\omega=T\times\frac{2\pi N}{60}=\tau_{\max}\left(\frac{\pi d^3}{16}\right)\times\frac{2\pi N}{60}$$

$$= (50\times 10^6)\times\left[\frac{\pi(0.02)^3}{16}\right]\times\frac{2\pi(300)}{60}\ \text{[W]}$$
$$= 250\pi^2\,\text{[W]}$$
$$= \frac{250\pi^2}{1000}\text{[kW]} = \frac{\pi^2}{4}\text{[kW]}$$

이상에서 $\tau_{\max} = 50\,\text{MPa} = 50\times 10^6\frac{\text{N}}{\text{m}^2}$이다. rpm은 1분(60s)간의 회전수(revolution per minute)를 나타내며 각속도 ω의 단위는 $\frac{1}{\text{s}}$이다.

예제 1.5.14 회전수 N[rpm]으로 H[W]의 동력을 전달하는 축에 걸리는 토크 T[N · m]는 식 ①과 같다. 식 ①로부터 회전수가 N[rpm]이고 동력이 H_{kW}[kW]일 때 토크 T는 식 ②와 같이 표현됨을 보여라.

$$H = T\omega = T\times\frac{2\pi N}{60},\quad T = \frac{60H}{2\pi N}\ [\text{N}\cdot\text{m}] \qquad \cdots ①$$

$$T = 9.55\times 10^6\frac{H_{kW}}{N}\ [\text{N}\cdot\text{mm}]$$
$$T = 9.74\times 10^5\frac{H_{kW}}{N}\ [\text{kgf}\cdot\text{mm}] \qquad \cdots ②$$

풀이 회전수 N[rpm], 동력 H_{kW}[kW], 토크 T[N · mm]의 관계는 다음과 같이 유도된다.

$$1\,\text{kW} = 10^3\text{W} = 10^3\times\frac{\text{N}\cdot\text{m}}{\text{s}}$$
$$= 10^3\times\frac{\text{N}\cdot 10^3\text{mm}}{\text{s}} = 10^6\times\frac{\text{N}\cdot\text{mm}}{\text{s}}$$

이므로 식 ①에서

$$10^6\times H_{kW} = T\times\frac{2\pi N}{60}$$
$$\therefore\ T = \frac{60\times H_{kW}\times 10^6}{2\pi N} = 9.55\times 10^6\frac{H_{kW}}{N}\ [\text{N}\cdot\text{mm}]$$

이다. 위 식에서 1kgf = 9.8N이므로 토크의 단위를 [kgf · mm]로 나타내면 다음과 같다.

$$T = 9.55\times10^{6}\frac{H_{kW}}{N}\ [\mathrm{N\cdot mm}]$$
$$= \frac{9.55\times10^{6}}{9.8}\frac{H_{kW}}{N}\ [\mathrm{kgf\cdot mm}] = 9.74\times10^{5}\frac{H_{kW}}{N}\ [\mathrm{kgf\cdot mm}]$$

한편 동력의 단위가 마력[PS]일 때 H_{PS}[PS]와 토크 T의 관계는 다음과 같다.

$$T = 7.02\times10^{6}\frac{H_{PS}}{N}\ [\mathrm{N\cdot mm}]$$
$$T = 7.16\times10^{5}\frac{H_{PS}}{N}\ [\mathrm{kgf\cdot mm}] \quad \cdots ③$$

기계공학에서는 [예제 1.5.14]와 같이 복잡한 숫자로 표현되는 공식들이 종종 나타난다. 그런데 이들 숫자들은 대부분 기본적인 공식의 단위연산 결과에 따른 수들이다. 복잡한 숫자가 나타나는 공식을 기억하려 하지 말고 단위연산 방법을 잘 알아두도록 한다. 식 ②, ③ 모두가 기본적인 공식 $H = T\omega = T\times\frac{2\pi N}{60}$일 뿐이다. 단위에 대한 개념만 확실하게 파악하면 된다.

제1장 연습문제

E·X·E·R·C·I·S·E·S

1. 동력(일률)의 차원을 MLT계로 나타내어라.

2. 공기의 기체상수 $R = 0.287\,\text{kJ/kg}\cdot\text{K}$이다. 기체상수의 차원을 M, L, T, Θ로 나타내어라.

3. 표면장력은 단위 길이당 힘으로 정의된다. 표면장력의 차원을 MLT계와 FLT 계로 나타내어라.

4. 압력을 P, 체적을 V라 할 때 체적탄성계수는 $-V \times \dfrac{\Delta P}{\Delta V}$로 정의된다. 체적탄성계수의 차원을 MLT 계와 FLT 계로 나타내어라.

5. $40\,\text{g/cm}^3$은 몇 kg/m^3인가?

6. 100 kg의 무게는 몇 N인가?

7. $20\,\text{kgf/cm}^2$은 몇 kPa인가?

8. 체적유량 $Q = AV$이다. 유량 $Q = 500\,\text{cm}^3/\text{s}$, 면적 $A = 50\,\text{cm}^2$일 때 유속 V [m/s]를 구하여라.

9. 음속 $a = \sqrt{kRT}$이다. $k = 1.4$, $R = 0.287\,\text{kJ/kg}\cdot\text{K}$, $T = -40\,℃$일 때 음속[m/s]을 구하여라. 절대온도 $\text{K} = 273 + ℃$이다.

10. 이상기체의 상태방정식은 $PV = mRT$이다. 기체상수 $R = 0.287\,\text{kJ/kg}\cdot\text{K}$, 압력 $P = 500\,\text{kPa}$, 부피 $V = 4 \times 10^4\,\text{cm}^3$, 질량 $m = 0.2\,\text{kg}$일 때 기체의 온도는 몇 ℃인가? 절대온도 $\text{K} = 273 + ℃$이다.

11. 안지름 $D = 30\,\text{cm}$의 관 속을 평균 유속 $V = 0.2\text{m/s}$로 물이 흐르고 있을 때 레이놀즈수 $Re = \dfrac{\rho V D}{\mu}$을 구하여라. 물의 밀도 $\rho = 1000\,\text{kg/m}^3$, 점성계수 $\mu = 1.01 \times 10^{-3}\,\text{Pa} \cdot \text{s}$이다.

12. $1\,\text{cal} = 4.1868\,\text{J}$이다. $100\,\text{kJ}$의 일은 몇 kcal의 열량에 해당하는가?

13. 경사각이 $30°$인 비탈면에서 기중기를 사용하여 질량 400kg의 물체를 10cm/s의 일정속도로 끌어올리고 있다. 다음을 구하여라. 단, 마찰은 무시한다.

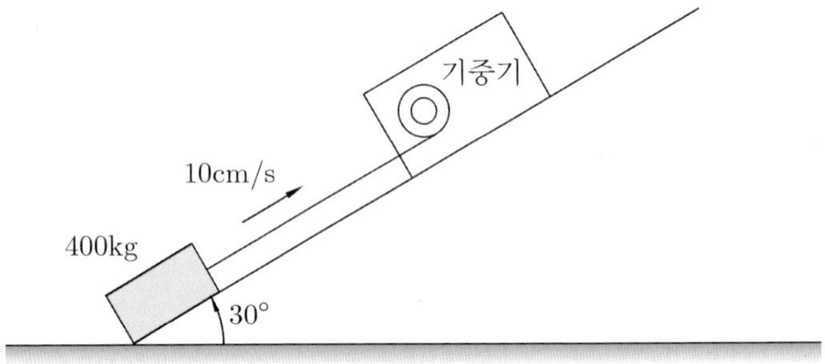

[문제 1.13]

(1) 기중기의 일률[W]
(2) 물체를 2분 동안 끌어올렸을 때 물체의 위치에너지 증가량[kJ]

14. 0.6km/min로 부는 바람에 의한 압력($\rho V^2/2$)은 몇 Pa인가? 공기의 밀도 $\rho = 1.23\text{kg/m}^3$이다.

15. 20 kg의 등산 가방을 지고 높이 1800 m 산을 올라갔을 때 한 일은 몇 kJ인가?

16. 4kg의 가방을 들고 수평 방향으로 2km 걸어갔을 때 한 일은 얼마인가?

17. 탄성계수 $E = \dfrac{PL}{A \Delta L}$이다. 길이 $L = 1.0\text{m}$, 면적 $A = 20\text{mm} \times 40\text{mm}$, 축 방향 힘 $P = 16\text{kgf}$, 늘어난 길이 $\Delta L = 1.0\text{mm}$일 때 봉의 탄성계수 E[MPa]를 구하여라. 중력가속도 $g = 10\text{m/s}^2$으로 한다.

18. 어떤 물체에 40N의 힘을 가하여 10초 동안에 힘의 방향과 같은 방향으로 12m를 이동하였다. 일률은 몇 W인가?

19. 기중기를 사용하여 질량 5000kg인 물체를 연직 상방으로 0.2m/s로 끌어올리고 있다. 기중기의 일률은 몇 kW인가?

20. 수평면 위에서 질량 10kg의 물체에 수평면과 60°의 방향으로 40N의 힘을 가하여 일정한 속력으로 20m를 이동하였다. 다음을 구하여라.

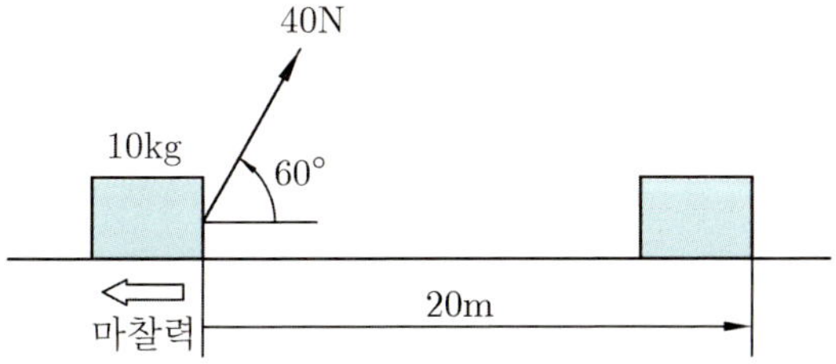

[문제 1.20]

(1) 물체를 끄는 힘이 한 일

(2) 마찰력 († $\sum F = ma$, 일정속력일 때 $a = 0$)

21. 2kW의 전동기를 40분 동안 작동하였을 때 전동기가 한 일은 몇 kJ인가?

22. 10m/s로 운동하는 질량 2kg인 물체의 운동에너지는 몇 J인가?

23. 72km/hr로 달리는 질량 400kg인 트럭의 운동에너지는 몇 kJ인가?

24. 어떤 물체를 지면으로부터 연직 위로 v_0의 속력으로 쏘아 올렸다. 이 물체의 위치에너지가 운동에너지의 3배가 되는 점에서 물체의 속력을 구하여라.

25. 질량이 40kg인 물체가 지면으로부터 100m 높이에서 낙하산에 매달려 자유낙하 하였다. 물체가 지면에 도달했을 때 속력이 10m/s이면 낙하 과정에서 손실된 물체의 역학적 에너지는 몇 kJ인가? 단, 중력가속도는 $10 m/s^2$이다.

26. 그림과 같이 마찰이 없는 경사면을 따라 미끄러져 내려오는 물체가 있다. A 지점을 통과하는 물체의 속력이 v일 때 물체가 지면 B에 도달했을 때의 속력을 구하여라. 중력가속도는 g이다.

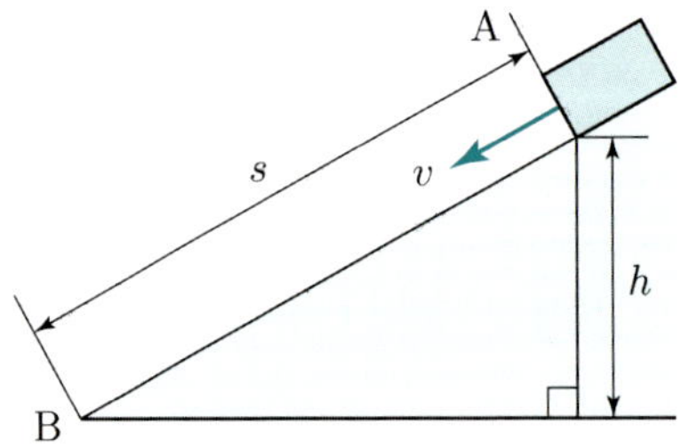

[문제 1.26]

27. 그림과 같이 질량 m인 물체 A와 질량 M인 물체 B가 팽팽하게 줄로 연결되어 있다. A는 마찰이 없는 수평면 위에 놓여 있고 B를 손으로 받치고 있다가 가만히 놓았더니 두 물체가 등가속도 운동을 하였다. 물체가 움직이기 시작하여 A가 수평으로 L만큼 이동했을 때 A의 속력을 구하라. 단, 초기 상태에서 두 물체는 정지해 있고, 도르래와 줄의 질량 및 마찰은 무시하며, 중력가속도는 g이다.

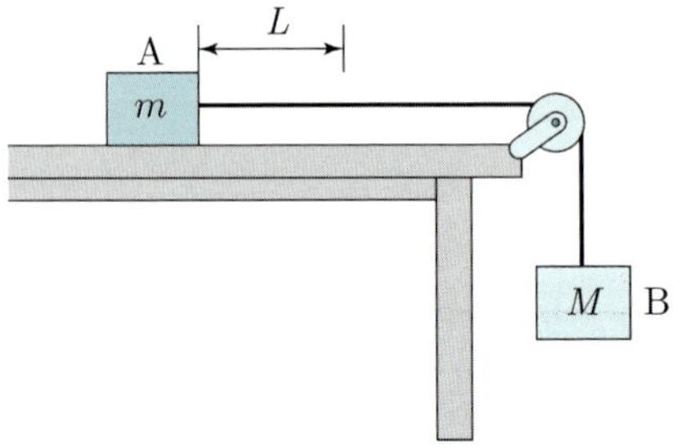

[문제 1.27]

28. 그림 (가)는 마찰이 없는 수평면 위에 정지 상태로 놓여있는 질량 4kg인 물체에 힘을 작용하여 6m를 이동시키는 것을 나타낸 것이고, 그림 (나)는 이 물체에 작용하는 힘의 크기를 이동거리에 따라 나타낸 것이다. 물체가 6m를 지나는 순간에서의 속력 [m/s]을 구하여라. [공무원 임용시험]

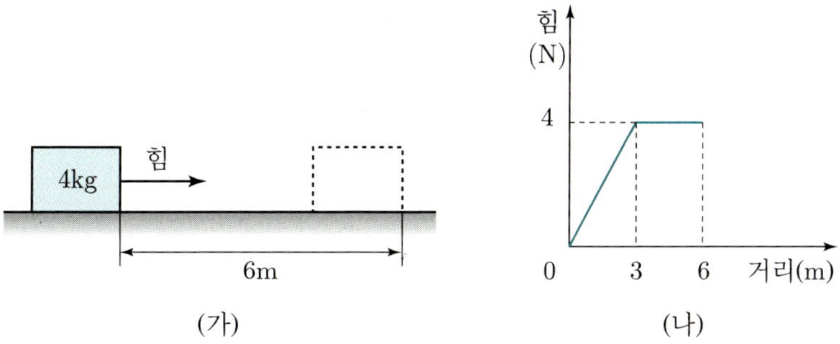

[문제 1.28]

29. 비틀림 모멘트 T를 받는 축의 지름은 $d=\sqrt[3]{\dfrac{16T}{\pi\tau_a}}$로 결정된다. 축의 전단강도 $\tau=400\,\text{MPa}$, 안전계수 $S=2$, 비틀림 모멘트 $T=100\text{N}\cdot\text{m}$인 축의 지름 d[mm]를 구하여라. 단, 허용 전단응력 $\tau_a=\dfrac{\tau}{S}$이다.

> [Note] 29 ~ 38번 문제는 전공과정 과목(기계설계, 유체역학, 재료역학)에서 배우는 문제들이고, 주어진 관계식들은 문자로 표현된 정답이다. 이와 같이 문자로 나타낸 결과 식을 알아도(답을 알아도) 단위를 잘 모르면 틀리게 되므로 단위와 단위 계산법을 잘 익혀두도록 한다. 일반적으로 공학 문제를 해석할 때는 문자와 수식을 이용하지만 최종적으로는 수치를 대입하여 원하는 물리량을 구해야 한다.

30. 지름 $d=100$[mm]인 축에 풀리를 장착하기 위한 묻힘키(sunk key)를 설계할 때 키의 최소 높이 h[mm]를 구하여라. 단, 축에서 키 홈의 깊이(t)는 키 높이(h)의 1/2, 키의 길이(l)는 축 지름(d)의 1.5배, 축의 허용 전단응력 $\tau_a=30\text{MPa}$, 키의 허용 압축응력 $\sigma_a=80\text{MPa}$이고, 키의 최소 높이(h)에서 허용 압축응력(σ_a)과 허용 전단응력(τ_a)의 관계는 다음과 같다.

$$\sigma_a=\frac{\pi d^2\tau_a}{8tl}$$

31. 이음매 없는 강관에서 내부압력 $p=0.3$[MPa], 유량 $Q=0.3$[m^3/s], 평균유속 $V=10$[m/s]일 때 강관의 최소 두께 t[mm]를 구하여라. 단, 강관의 허용응력 $\sigma_a=6$[MPa]이며 $\pi=3$으로 한다. 유량(Q)과 허용응력(σ_a)은 다음 관계식을 따른다. D_1은 강관의 안지름이다.

$$Q=AV=\left(\frac{\pi}{4}D_1^2\right)V, \quad \sigma_a=\frac{pD_1}{2t}$$

32. 안지름 $D_1=150$mm, 바깥지름 $D_2=250$mm인 단판 마찰 클러치가 축 방향으로 $Q=4{,}000$N의 힘을 받으며 회전하고 있을 때 전달토크 T[N · m]를 구하여라. 단, 클러치면의 마찰계수 $\mu=0.2$이고, 원주방향으로 작용하는 마찰력(f)과 평균지름(D_m) 및 전달토크(T)의 관계는 다음과 같다.

$$f=\mu Q, \quad D_m=\frac{1}{2}(D_1+D_2), \quad T=f\cdot\frac{D_m}{2}$$

33. 회전속도 $N=200$rpm, 접촉력 $Q=200$kgf, 마찰계수 $\mu=0.3$, 지름 $D=750$mm인 마찰차의 최대 전달동력 H[PS]를 구하여라. 마찰차의 최대 전달동력 H는 다음과 같다. (단, $\pi=3$으로 한다)

$$H=T\omega=\left(F\times\frac{D}{2}\right)\omega=\left(\mu Q\times\frac{D}{2}\right)\times\frac{2\pi N}{60}$$

34. 회전수 $N=300$[rpm]으로 회전하는 축이 $H=10\pi$[J/s]의 동력을 전달할 때, 축에 작용하는 비틀림 모멘트 T[N · mm]를 구하여라. 축의 전달동력(H)과 비틀림 모멘트(T) 및 회전수 N[rpm]의 관계는 다음과 같다.

$$H=T\omega=T\times\frac{2\pi N}{60}$$

35. 접촉면의 바깥지름 $D_2=80$[mm], 안지름 $D_1=40$[mm], 마찰계수 $\mu=0.2$인 단판 클러치에 평균 접촉면압력 $p=0.2$[MPa]이 작용할 때, 단판 클러치의 전달토크 T

[N · mm]를 구하여라. 클러치의 접촉면적(A)과 마찰력(f) 및 전달토크(T)의 관계는 다음과 같다. 평균 지름 $D_m = \dfrac{D_1 + D_2}{2}$ 이다.

$$A = \frac{\pi}{4}(D_2^2 - D_1^2),\ \ f = \mu Q = \mu p A,\ \ T = f \times \frac{D_m}{2}$$

36. 스프로킷 휠(sprocket wheel)의 회전수 $N = 250$[rpm], 체인의 피치 $p =$ 20[mm], 유효장력 $F_e = 2$[kN]일 때, 동력 $H = 5$[kW]를 전달하기 위한 스프로킷 휠의 잇수 Z를 구하여라. 스프로킷 휠의 회전수 N[rpm], 잇수 Z, 체인의 피치 p[mm]와 체인의 평균속도 v_m[m/s], 유효장력 F_e[N] 및 전달 동력 H[W]의 관계는 다음과 같다.

$$v_m = \frac{pZN}{1000 \times 60}\,[\text{m/s}],\quad H = F_e v_m\,[\text{W}]$$

37. 가로 $b = 2$cm, 세로 $h = 6$cm인 직사각형 단면의 보(beam)에 굽힘 모멘트 $M_b =$ 0.48kN · m가 작용할 때 보에서 발생하는 최대 굽힘 응력 $\sigma_{\max}$[MPa]을 구하여라. 보 단면에 발생하는 최대 굽힘 응력 $\sigma_{\max}$는 다음 관계식을 따른다. I는 단면 2차모멘트이다.

$$\sigma_{\max} = \frac{M_b}{I} y_{\max},\quad I = \frac{bh^3}{12},\quad y_{\max} = \frac{h}{2}$$

38. 수평 방향으로 V의 속도로 분사되는 유량 Q의 제트(jet)가 있다. 제트가 수평선에 대해 θ의 각도로 기울어진 평판에 충돌할 때 제트에 의해 판이 받는 충격력의 크기 $F = \rho Q V \sin\theta$이다. 유체의 밀도 $\rho = 900\text{kg/m}^3$, 분사 속도 $V = 20\text{m/s}$, 제트의 단면적 $A = 40\text{cm}^2$, $\theta = 30°$일 때 충격력의 크기 F[N]을 구하여라. Q는 체적유량이다.

$$F = \rho Q V \sin\theta,\quad Q = AV$$

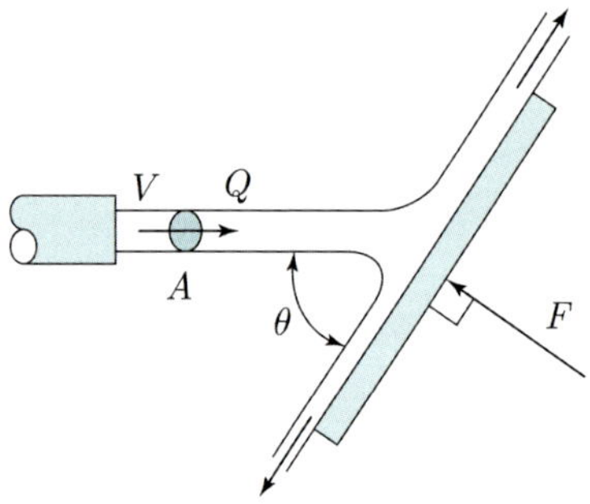

[문제 1.38]

39. 프란츠 륄로(Franz Reuleaux)가 정의한 기계의 구비 조건에 해당하지 않는 것은?

[공무원 임용시험]

① 물체의 조합으로 구성되어 있을 것

② 각 부분의 운동은 한정되어 있을 것

③ 구성된 조립체는 저항력이 없을 것

④ 에너지를 공급받아서 유효한 기계적 일을 할 것

40. 물리량과 단위의 연결로 옳지 않은 것은? [공무원 임용시험]

① 일률－[N · m/s] ② 압력－[N/m^2]

③ 힘－[$kg \cdot m/s^2$] ④ 관성모멘트－[kg · m/s]

41. 물리량의 차원으로 옳지 않은 것은? (단, M은 질량, T는 시간, L은 길이이다)

[공무원 임용시험]

① 응력의 차원은 $MT^{-2}L^{-1}$ 이다.

② 에너지의 차원은 $MT^{-1}L^{-2}$이다.

③ 전단력의 차원은 $MT^{-2}L$이다.

④ 휨모멘트의 차원은 $MT^{-2}L^2$이다.

42. 그림과 같이 수평면으로부터 높이가 2m인 P점을 10m/s의 속력으로 통과한 질량 2kg인 물체가 곡면을 따라 운동하여 R점까지 올라가 순간적으로 멈춘다. 이때 수평면으로부터 R점까지의 높이 H[m]는? (단, 중력 가속도는 $10m/s^2$이고, 물체의 크기와 공기 저항 및 모든 마찰은 무시한다) [공무원 임용시험]

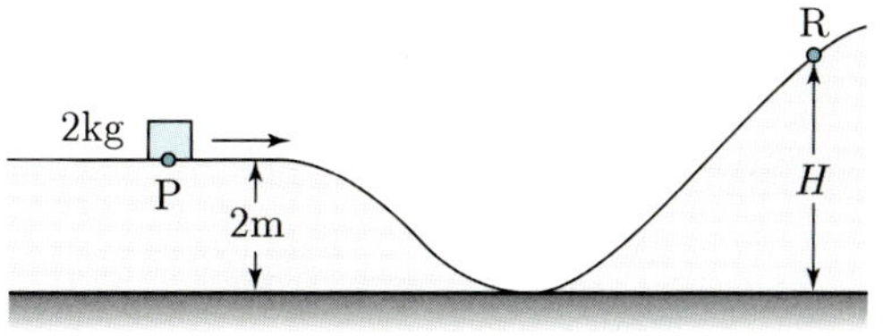

[문제 1.42]

① 5　② 7　③ 10　④ 12

43. 그림과 같이 질량이 m으로 동일한 두 물체 A, B를 실과 도르래로 연결한 후 가만히 놓았더니 두 물체가 화살표 방향으로 움직이기 시작하였다. 물체 A의 연직 높이가 h만큼 내려왔을 때 물체 B의 연직 높이는 h_1만큼 올라갔다. A의 감소한 중력 퍼텐셜 에너지가 A의 증가한 운동 에너지의 3배일 때 h_1은? (단, 실은 길이가 변하지 않고 질량이 없으며 도르래는 마찰이 없고 질량이 없으며, 빗면은 바닥에 고정되어 있고 표면의 마찰이 없으며, 공기 저항은 무시한다) [공무원 임용시험]

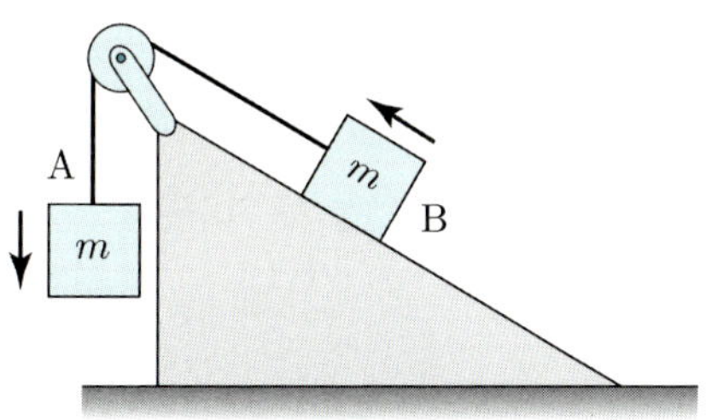

[문제 1.43]

① $\frac{1}{3}h$　② $\frac{2}{3}h$　③ h　④ $\frac{4}{3}h$

44. 그림과 같이 지면으로부터 높이가 h인 곳에서 질량이 같은 공 A, B, C를 서로 다른 방향으로 같은 속력 v_0로 던졌다. 이 공이 지면에 도달할 때의 속력의 크기(v_A, v_B, v_C)를 옳게 나타낸 것은? (단, 공기저항은 무시한다) [공무원 임용시험]

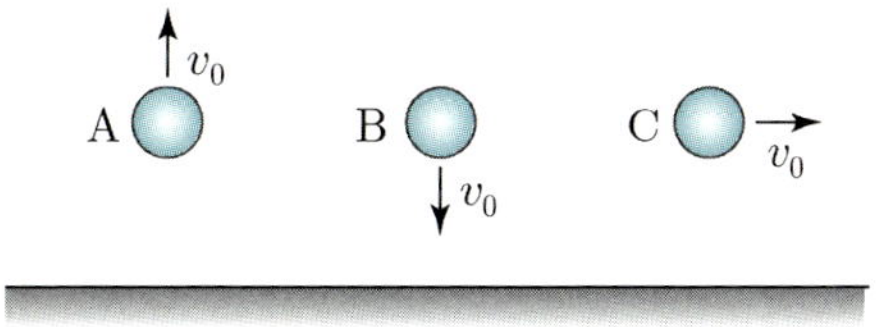

[문제 1.44]

① $v_A > v_B > v_C$ ② $v_B > v_C > v_A$

③ $v_C > v_B > v_A$ ④ $v_A = v_B = v_C$

45. 위치 A에서 초기 속력이 0인 상태의 물체가 움직이기 시작하여 위치 B와 C를 지날 때 물체의 속력이 각각 v_B, v_C라고 하자. v_B^2/v_C^2의 값은? (단, 마찰은 무시한다)

[공무원 임용시험]

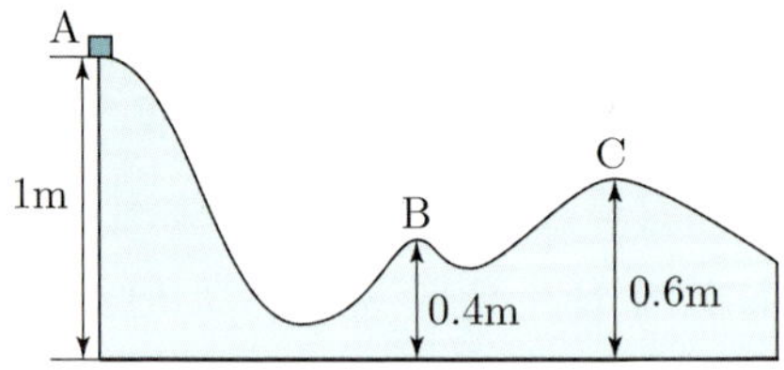

[문제 1.45]

① $\frac{3}{2}$ ② $\frac{9}{4}$ ③ $\frac{2}{3}$ ④ $\frac{4}{9}$

46. 그림과 같이 동력차가 강성도 $k = 2\text{TN/m}$인 스프링으로 구성된 차막이에 100m/s의 속도로 충돌할 때 스프링의 최대 수평 변위량은? (단, 동력차의 무게는 80tf이다)

[공무원 임용시험]

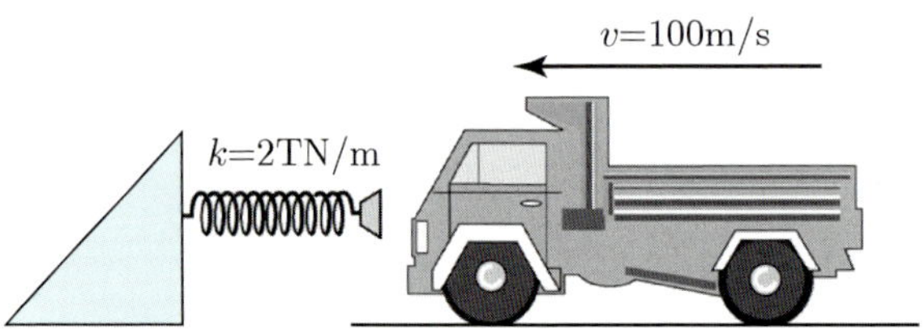

[문제 1.46]

① 0.01m ② 0.015m ③ 0.02m ④ 0.025m

제2장

정역학

2.1 힘

역학은 힘을 받는 물체의 정지 또는 운동 상태를 다루는 학문으로 특히 기계공학에서 가장 기초가 되는 분야이다. 각종 구조물의 강도와 변형, 유체 유동, 측정 장치, 기계의 진동 및 안정성 등은 모두 역학의 기본원리를 바탕으로 하여 해석되고 만들어진다. 역학의 여러 분야 중 정역학에서는 정지 상태에 있는 물체의 역학적 관계를 조사한다. 모든 역학의 기본은 힘이므로 정역학을 통하여 기초적인 힘의 개념을 파악하도록 한다.

1 스칼라와 벡터

[1] 스칼라

거리, 면적, 부피, 시간, 밀도, 질량, 온도, 에너지, 속력 등과 같이 크기만으로 나타낼 수 있는 물리량을 스칼라(scalar)라 한다.

[2] 벡터

힘, 모멘트, 변위, 속도, 가속도, 자기장 등과 같이 크기와 방향을 갖는 물리량을 벡터(vector)라 한다.

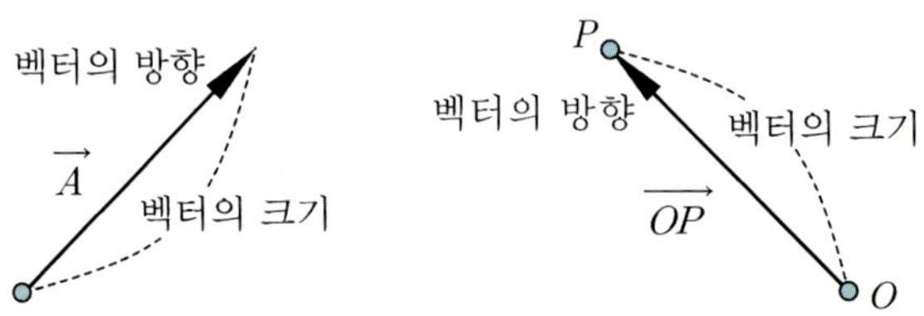

[그림 2.1.1] 벡터

설명 벡터를 그림으로 표시할 때는 [그림 2.1.1]과 같이 화살표를 사용하여 나타내며, 기호로 표시할 때는 일반적으로 $\overrightarrow{A}$, $\overrightarrow{OP}$ 등과 같이 문자 위에 방향을 의미하는 화살표를 붙여서 나타낸다. 그림에서 $\overrightarrow{OP}$는 힘이 점 O에서 P로 향하고 있음을 나타낸다. 벡터 $\overrightarrow{A}$의 크기를 나타낼 때 수학에서는 $|\overrightarrow{A}|$와 같이 절댓값으로 나타내지만 간편하게 A로 나타내기도 한다. 일반적으로 힘 $\overrightarrow{F}$의 크기를 F로 나타낸다.

2 힘

[1] 힘(force)

물체의 모양이나 운동 상태를 변하게 하는 원인이 되는 물리량을 힘(force)이라 한다.

설명 공을 누르면 찌그러지고 고무줄을 당기면 늘어난다. 정지해 있는 물체를 끌면 움직이게 되고, 달리고 있는 자동차의 브레이크를 밟으면 차가 정지하게 된다. 이와 같이 물체의 형상을 변화시키거나 운동 상태를 변화시키는 것을 힘이라 한다. 일상생활에 존재하는 힘에는 탄성력, 중력, 마찰력, 자기력, 전기력, 압력에 의한 힘 등이 있다.

[2] 힘의 3요소

힘의 효과는 물체에 작용하는 힘의 크기(magnitude), 방향(direction), 작용점(point of application)에 의해 결정되는데 이들을 힘의 3요소라 한다.

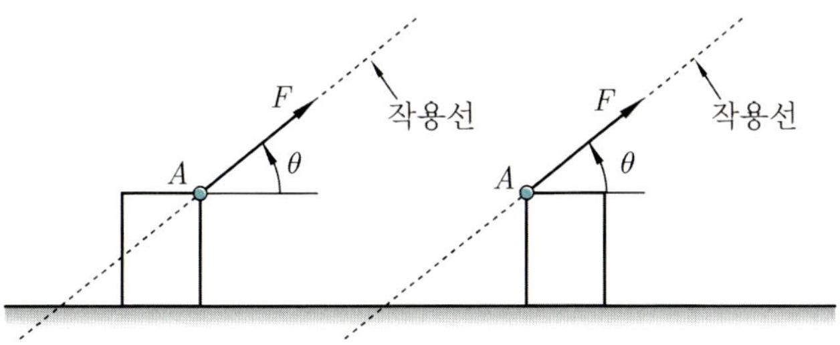

[그림 2.1.2] 힘의 3요소

설명 힘은 [그림 2.1.2]와 같이 화살표를 이용하여 나타내면 편리하다. 여기에서 물체에 작용하는 힘의 효과는 힘의 크기(F)와 방향(θ)뿐만 아니라 힘이 작용하는 점(A)의 위치에 따라서도 달라진다. 그리고 힘의 방향을 나타내는 화살표의 연장선을 작용선이라 한다.

3 힘의 합력

두 개 이상의 힘과 같은 효과를 갖는 하나의 힘을 구하는 것을 힘의 합성이라고 하고 이때 구한 힘을 합력이라 한다.

[1] 나란한 두 힘의 합력

(1) 같은 방향의 두 힘이 작용할 때

합력의 크기는 두 힘의 크기를 더한 값이고, 방향은 두 힘의 방향과 같다.

(2) 반대 방향의 두 힘이 작용할 때

합력의 크기는 큰 힘에서 작은 힘을 뺀 값이고, 방향은 큰 힘의 방향과 같다.

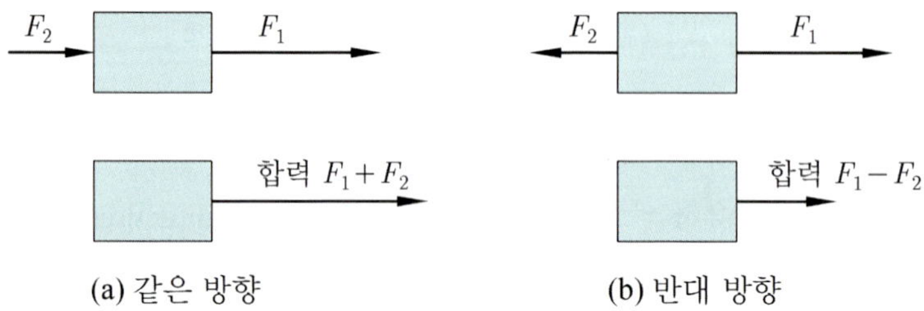

[그림 2.1.3] 같은 방향과 반대 방향 힘

설명 [그림 2.1.3]과 같이 나란한 두 힘의 합력의 크기는 두 힘의 크기를 대수적으로 더하거나 뺀 값이 된다. 즉, 두 힘의 방향이 같을 때 합력의 크기는 F_1+F_2이고, 반대 방향일 때 합력의 크기는 $F_1-F_2(F_1>F_2)$이다. 합력의 방향은 큰 힘의 방향과 같다.

예제 2.1.1 [그림 2.1.4]의 (a), (b)에서 각각에 대한 합력을 구하여라.

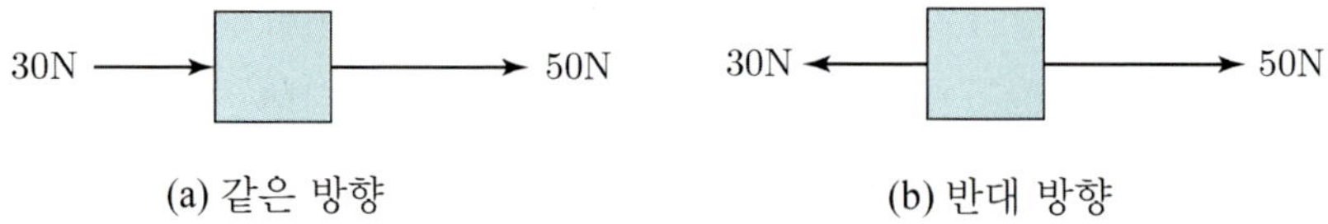

[그림 2.1.4] 나란한 힘의 합력

풀이 (a) 두 힘이 같은 작용선 위에서 같은 방향으로 작용하므로 합력의 크기는 $30+50=80[\mathrm{N}]$이고 오른쪽(→)으로 작용한다.

(b) 두 힘이 같은 작용선 위에서 서로 반대 방향으로 작용하므로 합력의 크기는 $50-30=20[\mathrm{N}]$이고, 큰 힘(50N)의 방향인 오른쪽(→)으로 작용한다. ◪

[2] 나란하지 않은 두 힘의 합력

[그림 2.1.5]와 같이 두 힘($\vec{P}$, $\vec{Q}$)이 나란하지 않을 때는 평행사변형법이나 삼각형법으로써 합력을 구한다.

(1) 평행사변형법

두 힘 $\vec{P}$, $\vec{Q}$의 시작점을 일치시키고 두 힘을 두 변으로 하는 평행사변형을 그렸을 때 평행사변형의 대각선은 두 힘의 합력 $\vec{R}=\vec{P}+\vec{Q}$이 된다.

(2) 삼각형법

힘 $\vec{Q}$의 시작점을 $\vec{P}$의 끝점으로 평행 이동시킨 후 $\vec{P}$의 시작점과 $\vec{Q}$의 끝점을 연결한 것은 합력 $\vec{R}=\vec{P}+\vec{Q}$가 된다.

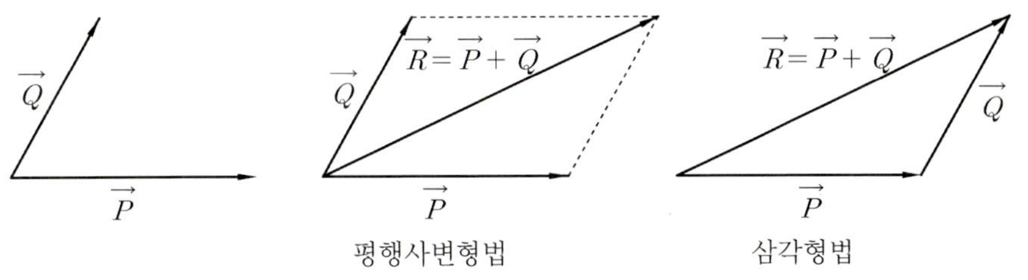

[그림 2.1.5] 평행사변형법과 삼각형법

설명 먼저 평행사변형법 또는 삼각형법에 의한 두 힘의 합력 $\vec{R}=\vec{P}+\vec{Q}$의 크기는 다음과 같이 코사인 제2법칙을 이용하여 구할 수 있다. [그림 2.1.6]과 같이 $\vec{P}$, $\vec{Q}$가 이루는 각을 α라 하면 삼각형 ABC에서

$$R^2=P^2+Q^2-2PQ\cos(\pi-\alpha)$$
$$=P^2+Q^2+2PQ\cos\alpha$$

$$\therefore\ R=\sqrt{P^2+Q^2+2PQ\cos\alpha} \qquad \cdots(2.1.1)$$

이다. R이 구해지면 합력 $\vec{R}$의 방향각 β는 삼각형 ABC에 사인법칙을 적용하

여 구할 수 있다.

$$\frac{Q}{\sin\beta}=\frac{R}{\sin(\pi-\alpha)}=\frac{R}{\sin\alpha}$$

$$\therefore\ \beta=\sin^{-1}\left(\frac{Q}{R}\sin\alpha\right) \quad \cdots (2.1.2)$$

또는, 점 C에서 내린 수직선과 AB의 연장선의 교점을 D라 하면

$$\overline{\mathrm{BD}}=Q\cos\alpha,\quad \overline{\mathrm{CD}}=Q\sin\alpha$$

이므로 삼각형 ACD에서 다음과 같이 방향각 β가 구해진다.

$$\tan\beta=\frac{\overline{\mathrm{CD}}}{\overline{\mathrm{AD}}}=\frac{\overline{\mathrm{CD}}}{\overline{\mathrm{AB}}+\overline{\mathrm{BD}}}=\frac{Q\sin\alpha}{P+Q\cos\alpha}$$

$$\therefore\ \beta=\tan^{-1}\left(\frac{Q\sin\alpha}{P+Q\cos\alpha}\right) \quad \cdots (2.1.3)$$

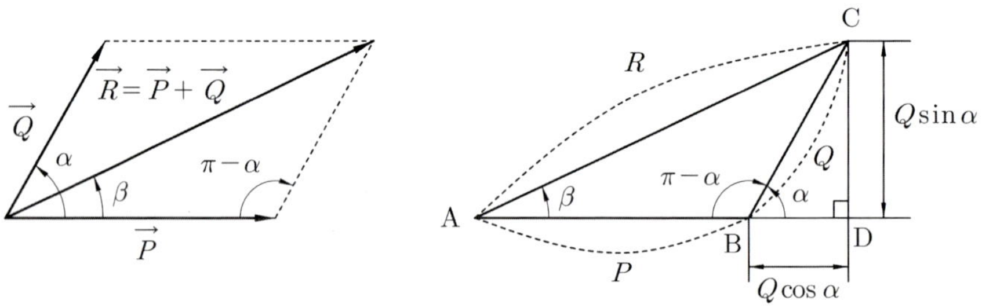

[그림 2.1.6]

평행사변형법과 삼각형법으로 구한 합력은 같다. $\vec{P}$, $\vec{Q}$가 나란할 때 ①에서 $\cos 0=1$, $\cos\pi=-1$이므로, 같은 방향일 때

$$R=\sqrt{P^2+Q^2+2PQ}=\sqrt{(P+Q)^2}=P+Q$$

반대방향일 때

$$R=\sqrt{P^2+Q^2-2PQ}=\sqrt{(P-Q)^2}=|P-Q|$$

가 된다. 즉, 평행사변형법 또는 삼각형법은 나란하거나 나란하지 않은 두 힘의

합력의 크기를 모두 구할 수 있다.

예제 2.1.2 [그림 2.1.7(a)]와 같이 두 힘 $F_1 = 7\,\mathrm{N}$, $F_2 = 4\,\mathrm{N}$이 서로 직각으로 작용할 때 합력의 크기와 방향을 구하여라.

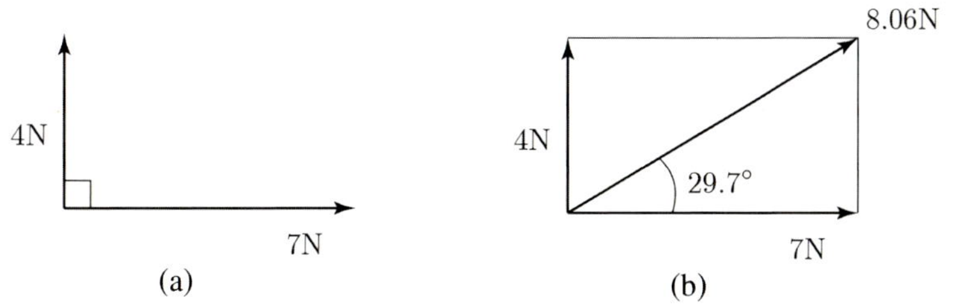

[그림 2.1.7] 합력의 크기와 방향

풀이 두 힘이 서로 직각으로 작용하므로

○ 합력의 크기 $R = \sqrt{F_1^2 + F_2^2} = \sqrt{7^2 + 4^2} = 8.06\,[\mathrm{N}]$

○ 합력의 방향 $\beta = \tan^{-1}\left(\dfrac{F_2}{F_1}\right) = \tan^{-1}\left(\dfrac{4}{7}\right) = 29.74°$

예제 2.1.3 다음 [그림 2.1.8]에서 두 힘 $\overrightarrow{P}$, $\overrightarrow{Q}$가 이루는 각 $\alpha = 60°$이고, 힘의 크기 $P = 30\,\mathrm{N}$, $Q = 20\,\mathrm{N}$일 때 합력 $\overrightarrow{R}$의 크기와 방향을 구하여라.

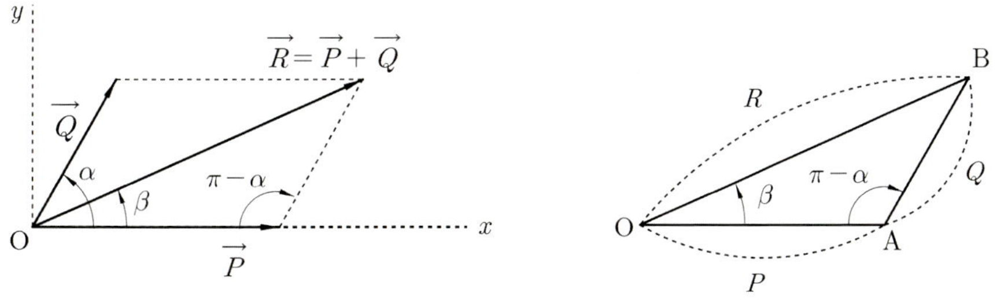

[그림 2.1.8] 합력의 크기와 방향

풀이 식 (2.1.1)로부터 합력 $\overrightarrow{R}$의 크기(R)는

$$R = \sqrt{P^2 + Q^2 + 2PQ\cos\alpha}$$
$$= \sqrt{30^2 + 20^2 + 2 \times 30 \times 20\cos 60°} = 43.6\,[\mathrm{N}]$$

이고, 식 (2.1.3)을 사용하면 합력의 방향각(β)은 다음과 같다.

$$\beta = \tan^{-1}\left(\frac{Q\sin\alpha}{P + Q\cos\alpha}\right) = \tan^{-1}\left(\frac{20\sin 60°}{30 + 20\cos 60°}\right) = 23.4°$$

4 힘의 분해와 합력

하나의 힘을 같은 효과를 내는 두 개 이상의 힘으로 나누는 것을 힘의 분해라 하고, 분해된 각 힘을 분력(또는 힘의 성분)이라 한다.

힘의 분해는 힘의 합성의 역과정이다. 힘을 분해할 때 분력의 방향은 임의로 정할 수 있지만 일반적으로 직각좌표계를 이용하여 서로 수직인 성분(직각 성분)으로 분해하는 것이 편리하다.

[1] 직각좌표계를 이용한 힘의 분해

하나의 힘 $\overrightarrow{F}$를 직각좌표계를 이용하여 분해한 두 힘 $\overrightarrow{F_x}$, $\overrightarrow{F_y}$를 힘 $\overrightarrow{F}$의 x와 y 벡터성분이라 하고, x, y축 방향의 단위벡터를 각각 $\overrightarrow{i}$, $\overrightarrow{j}$라 하면 $\overrightarrow{F_x} = F_x\overrightarrow{i}$, $\overrightarrow{F_y} = F_y\overrightarrow{j}$로 쓸 수 있으므로 F_x, F_y를 힘 $\overrightarrow{F}$의 x, y 스칼라성분이라 한다[그림 2.1.9]. 힘 $\overrightarrow{F}$가 x축과 이루는 각이 θ이면 $\overrightarrow{F}$는 다음과 같이 분해된다.

$$\overrightarrow{F} = F_x\overrightarrow{i} + F_y\overrightarrow{j} = F(\cos\theta\,\overrightarrow{i} + \sin\theta\,\overrightarrow{j}\,)$$
$$F_x = F\cos\theta, \quad F_y = F\sin\theta \qquad \cdots (2.1.4)$$

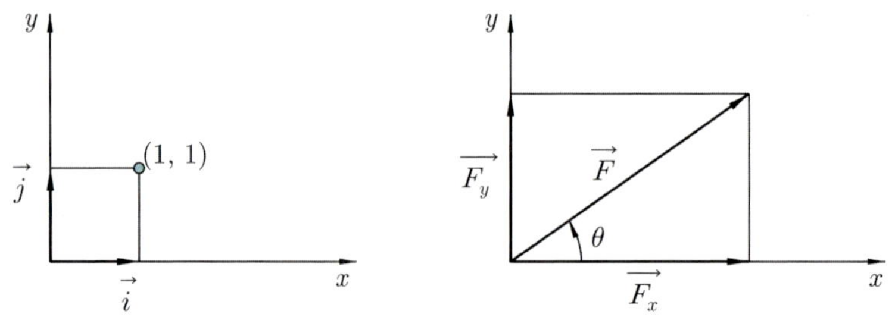

[그림 2.1.9]

설명 삼각함수의 정의에 의하여 $\overrightarrow{F}$의 스칼라성분 $F_x = F\cos\theta$, $F_y = F\sin\theta$이다. 단위벡터 $\vec{i}$, $\vec{j}$는 각각 방향이 x축, y축이고 크기가 1인 벡터이므로 $\overrightarrow{F_x} = F_x\vec{i}$, $\overrightarrow{F_y} = F_y\vec{j}$로 쓸 수 있다. 따라서

$$\overrightarrow{F} = \overrightarrow{F_x} + \overrightarrow{F_y} = F(\cos\theta\,\vec{i} + \sin\theta\,\vec{j})$$

이다. 스칼라성분 F_x, F_y는 $\overrightarrow{F}$의 방향에 따라 양(+), 음(−) 또는 0의 값을 갖는다. [그림 2.1.9]의 힘 벡터는 x, y 스칼라성분이 모두 양이며, F_x, F_y를 알 때 $\overrightarrow{F}$의 크기(F)와 $\overrightarrow{F}$가 x축과 이루는 각 θ는 다음과 같이 구할 수 있다.

$$F = \sqrt{F_x^2 + F_y^2}, \quad \theta = \tan^{-1}\left(\frac{F_y}{F_x}\right) \qquad \cdots (2.1.5)$$

예제 2.1.4 [그림 2.1.10]과 같이 브래킷의 한 점 A에 작용하는 세 힘의 x, y 스칼라성분을 구하여라.

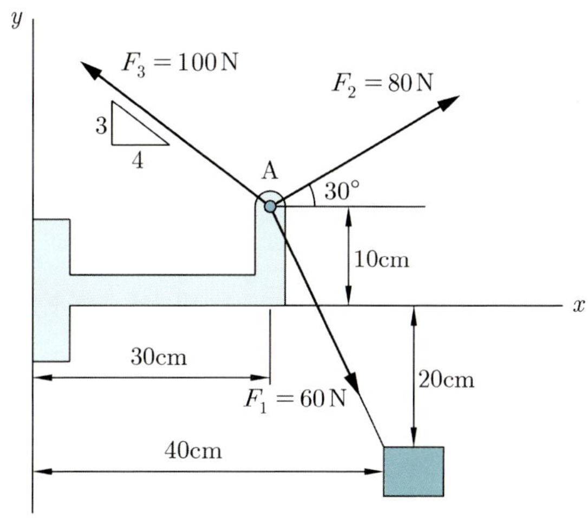

[그림 2.1.10]

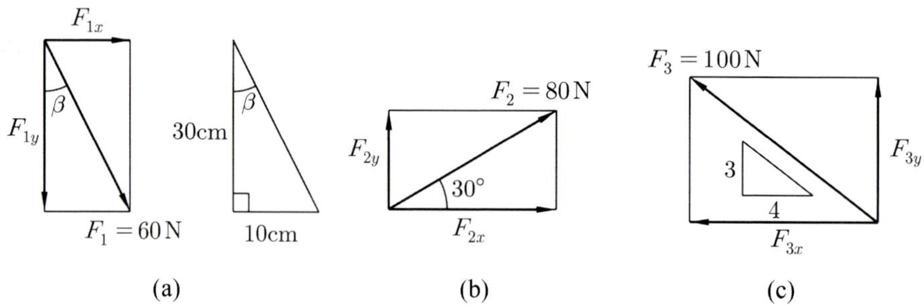

[그림 2.1.11]

풀이 기하학적 구조로부터 $\overrightarrow{F_1}$의 방향은 [그림 2.1.11]의 (a)와 같다. 여기에서 각 β를 구하면 $\beta = \tan^{-1}\left(\dfrac{10}{30}\right) = 18.43°$이므로 $\overrightarrow{F_1}$의 스칼라 성분은

$$F_{1x} = 60\sin\beta = 60\sin 18.43° = 18.97\,[\mathrm{N}]$$
$$F_{1y} = -60\cos\beta = -60\cos 18.43° = -56.92\,[\mathrm{N}]$$

이다. 그리고 그림의 (b)에서 $\overrightarrow{F_2}$의 스칼라 성분은

$$F_{2x} = 80\cos 30° = 69.28\,[\mathrm{N}]$$
$$F_{2y} = 80\sin 30° = 40\,[\mathrm{N}]$$

이고, (c)에서 변의 길이가 3, 4, 5인 직각삼각형으로부터 $\overrightarrow{F_3}$의 스칼라 성분은 다음과 같다.

$$F_{3x} = -100 \times \frac{4}{5} = -80\,[\mathrm{N}]$$

$$F_{3y} = 100 \times \frac{3}{5} = 60\,[\mathrm{N}]$$

† 힘 $\overrightarrow{F}$는 힘의 크기 F와 힘 방향의 단위벡터 $\overrightarrow{n}$의 곱($\overrightarrow{F} = F\overrightarrow{n}$)으로 표현되므로 이것을 이용하여 $\overrightarrow{F_1}$의 스칼라성분을 구할 수 있다.

$$\overrightarrow{F_1} = F_1\overrightarrow{n} = 60\left[\frac{10\overrightarrow{i} - 30\overrightarrow{j}}{\sqrt{10^2 + (-30)^2}}\right] = 60(0.3162\overrightarrow{i} - 0.9487\overrightarrow{j})$$
$$= 18.97\overrightarrow{i} - 56.92\overrightarrow{j}\ [\mathrm{N}]$$

[2] 직각 성분으로 분해된 힘의 합력

성분으로 분해된 힘 $\overrightarrow{F_1}$, $\overrightarrow{F_2}$,⋯, $\overrightarrow{F_n}$의 합력 $\overrightarrow{R}$의 스칼라성분은 각 스칼라 성분들의 대수적인 합으로 구할 수 있다. 각각의 힘들이

$$\overrightarrow{F_1} = F_{1x}\vec{i} + F_{1y}\vec{j}, \quad \overrightarrow{F_2} = F_{2x}\vec{i} + F_{2y}\vec{j}, \ \cdots, \ \overrightarrow{F_n} = F_{nx}\vec{i} + F_{ny}\vec{j}$$

이고 이들의 합력을 $\overrightarrow{R} = R_x\vec{i} + R_y\vec{j}$ 라고 하면

$$\overrightarrow{R} = R_x\vec{i} + R_y\vec{j} = \overrightarrow{F_1} + \overrightarrow{F_2} + \cdots + \overrightarrow{F_n} = \sum_{k=1}^{n} \overrightarrow{F_k} \quad \cdots (2.1.6)$$

이다. 여기에서 합력 $\overrightarrow{R}$의 스칼라성분(R_x, R_y)과 크기(R) 및 방향각(β)은 다음과 같다.

$$R_x = F_{1x} + F_{2x} + \cdots + F_{nx} = \sum_{k=1}^{n} F_{kx}$$

$$R_y = F_{1y} + F_{2y} + \cdots + F_{ny} = \sum_{k=1}^{n} F_{ky} \quad \cdots (2.1.7)$$

$$R = \sqrt{R_x^2 + R_y^2}, \quad \theta = \tan^{-1}\left(\frac{R_y}{R_x}\right) \quad \cdots (2.1.8)$$

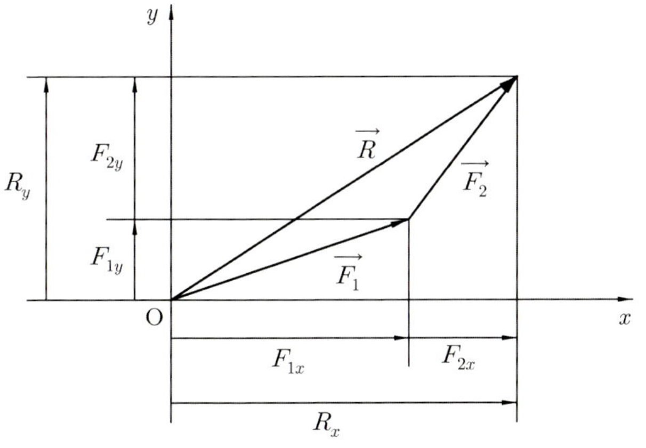

[그림 2.1.12]

설명 [그림 2.1.12]에서 $\overrightarrow{F_1} = F_{1x}\vec{i} + F_{1y}\vec{j}$, $\overrightarrow{F_2} = F_{2x}\vec{i} + F_{2y}\vec{j}$ 의 합력을

$\vec{R} = R_x\vec{i} + R_y\vec{j}$라 하면

$$\vec{R} = \vec{F_1} + \vec{F_2} = (F_{1x}\vec{i} + F_{1y}\vec{j}) + (F_{2x}\vec{i} + F_{2y}\vec{j})$$
$$\therefore\ R_x\vec{i} + R_y\vec{j} = (F_{1x} + F_{2x})\vec{i} + (F_{1y} + F_{2y})\vec{j}$$

이므로 다음과 같이 쓸 수 있다.

$$R_x = F_{1x} + F_{2x} = \sum F_x, \quad R_y = F_{1y} + F_{2y} = \sum F_y$$

여기에서 $\sum F_x$는 'x 스칼라성분의 대수학적 합'을 나타내고, $\sum F_y$는 'y 스칼라성분의 대수학적 합'을 나타낸다. 즉, 합력의 x 스칼라성분은 각 힘들의 x 스칼라성분을 (단순하게) 대수적으로 모두 합한 것이고, y 스칼라성분은 각 힘들의 y 스칼라성분을 대수적으로 모두 합한 것이다.

예제 2.1.5 [예제 2.1.3]과 [그림 2.1.8]에서 두 힘 $\vec{P}$, $\vec{Q}$를 x, y성분으로 분해하고, 이것을 이용하여 합력의 크기와 방향을 구하여라.

풀이 [그림 2.1.8]과 같이 좌표계를 잡으면

$$\vec{P} = 30\vec{i}\ [\mathrm{N}]$$
$$\vec{Q} = 20(\cos\alpha\,\vec{i} + \sin\alpha\,\vec{j}) = 20(\cos 60°\,\vec{i} + \sin 60°\,\vec{j})$$
$$= 10\vec{i} + 10\sqrt{3}\,\vec{j}\ [\mathrm{N}]$$

로 쓸 수 있다. 따라서 합력은

$$\vec{R} = \vec{P} + \vec{Q} = 30\vec{i} + (10\vec{i} + 10\sqrt{3}\,\vec{j})$$
$$= (30 + 10)\vec{i} + 10\sqrt{3}\,\vec{j} = 40\vec{i} + 10\sqrt{3}\,\vec{j}\ [\mathrm{N}]$$

이므로, 합력의 크기와 방향각은 다음과 같다.

$$R = \sqrt{R_x^2 + R_y^2} = \sqrt{40^2 + (10\sqrt{3})^2} = 43.59\ [\mathrm{N}]$$
$$\beta = \tan^{-1}\left(\frac{R_y}{R_x}\right) = \tan^{-1}\left(\frac{10\sqrt{3}}{40}\right) = 23.41°$$

† 힘을 성분으로 분해하면 관련된 계산을 대수적으로 할 수 있다. 특히 세 개 이상의 힘의 합력을 구할 때 평행사변형법을 여러 번 적용하는 것은 복잡하지만 각 힘을 성

분으로 분해하면 쉽게 합력을 구할 수 있다.

예제 2.1.6 [그림 2.1.13(a)]와 같이 원점 O에 작용하는 세 힘 $\overrightarrow{F_1}$, $\overrightarrow{F_2}$, $\overrightarrow{F_3}$을 x, y 성분으로 분해하고, 합력 $\overrightarrow{R}=\overrightarrow{F_1}+\overrightarrow{F_2}+\overrightarrow{F_3}$의 크기와 방향을 구하여라.

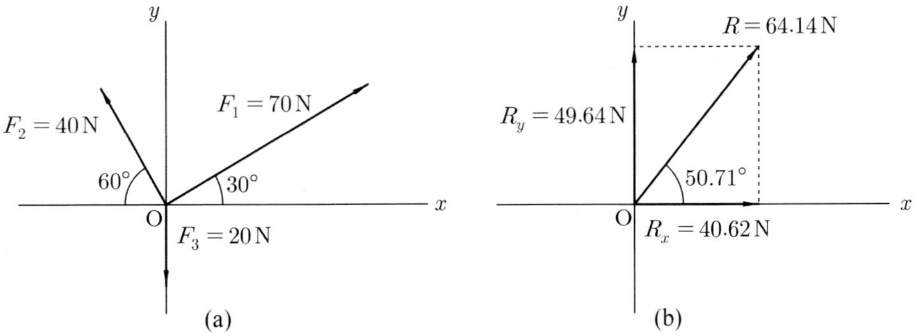

[그림 2.1.13]

풀이 세 힘 $\overrightarrow{F_1}$, $\overrightarrow{F_2}$, $\overrightarrow{F_3}$을 x, y성분으로 분해하면

$$\overrightarrow{F_1}=70(\cos 30^\circ \vec{i}+\sin 30^\circ \vec{j})=35\sqrt{3}\vec{i}+35\vec{j} \text{ [N]}$$
$$\overrightarrow{F_2}=40(-\cos 60^\circ \vec{i}+\sin 60^\circ \vec{j})=-20\vec{i}+20\sqrt{3}\vec{j} \text{ [N]}$$
$$\overrightarrow{F_3}=-20\vec{j} \text{ [N]}$$

이다. 합력 $\overrightarrow{R}=\overrightarrow{F_1}+\overrightarrow{F_2}+\overrightarrow{F_3}$을 $\overrightarrow{R}=R_x\vec{i}+R_y\vec{j}$로 하면

$$R_x=F_{1x}+F_{2x}+F_{3x}=35\sqrt{3}+(-20)+0=40.62 \text{ [N]}$$
$$R_y=F_{1y}+F_{2y}+F_{3y}=35+20\sqrt{3}+(-20)=49.64 \text{ [N]}$$

이므로 합력의 크기와 방향각은

$$R=\sqrt{R_x^2+R_y^2}=\sqrt{(40.62)^2+(49.64)^2}=64.14 \text{ [N]}$$
$$\beta=\tan^{-1}\left(\frac{R_y}{R_x}\right)=\tan^{-1}\left(\frac{49.64}{40.62}\right)=50.71^\circ$$

이고, 이것을 그림으로 나타내면 [그림 2.1.13(b)]와 같다.

예제 2.1.7 [그림 2.1.14(a)]와 같이 원점 O에 작용하는 네 힘의 합력의 크기와 방향을 구하여라. F_1, F_2, F_3, F_4는 힘의 크기를 나타낸다.

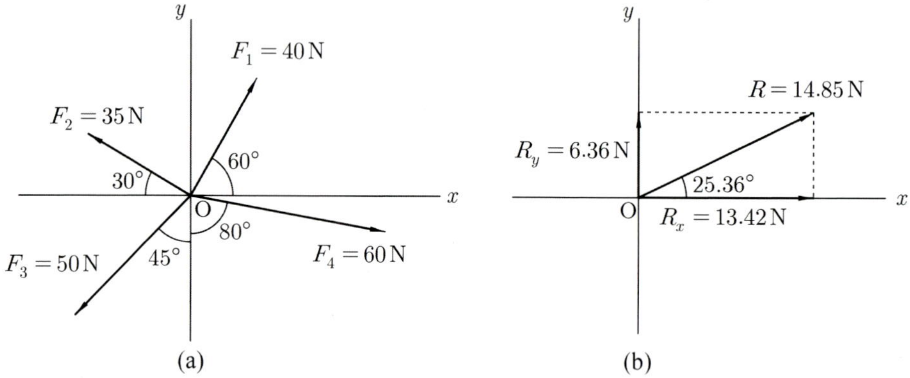

[그림 2.1.14]

풀이 여러 힘의 합력을 구할 때 다음과 같이 표를 만들어 계산하는 것이 편리하다.

힘	x축과 이루는 각도 : θ	x 성분 : $F\cos\theta$	y 성분 : $F\sin\theta$
$F_1 = 40\,N$	60°	20 N	34.64 N
$F_2 = 35\,N$	150°	−30.31 N	17.5 N
$F_3 = 50\,N$	225°	−35.36 N	−35.36 N
$F_4 = 60\,N$	350°	59.09 N	−10.42 N
합력 R		13.42 N	6.36 N

합력 $\vec{R}$의 성분은

$$R_x = F_{1x} + F_{2x} + F_{3x} + F_{4x} = 20 - 30.31 - 35.36 + 59.09$$
$$= 13.42\ [\mathrm{N}]$$
$$R_y = F_{1y} + F_{2y} + F_{3y} + F_{4y} = 34.64 + 17.5 - 35.36 - 10.42$$
$$= 6.36\ [\mathrm{N}]$$

이므로 합력의 크기(R)와 방향각(β)은 다음과 같다[그림 2.1.14(b)].

$$R = \sqrt{R_x^2 + R_y^2} = \sqrt{(13.42)^2 + (6.36)^2} = 14.85\ [\mathrm{N}]$$
$$\beta = \tan^{-1}\left(\frac{R_y}{R_x}\right) = \tan^{-1}\left(\frac{6.36}{13.42}\right) = 25.36°$$

† 힘 $\vec{F}$가 x축의 양의 방향과 이루는 각이 θ일 때 $\vec{F} = F(\cos\theta\,\vec{i} + \sin\theta\,\vec{j}\,)$, $F_x = F\cos\theta$, $F_y = F\sin\theta$로 분해된다.

2.1 연습문제

E·X·E·R·C·I·S·E·S

1. 그림의 (a), (b)에 대해 두 힘의 합력을 각각 구하여라.

[문제 2.1.1]

2. 두 힘의 합력의 크기와 합력의 작용선과 x축 사이의 각을 구하여라.

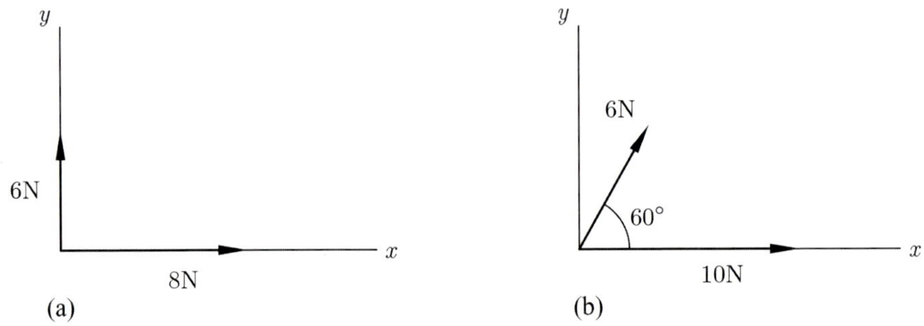

[문제 2.1.2]

3. 두 힘의 합력의 크기와 합력의 작용선과 x축 사이의 각을 구하여라.

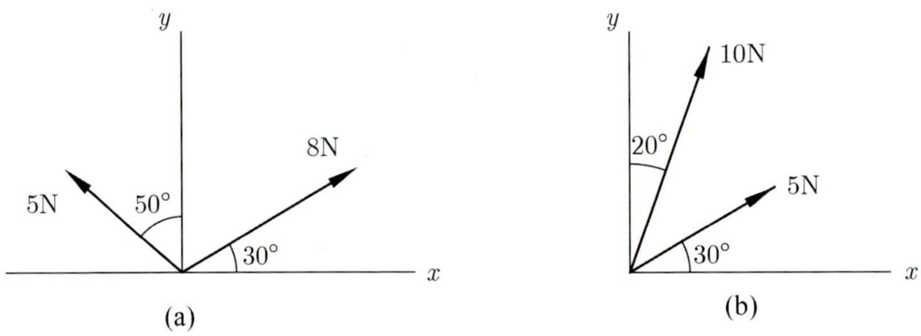

[문제 2.1.3]

4. 두 힘의 합력의 크기를 구하여라.

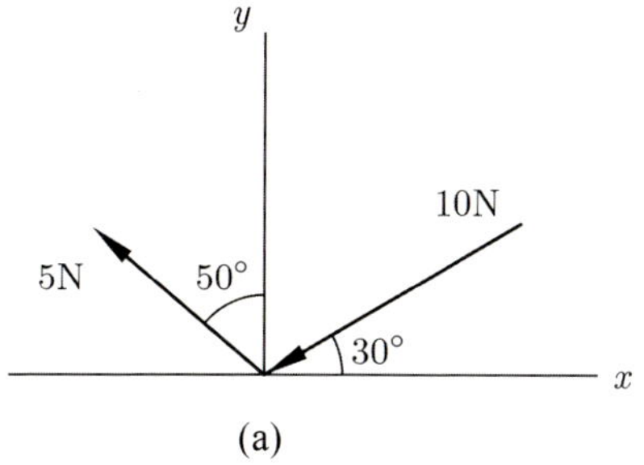

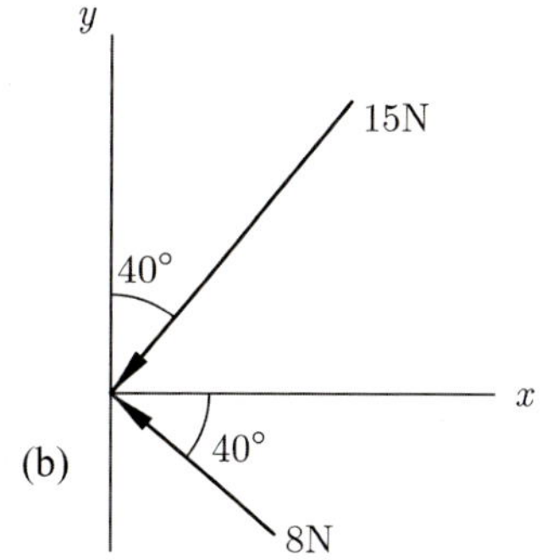

[문제 2.1.4]

5. 힘 $\overrightarrow{F}$의 크기가 10N이다. 단위벡터 $\overrightarrow{i}$, $\overrightarrow{j}$의 항으로 $\overrightarrow{F}$를 벡터로 표현하여라. $\overrightarrow{F}$의 x, y 스칼라 성분은 얼마인가?

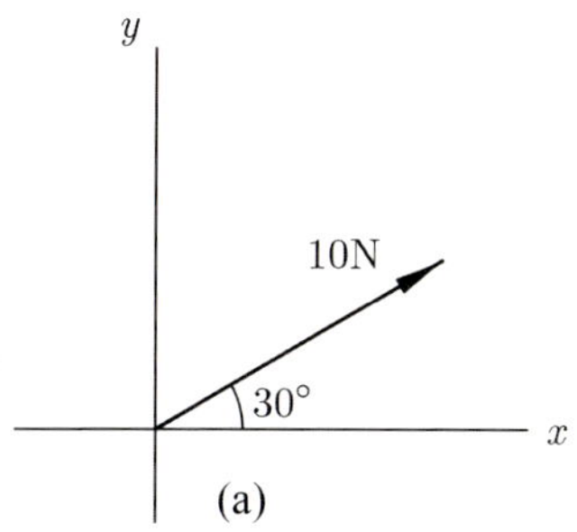

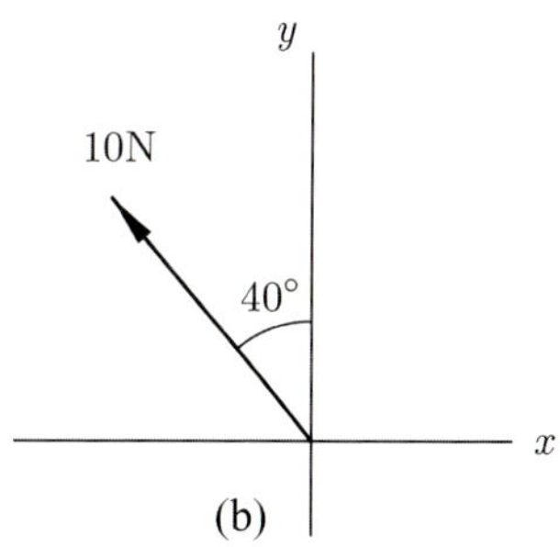

[문제 2.1.5]

6. 크기가 20N인 힘 $\overrightarrow{F}$의 기울기가 그림과 같다. 단위벡터 $\overrightarrow{i}$, $\overrightarrow{j}$의 항으로 $\overrightarrow{F}$를 벡터로 표현하여라.

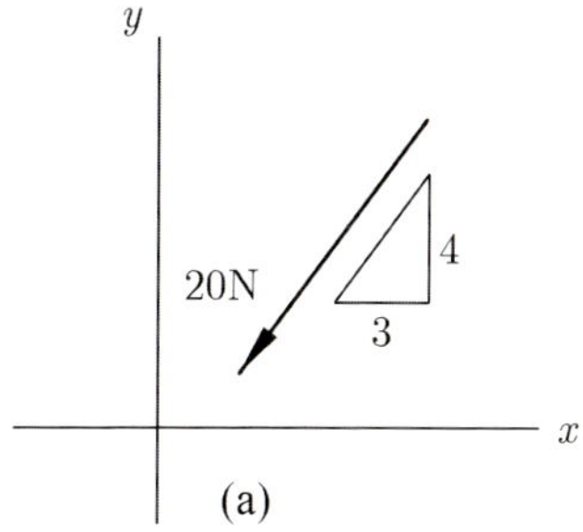

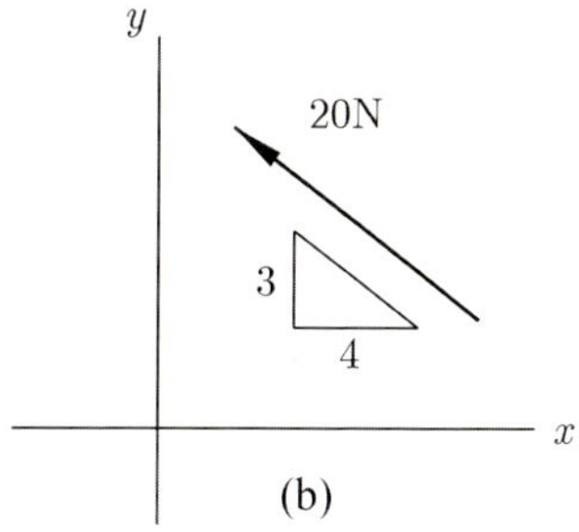

[문제 2.1.6]

7. 힘의 직각 성분 분해를 이용하여 두 힘의 합력 $\overrightarrow{R}$을 구하여 벡터로 표현하고, 합력의 크기를 구하여라.

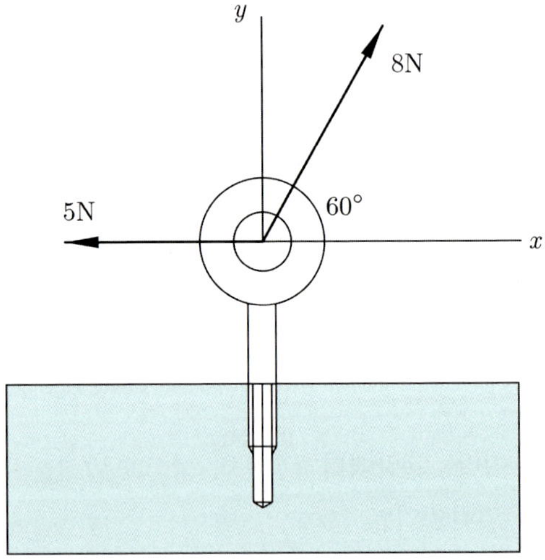

[문제 2.1.7]

8. 풀리의 케이블에 같은 크기의 장력 T가 걸리고 있다. $T = 20\,\text{N}$일 때 두 힘의 합력 $\overrightarrow{R}$을 구하여 벡터로 표현하여라.

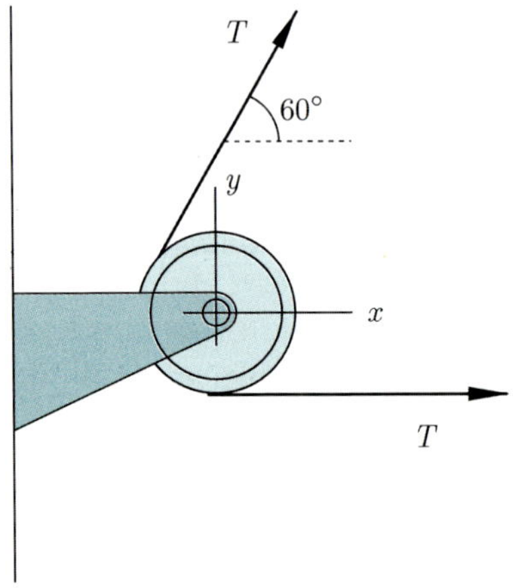

[문제 2.1.8]

9. 주어진 힘을 x, y 성분으로 분해한 후 세 힘의 합력 $\overrightarrow{R}$을 구하여 벡터로 표현하고, 합력의 크기를 구하여라.

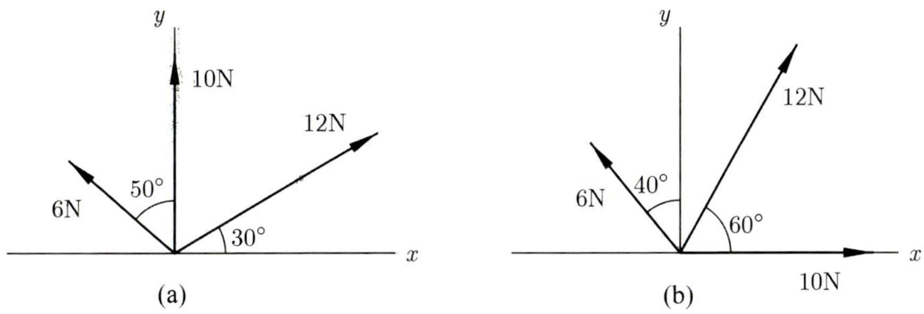

[문제 2.1.9]

10. 주어진 힘의 x, y 성분을 구한 후 세 힘의 합력 $\overrightarrow{R}$을 구하여 벡터로 표현하고, 합력의 크기를 구하여라.

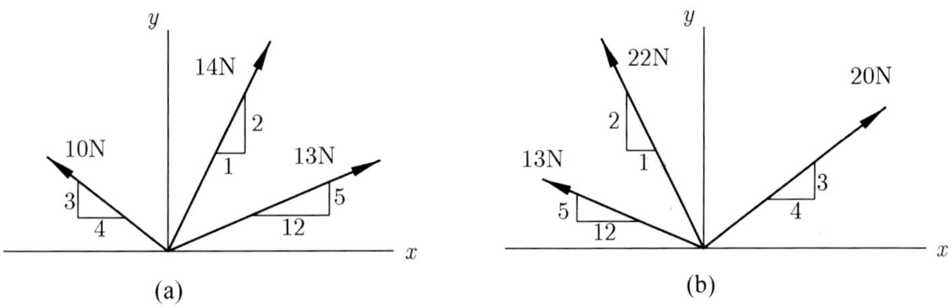

[문제 2.1.10]

11. 2kN의 힘과 $\overrightarrow{F}$의 힘을 가하여 수평으로 박혀 있는 못을 빼내려 한다. 두 힘의 합력의 방향이 수평방향이 될 때 $\overrightarrow{F}$의 크기를 구하고, 그때의 합력을 구하여라.

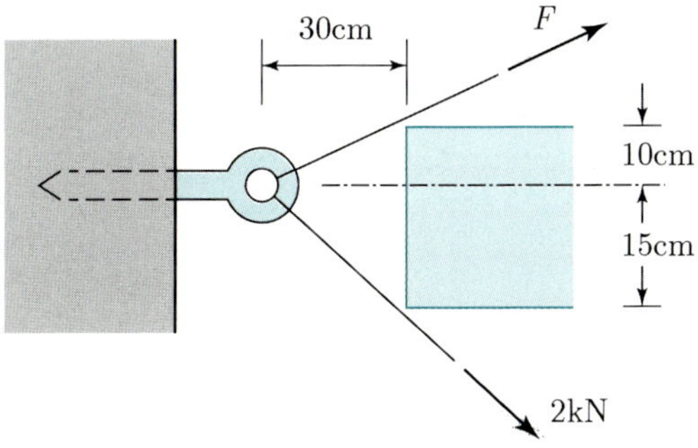

[문제 2.1.11]

12. 그림과 같이 막대의 끝부분(O)에 세 힘($\overrightarrow{F_1}$, $\overrightarrow{F_2}$, $\overrightarrow{F_3}$)이 작용하고 있다. 세 힘의 합력의 크기와 방향각을 구하여라.

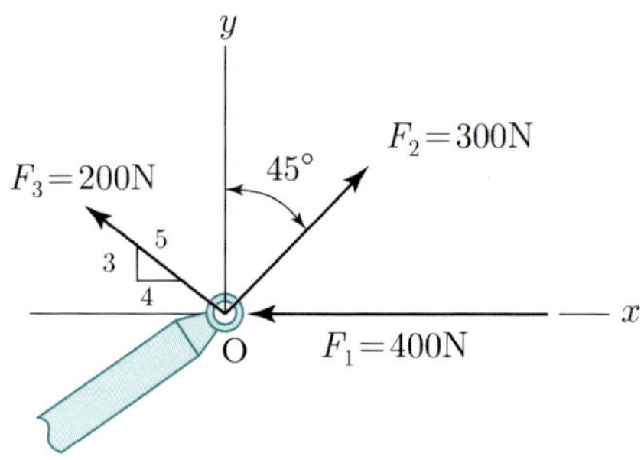

[문제 2.1.12]

13. 그림과 같이 한 척의 예인선이 두 척의 작은 배를 끌고 있다. 줄 AB에 걸리는 인장력이 250N이고 AC에 걸리는 인장력이 370N일 때 예인선에 작용하는 합력과 예인선의 중심선에 대한 합력의 방향각을 구하여라.

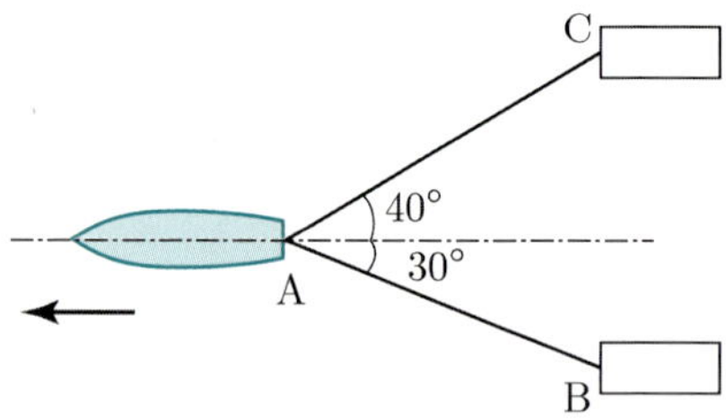

[문제 2.1.13]

14. 그림과 같은 xy 평면상의 두 힘 $\overrightarrow{P}$, $\overrightarrow{Q}$의 합력의 크기를 구하여라.

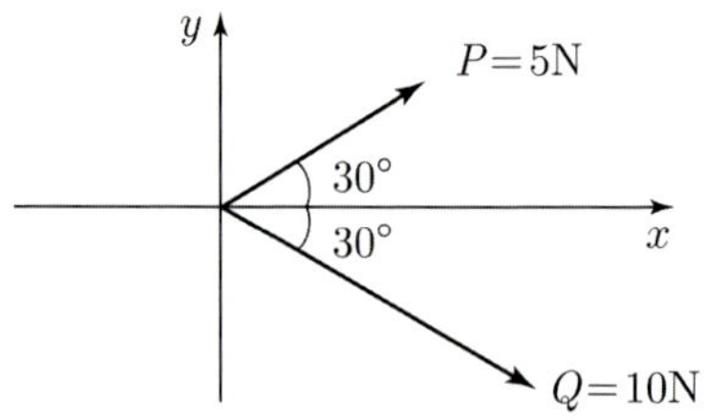

[문제 2.1.14]

2.2 모멘트

1 힘의 모멘트

어떤 축에 대해 물체를 회전시키려는 힘의 작용을 힘의 모멘트(moment) 또는 토크(torque)라 한다. 회전축(O)으로부터 힘의 작용선까지의 수직 거리가 d일 때[그림 2.2.1] 힘 F의 회전축(O)에 대한 모멘트의 크기(M_O)는 다음과 같다.

$$M_O = Fd \qquad \cdots (2.2.1)$$

SI 단위계에서 모멘트의 기본 단위는 N · m이다.

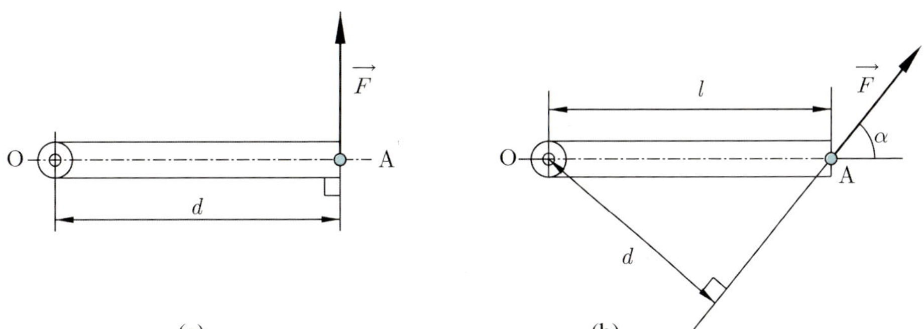

(a) (b)

[그림 2.2.1]

설명 힘은 물체를 이동시키거나 변형시키기도 하고, 어떤 축(힘의 작용선과 교차하거나 평행하지 않는 선)에 대해 물체를 회전시키려고도 한다. [그림 2.2.2]와 같이 스패너(spanner)로써 파이프에 힘을 가하는 경우를 살펴보자. 스패너에 수직으로 작용하는 힘($\vec{F}$)의 효과 중에 하나는 스패너의 수직축에 대해 파이프를 회전시키려는 효과이다. 이 효과의 크기는 힘의 크기 F와 힘의 작용점으로부터 파이프까지의 유효길이 d에 관계된다. 이와 같이 물체를 회전시키려는 힘의 작용을 힘의 모멘트라 한다. 평면에서

$$(\text{모멘트 크기}) = (\text{힘}) \times (\text{팔의 길이})$$

로 정의된다. 여기에서 팔의 길이는 모멘트 중심(회전축)으로부터 힘의 작용선까지의 수직거리이다. [그림 2.2.1(a)]와 같이 점 O로부터 힘 F의 작용점 A까지의 거리가 d이고 힘의 작용선이 OA와 수직일 때 힘의 모멘트는 $M_O = Fd$이다.

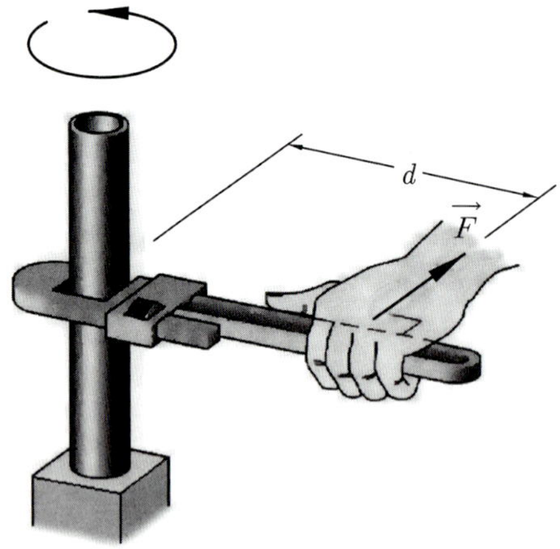

[그림 2.2.2]

한편 [그림 2.2.1(b)]와 같이 힘의 작용선과 OA의 연장선이 이루는 각이 α이면 작용선까지의 수직거리 $d = l\sin\alpha$이므로 모멘트는

$$M = Fd = Fl\sin\alpha \quad \cdots (2.2.2)$$

가 된다. 모멘트가 작용하는 방향에는 [그림 2.2.3]과 같이 반시계방향(a)과 시계방향(b)이 있다. 따라서 모멘트는 작용점, 크기, 회전 방향을 모두 갖는 벡터이다.

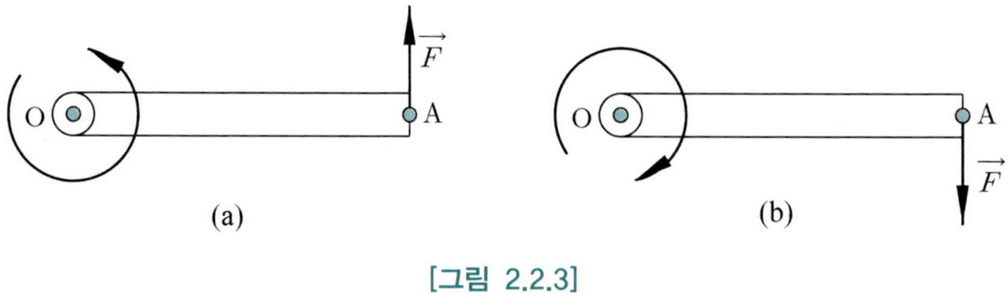

[그림 2.2.3]

† 평면에서 모멘트는 물체의 힘이 작용하는 평면에 수직인 벡터이고, 모멘트의 방향은 힘 $\vec{F}$가 물체를 회전시키려는 방향에 따라 결정된다. 모멘트 방향에 대한 부호는 일반적으로 반시계방향(↶) 모멘트는 양(+), 시계방향(↷) 모멘트는 음(−)으로 정한

다. 문제에 따라서 이와 반대로 부호를 정할 수도 있지만 정해진 부호에 대한 규칙은 일관성을 유지해야 한다.

정역학은 재료역학(고체역학)이나 유체역학 등의 기초가 된다. 이와 같은 분야에서 많이 취급하는 것은 2차원 문제이며, 2차원 평면에서 모멘트의 회전 방향은 시계방향과 반시계방향의 두 방향으로 구분된다. 따라서 모멘트의 크기(M)에 대해서는 식 $M = Fd = Fl\sin\alpha$과 같은 스칼라 식을 사용하는 것이 편리하다. 그리고 여러 힘이 관련되어 있을 때는 각각의 힘에 의한 모멘트의 회전 방향(↺, ↻)에 주의해서 양(+) 또는 음(−)의 부호를 부여하면 된다.

예제 2.2.1 [그림 2.2.4]에서 $d = 4\text{m}$, $F = 50\text{N}$일 때 점 O에 대한 힘 F의 모멘트를 구하여라.

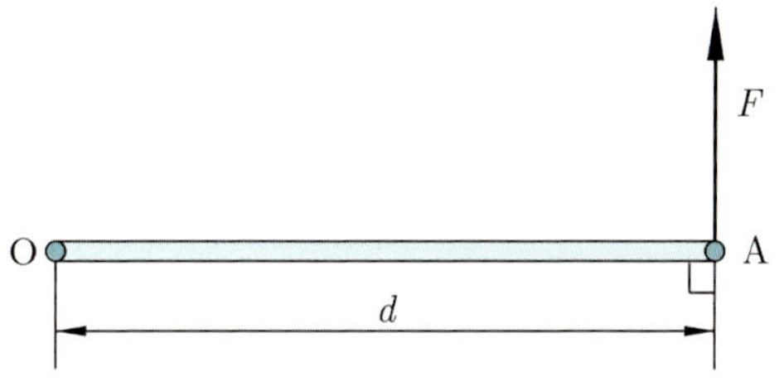

[그림 2.2.4]

풀이 힘의 크기가 50N이고 팔의 길이가 4m이므로 힘의 모멘트

$$M_O = Fd = 50\text{N} \times 4\text{m} = 200\ [\text{N} \cdot \text{m}]\ (\circlearrowleft)$$

예제 2.2.2 [그림 2.2.5(a)]와 같이 4N의 힘이 점 A에 작용할 때 점 O에 대한 힘의 모멘트를 구하여라.

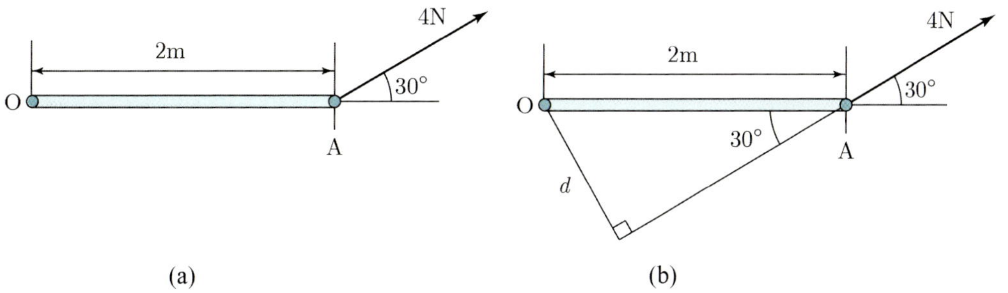

[그림 2.2.5]

풀이 [그림 2.2.5(b)]에서 점 O로부터 힘의 작용선까지의 수직거리는

$$d = 2\sin 30° \text{ [m]}$$

이다. 따라서 점 O에 대한 힘의 모멘트는 다음과 같다.

$$M_O = Fd = 4\text{N} \times 2\sin 30°\text{ m} = 4 \text{ [N} \cdot \text{m]} \ (\curvearrowleft)$$

예제 2.2.3 [그림 2.2.6]과 같은 두 힘이 작용할 때 점 O에 대한 두 힘의 모멘트 합을 구하여라.

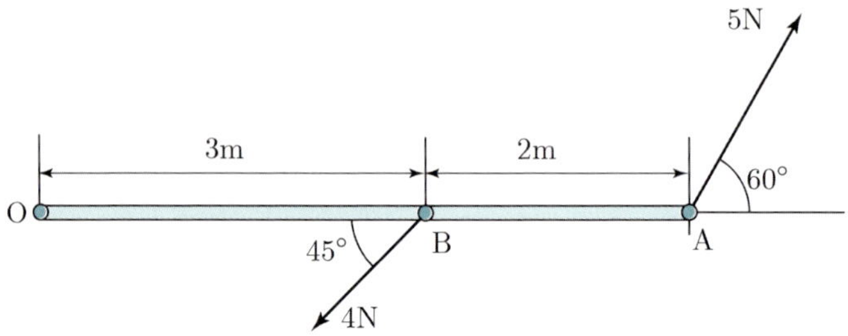

[그림 2.2.6]

풀이 반시계방향(↶)의 모멘트를 양(+)으로 하고, 5N과 4N의 힘에 의한 모멘트를 각각 M_1, M_2라 하면

$$M_1 = 5\text{N} \times [(2+3)\sin 60°\text{ m}] = 21.65\text{ N} \cdot \text{m}$$
$$M_2 = -4\text{N} \times (3\sin 45°\text{ m}) = -8.49\text{ N} \cdot \text{m}$$
$$\therefore \ M_O = M_1 + M_2 = 21.65 - 8.49 = 13.16 \text{ [N} \cdot \text{m]} \ (\curvearrowleft)$$

이다. 여기에서 반시계방향(↶)의 모멘트를 양(+)으로 잡았으므로 M_2가 음(−)의 값을 갖는다는 것은 M_2가 시계방향(↷)으로 회전하는 모멘트라는 것을 의미한다.

2 모멘트의 벡터 표현

2차원, 3차원을 포함하여 일반적으로 모멘트는 다음과 같이 벡터 곱으로 정의되는 벡터이다.

$$\overrightarrow{M_O} = \vec{r} \times \vec{F} \quad \cdots (2.2.3)$$

여기에서 $\vec{r}$은 [그림 2.2.7]과 같이 모멘트 기준점 O로부터 힘 $\vec{F}$의 작용선상의 점 A까지의 위치벡터이다. 이와 같이 정의되는 $\overrightarrow{M_O}$를 점 O에 대한 힘 $\vec{F}$의 모멘트라 한다.

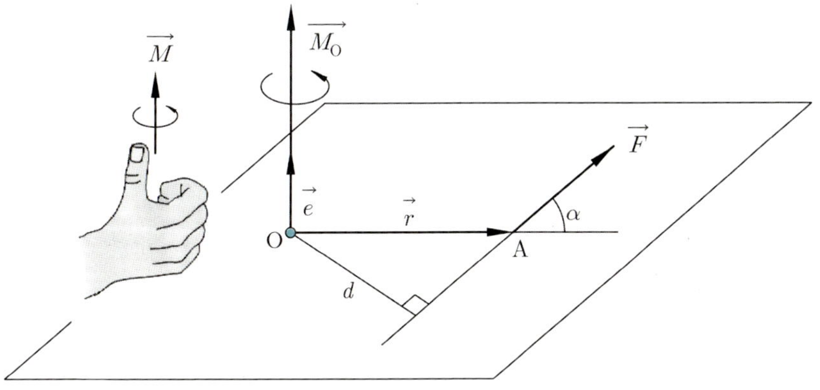

[그림 2.2.7]

설명 벡터 곱의 정의에 의해 모멘트는

$$\overrightarrow{M_O} = \vec{r} \times \vec{F} = |\vec{r}|\,|\vec{F}|\sin\alpha\,\vec{e} = Fr\sin\alpha\,\vec{e}$$

이다. 여기에서 α는 두 벡터 $\vec{r}$과 $\vec{F}$ 사이의 각이고, $\vec{e}$는 $\vec{r}$과 $\vec{F}$를 포함하는 평면의 수직방향 단위벡터이다. 그림으로부터 $r\sin\alpha = d$이므로 모멘트의 크기는

$$M_O = Fr\sin\alpha = Fd$$

이다. 크기(M_O)와 방향($\vec{e}$)을 갖는 모멘트 $\overrightarrow{M_O}$는 다음과 같이 쓸 수 있다.

$$\overrightarrow{M_O} = Fd\,\vec{e} = M_O\,\vec{e}$$

단위벡터 $\vec{e}$의 방향은 오른손 법칙을 사용하여 구한다. 즉 그림과 같이 오른손의 손가락을 $\vec{r}$의 방향으로부터 $\vec{F}$의 방향으로 감을 때 엄지손가락이 가리키는 방향이 $\overrightarrow{M_O}$의 방향($\vec{e}$의 방향)이다. 벡터 곱의 교환법칙은 성립하지 않는다. $\vec{F} \times \vec{r} = -\vec{r} \times \vec{F}$이므로 $\vec{F} \times \vec{r}$의 방향은 $\vec{r} \times \vec{F}$의 반대 방향이다.

† 모멘트는 물체의 힘이 작용하는 평면에 수직인 벡터이고, 모멘트의 방향은 힘 $\overrightarrow{F}$가 물체를 회전시키려는 방향에 따라 결정된다. 일반적으로 오른손 법칙에 따라서 회전축에 대한 $\overrightarrow{F}$의 모멘트는 회전하려는 방향으로 회전축을 거머쥐었을 때 엄지손가락이 가리키는 방향의 벡터로 표현한다[그림 2.2.7]. 모멘트 방향에 대한 부호는 일반적으로 반시계방향(CCW) 모멘트는 양(+), 시계방향(CW) 모멘트는 (−)로 정한다. 문제에 따라서 이와 반대로 부호를 정할 수도 있지만 정해진 부호에 대한 규칙은 일관성을 유지해야 한다.

3 바리논(Varignon)의 정리

한 점에 여러 힘이 작용할 때, 어떤 기준점(O)에 대한 각 힘의 모멘트의 합은 동일한 기준점(O)에 대한 이들 힘의 합력의 모멘트와 같다.

설명 기준점(O)으로부터 각 힘까지의 위치벡터를 $\vec{r}$로 하고, 합력을

$$\overrightarrow{F_1}+\overrightarrow{F_2}+\cdots+\overrightarrow{F_n}=\overrightarrow{R}$$

로 하면 각 힘이 갖는 모멘트의 합은

$$\vec{r}\times\overrightarrow{F_1}+\vec{r}\times\overrightarrow{F_2}+\cdots+\vec{r}\times\overrightarrow{F_n}=\vec{r}\times(\overrightarrow{F_1}+\overrightarrow{F_2}+\cdots+\overrightarrow{F_n})=\vec{r}\times\overrightarrow{R}$$

이다. 즉, 점 O에 대한 각 힘들($\overrightarrow{F_1}$, $\overrightarrow{F_2}$, $\cdots$, $\overrightarrow{F_n}$)의 모멘트의 합은 점 O에 대한 합력($\overrightarrow{R}$)의 모멘트와 같다. 이 식으로부터 임의의 기준점에 대한 어떤 힘의 모멘트는 그 힘의 각 성분이 동일한 기준점에 대해 갖는 모멘트들의 합과 같다는 것을 알 수 있다.

† 바리논의 정리를 이용하면 힘을 성분으로 분해하여 임의 방향을 갖는 힘의 모멘트를 쉽게 구할 수 있다.

4 2차원인 경우의 점에 대한 모멘트

직각 좌표계상에서 점 A(x, y)에 작용하는 힘 $\overrightarrow{F}=F_x\vec{i}+F_y\vec{j}$의 원점(O)에 대한 모멘트는

$$\overrightarrow{M_O} = (x F_y - y F_x)\vec{k} \qquad \cdots (2.2.4)$$

이다[그림 2.2.8]. 여기에서 $\vec{k}$는 z 방향의 단위벡터이다.

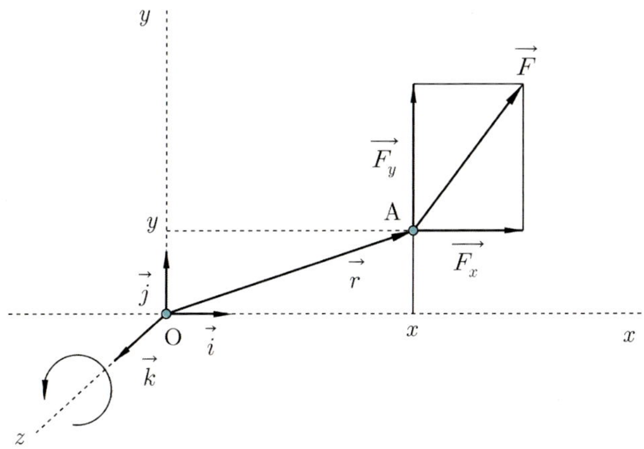

[그림 2.2.8]

설명 원점 O로부터 힘의 작용점 A까지의 위치벡터는

$$\vec{r} = x\vec{i} + y\vec{j}$$

이므로 모멘트의 정의에 의해

$$\begin{aligned}\overrightarrow{M_O} &= \vec{r}\times\vec{F} = (x\vec{i} + y\vec{j})\times(F_x\vec{i} + F_y\vec{j})\\ &= xF_x(\vec{i}\times\vec{i}) + xF_y(\vec{i}\times\vec{j}) + yF_x(\vec{j}\times\vec{i}) + yF_y(\vec{j}\times\vec{j})\\ &= xF_x(0) + xF_y(\vec{k}) + yF_x(-\vec{k}) + yF_y(0)\\ &= (xF_y - yF_x)\vec{k}\end{aligned}$$

이다. 따라서 2차원인 경우 xy 평면상의 힘에 의한 어떤 점(O)에 대한 모멘트는 평면에 수직(z축 방향)이다. 여기에서

$$\overrightarrow{M_O} = M_O\vec{k}, \quad M_O = xF_y - yF_x \qquad \cdots (2.2.5)$$

로 나타내면 양(+)의 모멘트($M_O > 0$)는 양의 z축 방향으로 향하며 물체를 반시

계방향으로 회전시키고, 음(−)의 모멘트($M_O < 0$)는 음의 z축 방향으로 향하며 물체를 시계방향으로 회전시킨다.

† 바리논의 정리에 의해 힘 F의 모멘트는 분력 F_x와 F_y의 모멘트의 합과 같다. [그림 2.2.8]에서 F_x에 의한 모멘트는 시계방향이고 팔의 길이가 y이므로 $-yF_x$이고, F_y에 의한 모멘트는 반시계방향이고 팔의 길이가 x이므로 $+xF_y$이다. 따라서 F에 의한 모멘트는 $\overrightarrow{M_O} = (xF_y - yF_x)\ (\curvearrowleft)$이다.

| 보충학습 | 벡터 곱(크로스 또는 외적)

두 벡터 $\overrightarrow{P}$, $\overrightarrow{Q}$의 벡터 곱 $\overrightarrow{V} = \overrightarrow{P} \times \overrightarrow{Q}$는 그 크기가

$$|\overrightarrow{V}| = |\overrightarrow{P} \times \overrightarrow{Q}| = PQ\sin\alpha$$

이고, 방향이 [그림 2.2.9(a)]와 같이 오른손 법칙에 의해 정해지는 벡터이다.

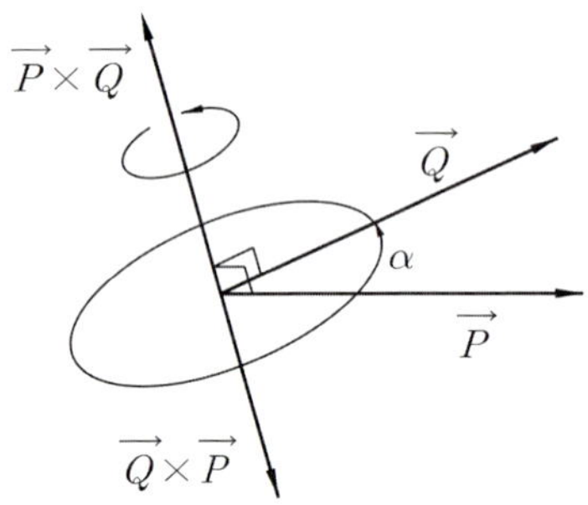

(a)

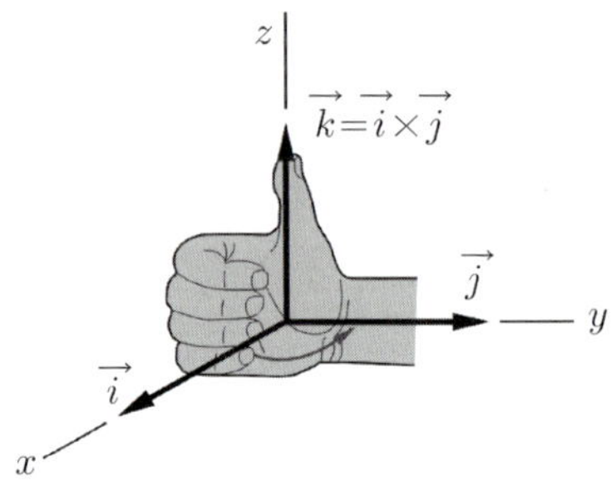

(b)

[그림 2.2.9]

[그림 2.2.9(b)]의 직각 좌표계에서 벡터 곱의 정의로부터 다음 관계식을 얻는다.

$$\vec{i} \times \vec{i} = 0, \quad \vec{j} \times \vec{j} = 0, \quad \vec{k} \times \vec{k} = 0$$
$$\vec{i} \times \vec{j} = \vec{k}, \quad \vec{j} \times \vec{k} = \vec{i}, \quad \vec{k} \times \vec{i} = \vec{j}$$
$$\vec{j} \times \vec{i} = -\vec{k}, \quad \vec{k} \times \vec{j} = -\vec{i}, \quad \vec{i} \times \vec{k} = -\vec{j}$$

오른손 법칙에 의해 일반적으로 반시계방향(↶)의 부호를 양(+), 시계방향(↷)의 부호를 음(−)으로 정한다. 벡터 곱의 순서를 바꾸고 오른손 법칙을 사용하면

$$\overrightarrow{Q} \times \overrightarrow{P} = -\overrightarrow{P} \times \overrightarrow{Q}$$

이다. 즉, 벡터 곱에서는 교환법칙이 성립하지 않는다.

예제 2.2.4 [그림 2.2.10(a)]에서 점 O에 대한 힘 F의 모멘트를 구하여라.

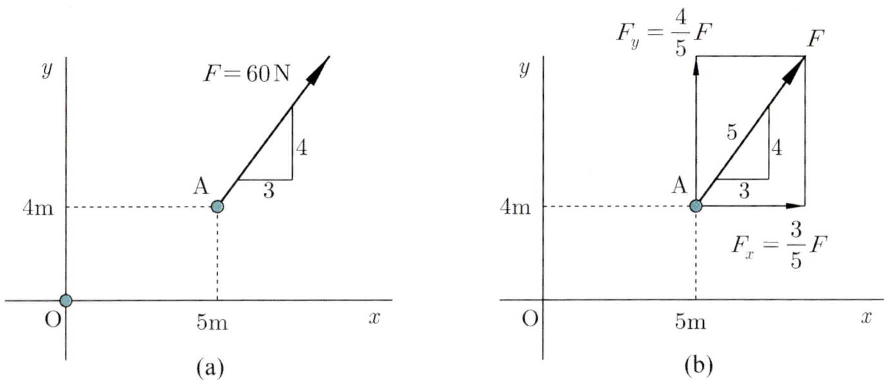

[그림 2.2.10]

풀이 그림 (b)와 같이 힘 F를 x, y 스칼라 성분으로 분해하여 모멘트를 구한다. 점 O에서 점 A까지의 위치벡터 $\vec{r} = 5\vec{i} + 4\vec{j}$ [m]이다.

$$F_x = \frac{3}{5}F = \frac{3}{5} \times 60 = 36 \text{ [N]}$$

$$F_y = \frac{4}{5}F = \frac{4}{5} \times 60 = 48 \text{ [N]}$$

$$\therefore \ M_O = xF_y - yF_x = 5 \times 48 - 4 \times 36 = 96 \text{ [N·m]} \ (\curvearrowleft)$$

예제 2.2.5 [그림 2.2.11]에서 400 N의 힘이 점 O에 대해 작용하는 모멘트를 구하여라.

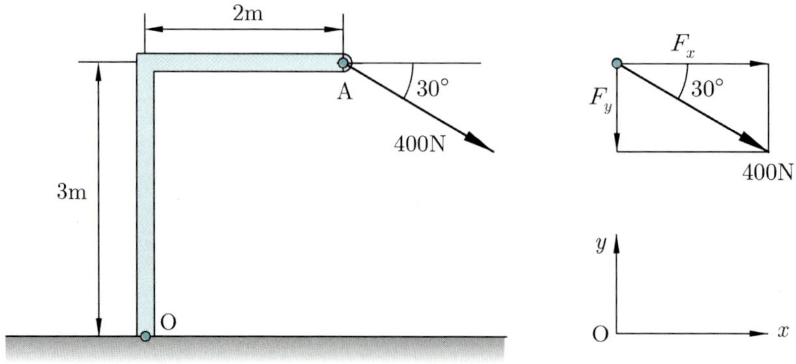

[그림 2.2.11]

풀이 (1) 점 A에 작용하는 400N의 힘을 x, y 스칼라 성분으로 분해하여 모멘트를 구한다. 위치벡터 $\vec{r} = 2\vec{i} + 3\vec{j}$ [m]이다.

$$F_x = 400\cos 30° = 346.41\ [\text{N}]$$
$$F_y = -400\sin 30° = -200\ [\text{N}]$$
$$\therefore\ M_O = xF_y - yF_x = 2\times(-200) - 3\times(346.41)$$
$$= -1439.23\,[\text{N}\cdot\text{m}]$$

시계방향을 양(+)으로 잡았으므로 음(−)의 부호는 모멘트가 반시계방향으로 작용하는 것을 의미한다. 따라서 모멘트를 다음과 같이 쓸 수 있다.

$$M_O = 1439.23\ [\text{N}\cdot\text{m}]\,(\curvearrowright)$$

(2) 400N의 힘을 직각성분으로 대체하면

$$F_1 = 400\cos 30° = 346.41\ [\text{N}]\,(\rightarrow)$$
$$F_2 = 400\sin 30° = 200\ [\text{N}]\,(\downarrow)$$

이다. $M = Fd$이고 F_1, F_2에 의한 모멘트는 모두 시계방향이므로

$$M_O = 3\times 346.41 + 2\times 200 = 1439.23\,[\text{N}\cdot\text{m}]\,(\curvearrowright)$$

이다. (바리논의 정리에 의해 임의의 점에 작용하는 힘 모멘트는 그 힘의 각 성분들에 의한 모멘트의 합과 같다.)

2차원 평면에서 모멘트를 구할 때 (1)과 같이 공식

$$M_O = xF_y - yF_x$$

을 적용하려 하지 말고 (2)와 같이 각 성분(F_x, F_y)의 모멘트를 구하여 합하는 것이 편리하다. 단, 이때는 모멘트의 회전방향(시계방향 또는 반시계방향)을 잘 살펴보아야 한다. 회전방향이 같을 때는 대수적으로 합하고 다를 때는 큰 값에서 작은 값을 뺀 값이 전체 모멘트의 크기가 된다. 모멘트의 회전 방향은 큰 값의 회전방향과 같다.

예제 2.2.6 [그림 2.2.12]의 굽은 봉에 작용하는 네 힘의 점 O에 대한 모멘트 합을 구하여라.

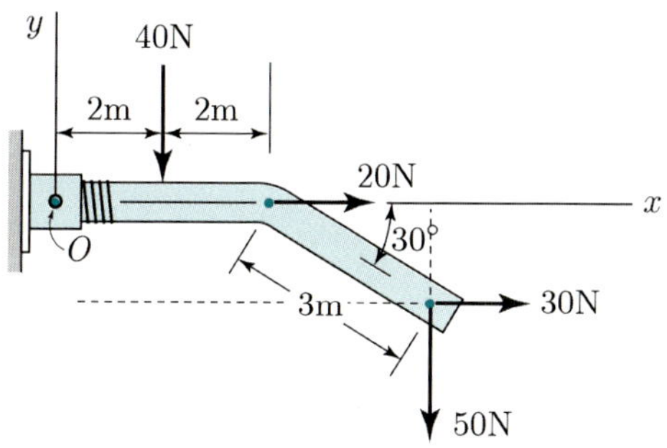

[그림 2.2.12]

풀이 반시계방향(↶)의 모멘트를 양(+)으로 가정하고 모멘트 합을 구한다. 그림에서 40N과 50N에 의한 모멘트는 시계방향(↷)이고, 30N에 의한 모멘트는 반시계방향(↶)이며, 20N의 힘에 대해서는 팔의 길이가 0이다. 따라서

$$M_O = -(40\text{N} \cdot 2\text{m}) + (20\text{N} \cdot 0\text{m}) + (30\text{N} \cdot 3\sin 30°\,\text{m}) - [50\text{N} \cdot (4 + 3\cos 30°)\,\text{m}]$$

$$\therefore\ M_O = -364.9\,[\text{N} \cdot \text{m}] = 364.9\,[\text{N} \cdot \text{m}](\curvearrowright)$$

이다. 위 모멘트를 벡터로 표현하면 $\overrightarrow{M_O} = -364.9\vec{k}\,[\text{N} \cdot \text{m}]$이다.

| 심화학습 | 3차원 모멘트

(2×2) 행렬 $A=\begin{bmatrix} a & b \\ c & d \end{bmatrix}$의 행렬식은 다음과 같다.

$$\det(A)=|A|=\begin{vmatrix} a & b \\ c & d \end{vmatrix}=ad-bc$$

그리고 (3×3) 행렬의 행렬식은 다음과 같이 계산된다.

$$\begin{aligned}\overrightarrow{M}&=\begin{vmatrix} \vec{i} & \vec{j} & \vec{k} \\ x & y & z \\ F_x & F_y & F_z \end{vmatrix}=\vec{i}\begin{vmatrix} y & z \\ F_y & F_z \end{vmatrix}-\vec{j}\begin{vmatrix} x & z \\ F_x & F_z \end{vmatrix}+\vec{k}\begin{vmatrix} x & y \\ F_x & F_y \end{vmatrix}\\ &=(yF_z-zF_y)\vec{i}-(xF_z-zF_x)\vec{j}+(xF_y-yF_x)\vec{k}\end{aligned}$$

직각좌표계에서 각 벡터를 성분으로 표현하였을 때 다음과 같이 행렬식으로써 벡터 곱을 나타낼 수 있다.

$$\begin{aligned}\overrightarrow{P}\times\overrightarrow{Q}&=\begin{vmatrix} \vec{i} & \vec{j} & \vec{k} \\ P_x & P_y & P_z \\ Q_x & Q_y & Q_z \end{vmatrix}\\ &=(P_yQ_z-P_zQ_y)\vec{i}-(P_xQ_z-P_zQ_x)\vec{j}+(P_xQ_y-P_yQ_x)\vec{k}\end{aligned}$$

여기에서 $\overrightarrow{P}=P_x\vec{i}+P_y\vec{j}+P_z\vec{k}$, $\overrightarrow{Q}=Q_x\vec{i}+Q_y\vec{j}+Q_z\vec{k}$이다.

따라서 3차원 공간에서 점 $\mathrm{A}(x,y,z)$에 작용하는 힘 $\overrightarrow{F}=F_x\vec{i}+F_y\vec{j}+F_z\vec{k}$의 원점(O)에 대한 모멘트는 다음과 같이 표현된다.

$$\begin{aligned}\overrightarrow{M_{\mathrm{O}}}=\overrightarrow{r_{\mathrm{A/O}}}\times\overrightarrow{F}&=\begin{vmatrix} \vec{i} & \vec{j} & \vec{k} \\ x & y & z \\ F_x & F_y & F_z \end{vmatrix}\\ &=(yF_z-zF_y)\vec{i}+(zF_x-xF_z)\vec{j}+(xF_y-yF_x)\vec{k}\end{aligned}$$

예제 2.2.7 점 A의 위치벡터가 $\vec{r}=5\vec{i}-3\vec{j}+6\vec{k}$ [m]일 때 점 A에 작용하는 힘 $\overrightarrow{F}=-4\vec{i}+7\vec{j}+2\vec{k}$ [N]의 원점(O)에 대한 모멘트 크기를 구하여라.

풀이 모멘트의 정의에 의해 원점에 대한 모멘트는

$$\overrightarrow{M_O} = \overrightarrow{r_{A/O}} \times \vec{F} = \begin{vmatrix} \vec{i} & \vec{j} & \vec{k} \\ x & y & z \\ F_x & F_y & F_z \end{vmatrix} = \begin{vmatrix} \vec{i} & \vec{j} & \vec{k} \\ 5 & -3 & 6 \\ -4 & 7 & 2 \end{vmatrix}$$

$$= (-3 \times 2 - 6 \times 7)\vec{i} - [5 \times 2 - 6 \times (-4)]\vec{j} + [5 \times 7 - (-3) \times (-4)]\vec{k}$$

$$= -48\vec{i} - 34\vec{j} + 23\vec{k} \ [\text{N} \cdot \text{m}]$$

이고, 모멘트 크기(M_O)는 다음과 같다.

$$M_O = \sqrt{(-48)^2 + (-34)^2 + 23^2} = 63.16 \ [\text{N} \cdot \text{m}]$$

2.2 연습문제

E·X·E·R·C·I·S·E·S

1. 점 A에 작용하는 200N의 힘의 점 O에 대한 모멘트를 구하여라.

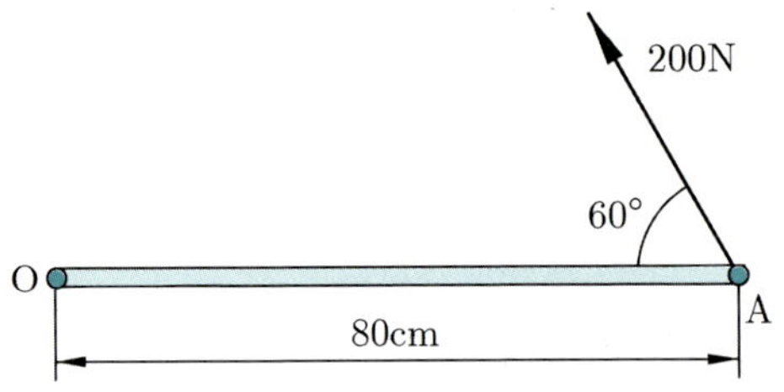

[문제 2.2.1]

2. 세 힘에 의해 점 O에 작용하는 모멘트 합을 구하여라.

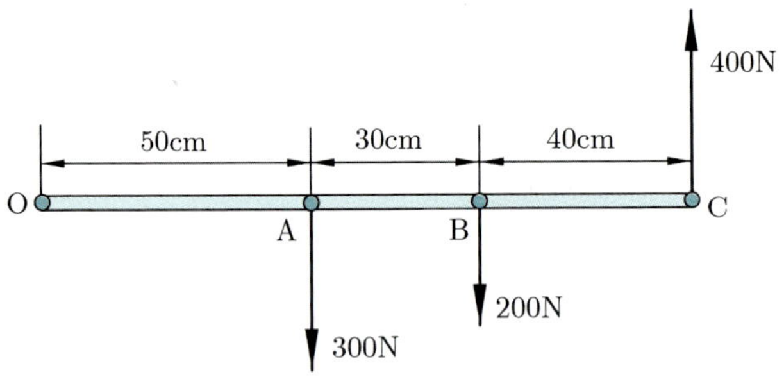

[문제 2.2.2]

3. 두 힘에 의해 점 O에 작용하는 모멘트 합을 구하여라.

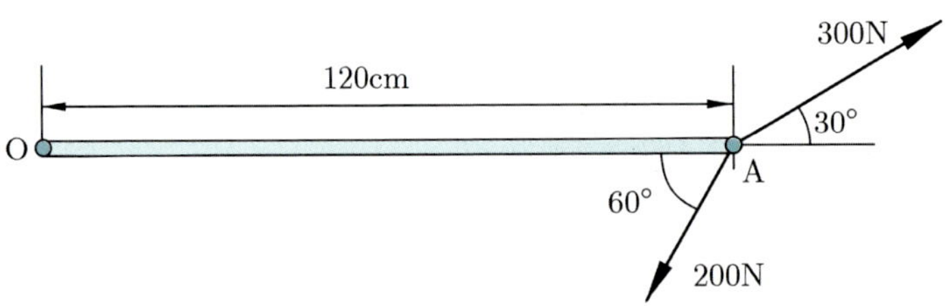

[문제 2.2.3]

4. 두 힘에 의해 점 A에 작용하는 모멘트 합을 구하여라.

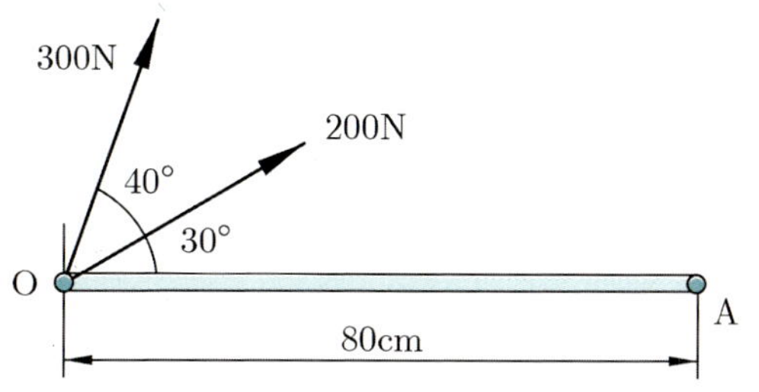

[문제 2.2.4]

5. 세 힘에 의해 점 O에 작용하는 모멘트 합을 구하여라.

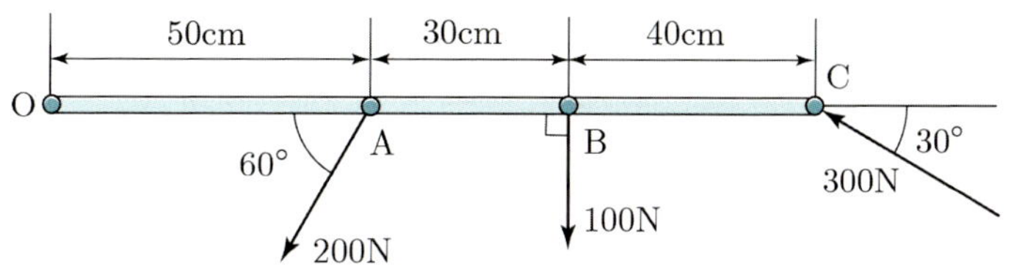

[문제 2.2.5]

6. 힘 $F = 80\text{N}$의 점 O에 대한 모멘트를 구하여라.

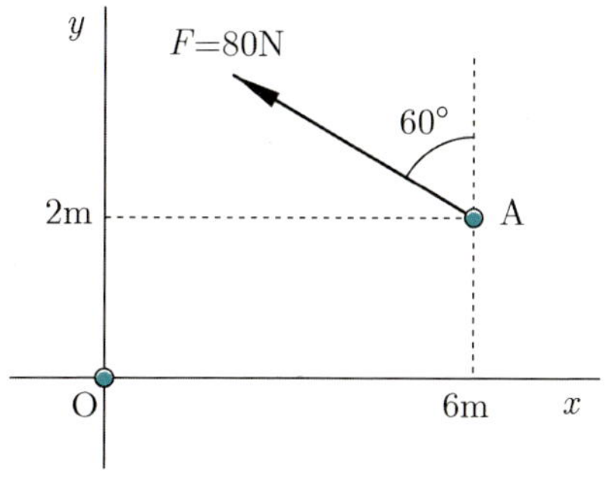

[문제 2.2.6]

7. 힘 F의 점 O에 대한 모멘트를 구하여라.

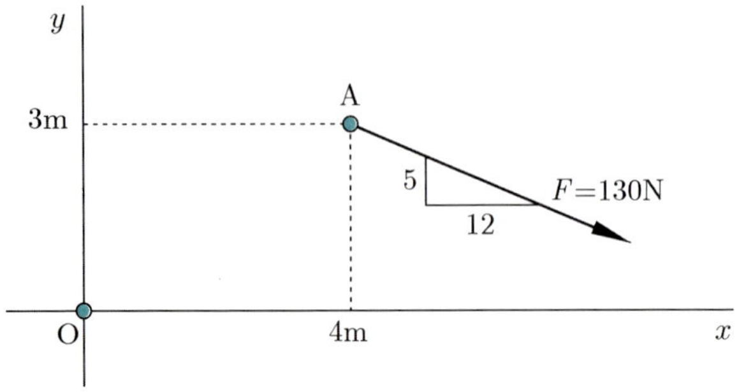

[문제 2.2.7]

8. 힘 F의 점 B와 C에 대한 모멘트를 각각 구하여라.

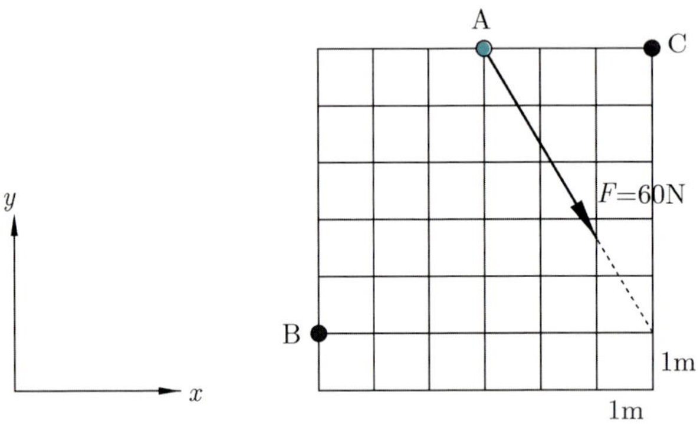

[문제 2.2.8]

9. (1) $\theta = 30°$일 때 힘 F의 점 O에 대한 모멘트를 구하여라. (2) 힘 F의 점 O에 대한 모멘트가 0일 때와 모멘트가 최대가 되는 θ의 값을 각각 구하여라.

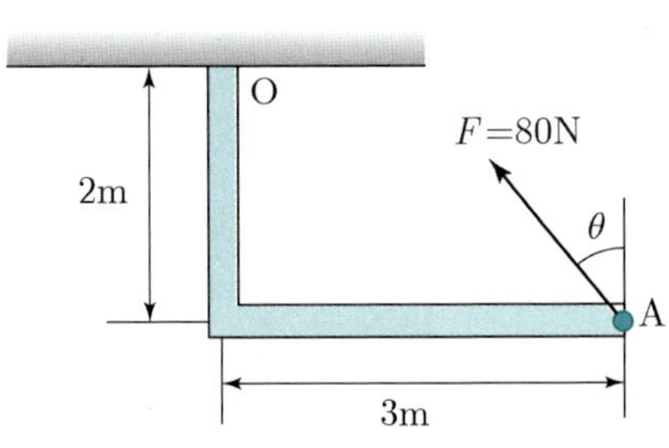

[문제 2.2.9]

10. 다음과 같은 구조물에서 2kN의 힘에 의해 A 점에 발생하는 모멘트의 크기[kN · m]를 구하여라. [공무원 임용시험]

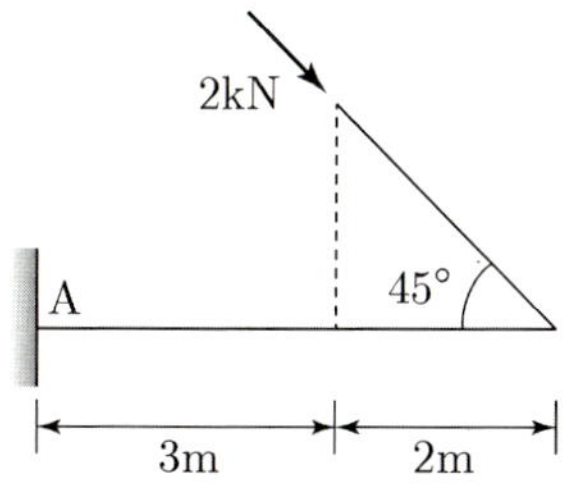

[문제 2.2.10]

11. 그림과 같은 좌표계에서 $P=2\,\text{kN}$과 $Q=3\,\text{kN}$의 힘이 작용하고 있다. 두 힘의 원점(O)에 대한 모멘트 합을 구하여라.

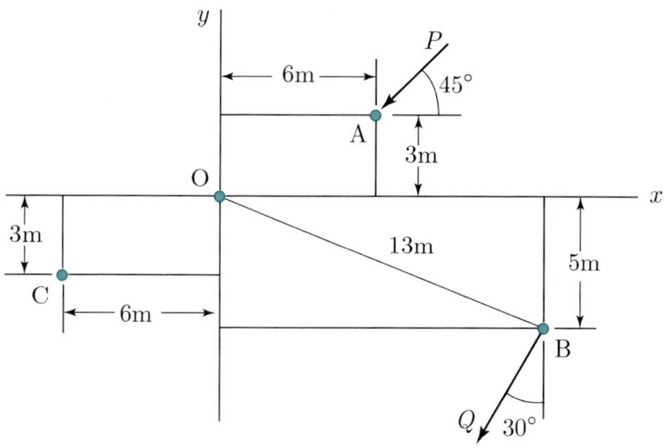

[문제 2.2.11]

12. 그림과 같이 힘 $F(0 \le \theta \le 180°)$가 작용하고 있다. 다음을 구하여라.

(1) 점 A에 대해 최대 모멘트를 발생시키는 각 θ와 최대 모멘트 값

(2) 점 A에 대해 최소 모멘트를 발생시키는 각 θ와 최소 모멘트 값

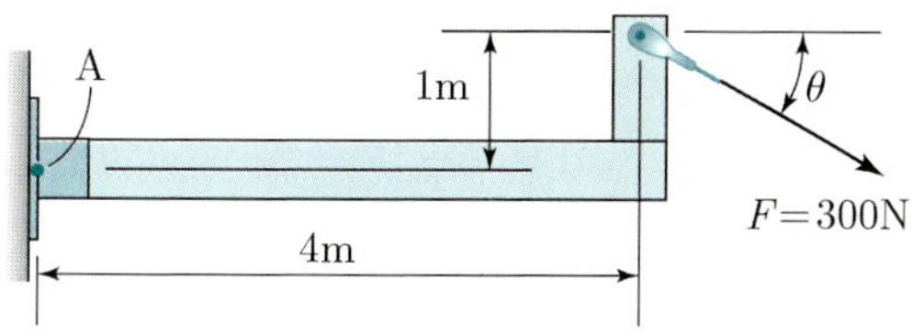

[문제 2.2.12]

2.3 평형

정지해 있는 어떤 물체에 두 개 이상의 힘이 작용하여도 힘을 받지 않을 때와 같은 상태로 정지하고 있을 때 물체에 작용하는 힘들은 평형 상태에 있다고 한다. 운동하는 물체에 여러 힘이 작용하여도 그 물체의 운동 상태에 변화가 없을 때도 그 힘들은 평형 상태에 있다고 한다. 즉, 물체에 작용하는 힘이 평형 상태에 있을 때 그 물체의 운동 상태가 변하지 않는다.

기계공학에서 '정역학(statics)'은 작용하고 있는 힘이 평형을 이루는 물체를 다루며, 정역학을 통하여 정지된 구조물에서의 반력과 외력과 내력의 관계를 결정할 수 있으므로 정역학은 역학의 가장 기본적인 분야이다. 힘이 작용하는 구조물에서의 많은 공학적 문제는 정역학으로써 해석할 수 있다. 정역학으로 구한 외력과 구조물 내부의 내력과의 관계는 재료역학(고체역학)의 기본이 된다.

1 자유물체도

고려하는 물체를 원래의 상태로부터 분리하여 그 물체에 작용하는 모든 외력을 그림으로 나타낸 것을 자유물체도(free body diagram, FBD)라 한다.

설명 공업역학에서 다루는 문제는 대상 물체에 작용하는 모든 외력을 알아야 하는데 이 외력을 구하기 위해 가장 먼저 해야 할 일은 자유물체도를 그리는 일이다. 자유물체도를 그리는 기본적인 과정은 다음과 같다.

- ○ 1단계 : 분리하여 해석하고자 하는 물체를 선정한 후 정해진 물체를 그린다.
- ○ 2단계 : 물체의 경계에 작용하는 모든 힘을 표시한다.
- ○ 3단계 : 문제 해결에 필요한 주어진 치수를 기입한다. 필요한 경우 좌표축을 선정하고 자유물체도에 표시한다.

여기에서 힘이란 물체에 직접 작용하는 힘은 물론이고, 물체의 무게(체적력), 물체 상호간의 마찰력, 접촉력, 받침점의 반력 등, 그 물체에 작용하는 모든 힘을 말한다. 물체를 분리하는 과정에서 제거된 물체와의 상호 작용에 의해 발생하는 힘을 표시할 때는 작용과 반작용의 원칙을 따른다.

2 접촉력, 반력, 체적력, 작용과 반작용

[1] 접촉력, 반력

두 물체 사이의 직접적인 물리적 접촉을 통하여 발생하는 힘을 접촉력(contact force)이라 하고, 일반적으로 지지점으로부터 물체에 전달되는 힘을 반력(reactive force)이라 한다.

[2] 체적력

중력(gravity force), 전기력(electric force), 자기력(magneic force) 등과 같이 힘이 작용하는 어떤 장(field) 안에서 물체가 받는 힘을 체적력(body force)이라 한다. 기계공학의 역학에서 주로 다루는 것은 중력에 의한 물체의 무게이다.

[3] 작용과 반작용 법칙

뉴턴의 제3법칙에 의하면 힘의 작용은 항상 크기가 같고 방향이 반대인 반작용력을 동반하게 된다. 자유물체도를 그릴 때 해석하고자 하는 물체를 고립시킨 후에 그 물체에 작용하는 힘을 나타내어야 한다.

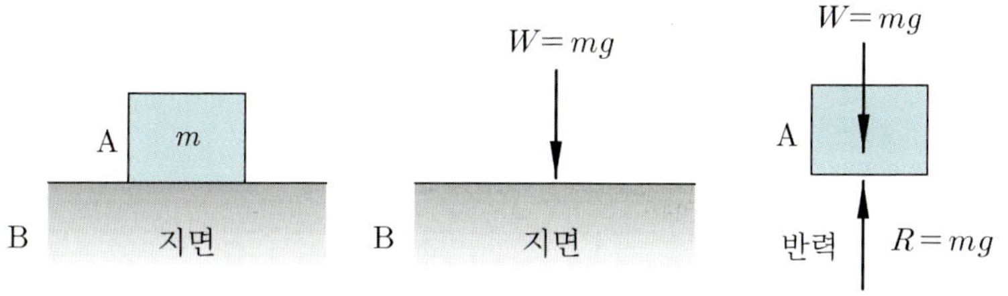

(a) 공간도 (b) (c)

[그림 2.3.1]

설명 두 물체 A와 B가 접촉하여 A가 B를 누르면 작용과 반작용의 법칙에 따라 B는 A를 같은 힘으로 밀어내게 된다. 이와 같은 힘을 접촉점에서의 반력이라 한다. [그림 2.3.1(a)]와 같이 지면에 물체가 놓여있는 경우 지면 B에는 물체의 무게 $W=mg$에 의한 힘이 아래 방향으로 작용한다[그림 (b)]. 이때 그림 (c)와 같이 물체 A의 바닥에는 작용과 반작용의 법칙에 따라 지면 B에 의해 $R=mg$의 힘이 윗 방향으로 작용하게 된다. 여기에서 A가 지면으로부터 받는 힘 R을 반력이라 한다. [표 2.3.1]에는 2차원 해석에 관한 역학에서의 힘의 작용(반력의 형태)에 대한 일반적인 모양을 나타내었다.

[표 2.3.1] 지지점과 연결점에서의 반력

지지점 또는 연결점	반력의 형태
1. 유연한 케이블, 줄 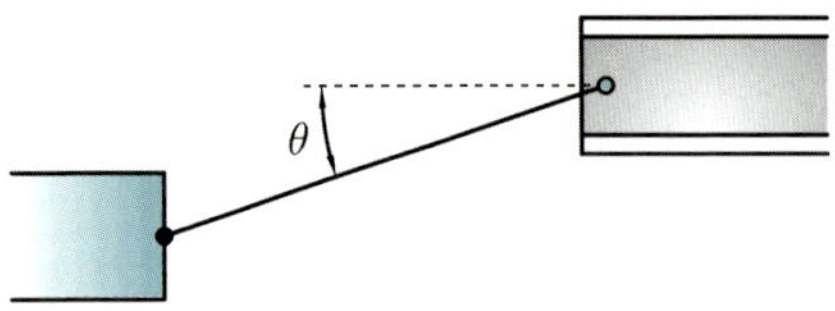	[방향을 아는 힘]−줄에 의해 작용하는 힘은 줄 방향으로 물체 밖으로 작용하는 인장력이다. 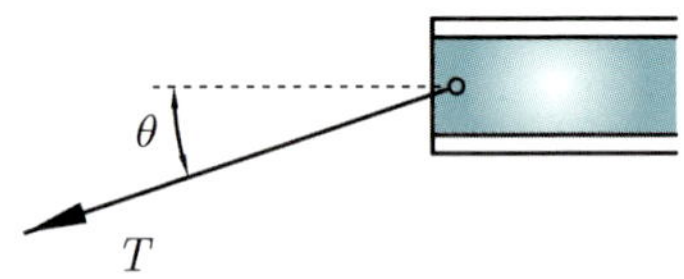
2. 롤러, 로커, 마찰 없는 면 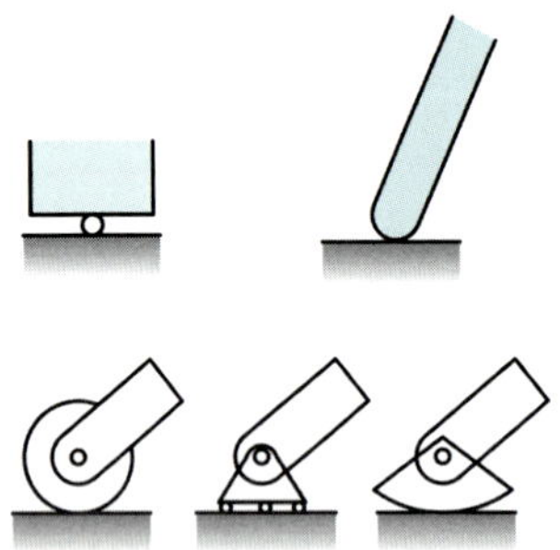	[방향을 아는 힘]−압축력을 전달하며 압축력은 면에 수직이다. 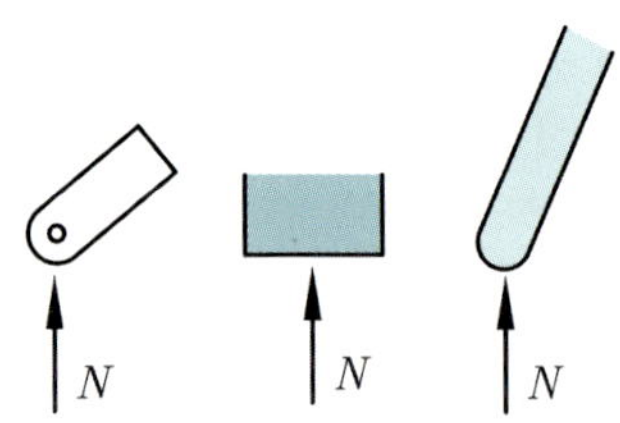
3. 마찰 없는 핀 또는 힌지, 마찰 면 	[방향을 모르는 힘]−수직분력(R_y)과 수평분력(R_x)을 모두 가질 수 있다. 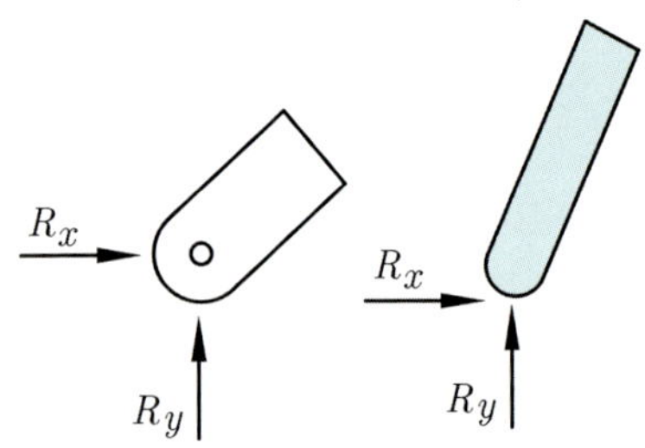

<table>
<tr><th>지지점 또는 연결점</th><th>반력의 형태</th></tr>
<tr><td>4. 마찰 없이 미끄러지는 가이드
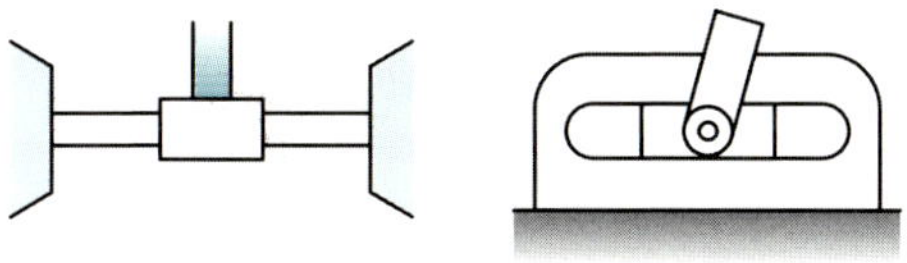</td><td>[방향을 아는 힘]−압축력을 전달하며 압축력은 면에 수직이다.
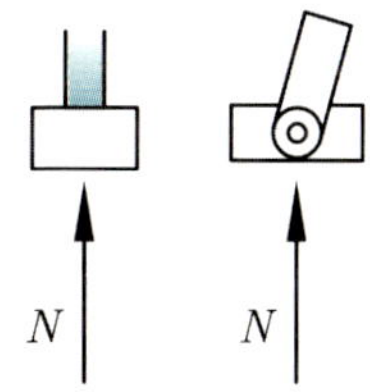</td></tr>
<tr><td>5. 박혀있거나 고정된 지지
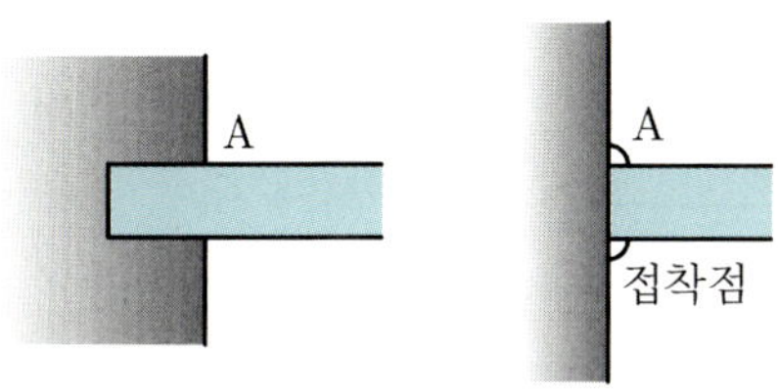</td><td>[힘과 굽힘 모멘트]−축 방향 하중(F), 전단 방향 하중(V), 굽힘 모멘트(M)를 모두 지지한다.
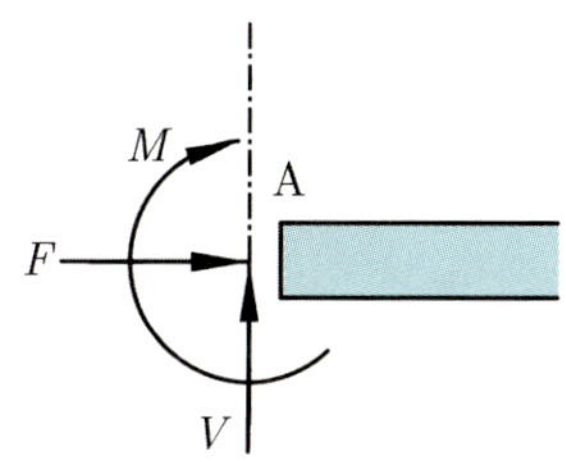</td></tr>
<tr><td>6. 중력
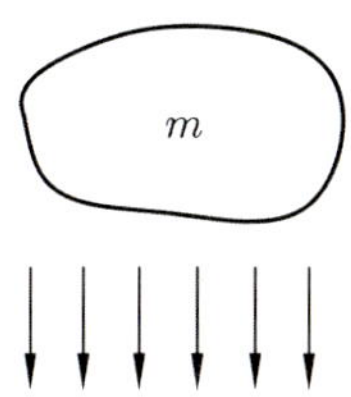</td><td>[중력에 의한 물체의 무게]−질량 m의 물체에 작용하는 무게 $W=mg$이며 물체의 질량 중심을 통과하여 지구 중심을 향한다(연직 하방).
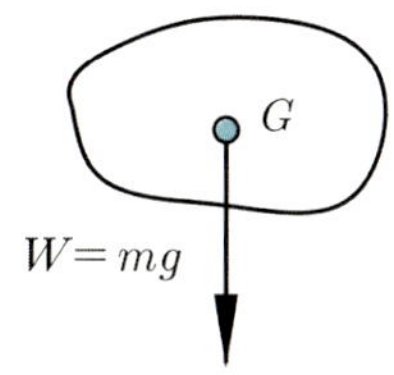</td></tr>
</table>

자유 물체도 예

예 1 [그림 2.3.2]의 (a)와 같이 두 개의 끈으로 물체를 매달 때 끈 OA, OB에는 물체의 무게 W에 의해 인장력이 걸린다. OA, OB에 걸리는 인장력을 각각 F_1, F_2라 하고, 점 O를 질점으로 잡아 점 O에 대한 자유물체도를 그리면 그림 (b)와 같다.

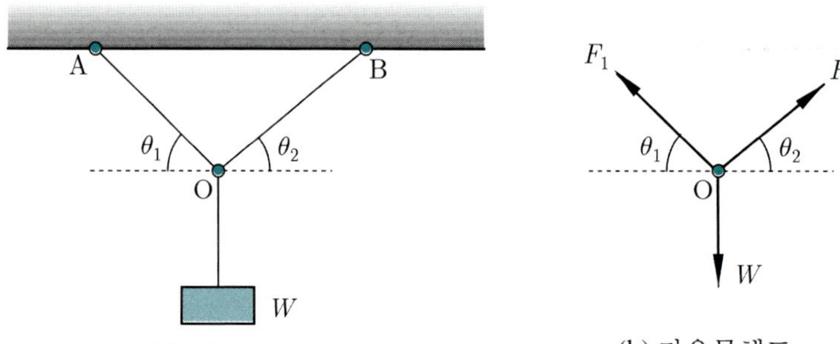

(a) 공간도 (b) 자유물체도

[그림 2.3.2]

예 2 [그림 2.3.3]의 (a)와 같이 길이 L, 무게 W의 균일한 보가 아래 방향으로 하중 P를 받고 있다. 이때 보가 역학적으로 평형을 이루기 위해서는 보의 양 끝단에서 보의 무게와 하중을 지지해 주는 반력이 있어야 한다. 이 반력을 각각 R_A, R_B라 하면, 보의 무게 중심은 보의 중앙에 있으므로 (b)와 같은 보에 대한 자유물체도를 그릴 수 있다.

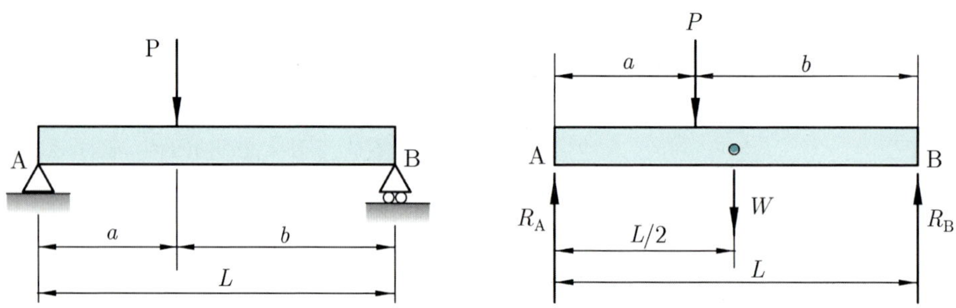

(a) 공간도 (b) 자유물체도

[그림 2.3.3]

예 3 [그림 2.3.4]의 (a)와 같이 벽에 박혀서 고정된 보의 끝에 하중 P가 작용하고 있다. 보의 박힌 부분에서는 반력과 반력 모멘트가 모두 존재하므로 고정점 A에서의 반력의 수평 성분을 H_A, 수직 성분을 R_A, 반력모멘트를 M_A라 하고, 보의 무게를 무시하면 보에 대한 자유물체도는 그림 (b)와 같다. 보의 무게($W = mg$)를 고려할 때는 균일한 보의 경우 보의 중앙에 아래 방향으로 작용하는 하중 W를 도시하면 된다.

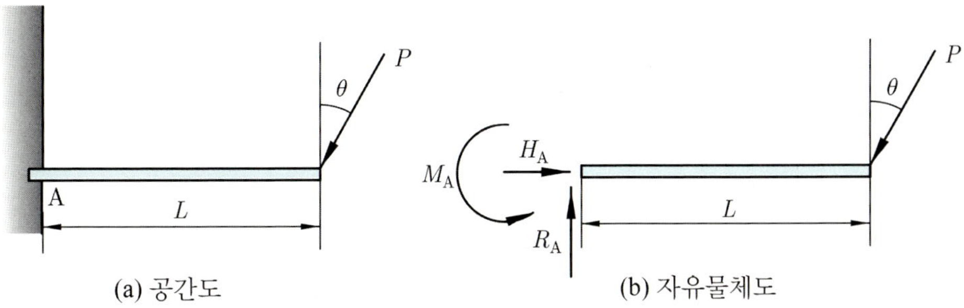

[그림 2.3.4]

예 4 [그림 2.3.5]의 (a)와 같이 매끄러운 수직 벽(A)과 거친 바닥(B)으로 지지되고 있는 질량 m인 물체가 있다. 매끄러운 수직 벽(A)과 물체의 접촉점에는 벽면에 수직 방향의 반력(A)만 존재한다. 이에 반해 거친 바닥(B)과 물체의 접촉점에는 바닥의 표면에 수직인 성분(B_y)과 수평 성분(B_x)이 모두 존재할 수 있다. 그리고 연직 아래 방향(↓)으로 $W=mg$의 무게가 물체의 무게 중심에 작용한다. 이와 같은 힘들을 물체에 대한 자유물체도에 나타내면 그림 (b)와 같다.

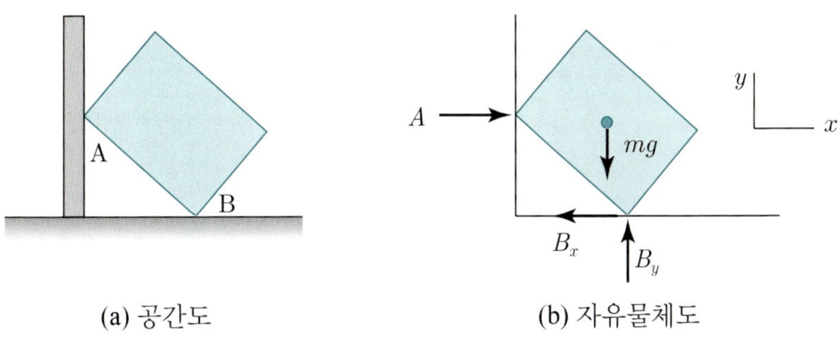

[그림 2.3.5]

이상과 같이 자유물체도가 구성되면 여기에서 힘의 평형조건을 적용하여 구하고자 하는 미지력을 얻을 수 있다.

3 질점에 작용하는 힘의 평형

질점(한 점)에 작용하는 여러 힘들 $\overrightarrow{F_1}$, $\overrightarrow{F_2}$, ⋯, $\overrightarrow{F_n}$이 평형이 되기 위해서는 모든 힘들의 합이 0이 되어야 한다.

$$\sum \vec{F} = 0 \quad \cdots (2.3.1)$$

따라서 힘은 벡터이므로 $\vec{F} = F_x\vec{i} + F_y\vec{j} + F_z\vec{k}$로 나타나면 일반적으로 다음과 같이 각 힘들의 x, y, z 스칼라 성분의 합이 각각 0이 되고,

$$\sum F_x = 0, \quad \sum F_y = 0, \quad \sum F_z = 0 \quad \cdots (2.3.2)$$

2차원인 경우 질점에 대한 평형조건은

$$\sum F_x = 0, \quad \sum F_y = 0 \quad \cdots (2.3.3)$$

이다. 즉, 여러 힘들의 수평 분력의 합과 수직 분력의 합이 각각 0이다.

설명 힘이 평형을 이룰 때 $\sum \vec{F} = 0$이고, 뉴턴의 운동법칙 $\sum \vec{F} = m\vec{a}$에서 가속도 $\vec{a} = 0$이므로 물체의 운동 상태에 변화가 없다. 각각의 힘 $\vec{F}$를 직각성분으로 분해하면

$$\sum (F_x\vec{i} + F_y\vec{j} + F_z\vec{k}) = 0$$

$$(\sum F_x)\vec{i} + (\sum F_y)\vec{j} + (\sum F_z)\vec{k} = 0$$

따라서 질점이 평형의 이루기 위한 필요충분조건은

$$\sum F_x = 0, \quad \sum F_y = 0, \quad \sum F_z = 0$$

이다. 이와 같이 한 질점에 작용하는 모든 힘의 합력이 0일 때 그 질점은 역학적으로 평형상태에 있다고 한다.

한 점에 작용하는 두 힘 $\vec{F_1}$, $\vec{F_2}$이 평형을 이루기 위해서는 $\vec{F_1} + \vec{F_2} = 0$이므로 $\vec{F_1} = -\vec{F_2}$이다. 즉, [그림 2.3.6]과 같이 두 힘은 크기가 같고 방향이 반대일 때 평형이 된다.

[그림 2.3.6]

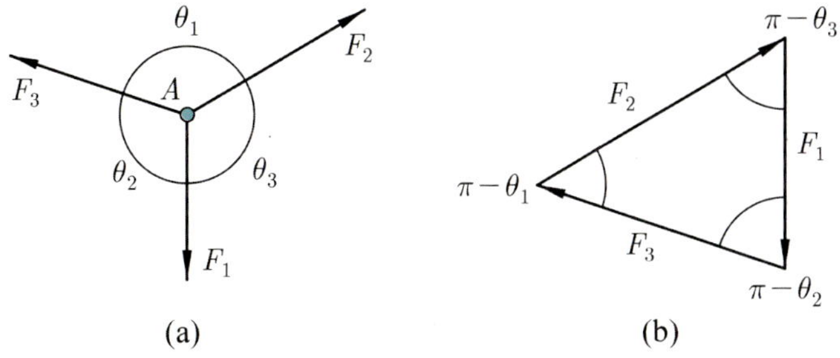

[그림 2.3.7]

한 점에 세 힘이 작용할 때[그림 2.3.7(a)] 합력이 0이 되기 위해서는 그림 (b)와 같이 힘의 삼각형을 그릴 경우 힘의 종점이 시작점과 일치해야 한다. 따라서 사인 법칙에 의해

$$\frac{F_1}{\sin(\pi-\theta_1)}=\frac{F_2}{\sin(\pi-\theta_2)}=\frac{F_3}{\sin(\pi-\theta_3)}$$

$$\therefore\ \frac{F_1}{\sin\theta_1}=\frac{F_2}{\sin\theta_2}=\frac{F_3}{\sin\theta_3} \quad \cdots (2.3.4)$$

가 성립한다. 이것을 라미의 정리(Lami's theorem)라 한다.

† 질점(particle, point) : 운동할 때 그 크기와 형상을 무시할 수 있으며 질점의 질량 중심의 위치만을 고려한다. 역학 문제에서 물체를 질점으로 가정하면 질량이 한 점에 집중되어 있고, 물체의 회전을 고려할 필요가 없으므로 해석이 간단해진다.
일반적으로 질점에 작용하는 힘[그림 2.3.8(a)]의 합력이 0이 되기 위해서는 그림 (b)와 같이 힘의 다각형을 그렸을 때 힘의 시작점과 끝점이 일치해야 한다. 즉, $\overrightarrow{F_1}$을 점 O에서 시작하게 하고, $\overrightarrow{F_2}$, $\overrightarrow{F_3}$, $\cdots$, $\overrightarrow{F_n}$을 차례로 종점과 시점이 연결되도록 배열하면 $\overrightarrow{F_n}$의 종점이 시작점 O에 일치하는 것을 알 수 있다. 질점에서 힘이 평형을 이룰 때 이와 같이 하나의 닫힌 다각형을 형성한다.

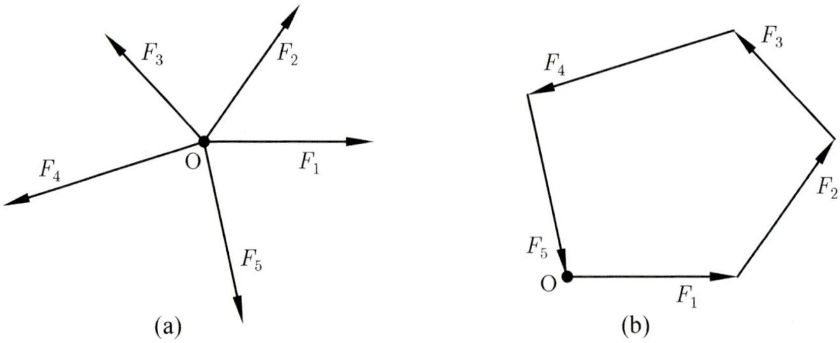

[그림 2.3.8]

예제 2.3.1 [그림 2.3.9]와 같이 두 개의 끈 OA, OB로 무게 100N의 물체를 매달 때 두 끈에 걸리는 장력을 구하여라.

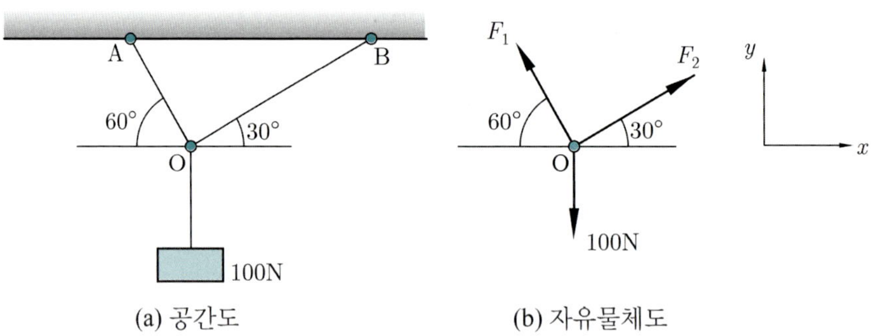

[그림 2.3.9]

풀이 그림(a)에서 점 O에 작용하는 힘의 평형을 고려한다. 끈 OA, OB에 걸리는 힘을 각각 F_1, F_2라 하면 그림 (b)와 같이 세 힘이 평형을 이룬다.

(1) [힘의 성분 이용] $\overrightarrow{F_1}$, $\overrightarrow{F_2}$를 각각 x, y 성분으로 분해하면

$$\overrightarrow{F_1} = F_1(-\cos 60° \vec{i} + \sin 60° \vec{j}) = F_1\left(-\frac{1}{2}\vec{i} + \frac{\sqrt{3}}{2}\vec{j}\right)$$

$$\overrightarrow{F_2} = F_2(\cos 30° \vec{i} + \sin 30° \vec{j}) = F_2\left(\frac{\sqrt{3}}{2}\vec{i} + \frac{1}{2}\vec{j}\right)$$

이다. 따라서 2차원에서 질점에 대한 힘의 평형 조건을 적용하면 세 힘의 수평성분의 합은 $0(\sum F_x = 0)$에서

$$-\frac{1}{2}F_1+\frac{\sqrt{3}}{2}F_2=0 \qquad \cdots①$$

이고, 수직성분의 합은 $0(\sum F_y=0)$에서

$$\frac{\sqrt{3}}{2}F_1+\frac{1}{2}F_2-100=0 \qquad \cdots②$$

이다. ①, ②를 연립하여 풀면

$$F_1=50\sqrt{3}\ [\mathrm{N}],\ \ F_2=50\ [\mathrm{N}]$$

이 구해진다. ①에서 $F_1=\sqrt{3}\,F_2$이므로 이것을 ②에 대입하면 $F_2=50\,\mathrm{N}$이고, $F_1=\sqrt{3}\,F_2=50\sqrt{3}\,\mathrm{N}$이다.

(2) [라미의 정리 이용] 100N을 F_3이라 하면 F_1, F_2, F_3에 마주보는 대각은 각각

$$\theta_1=30°+90°=120°,\quad \theta_2=60°+90°=150°$$
$$\theta_3=180-(30°+60°)=90°$$

이다. 라미의 정리

$$\frac{F_1}{\sin\theta_1}=\frac{F_2}{\sin\theta_2}=\frac{F_3}{\sin\theta_3}$$

에서 $F_3=100\,\mathrm{N}$이므로 F_1, F_2는 다음과 같다.

$$F_1=\frac{\sin\theta_1}{\sin\theta_3}F_3=\frac{\sin120°}{\sin90°}\times100=50\sqrt{3}\ [\mathrm{N}]$$
$$F_2=\frac{\sin\theta_2}{\sin\theta_3}F_3=\frac{\sin150°}{\sin90°}\times100=50\ [\mathrm{N}]$$

예제 2.3.2 [그림 2.3.10]에서 $F_1=200\,\mathrm{N}$, $F_2=150\,\mathrm{N}$, $F_3=100\,\mathrm{N}$이다. 네 힘이 평형을 이루고 있을 때 $\overrightarrow{F_4}$의 x, y 스칼라성분 및 힘의 크기와 각 θ를 구하여라.

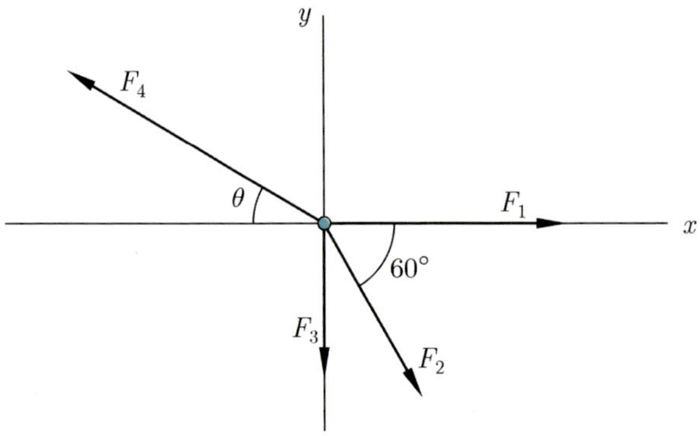

[그림 2.3.10]

풀이 $\overrightarrow{F_1}$, $\overrightarrow{F_2}$, $\overrightarrow{F_3}$을 각각 x, y 성분으로 나타내면 다음과 같다.

$$\overrightarrow{F_1} = 200\vec{i} \text{ [N]}$$
$$\overrightarrow{F_2} = 150(\cos 60°\vec{i} - \sin 60°\vec{j}) = 75\vec{i} - 75\sqrt{3}\vec{j} \text{ [N]}$$
$$\overrightarrow{F_3} = -100\vec{j} \text{ [N]}$$

질점에 대한 힘의 평형 조건($\sum\vec{F} = 0$)을 적용하면

$$\overrightarrow{F_1} + \overrightarrow{F_2} + \overrightarrow{F_3} + \overrightarrow{F_4} = 0$$

$$\begin{aligned} \therefore \quad \overrightarrow{F_4} &= -\overrightarrow{F_1} - \overrightarrow{F_2} - \overrightarrow{F_3} \\ &= -200\vec{i} - (75\vec{i} - 75\sqrt{3}\vec{j}) - (-100\vec{j}) \text{ [N]} \\ &= -275\vec{i} + (100 + 75\sqrt{3})\vec{j} \text{ [N]} = -275\vec{i} + 229.9\vec{j} \text{ [N]} \end{aligned}$$

이다. 따라서 $\overrightarrow{F_4}$의 x, y 스칼라성분은

$$F_{4x} = -275 \text{ [N]}, \; F_{4y} = 229.9 \text{ [N]}$$

이고, 힘의 크기 $|\overrightarrow{F_4}|$와 각 θ는 다음과 같다.

$$|\overrightarrow{F_4}| = \sqrt{(F_{4x})^2 + (F_{4y})^2} = \sqrt{(-275)^2 + (229.9)^2} = 358.4 \text{ [N]}$$
$$\theta = \tan^{-1}\left(\frac{229.9}{275}\right) = 39.9°$$

4 강체의 평형 조건

물체가 평형 상태에 있을 때 물체에 작용하는 모든 힘의 합력이 0이고, 임의의 점(O)에 대한 모멘트를 모두 합한 값도 0이 되어야 한다.

$$\sum \overrightarrow{F} = 0, \quad \sum \overrightarrow{M_O} = 0 \qquad \cdots (2.3.5)$$

이것을 스칼라 형태로 나타내면 2차원에서 힘의 평형조건은 다음과 같고,

$$\sum F_x = 0, \quad \sum F_y = 0, \quad \sum M_O = 0 \qquad \cdots (2.3.6)$$

3차원인 경우에는 힘과 모멘트의 각 성분에 대한 다음 6개의 조건을 만족해야 한다.

$$\begin{aligned} &\sum F_x = 0, \quad \sum F_y = 0, \quad \sum F_z = 0 \\ &\sum M_x = 0, \quad \sum M_y = 0, \quad \sum M_z = 0 \end{aligned} \qquad \cdots (2.3.7)$$

일반적으로 $\overrightarrow{F} = F_x \vec{i} + F_y \vec{j} + F_z \vec{k}$, $\overrightarrow{M_O} = M_x \vec{i} + M_y \vec{j} + M_z \vec{k}$이다.

설명 물체의 운동은 병진 운동(translation, 이동)과 회전 운동(rotation)의 합으로 나타난다. 물체의 병진운동을 일으키는 힘은 합력에 의한 것이고, 물체가 회전운동을 하려는 경향은 물체에 발생하는 회전력인 모멘트에 의해 일어난다. 따라서 강체가 평형 상태에 있기 위해서는 물체에 작용하는 모든 힘의 합력이 0이고, 임의의 점(O)에 대한 모멘트를 모두 합한 값도 0이 되어야 한다. 예를 들어 [그림 2.3.11]과 같이 두 힘의 합력이 0이 되어도 힘의 작용선이 일치하지 않고 모멘트가 발생하면($M \neq 0$) 물체는 회전하게 된다. 따라서 역학적으로 평형이 되기 위한 필요충분조건은 $\sum \overrightarrow{F} = 0$, $\sum \overrightarrow{M_O} = 0$이다.

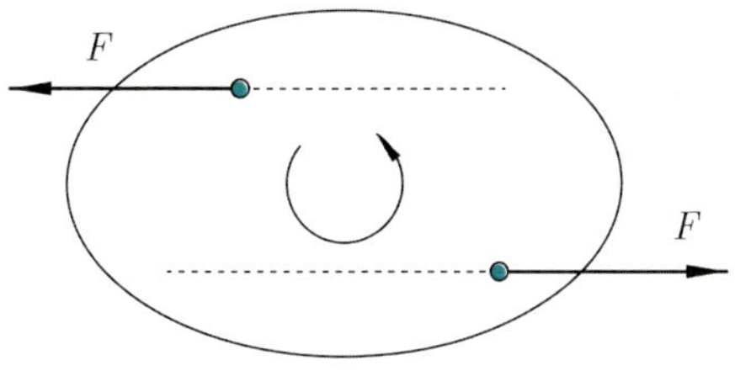

[그림 2.3.11]

† [강체] : 힘이 가해져도 변형이 되지 않는 물체를 강체(rigid body)라 한다. 일반적으로 정역학이나 동역학에서는 강체에서의 힘을 다룬다. 실제 물체는 힘이 가해지면 약간의 형태 변화가 생기므로 힘을 해석하기 위해 실제 물체를 이상화한 것이 강체라고 볼 수 있다. 반면 구조물과 기계요소에서 힘이 작용할 때의 내력 분포와 변형을 다루는 역학의 분야를 변형체 역학이라 하며, 이 분야의 과목에는 재료역학이 있다. 재료역학에서도 기본이 되는 것은 힘의 평형에 대한 개념이다.

예제 2.3.3 [그림 2.3.12]와 같은 단순보에 집중하중 P가 작용할 때 받침점 A, B에서의 반력을 구하여라. 단, 보의 무게는 무시한다.

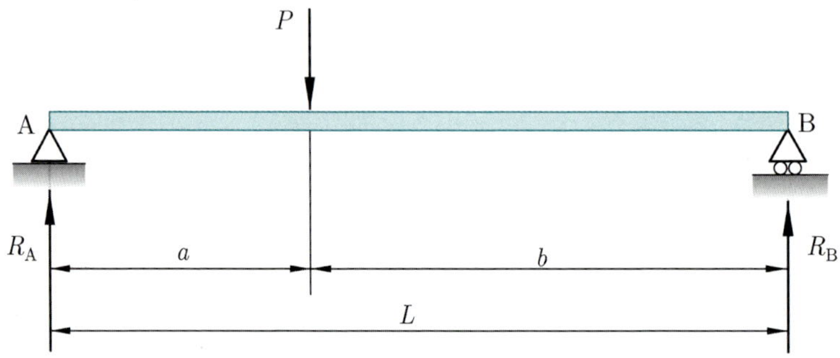

[그림 2.3.12]

풀이 받침점 A, B에서의 반력을 각각 R_A, R_B라 하면 보가 평형을 이루기 위해서는 힘의 합이 0이고, 모멘트 합이 0이다. 먼저 수직방향 힘의 합이 0이라는 조건 $(\sum F_y = 0)$에서

$$R_A + R_B - P = 0 \qquad \cdots ①$$

이다. 식 ①에서 힘의 방향을 위쪽 방향은 양(+), 아래쪽 방향은 음(−)으로 나타내었다. 다음에 점 B에 대한 모멘트 합이 0이라는 조건$(\sum M_B = 0)$에서

$$-R_A \cdot L + P \cdot b + R_B \cdot 0 = 0$$
$$\therefore \ -R_A L + Pb = 0 \qquad \cdots ②$$

이다. 식 ②에서 모멘트 방향은 반시계방향을 양(+)으로 잡아 점 B를 기준점으로 한 힘 P의 모멘트는 양(+), R_A의 모멘트는 음(−)으로 나타내었다. 두 개의 정역학적 평형조건 ①, ②에서 받침점에서의 반력은 다음과 같이 구해진다.

$$R_A = \frac{b}{L}P, \quad R_B = \frac{a}{L}P \qquad \cdots ③$$

여기에서 점 A에 대한 모멘트 합이 0이라는 조건($\sum M_A = 0$)을 적용하면

$$R_A \cdot 0 - P \cdot a + R_B \cdot L = 0$$

$$-Pa + R_B L = 0$$

$$\therefore \; R_B = \frac{a}{L}P$$

로서 기준점을 A로 잡아서 계산해도 같은 값이 구해진다. 즉, 계가 평형을 이룰 때 임의의 점(모든 점)에 대한 모멘트 합이 0이 된다.

† [집중하중] : 힘의 작용선상에 있는 어떤 한 점에 집중하여 작용하는 하중을 집중하중 또는 집중력(concentrated load, concentrated force)이라 한다. 엄밀하게 말하면 집중력은 존재하지 않는다. 왜냐하면 어떤 물체에 기계적으로 가한 힘은 아무리 작더라도 미소한 접촉 면적을 통하여 물체에 전달되기 때문에 분포하중이라 할 수 있다. 그러나 접촉 면적이 작을 때는 집중하중으로 간주하고 해석하여도 큰 문제가 없다. 하중의 SI 단위는 N이다.

† [분포하중] : 단위질량당 무게를 갖는 구조물의 하중, 물의 압력, 땅의 무게에 의한 압력 등과 같이 어느 범위 내에 분포하여 작용하는 하중을 분포하중이라 한다. 분포하중에서 균일한 크기로 작용하는 하중을 등분포하중이라 한다. 분포하중의 SI 단위는 N/m이다.

예제 2.3.4 [그림 2.3.13]와 같이 마찰 없는 핀 A와 롤러 B로 지지되고 있는 트러스에 수평방향으로 4kN, 수직방향으로 5kN의 힘이 작용하고 있다. A와 B에서의 반력의

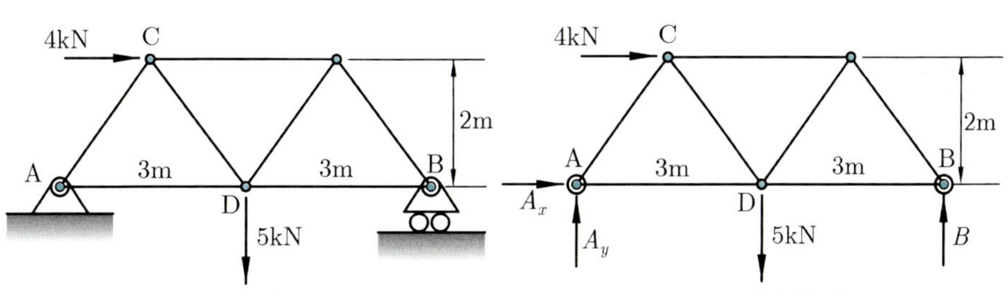

[그림 2.3.13]

크기를 구하여라. 모든 삼각형은 이등변삼각형이다.

풀이 핀 A에는 수평 성분과 수직 성분을 갖는 반력이 존재하고, 롤러 B에는 수직방향의 반력만 존재한다. 반력을 각각 A_x, A_y, B로 하여 자유물체도를 그리면 (b)와 같다. 먼저 수평 방향의 힘의 합이 $0\,(\sum F_x = 0)$이라는 조건에서

$$A_x + 4\text{kN} = 0$$
$$\therefore \quad A_x = -4\,[\text{kN}]$$

이고, 점 A에 대한 모멘트가 $0\,(\sum M_\text{A} = 0)$이라는 조건에서

$$-4\text{kN} \cdot 2\text{m} - 5\text{kN} \cdot 3\text{m} + B \cdot 6\text{m} = 0$$
$$\therefore \quad B = 3.83\,[\text{kN}]$$

이다. 다음에 수직 방향의 힘의 합이 $0\,(\sum F_y = 0)$이라는 조건을 적용하면

$$A_y - 5\text{kN} + B = 0$$
$$\therefore \quad A_y = 1.17\,[\text{kN}]$$

이다. 따라서 점 A에 작용하는 반력의 크기는

$$A = \sqrt{A_x^2 + A_y^2} = \sqrt{(-4)^2 + (1.17)^2} = 4.17\,[\text{kN}]$$

이고, 점 B에 작용하는 반력의 크기는 $B = 3.83\,[\text{kN}]$이다.

5 균일 분포하중과 등변 분포하중

정역학과 재료역학에서 많이 취급하는 것은 [그림 2.3.14(a)]와 같은 균일 분포하중(등분포하중)과 [그림 2.3.15(a)]와 같은 등변 분포하중이다. 이들에 대한 합력(F_R)과 작용점의 위치($\bar{x}$)는 각각 [그림 2.3.14(b)]와 [그림 2.3.15(b)]와 같다.

그림과 같이 분포하중을 그와 같은 효과를 갖는 집중하중으로 대체하면 문제를 간편하게 해석할 수 있다.

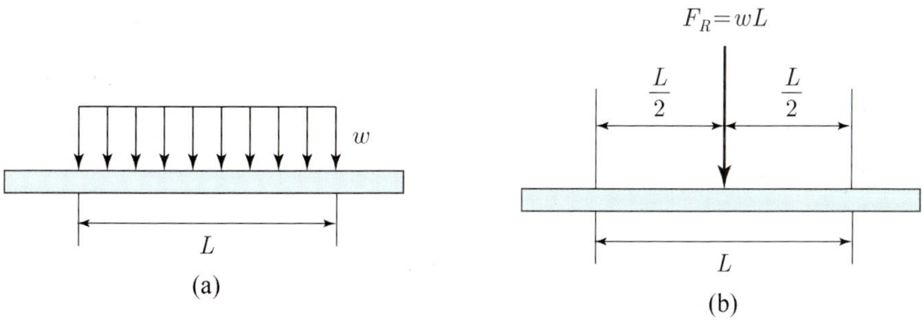

[그림 2.3.14]

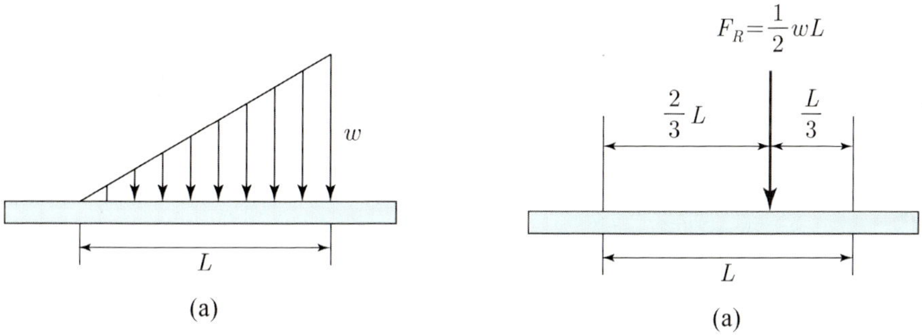

[그림 2.3.15]

한편 [그림 2.3.16(a)]와 같은 사다리꼴 모양의 분포하중은 그림의 점선을 따라 그림 (b)와 같이 균일 분포하중(사각형)과 등변 분포하중(삼각형)으로 분리하여 각각에 대한 합력과 작용점을 구하여 해석하면 된다.

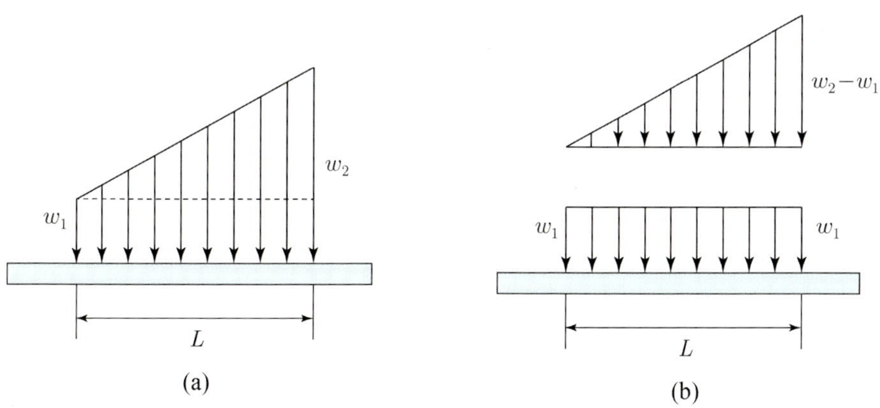

[그림 2.3.16]

† 등변 분포하중(uniformly varying load) : 단위 길이 또는 단위 면적당의 하중이 재료의 축 방향 또는 어느 일정 방향으로 비례적으로 변화하고 있는 상태의 하중을 말한다. 3각 분포하중이라고도 한다.

예제 2.3.5 [그림 2.3.17]의 (a)와 같이 길이 L[m]의 단순보에 등분포하중 w[kN/m]가 작용할 때 받침점 A, B에서의 반력을 구하여라. 단, 보의 무게는 무시한다.

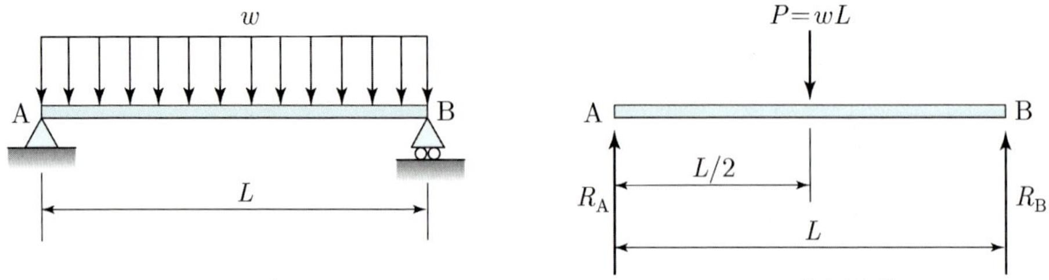

(a) 공간도 (b) 자유물체도

[그림 2.3.17]

풀이 분포하중 w[kN/m]에 의해 보의 전 길이 L[m]에 걸리는 하중(P)은

$$P = wL \text{ [kN]}$$

이고, 전체 분포하중의 무게 중심은 보의 중심이므로 분포하중을 그림 (b)와 같이 하나의 집중하중 P로 대체하여 자유물체도를 그릴 수 있다.
수직방향 힘의 합이 0이라는 조건($\sum F_y = 0$)에서

$$R_A + R_B - P = 0 \qquad \cdots ①$$

이고, 점 B에 대한 모멘트 합이 0이라는 조건($\sum M_B = 0$)에서

$$-R_A \cdot L + P \cdot (L/2) + R_B \cdot 0 = 0$$
$$\therefore \ -R_A + P/2 = 0 \qquad \cdots ②$$

이다. 식 ①, ②로부터 받침점에서의 반력은 다음과 같이 구해진다.

$$R_A = \frac{P}{2} = \frac{wL}{2}, \ R_B = \frac{P}{2} = \frac{wL}{2} \qquad \cdots ③$$

예제 2.3.6 [그림 2.3.18]의 (a)와 같은 외팔보에 등변분포하중이 작용할 때 고정점 A에서의 반력과 반력 모멘트를 구하여라. 단, 보의 무게는 무시한다.

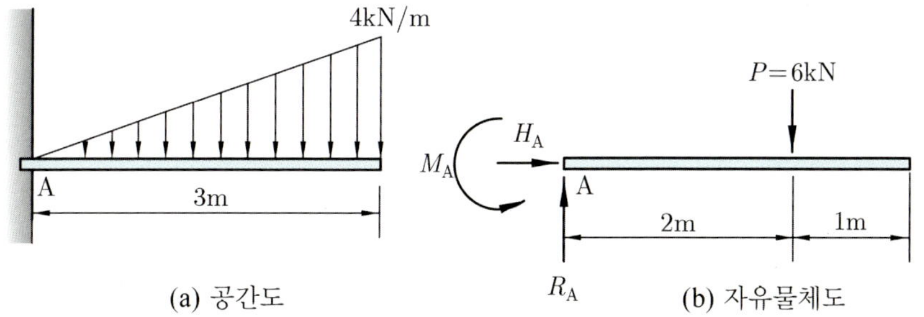

[그림 2.3.18]

풀이 분포하중에 의해 보의 전 길이(3m)에 걸리는 하중(P)은

$$P = \frac{1}{2} \times (3\text{m}) \times 4\ (\text{kN/m}) = 6\ [\text{kN}]$$

이다. 높이 h인 직각삼각형의 도심은 밑변으로부터 $h/3$에 있으므로 전체 분포하중의 중심은 보의 오른쪽 끝으로부터 $3\text{m}/3 = 1\text{m}$에 있다. 따라서 분포하중을 그림 (b)와 같이 하나의 집중하중으로 대체할 수 있고, 벽에 박혀 고정된 지지점 A에는 반력과 모멘트가 모두 존재할 수 있다. 자유물체도 (b)에서 평형조건을 적용하여 반력의 수평 성분 H_A, 수직 성분 R_A, 모멘트 M_A를 구한다.

수평방향 힘의 합이 0이라는 조건($\sum F_x = 0$)에서

$$H_A = 0 \qquad \cdots ①$$

수직방향 힘의 합이 0이라는 조건($\sum F_y = 0$)에서

$$R_A - P = 0$$
$$\therefore\ R_A = P = 6\ [\text{kN}] \qquad \cdots ②$$

이고, 점 A에 대한 모멘트 합이 0이라는 조건에서

$$M_A + H_A \cdot 0 + R_A \cdot 0 - P \cdot (2\text{m}) = 0$$
$$\therefore\ M_A = P \cdot 2\text{m} = 6\,\text{kN} \cdot 2\text{m} = 12\ [\text{kN} \cdot \text{m}] \qquad \cdots ③$$

이다. 이상으로부터 고정점 A에 작용하는 반력은 6[kN], 반력 모멘트는 12[kN · m]이다.

† 2차원에서 평형조건은 세 개($\sum F_x = 0$, $\sum F_y = 0$, $\sum M_O = 0$)이므로 미지력이 세 개이면 미지력을 모두 결정할 수 있다. 이와 같이 미지력의 개수와 평형방정식의 개수가 같은 보를 정정보(statically determinate beam)라 한다. 한편 힘의 평형만으로는 미지 반력이나 반력 모멘트를 구할 수 없는 경우에는 보의 변형을 고려해야 하는데 이와 같은 보를 부정정보(statically indeterminate beam)라 한다.

예제 2.3.7 [그림 2.3.19(a)]와 같이 부분적으로 균일 분포하중을 받는 보에서 지점 A, B에 작용하는 반력을 구하여라.

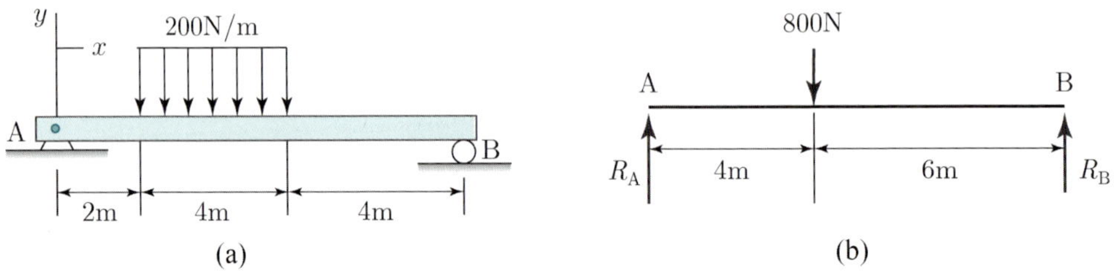

[그림 2.3.19]

풀이 분포하중에 의해 길이 4m에 작용하는 전하중(F_R)은

$$F_R = (200\text{N/m}) \times (4\text{m}) = 800\,[\text{N}]$$

이고, F_R의 작용점은 보의 왼쪽 끝으로부터 $\left(2\text{m} + \dfrac{4\text{m}}{2}\right) = 4\,[\text{m}]$에 있다. 따라서 분포하중을 하나의 집중하중($\overrightarrow{F_R}$)으로 대체하여 자유물체도를 그리면 그림 (b)와 같다. 여기에서 평형조건을 적용하여 반력을 구한다.

점 A에 대한 모멘트가 0($\sum M_A = 0$)인 조건을 적용하면

$$R_B \cdot 10\text{m} - 800\text{N} \cdot 4\text{m} = 0$$

$$\therefore \; R_B = 320\,[\text{N}]$$

수직방향 힘의 합이 0($\sum F_y = 0$)에서

$$R_A + R_B - 800\text{N} = 0$$

$$\therefore \; R_A = 800\text{N} - 320\text{N} = 480\,[\text{N}]$$

예제 2.3.8 [그림 2.3.20(a)]와 같이 분포하중을 받고 있는 단순보의 지지점 A, B에서의 반력을 구하여라.

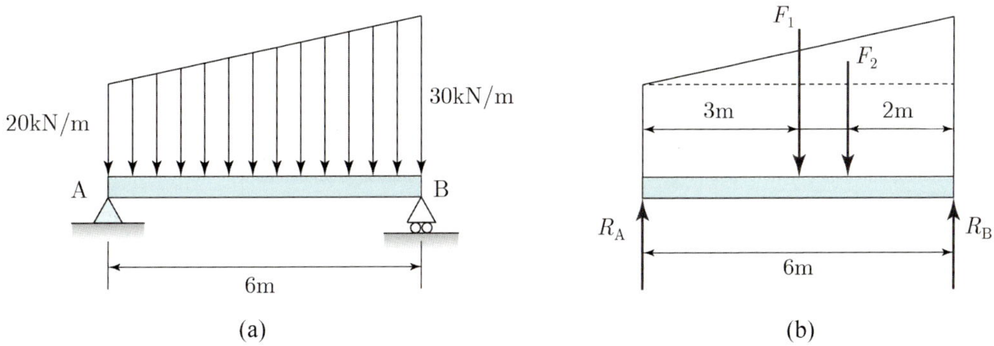

[그림 2.3.20]

풀이 사다리꼴 하중은 [그림]의 (b)와 같이 사각형과 삼각형으로 나눌 수 있다. 이때 각 하중에 의한 힘의 크기는 해당 하중 선도의 면적과 같으므로

$$F_1 = (20\text{kN/m}) \cdot 6\text{m} = 120\,[\text{kN}] \quad (\leftarrow \text{ 사각형})$$

$$F_2 = \frac{1}{2} \times (10\text{kN/m}) \cdot 6\text{m} = 30\,[\text{kN}] \quad (\leftarrow \text{삼각형})$$

이고, 힘들의 작용선은 해당 하중 선도의 도심을 통과한다. 사각형의 도심은 보의 중앙에 있고, 삼각형의 도심은 B점에서 $\frac{L}{3} = \frac{6\text{m}}{3} = 2\,[\text{m}]$ 떨어진 곳에 있다. 따라서 주어진 분포하중을 [그림]의 (b)와 같은 등가의 두 집중하중으로 대체할 수 있다. 여기에서 평형방정식을 적용하면 다음과 같이 지점 반력이 구해진다.

점 A에 대한 모멘트 합이 $0(\sum M_A = 0)$이라는 조건을 적용하면

$$R_B \cdot 6\text{m} - F_1 \cdot 3\text{m} - F_2 \cdot 4\text{m} = 0$$

$$R_B \cdot 6 - 120\text{kN} \cdot 3 - 30\,\text{kN} \cdot 4 = 0$$

$$\therefore \; R_B = 80\,[\text{kN}] \qquad \cdots ①$$

이고, 수직방향 힘의 합이 0이라는 조건$(\sum F_y = 0)$에서

$$R_A + R_B - F_1 - F_2 = 0$$

$$R_A + 80\text{kN} - 120\text{kN} - 30\text{kN} = 0$$

$$\therefore \; R_A = 70\,[\text{kN}] \qquad \cdots ②$$

이다.

2.3 연습문제

E·X·E·R·C·I·S·E·S

1. 두 개의 끈 OA, OB로 무게 200N의 물체를 매달 때 두 끈에 걸리는 힘을 구하여라.

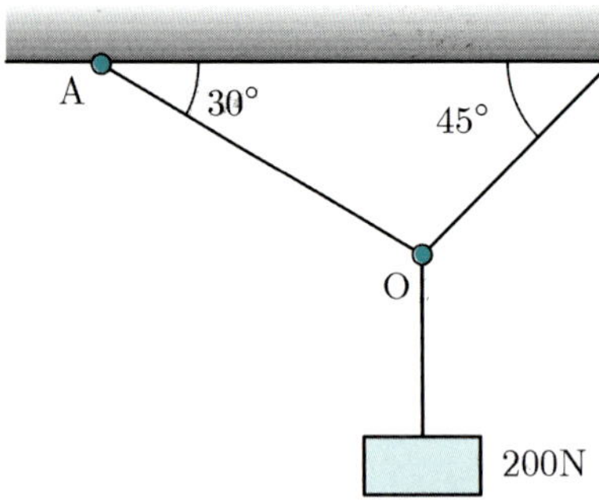

[문제 2.3.1]

2. 한 점에 작용하는 세 힘 $F_1 = 100$ N, F_2, F_3이 평형을 이룰 때 F_2, F_3을 구하여라.

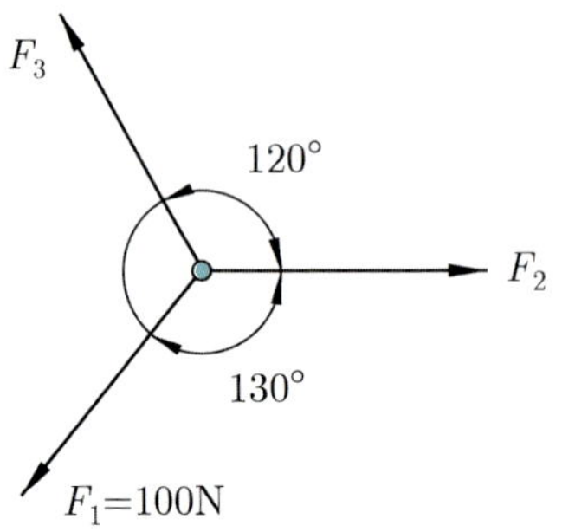

[문제 2.3.2]

3. 한 점에 작용하는 세 힘 $\overrightarrow{F_1} = F_{1x}\vec{i} + 4\vec{j} + 5\vec{k}$ [N], $\overrightarrow{F_2} = 3\vec{i} + F_{2y}\vec{j} - 9\vec{k}$ [N], $\overrightarrow{F_3} = 6\vec{i} - 7\vec{j} + F_{3z}\vec{k}$ [N]이 평형을 이룰 때 F_{1x}, F_{2y}, F_{3z}를 구하여라.

4. 세 힘 100 N, 200 N, F가 평형을 이룰 때 각 α, β, F를 구하여라.

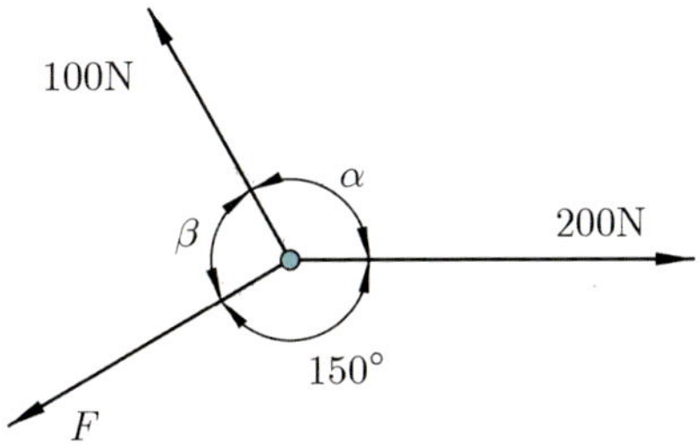

[문제 2.3.4]

5. 케이블 AC에 걸리는 인장력과 부재 BC에 걸리는 압축력을 구하여라.

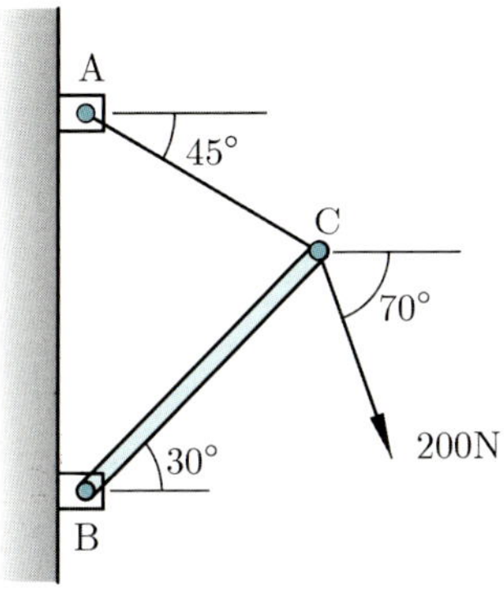

[문제 2.3.5]

6. $F_1 = 200\,\text{N}$, $F_2 = 100\,\text{N}$, $F_3 = 250\,\text{N}$이다. 네 힘이 평형을 이루고 있을 때 $\overrightarrow{F_4}$의 x, y 스칼라성분과 힘의 크기 및 방향각 θ를 구하여라.

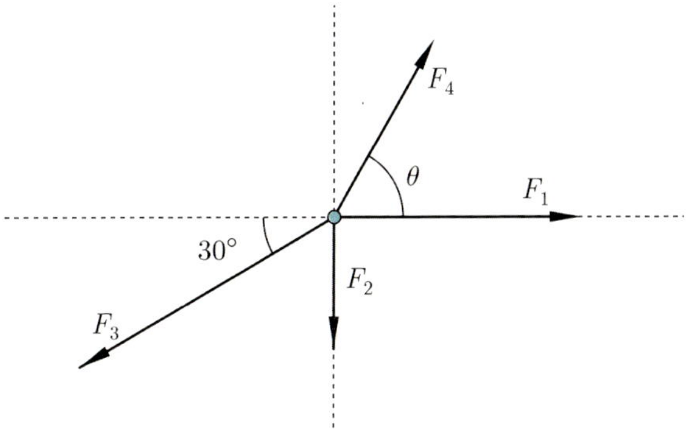

[문제 2.3.6]

7. 다섯 개의 힘이 평형을 이루고 있고, $F_1 = 100\,\text{N}$, $F_2 = 120\,\text{N}$, $F_3 = 130\,\text{N}$, $F_4 = 140\,\text{N}$이다. F_5와 각 θ를 구하여라.

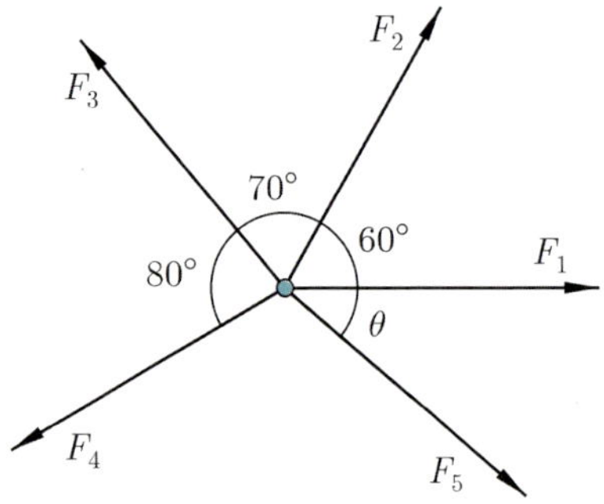

[문제 2.3.7]

8. 점 A에 고정된 무게 5kN의 보의 끝에 4kN의 힘이 아래로 작용할 때 고정점 A에 작용하는 반력과 반력모멘트를 구하여라.

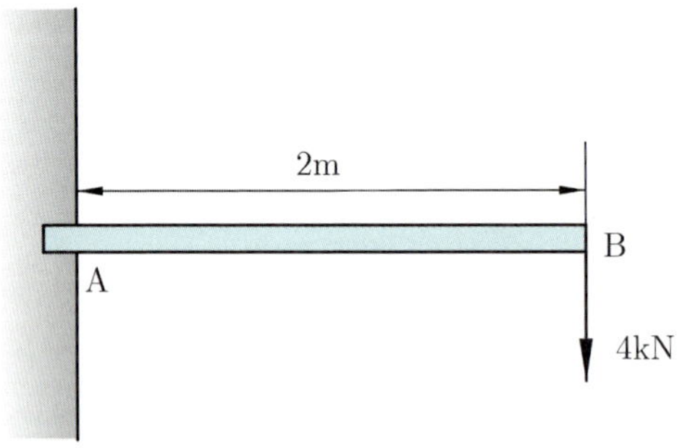

[문제 2.3.8]

9. 받침점 A, B 사이에 놓여있는 막대가 아래 방향으로 20N과 30N의 힘을 받고 있을 때 받침점 A, B에서의 반력을 구하여라. 단, 막대의 무게는 무시한다.

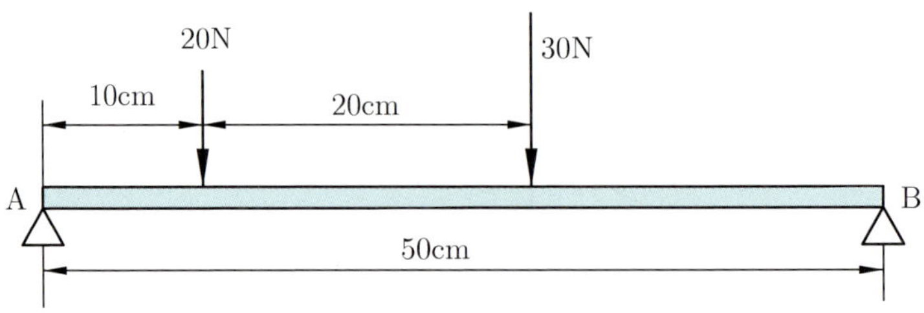

[문제 2.3.9]

10. 등분포하중 $4\,\mathrm{kN/m}$를 받고 있는 받침점 A, B에서의 반력을 구하여라. 단, 보의 무게는 무시한다.

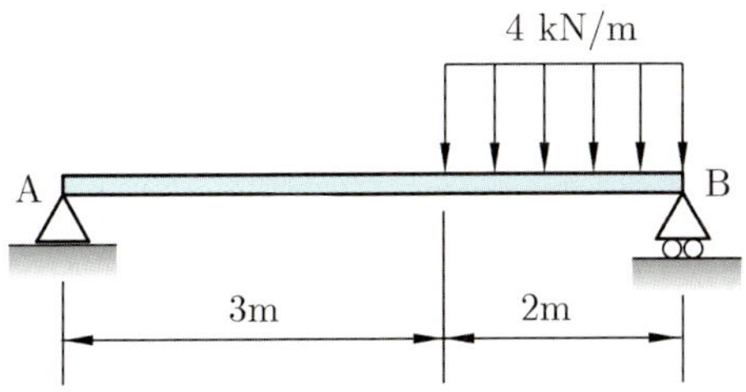

[문제 2.3.10]

11. 등변분포하중을 받고 있는 받침점 A, B에서의 반력을 구하여라. 단, 보의 무게는 무시한다.

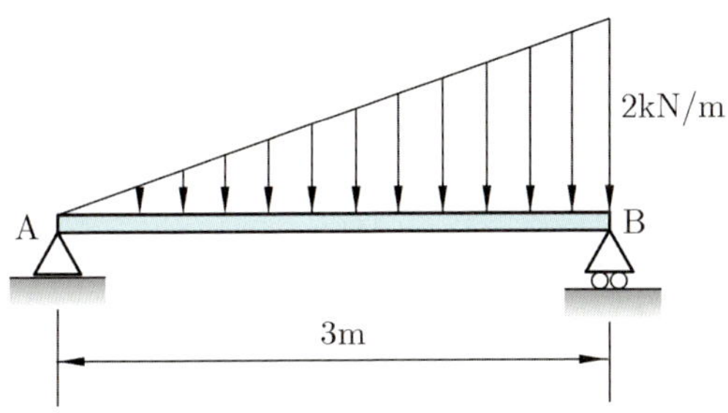

[문제 2.3.11]

12. 등변분포하중을 받고 있는 받침점 A, B에서의 반력을 구하여라. 단, 보의 무게는 무시한다.

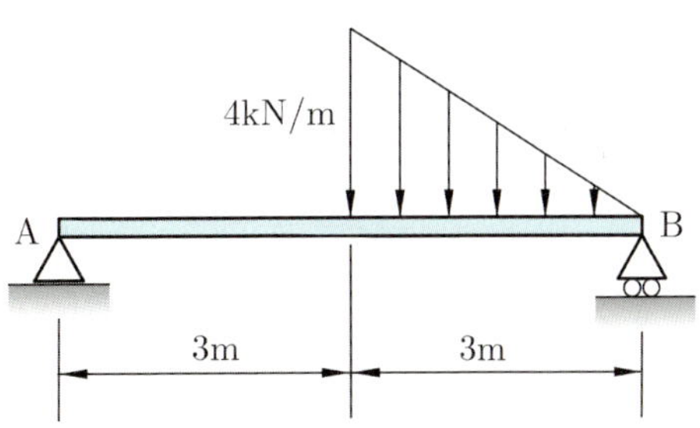

[문제 2.3.12]

13. 등분포하중 $w = 4\,\mathrm{kN/m}$와 집중하중 $P = 5\,\mathrm{kN}$을 받고 있는 외팔보의 고정점 A에 작용하는 반력과 반력 모멘트를 구하여라. 단, 각 $\theta = 30°$이고 보 무게는 무시한다.

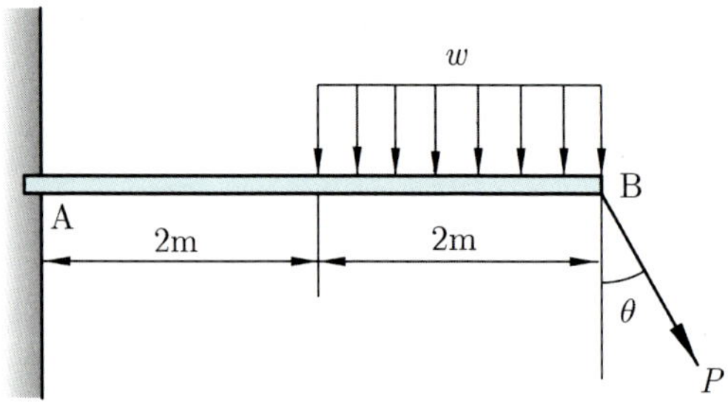

[문제 2.3.13]

14. 브래킷이 핀 A와 롤러 B로써 하중을 지지하고 있다. A, B에 작용하는 반력의 크기를 구하여라. 단, 브래킷의 무게는 무시한다.

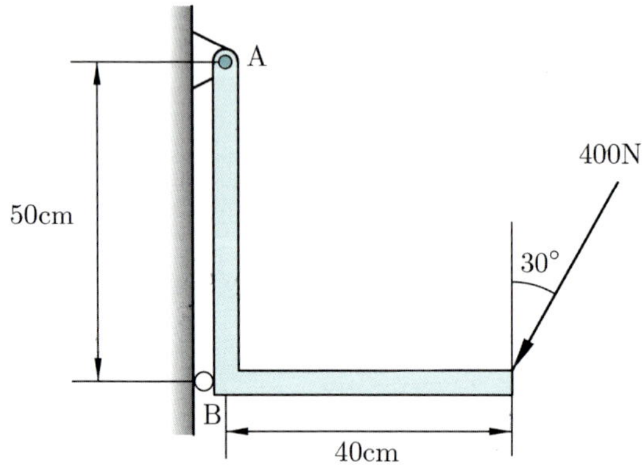

[문제 2.3.14]

15. 정삼각형 트러스에 무게 100N의 물체가 매달려 있을 때 지지점 A, B에서의 반력의 크기를 구하여라. A는 마찰 없는 핀, B는 롤러이다.

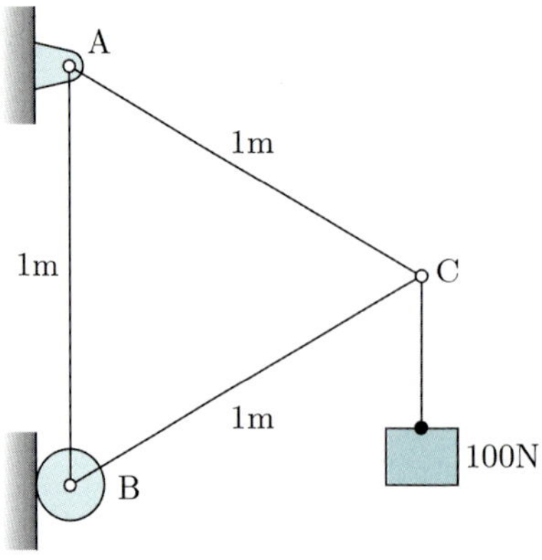

[문제 2.3.15]

16. 200N의 수평 방향 힘을 받고 있는 트러스의 지점 A, B에서의 반력의 크기를 구하여라. $\angle ABC = 90°$, A는 로커, B는 마찰 없는 핀이다.

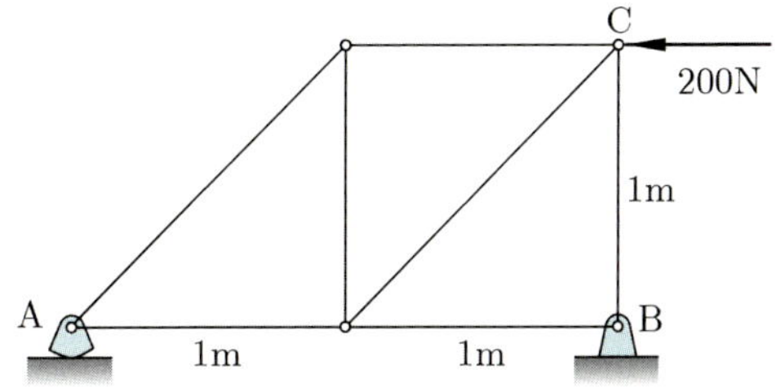

[문제 2.3.16]

17. 케이블 BC에 걸리는 인장력이 30kN일 때 고정단 A에서 반력과 반력 모멘트를 구하여라. 단, 구조물의 무게는 무시한다.

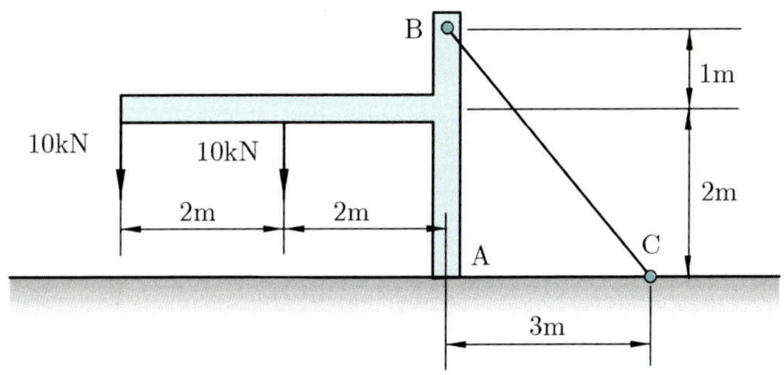

[문제 2.3.17]

18. 수직 방향으로 P의 집중하중을 받고 있는 구조물에서 롤러 A와 마찰 없는 핀 B에서의 반력을 각각 구하여라. 단, 구조물의 무게는 무시한다.

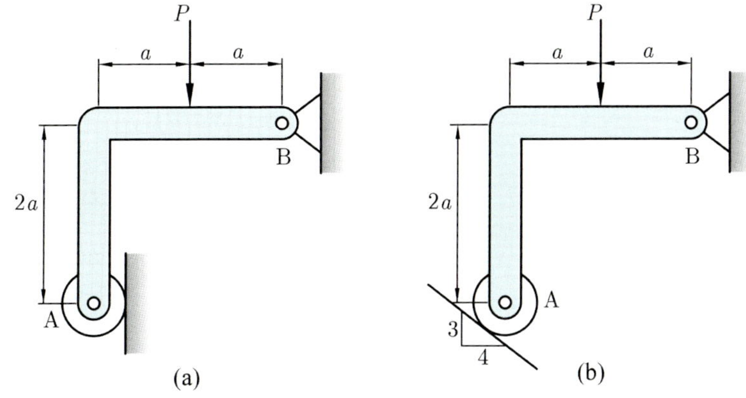

[문제 2.3.18]

19. 등변분포하중과 집중하중을 받는 받침점 A, B에서의 반력을 구하여라.

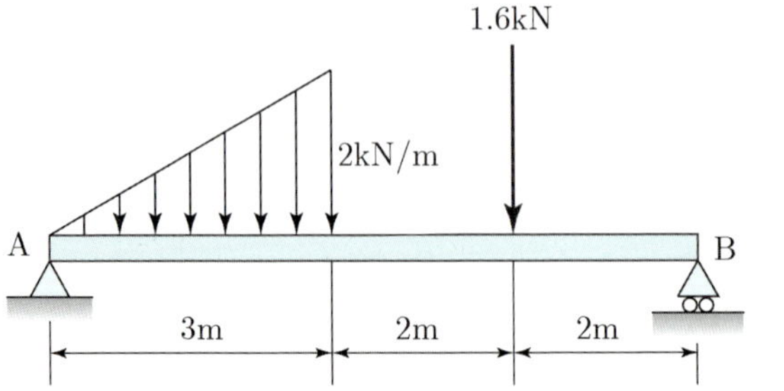

[문제 2.3.19]

20. 등분포하중과 등변분포하중을 받는 받침점 A, B에서의 반력을 구하여라.

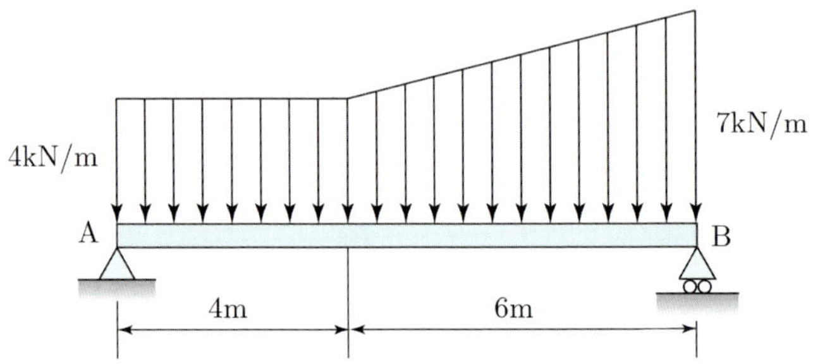

[문제 2.3.20]

21. 두 개의 등변분포하중을 받는 받침점 A, B에서의 반력을 구하여라.

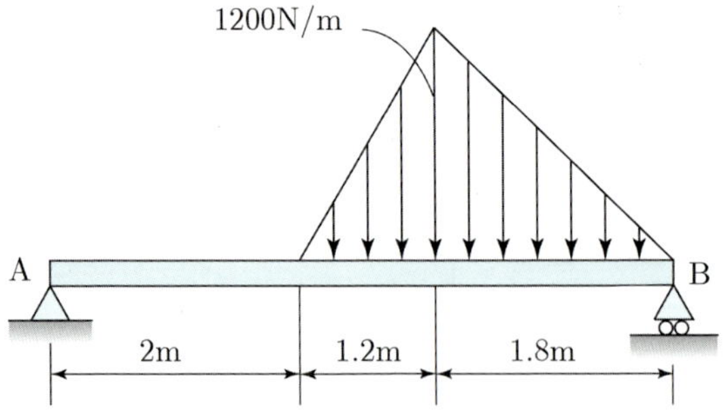

[문제 2.3.21]

22. 그림과 같이 봉 AB의 끝에 하중 P를 매달고 수직 벽에 줄로 C점에 고정시켰을 때, (가) 봉 AB에 작용하는 힘(F_{AB}), (나) 줄 BC에 작용하는 힘(F_{BC})의 크기를

구하여라. 단, 봉은 강체이고 봉과 줄의 무게는 무시한다. [중등교사 임용시험(기계·금속)]

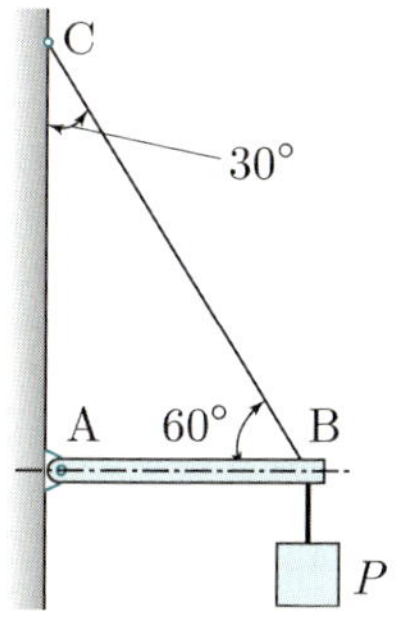

[문제 2.3.22]

23. 그림과 같이 AC와 BC 부재의 끝에 100 kN의 하중이 작용하고 있다. AC와 BC 부재의 부재력을 구하시오. 단, $\sqrt{2}=1.41$로 하여 답을 구하고, 인장과 압축으로 구분하여 기재하시오. [중등교사 임용시험(농공)]

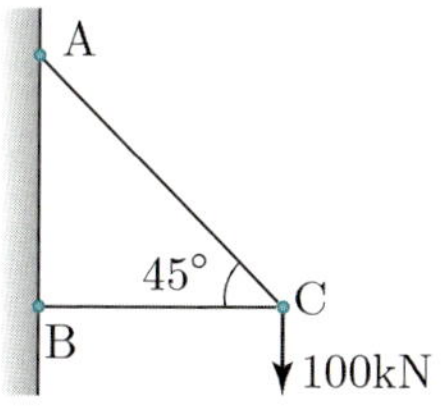

[문제 2.3.23]

24. 그림과 같이 한 개의 부재에 4개의 힘이 작용하여 평형을 이룰 때, B 점에서의 힘 P와 A 점으로부터 B 점까지의 거리 x를 구하시오. [중등교사 임용시험(기술)]

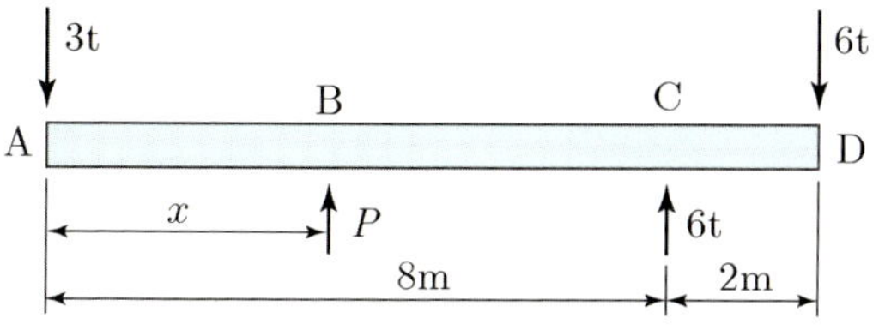

[문제 2.3.24]

25. 그림과 같은 보에 대한 다음 질문에 답하시오. [중등교사 임용시험(기계)]

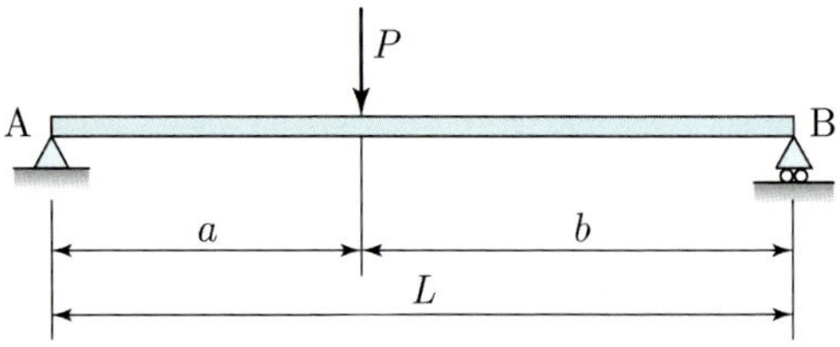

[문제 2.3.25]

(1) 보를 강체로 가정할 경우, 강체의 평형을 위한 필요충분조건을 쓰시오.

(2) 자유물체도를 작성하시오.

(3) 강체의 평형 조건을 이용하여 A점과 B점의 반력을 구하시오.

† 정역학에서 일반적으로 별도의 언급이 없으면 주어진 부재의 무게를 무시한다.

26. 그림과 같은 분포하중을 받는 단순보에서 A, B점의 반력을 구하여라. (단, 보의 자중은 무시한다)

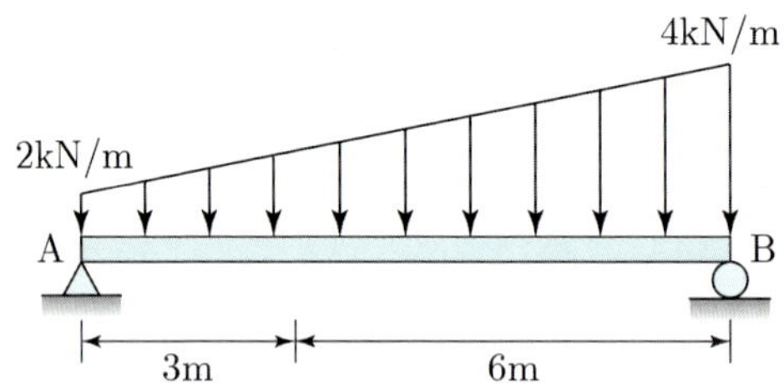

[문제 2.3.26]

27. 그림과 같은 분포하중을 받는 보에서 B점의 수직반력(R_B)의 크기는? (단, 구조물의 자중은 무시한다) [공무원 임용시험]

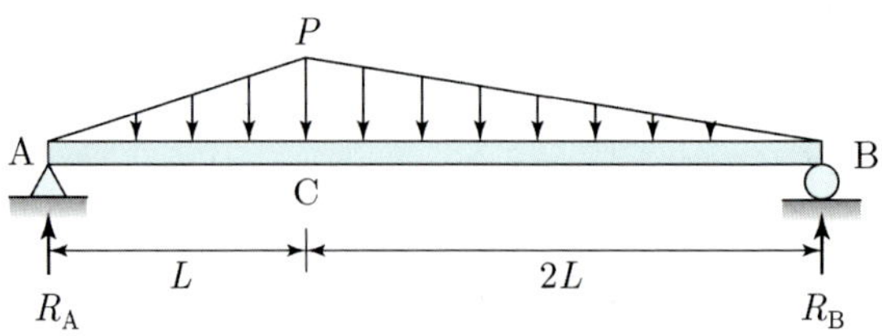

[문제 2.3.27]

① $\frac{1}{6}PL$　② $\frac{1}{3}PL$　③ $\frac{2}{3}PL$　④ $\frac{5}{6}PL$

28. 그림과 같이 하중이 작용하는 보의 B지점에서 수직반력의 크기[kN]는? (단, 보의 자중은 무시한다) [공무원 임용시험]

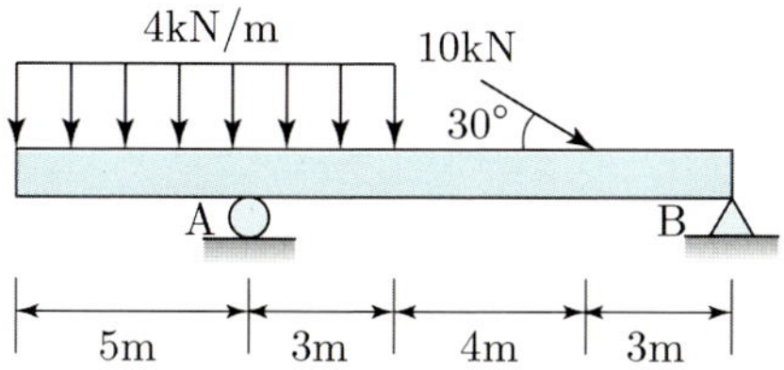

[문제 2.3.28]

① 0.2 ② 0.3 ③ 3.8 ④ 6.7

29. 그림과 같은 구조물에서 A지점의 수직반력[kN]은? (단, 자중은 무시한다) [공무원 임용시험]

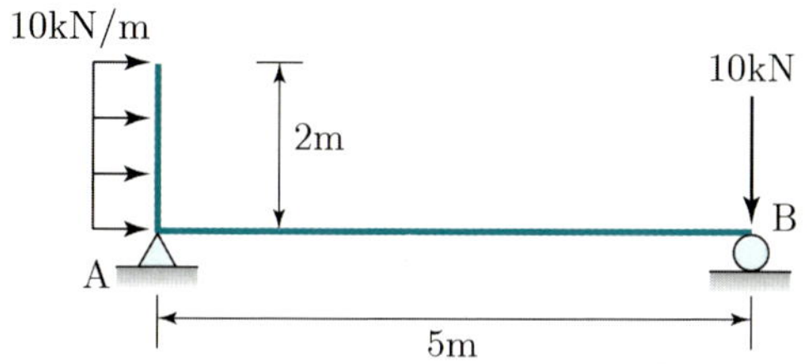

[문제 2.3.29]

① 4(↑) ② 4(↓) ③ 5(↑) ④ 5(↓)

30. 그림과 같이 두 벽면 사이에 놓여있는 강체 구(질량 $m=1$kg)의 중심(O)에 수평방향 외력($P=20$N)이 작용할 때, 반력 R_A의 크기[N]는? (단, 벽과 강체 구 사이의 마찰은 없으며, 중력가속도는 10m/s^2로 가정한다) [공무원 임용시험]

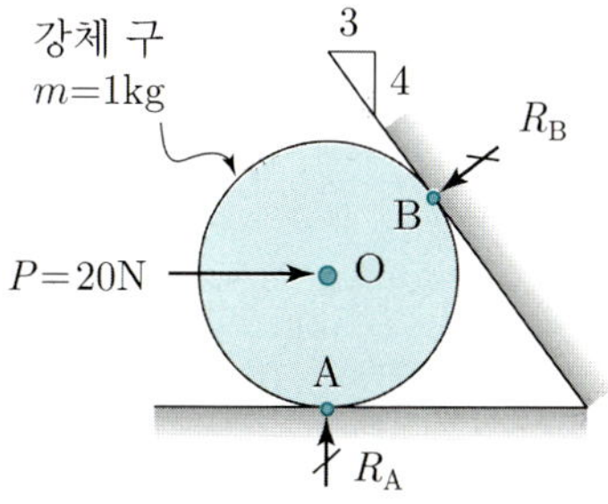

[문제 2.3.30]

① 15 ② 20 ③ 25 ④ 30

31. 그림과 같은 하중을 받는 단순보에서 B점의 수직반력이 A점의 수직반력의 2배가 되도록 하는 삼각형 분포하중 w[kN/m]는? (단, 보의 자중은 무시한다)

[공무원 임용시험]

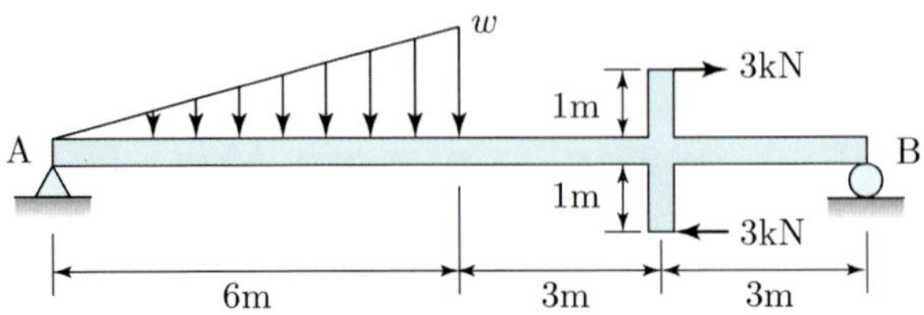

[문제 2.3.31]

① $\frac{1}{2}$ ② $\frac{1}{3}$

③ $\frac{1}{4}$ ④ $\frac{1}{5}$

32. 그림과 같이 질량 3kg인 물체를 천장에 실로 매달고 수평방향으로 힘 F를 가해, 실이 연직방향과 30°의 각이 유지되도록 하였다. 이때 줄에 걸리는 장력의 크기[N]는? (단, 중력가속도는 10m/s^2이다) [공무원 임용시험]

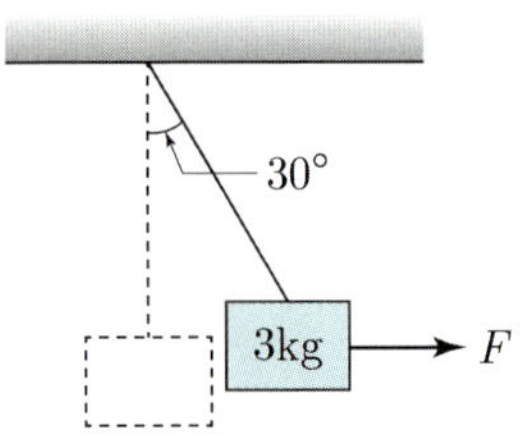

[문제 2.3.32]

① $15\sqrt{2}$ ② $15\sqrt{3}$

③ $20\sqrt{2}$ ④ $20\sqrt{3}$

33. 그림과 같이 받침대 A, B에 질량이 5kg, 길이가 4m인 막대를 수평면과 나란하게 올려놓고, O점으로부터 3m인 지점에 질량이 2kg인 물체를 올려놓았을 때 힘의 평형상태가 유지된다. 이때, 받침대 A가 막대에 작용하는 힘의 크기[N]는? (단, 중력가속도는 10m/s^2이고, 막대의 밀도는 균일하며 두께와 폭은 무시한다)

[공무원 임용시험]

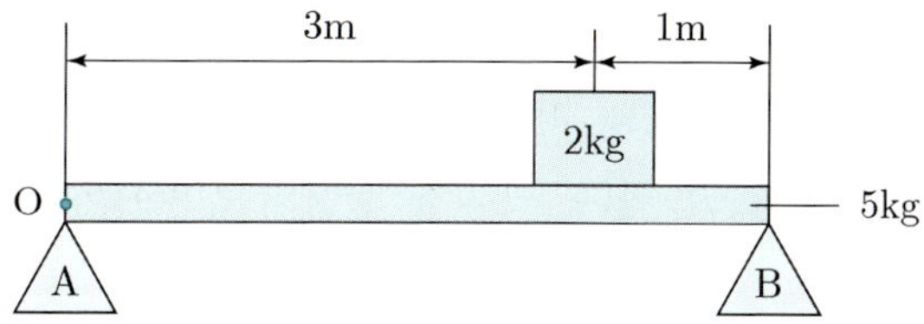

[문제 2.3.33]

① 30 ② 40 ③ 45 ④ 50

34. 그림과 같은 보 ABC에서 지점 A에 수직 반력이 생기지 않도록 하기 위한 수직 하중 P의 값[kN]은? (단, 모든 구조물의 자중은 무시한다) [공무원 임용시험]

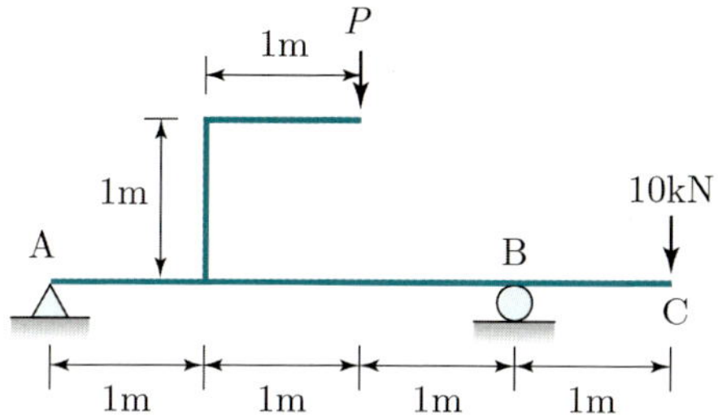

[문제 2.3.34]

① 5 ② 10 ③ 15 ④ 20

35. 힘의 평형에 관한 설명 중 옳지 않은 것은? [공무원 임용시험]

① 2차원 평면상에서 한 점에 작용하는 힘들의 평형조건은 2개이다.

② 3차원 공간상에서 한 물체에 작용하는 힘들의 평형조건은 4개이다.

③ 3차원 공간상에서 한 점에 작용하는 힘들의 평형조건은 3개이다.

④ 2차원 평면상에서 한 물체에 작용하는 힘들의 평형조건은 3개이다.

36. 지레의 왼쪽 끝에 무게가 300N인 물체 F_1을 올려 놓고, 오른쪽 끝에 힘 F_2를 가하자 지레가 수평을 이루었다. 지레의 받침점으로부터 물체 F_1의 무게중심, 힘 F_2의 작용점 사이의 거리는 각각 40cm, 80cm이다. 힘 F_2의 크기는 얼마인가? (단, 물체의 크기와 지레의 무게는 무시한다) [공무원 임용시험]

① 50N ② 100N ③ 150N ④ 300N

37. 길이가 1[m]이고 질량분포가 균일한 막대자의 한쪽 끝에 질량 1[kg]의 돌멩이가 그림과 같이 매달려 있다. 지렛대의 지점이 막대자의 1/8[m] 표기 위치일 때 돌멩이와 막대자가 평형을 이루었다고 한다. 막대자 질량의 값[kg]은? [공무원 임용시험]

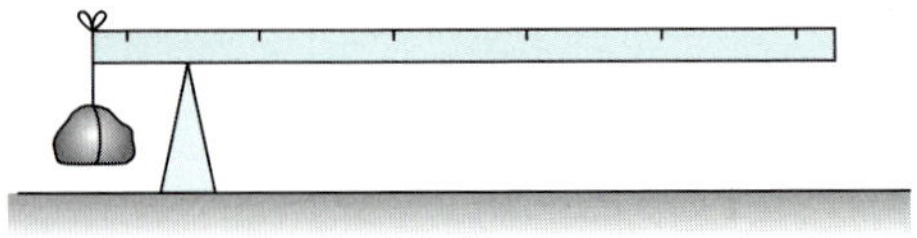

[문제 2.3.37]

① $\frac{1}{4}$　② $\frac{1}{3}$　③ $\frac{1}{2}$　④ $\frac{2}{3}$

38. 그림과 같이 길이가 60cm이고 질량이 10kg인 균일한 막대의 왼쪽 끝으로부터 10cm 떨어진 지점에 질량이 6kg인 구형 물체를 올려놓았다. 이 막대의 양쪽 끝을 두 받침점 A, B로 받쳐서 수평을 이루고 있을 때, 받침점 A와 받침점 B에 가해지는 힘의 크기는 각각 F_A, F_B이다. $F_A : F_B$는? [공무원 임용시험]

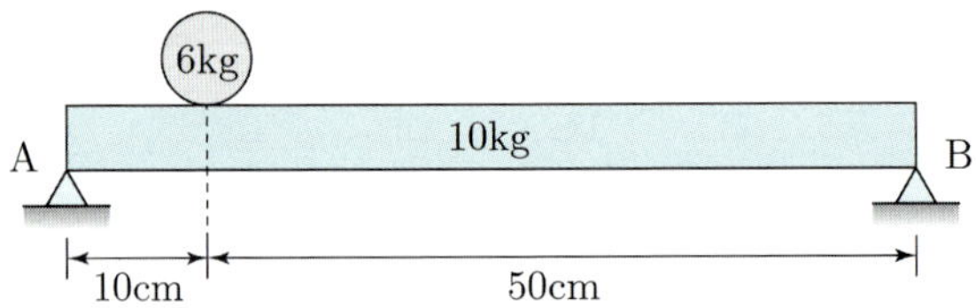

[문제 2.3.38]

① 1 : 5　② 3 : 5　③ 5 : 1　④ 5 : 3

39. 그림과 같이 높이 $h = 2$cm의 문턱을 넘기 위해 반지름 $r = 5$cm이고 질량 $m = 0.6$kg인 바퀴의 축에 수평 방향으로 가해야 할 최소 힘 $\vec{F}$의 크기[N]는? (단, 중력가속도 $g = 10\text{m/s}^2$이다) [공무원 임용시험]

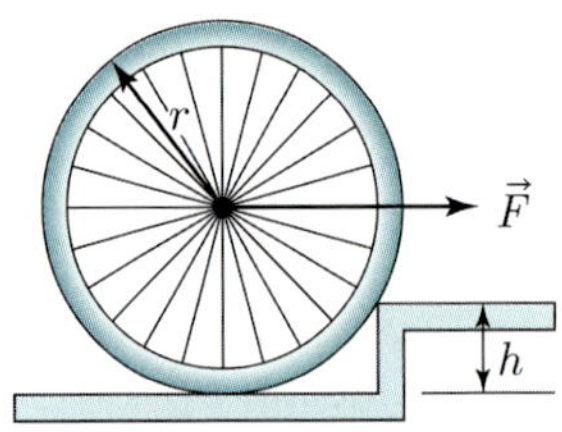

[문제 2.3.39]

① 5　② 6　③ 7　④ 8

40. 무게가 W인 구가 그림과 같이 마찰이 없는 두 벽면사이에 놓여 있을 때, 반력 R의 크기는? (단, 구의 재질은 균질하며 무게 중심은 구의 중앙에 위치한다)

[공무원 임용시험]

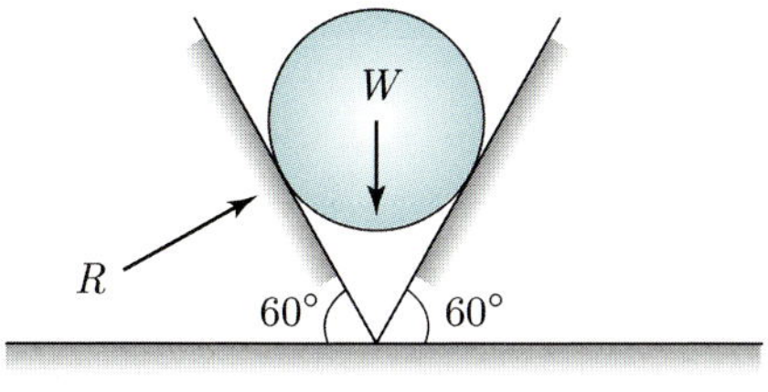

[문제 2.3.40]

① $\frac{1}{2}W$　　② $\frac{\sqrt{2}}{2}W$

③ $\frac{\sqrt{3}}{2}W$　　④ W

41. 다음과 같이 도르래는 케이블 AB와 BC에 의해 고정되어 있고 100N의 추는 도르래를 통과하여 D점에 고정되어 있다. 케이블 AB와 케이블 BC에 작용하는 힘[N]은?

[공무원 임용시험]

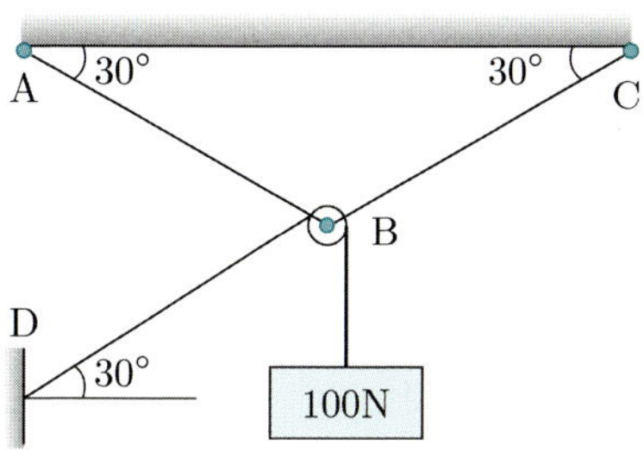

[문제 2.3.41]

① $F_{AB}=150$,　$F_{BC}=50$　　② $F_{AB}=50$,　$F_{BC}=150$

③ $F_{AB}=200$,　$F_{BC}=100$　　④ $F_{AB}=100$,　$F_{BC}=200$

42. 그림과 같이 질량 m인 블록이 스프링에 매달려 평형 상태에 있을 때, 블록의 질량 m[kg]은? (단, 블록을 설치하기 전 스프링 AB의 길이는 4m이고, 중력가속도 $g=10\text{m/s}^2$이며, 모든 스프링 및 부재의 자중은 무시한다) [공무원 임용시험]

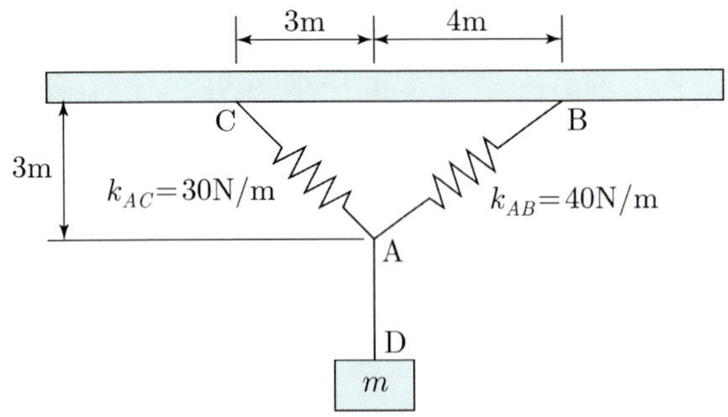

[문제 2.3.42]

① 4.0　　② 5.6　　③ 8.0　　④ 10.5

43. 그림과 같은 단순보에 하중이 다음과 같이 작용할 때, 지점 A, B의 수직반력을 차례로 나타낸 것은? [공무원 임용시험]

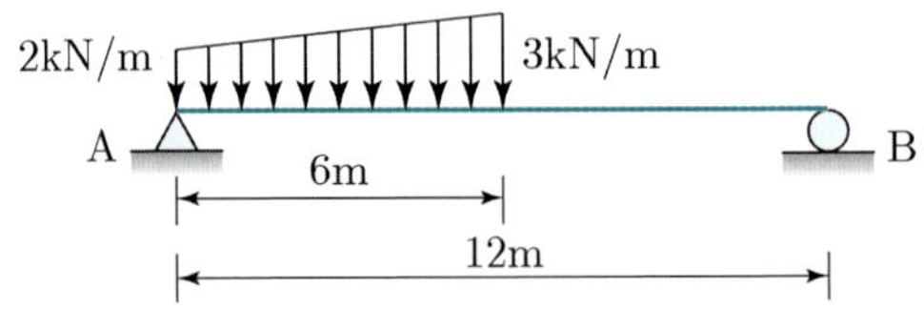

[문제 2.3.43]

① $R_A = 2\text{kN}$, $R_B = 5.5\text{kN}$　　② $R_A = 5.5\text{kN}$, $R_B = 2\text{kN}$

③ $R_A = 4\text{kN}$, $R_B = 11\text{kN}$　　④ $R_A = 11\text{kN}$, $R_B = 4\text{kN}$

44. 그림과 같이 외팔보에 등분포하중과 변분포하중이 작용하고 있다. 두 분포하중의 합력은 200kN이고 이 합력의 작용위치와 방향이 B점의 왼쪽 2m에서 하향이라면 거리 b는? [공무원 임용시험]

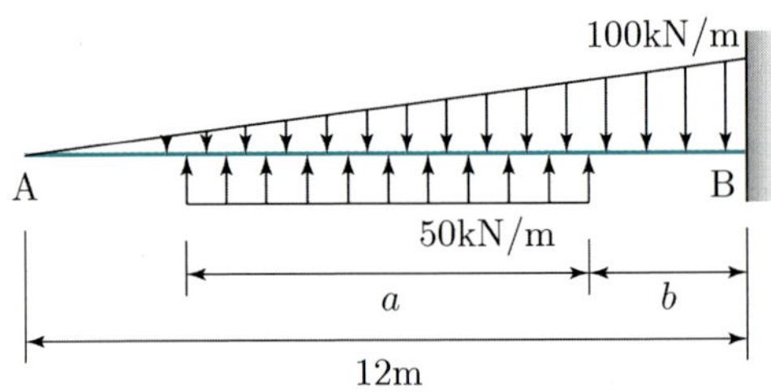

[문제 2.3.44]

① 1m　　② 2m　　③ 3m　　④ 4m

45. 그림과 같이 주어진 문제의 반력으로 가장 옳은 것은? [공무원 임용시험]

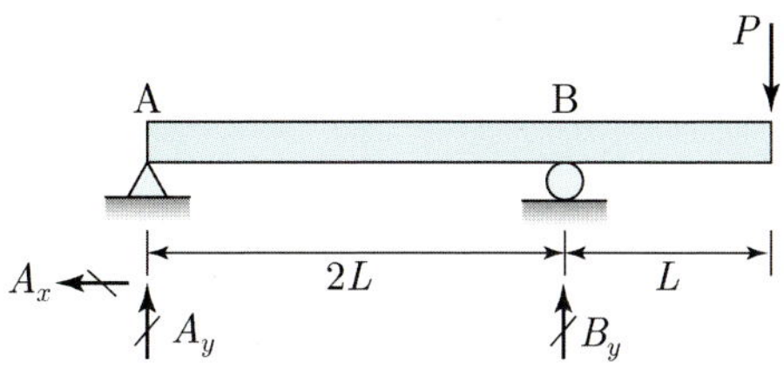

[문제 2.3.45]

① $A_x = 0$, $A_y = 0.5P$, $B_y = 0.5P$
② $A_x = 0$, $A_y = -0.25P$, $B_y = 1.75P$
③ $A_x = 0$, $A_y = -0.5P$, $B_y = 1.5P$
④ $A_x = P$, $A_y = 0.5P$, $B_y = 1.5P$

46. 그림과 같이 길이가 $7L$인 내민보 위로 길이가 L인 등분포하중 w가 이동하고 있을 때 이 보에 발생하는 최대 반력은? [공무원 임용시험]

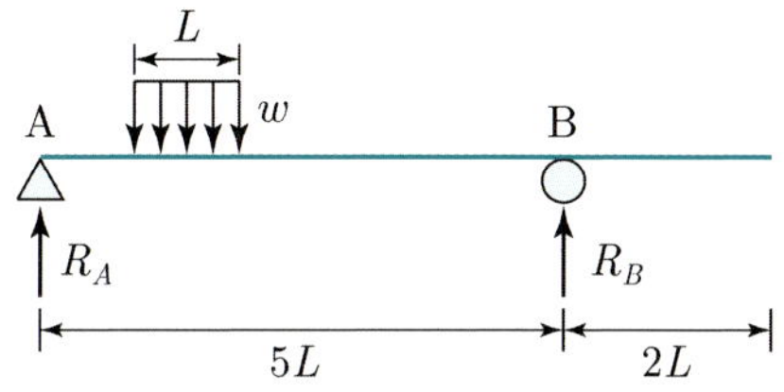

[문제 2.3.46]

① $R_A = 1.3wL$
② $R_B = 0.9wL$
③ $R_A = 0.9wL$
④ $R_B = 1.3wL$

47. 매끈한 수직 벽에 길이가 5m이고 질량이 20kg인 균일한 사다리를 그림과 같이 기대 세웠다. 사다리가 미끄러지지 않을 최소 각도 θ에 대하여 $\tan\theta = \dfrac{5}{3}$일 때, 사다리와 지면 사이의 최대 정지 마찰 계수는? [공무원 임용시험]

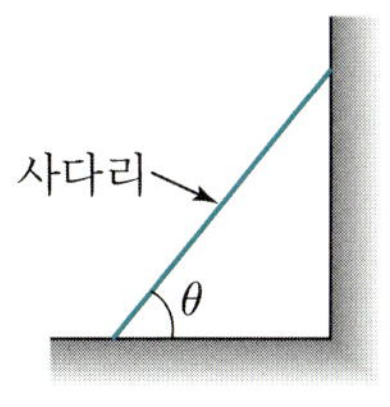

[문제 2.3.47]

① 0.2 ② 0.3 ③ 0.4 ④ 0.5

제3장

동역학

3.1 운동의 기초

물체에 작용하는 힘들이 서로 평형을 이룰 때의 힘의 관계를 다루는 역학을 정역학(statics)이라 하고, 운동과 운동의 원인이 되는 힘과의 관계를 다루는 역학을 동역학(dynamics)이라 한다. 물체의 운동은 주로 시간에 따른 물체의 위치와 속도(각속도), 가속도(각가속도)로써 기술된다.

1 기본 개념

[1] 위치벡터

어떤 점을 기준으로 하여 질점의 위치를 나타내는 벡터를 위치벡터(position vector)라 한다.

[2] 변위와 변위벡터

운동에 따른 질점의 위치 변화를 변위(displacement)라 하고 변위를 나타내는 벡터를 변위벡터(displacement vector)라 한다.

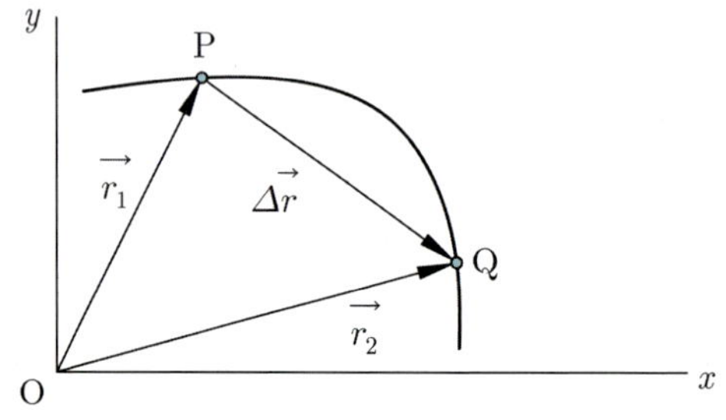

[그림 3.1.1]

[그림 3.1.1]에서 원점(O)을 기준으로 할 때 점 P, Q의 위치벡터는 각각 $\vec{r_1}$, $\vec{r_2}$이고, 점 P가 Q로 이동할 때의 변위 벡터는 $\overrightarrow{\Delta r}$이며, 이것은 운동에 따른 두 점의 위치벡터의 차 $\overrightarrow{\Delta r} = \vec{r_2} - \vec{r_1}$을 나타낸다.

[3] 경로

[그림 3.1.2]와 같이 물체가 점 P에서 Q로 이동했을 때 물체가 지나간 자취 a, b, c, $\cdots$를 경로(path)라 하고, 경로가 직선인 운동을 직선운동, 곡선인 운동을 곡선운동이라 한다.

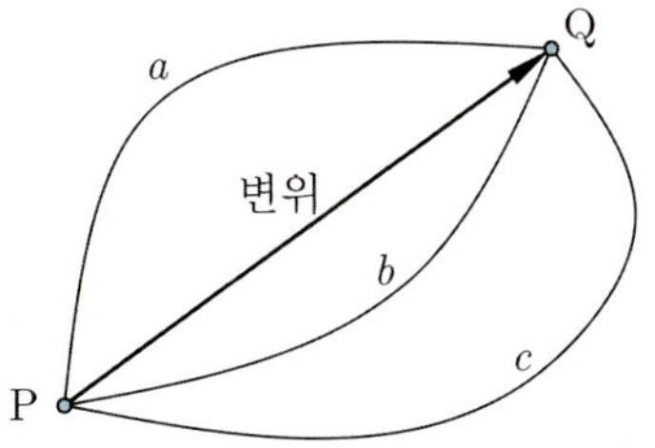

[그림 3.1.2]

변위는 위치가 변한 것을 뜻하며, 경로와는 무관하고 처음 위치와 최종 위치에 따라 결정되는 벡터이다. [그림 3.1.2]에서 변위는 $\overrightarrow{PQ}$로 일정하다.

2 직선운동

[1] 속도와 가속도

질점이 어떤 직선 위에서 운동하는 것을 직선운동이라 한다. [그림 3.1.3]과 같이 수직선 위를 움직이는 점 P의 시간 t에서의 위치가 $s(t)$이고 시간이 t에서 $t+\Delta t$까지 변할 때 점 P에서 점 Q까지 이동하였을 경우 스칼라량으로 표현된 속도와 가속도의 정의는 다음과 같다.

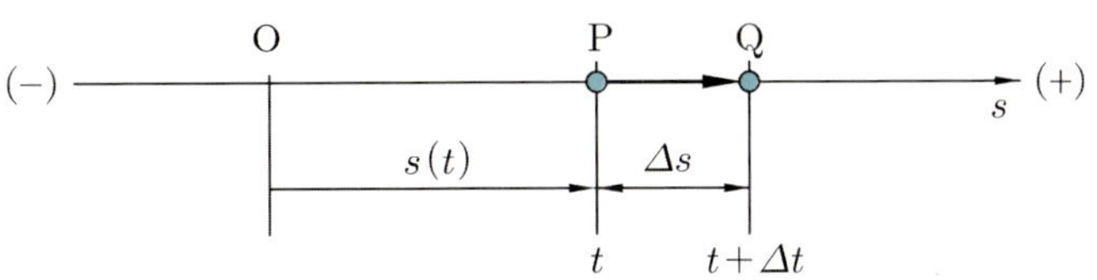

[그림 3.1.3]

(1) 시간 t에서 $t+\Delta t$ 사이의 질점 P의 평균속도

$$v_{avg} = \frac{\Delta s}{\Delta t} \qquad \cdots (3.1.1)$$

(2) 시간 t에서의 점 P의 순간속도 또는 속도 $v(t)$는

$$v(t) = \lim_{\Delta t \to 0} \frac{\Delta s}{\Delta t} = \frac{ds}{dt} \qquad \cdots (3.1.2)$$

이고, 속도의 크기 $|v(t)|$를 속력이라 한다. 점 P는 $v(t) > 0$일 때 양의 방향(→)으로, $v(t) < 0$일 때 음의 방향(←)으로 움직인다.

(3) 시간 t에서 $t + \Delta t$ 까지의 점 P의 속도의 평균변화율(평균가속도)은

$$a_{avg} = \frac{\Delta v}{\Delta t} \qquad \cdots (3.1.3)$$

이고, $\Delta t \to 0$일 때의 평균변화율의 극한값을 시간 t에서의 점 P의 가속도라 한다. 가속도

$$a(t) = \lim_{\Delta t \to 0} \frac{\Delta v}{\Delta t} = \frac{dv}{dt} = \frac{d^2 s}{dt^2} \qquad \cdots (3.1.4)$$

이고, 여기에서 v가 s의 함수인 경우

$$a(t) = \frac{dv}{dt} = \frac{dv}{ds}\frac{ds}{dt} = v\frac{dv}{ds} \qquad \cdots (3.1.5)$$

로 쓸 수 있다. 가속도의 부호는 속도 변화의 방향을 나타내며 운동 방향과 관계없이 속도가 증가하면 양(+)이고, 감소하면 음(−)이다.

[2] 등속 직선운동

속력과 운동 방향이 일정한 운동을 등속운동이라 한다. 등속운동에서 속도 v인 질점이 t시간 동안에 이동한 거리를 s라 하면 다음 관계식이 성립한다.

$$v = \frac{s}{t}, \quad s = vt, \quad t = \frac{s}{v} \qquad \cdots (3.1.6)$$

예제 3.1.1 210km의 거리를 90분 만에 달리는 기차의 평균 속력은 몇 km/h인가?

풀이 1시간은 60분이므로 90분은 1.5시간이다.

$$\therefore \text{(평균속력)} = \frac{\text{(이동 거리)}}{\text{(걸린 시간)}} = \frac{210\,\text{km}}{1.5\,\text{h}} = 140\ [\text{km/h}]$$

예제 3.1.2 수직선 위에서 움직이는 점 P의 t초 후의 위치가 $x(t) = t^3 - 3t$[m]일 때 $t = 2$초에서의 점 P의 속도와 가속도를 구하여라.

풀이 직선운동에서 속도와 가속도의 정의에 의해 시간 t에서의 속도 $v(t)$와 가속도 $a(t)$는 다음과 같다.

$$v(t) = \frac{dx}{dt} = 3t^2 - 3 \qquad \cdots ①$$

$$a(t) = \frac{dv}{dt} = 6t \qquad \cdots ②$$

식 ①, ②에 $t = 2$를 대입하면 다음과 같이 $t = 2$일 때의 속도 $v(2)$와 가속도 $a(2)$가 구해진다.

$$v(2) = 3 \times 2^2 - 3 = 9\ [\text{m/s}]$$
$$a(2) = 6 \times 2 = 12\ [\text{m/s}^2]$$

예제 3.1.3 등산을 하는데 올라갈 때는 시속 2km로 걷고, 내려올 때는 올라갈 때 보다 3km 더 먼 거리를 시속 4km로 걸어왔다. 총 소요 시간이 6시간이면 올라간 거리는 몇 km인가?

풀이 올라간 거리를 x[km]로 놓으면, 내려온 거리는 $x+3$[km]이다. 거리 s[km]를 시속 v[km]로 걸어갈 때 걸리는 시간

$$t = \frac{s}{v}\ (\text{시간})$$

이므로 시속 2km로 걸어간 시간은 $\frac{x}{2}$시간이고, 시속 4km로 걸어간 시간은 $\frac{x+3}{4}$시간이다. 여기에서 총 소요 시간은 6시간이므로

$$\frac{x}{2}+\frac{x+3}{4}=6 \ \rightarrow\ 2x+(x+3)=24$$

$$3x=21$$

$$\therefore\ x=\frac{21}{3}=7\,[\mathrm{km}]$$

즉, 올라간 거리는 $7\,[\mathrm{km}]$이다.

[3] 등가속도 직선운동

직선상에서 운동하는 물체의 속도가 일정한 비율로 변할 때 물체의 가속도는 일정하며, 이러한 운동을 등가속도 직선운동이라 한다.

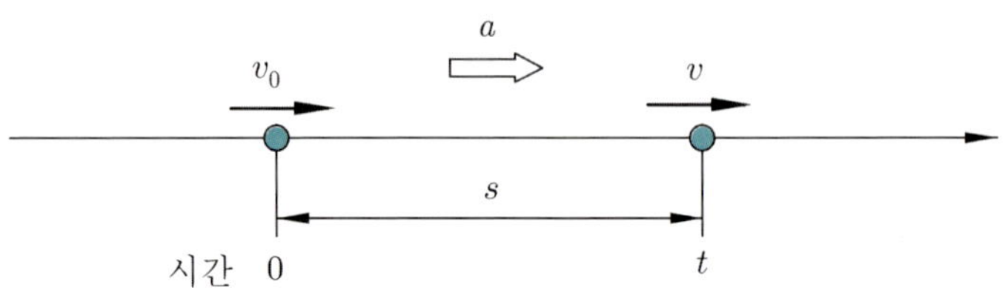

[그림 3.1.4]

[그림 3.1.4]와 같이 직선상에서 일정한 가속도 $a\,[\mathrm{m/s^2}]$로 운동할 때, 시간 $t=0$에서의 초기속도 $v_0\,[\mathrm{m/s}]$, t에서의 속도 $v\,[\mathrm{m/s}]$, t초 동안 이동 거리 $s[\mathrm{m}]$ 사이에는 다음 관계식이 성립한다.[1]

$$v=v_0+at \quad \cdots (3.1.7)$$

$$s=\frac{1}{2}at^2+v_0t \quad \cdots (3.1.8)$$

$$v^2-v_0^2=2as \quad \cdots (3.1.9)$$

설명 (1) 속도와 가속도의 관계 : 가속도의 정의 $a=\dfrac{dv}{dt}$에서 적분하면

1 식 (3.1.7~9)를 잘 알아두도록 한다. 물체의 운동에 관한 가장 기본적인 식이다.

$$dv = a\,dt$$

$$v = \int a\,dt = at + C \quad (C\text{는 상수})$$

이고, 초기조건 $t = 0$일 때 $v = v_0$를 대입하면 $C = v_0$이므로

$$v = at + v_0$$

이다.

(2) 이동거리와 가속도의 관계 : 속도의 정의 $v = \dfrac{ds}{dt}$에서 적분하면

$$s = \int v dt = \int (v_0 + at)dt = v_0 t + \frac{1}{2}at^2 + C \quad (C\text{는 상수})$$

이고, 초기조건 $t = 0$일 때 $s = 0$을 대입하면 $C = 0$이므로

$$s = v_0 t + \frac{1}{2}at^2$$

이다.

(3) 이동거리와 속도의 관계 : 가속도의 식 $a = v\dfrac{dv}{ds}$에서 $ads = vdv$이고 이 식을 적분하면

$$\int_0^s ads = \int_{v_0}^{v} vdv \;\rightarrow\; as = \frac{1}{2}(v^2 - v_0^2)$$

이므로 $v^2 - v_0^2 = 2as$의 관계식이 성립한다.

† [그림 3.1.5]와 같이 시간 $t_0 = 0$에서의 초기속도 $v_0\,[\mathrm{m/s}]$, 초기위치 $s_0\,[\mathrm{m}]$, t에서의 속도 $v\,[\mathrm{m/s}]$, 위치를 $s\,[\mathrm{m}]$라 하면 이동거리 $\Delta s = s - s_0$이므로 위치와 속도, 가속도의 관계는 다음과 같다.

$$v = v_0 + at \qquad \cdots (3.1.10)$$

$$s = \frac{1}{2}at^2 + v_0 t + s_0 \qquad \cdots (3.1.11)$$

$$v^2 - v_0^2 = 2a(s - s_0) \qquad \cdots (3.1.12)$$

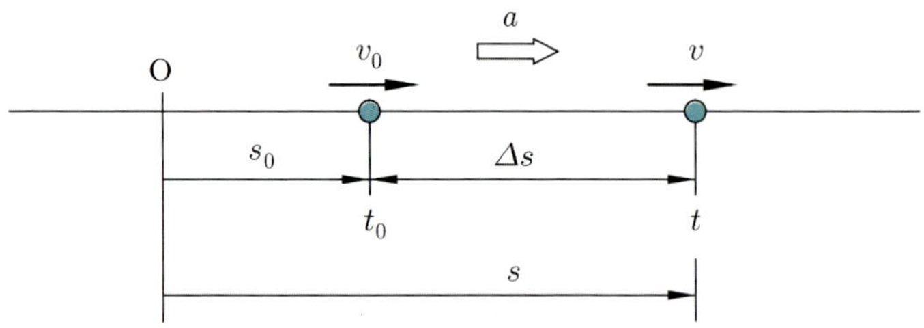

[그림 3.1.5]

예제 3.1.4 직선 도로를 4m/s의 속도로 달리는 자동차의 속도가 7초 후에 25m/s가 되었다. 자동차의 평균 가속도의 크기는 몇 m/s^2인가?

풀이 초기속도 $v_0 = 4m/s$, $t = 7s$, 나중속도 $v = 25m/s$이므로 평균 가속도(a)는 다음과 같다.

$$a = \frac{v - v_0}{t} = \frac{(25-4)m/s}{7s} = 3\,[m/s^2]$$

예제 3.1.5 정지해 있던 물체가 $2m/s^2$의 가속도로 직선운동을 하였을 때 1분 후의 물체의 속력은 몇 m/s인가?

풀이 초기속도 $v_0 = 0$, 가속도 $a = 2m/s^2$이므로 $t = 1\,min$ 후의 속력(v)은 다음과 같다.

$$v = v_0 + at = 0 + 2\frac{m}{s^2} \times 1min = 2\frac{m}{s^2} \times 60s = 120\,[m/s]$$

예제 3.1.6 등가속도 운동을 하는 물체가 50m 이동하는 동안에 물체의 속력이 5m/s에서 20m/s로 증가하였다. 물체의 가속도는 몇 m/s^2인가?

풀이 초기속도 $v_0 = 5\,m/s$, 나중속도 $v = 20\,m/s$, 이동거리 $s = 50\,m$이므로 $v^2 - v_0^2 = 2as$에서 다음과 같이 가속도(a)가 구해진다.

$$a = \frac{v^2 - v_0^2}{2s} = \frac{20^2 - 5^2}{2 \times 50} = 3.75\,[m/s^2]$$

예제 3.1.7 72 km/h로 달리고 있는 자동차에 브레이크를 걸었을 때 차가 50 m 미끄러진 후에 정지하였다. 이때 차의 가속도와 정지할 때까지 걸린 시간을 구하여라.

풀이 처음 속도 $v_0 = 72\text{km/h} = \dfrac{72 \times 1000\text{m}}{3600\text{s}} = 20\text{m/s}$이고 정지했을 때의 최종속도 $v_1 = 0$이며, 이동거리 $s = 50\text{m}$다. $v^2 - v_0^2 = 2as$에서

$$v_1^2 - v_0^2 = 2as \ \rightarrow \ 0 - 20^2 = 2a \times 50$$

$$\therefore \ a = -\frac{20^2}{2 \times 50} = -4 \ [\text{m/s}^2]$$

이고, $v = v_0 + at$에서

$$v_1 = v_0 + at \ \rightarrow \ 0 = v_0 + at$$

$$\therefore \ t = -\frac{v_0}{a} = -\frac{20}{(-4)} = 5 \ [\text{s}]$$

이다. 즉, 차의 가속도는 -4m/s^2, 정지할 때까지 걸린 시간은 5초이다. ◪

예제 3.1.8 $t = 0$에서 출발하여 직선운동을 하는 물체의 속도와 시간의 관계가 [그림 3.1.6]과 같이 직선으로 나타날 때 다음을 구하여라.

(1) 물체의 가속도

(2) 6초 후의 물체의 변위

(3) 6초 동안에 물체가 이동한 거리

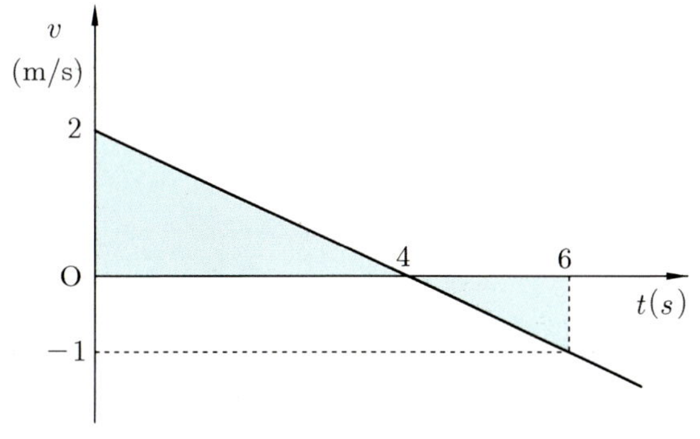

[그림 3.1.6]

풀이 (1) 직선운동에서 $a=\dfrac{dv}{dt}$ 이므로 $v-t$ 그래프에서 가속도는 직선의 기울기가 된다.

$$\therefore\ a=-\frac{2}{4}=-\frac{1}{2}\ [\mathrm{m/s^2}]\text{인 등가속도 운동이다.}$$

(2) 그래프에서 $v(t)=-\dfrac{1}{2}t+2\ [\mathrm{m/s}]$이다. $t=0,\ 6$일 때 물체의 위치를 각각 $s_0,\ s_1$으로 하고 $ds=vdt$를 적분하면

$$\int_{s_0}^{s_1}ds=\int_0^6\left(-\frac{1}{2}t+2\right)dt=\left[-\frac{1}{4}t^2+2t\right]_0^6=3\ [\mathrm{m}]$$

$$\therefore\ \text{변위}\ (s_1-s_0)=3\ [\mathrm{m}]$$

(3) 이동거리 $s=\displaystyle\int_{t_1}^{t_2}|v|dt$으로 $v-t$ 그래프에서 이동거리는 넓이가 된다.

$$\therefore\ \text{이동거리}\ s=\left(\frac{1}{2}\times4\times2\right)+\left(\frac{1}{2}\times2\times1\right)=5\ [\mathrm{m}]$$

직선운동에서 오른쪽 방향을 양(+)으로 잡으면 속도가 양인 $0<t<4$에서는 오른쪽으로 4m 이동하고, 속도가 음인 $t>4$에서는 왼쪽으로 1m 이동한다. 따라서 총 이동거리(s)는 5m이고, 변위(s_1-s_0)는 3m이다.

3 상대속도

두 물체 A, B가 각각 $\overrightarrow{v_A}$, $\overrightarrow{v_B}$의 속도로 운동하고 있을 때 A에서 본 B의 속도를 A에 대한 B의 상대속도라 하고 이때의 상대속도는 다음과 같다[그림 3.1.7].

$$\overrightarrow{v_{B/A}}=\overrightarrow{v_B}-\overrightarrow{v_A}=\overrightarrow{v_B}+(-\overrightarrow{v_A})\quad\cdots(3.1.13)$$

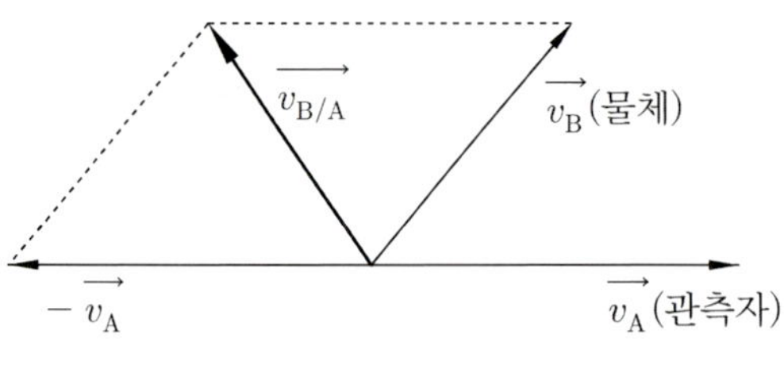

[그림 3.1.7]

상대속도는 운동하는 관측자가 어떤 물체의 운동을 관찰할 때 관측자에게 보이는 물체의 속도를 나타낸다.

예제 3.1.9 자동차 A는 동쪽으로 시속 60km, 자동차 B는 북쪽으로 시속 80km로 달리고 있다. A에서 본 B의 상대속도의 크기와 운동 방향을 구하여라.

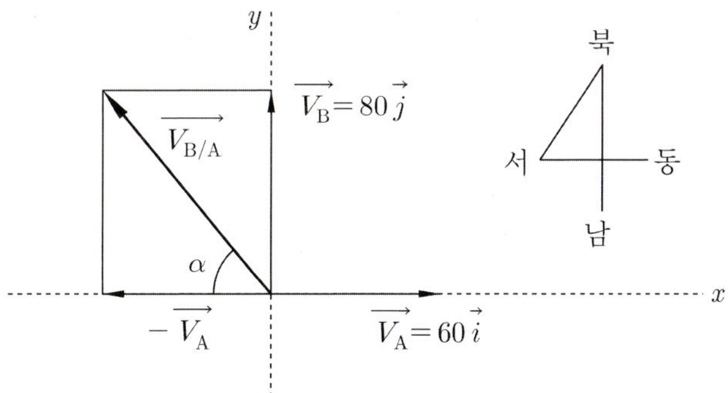

[그림 3.1.8]

풀이 동쪽을 $+x$, 북쪽을 $+y$로 좌표계를 정하면[그림 3.1.8] A와 B의 속도는 각각

$$\overrightarrow{V_A}=60\vec{i}\ \ [\text{km/h}],\ \ \overrightarrow{V_B}=80\vec{j}\ \ [\text{km/h}]$$

이다. 따라서 A에서 본 B의 상대속도

$$\overrightarrow{V_{B/A}}=\overrightarrow{V_B}-\overrightarrow{V_A}=-60\vec{i}+80\vec{j}\ [\text{km/h}]$$

이므로 상대속도의 크기와 방향각은

$$\left|\overrightarrow{V_{B/A}}\right|=\sqrt{V_x^2+V_y^2}=\sqrt{(-60)^2+80^2}=100\ [\text{km/h}]$$

$$\tan\alpha=\frac{80}{60}$$

$$\therefore\ \ \alpha=\tan^{-1}\left(\frac{80}{60}\right)=53.13°$$

이다. 즉, A에서 보았을 때 자동차 B는 시속 100km의 속도로 서북 방향으로 53.13°의 각도로 달리고 있다.

† 참고 : 직선운동에서의 속도와 가속도에 대한 벡터 표현

x축 상에서 운동하는 직선운동에서 물체의 속도와 가속도를 벡터로 표현하면 다음과 같다. 여기에서 $\vec{i}$는 $+x$방향의 단위 벡터이다.

(1) 위치벡터 : $\vec{r} = s\,\vec{i}$

(2) 변위 : $\Delta\vec{r} = \Delta s\,\vec{i}$

(3) 속도 : $\vec{v} = \dfrac{d\vec{r}}{dt} = \dfrac{ds}{dt}\vec{i}$

(4) 가속도 : $\vec{a} = \dfrac{d\vec{v}}{dt} = \dfrac{dv}{dt}\vec{i} = \dfrac{d^2s}{dt^2}\vec{i}$

직선운동에서는 속도와 가속도의 부호로써 방향을 나타낼 수 있으므로 스칼라량(s, Δs, v, a)으로 표현된 식을 사용하는 것이 편리하다. 속도의 방향을 위와 같이 정의하였을 때 $\vec{v} = -2\vec{i}$[m/s]이면 속도의 크기인 속력 $|\vec{v}| = 2$[m/s]이다. 스칼라량으로 속도를 표현할 때 속도 $v = 2$[m/s]는 물체가 오른쪽으로 2[m/s]의 속력으로 운동하고, $v = -2$[m/s]는 왼쪽으로 2[m/s]의 속력으로 운동한다는 것을 나타낸다.

3.1 연습문제

EXERCISES

1. 42.195 km를 2시간 10분만에 완주하는 마라톤 선수의 평균속력은 몇 m/s인가?

2. 투수가 포수에게 던진 공의 평균 속력이 120km/h일 때 투수가 던진 공이 포수에게 가는데 걸리는 시간은 몇 초인가? 단, 투수와 포수 사이의 거리는 20m이다.

3. 평균속력 1.4 m/s로 5시간을 걸어가면 걸어간 총 거리는 몇 km인가?

4. 정지해 있던 자동차가 출발한 후 4초 후에 속력이 72 km/h가 되었다. 평균 가속도 [m/s^2]의 크기를 구하여라.

5. 등가속도 운동을 하는 물체가 20m 이동하는 동안에 물체의 속력이 4m/s에서 10m/s로 증가하였다. 물체의 가속도는 몇 m/s^2인가?

6. 직선운동을 하는 물체의 시간 t초에서의 위치가 $s = t^3 - 4t^2 + 5t$[m]일 때 $t = 3$초에서의 속도와 가속도의 크기를 구하여라.

7. 정지 상태($s_0 = 0$, $v_0 = 0$)에서 출발하여 $2m/s^2$의 일정가속도로 달리는 자동차의 7초 후의 위치와 속도를 구하여라.

8. 자동차가 정지 상태에서 출발하여 일정한 가속도로 500m의 거리를 10초에 주파하였다. 가속도와 500m 거리를 주파할 때의 속도를 구하여라.

9. 시속 72km로 달리고 있는 차의 브레이크를 밟아서 2초 후에 정지시켰다. 브레이크를 밟은 후의 차의 가속도와 이동 거리를 구하여라.

10. 어떤 비행기가 이륙하기 위해서는 40 m/s의 속도에 도달해야 한다. 정지하고 있던 비행기가 일정한 가속도로 200 m를 달린 후에 이륙하였을 때 비행기의 가속도와 이륙할 때까지 걸린 시간을 구하여라.

11. 다음 그래프는 직선운동을 하는 물체의 속도(v)와 시간(t)와의 관계를 나타낸 것이다. 다음을 구하여라.

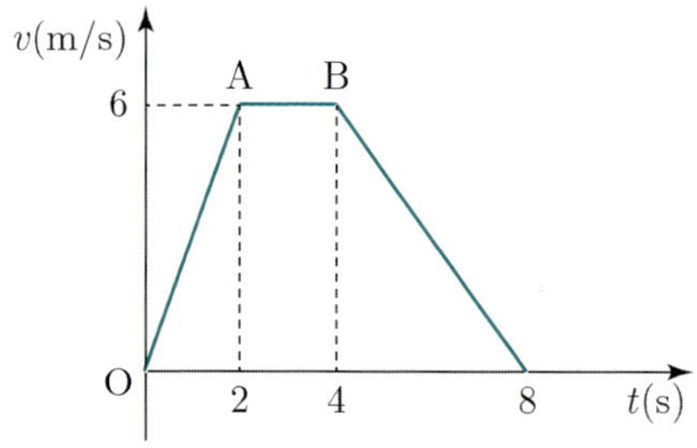

[문제 3.1.11]

(1) 등속 구간에서의 이동거리[m]

(2) 8초 동안의 평균 속력[m/s]

(3) 가속되고 있는 동안의 가속도[m/s^2]

(4) 감속되고 있는 동안의 가속도[m/s^2]

12. 속력 v로 수평 도로를 달리는 자동차에서 급브레이크를 밟았더니 거리 d만큼 미끄러진 후 정지하였다. 이 자동차가 $2v$의 속력으로 같은 도로를 달릴 때 급브레이크를 밟으면 d의 몇 배 거리를 미끄러지다가 정지하겠는가? 단, 공기 저항은 무시한다. [공무원 임용시험]

① $\frac{1}{4}$ ② $\frac{1}{2}$ ③ 2 ④ 4

13. 수직선 위에서 움직이는 점 P의 t초 후의 위치가 $x(t) = 2t^2 + 4t + 3$ [m]이다. $t = 1$초에서 $t = 3$초 사이의 점 P의 평균속도[m/s]를 구하여라. (단, 여기서 x의 단위는 미터[m]이고, t의 단위는 초[s]이다)

14. x축을 따라 움직이는 입자의 위치가 시간에 따라 $x(t) = 7 + 9t - 2t^3$으로 변한다. $t = 3$일 때 입자의 속도[m/s]는? (단, 여기서 x의 단위는 미터[m]이고, t의 단위는 초[s]이다) [공무원 임용시험]

① 음의 x방향으로 3 ② 양의 x방향으로 20

③ 음의 x방향으로 20 ④ 음의 x방향으로 45

15. 북쪽으로 2m/s로 움직이는 물체 A가 있다. 동쪽으로 3m/s로 움직이는 물체 B에서 물체 A의 운동을 측정할 때, 물체 A의 상대속도의 크기[m/s]와 방향은?

[공무원 임용시험]

	상대 속도의 크기[m/s]	방향		상대 속도의 크기[m/s]	방향
①	5	북쪽	②	5	북서쪽
③	$\sqrt{13}$	북쪽	④	$\sqrt{13}$	북서쪽

16. 그림은 직선 운동하는 물체의 속도를 시간에 따라 나타낸 것이다. 이 물체의 운동에 대한 설명으로 옳지 않은 것은? [공무원 임용시험]

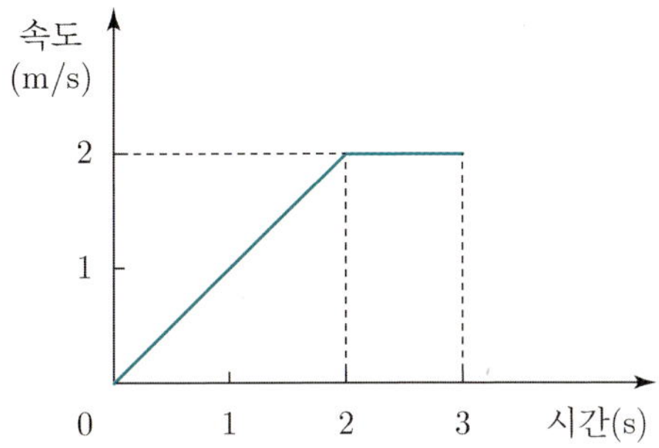

[문제 3.1.16]

① 0초에서 2초까지 등가속도 운동을 한다.

② 0초에서 2초까지 이동한 거리가 2초에서 3초까지 이동한 거리보다 크다.

③ 0초부터 2초까지 평균속력은 1m/s이다.

④ 1초일 때 가속도의 크기는 1m/s^2이다.

17. 물체가 정지 상태에서 출발하여 다음 그래프와 같이 가속된다. $t = 0\text{s}$에서 $t = 20\text{s}$까지 물체가 이동한 거리[m]는? (단, 물체는 직선상에서 운동한다) [공무원 임용시험]

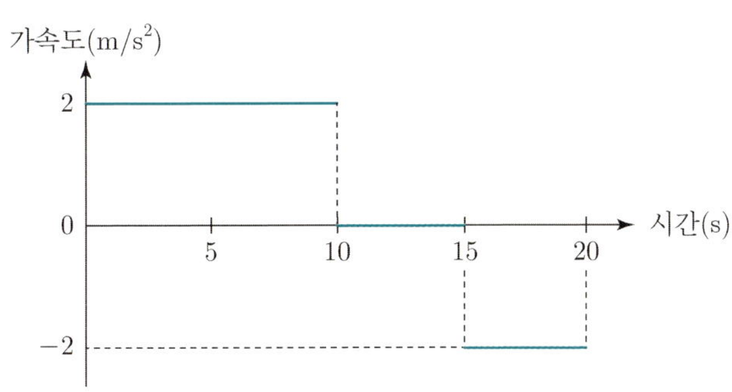

[문제 3.1.17]

① 225 ② 250 ③ 275 ④ 300

18. 그림은 직선상에서 운동하는 물체 A, B의 위치를 시간에 따라 나타낸 것이다. A, B의 운동에 대한 설명으로 옳은 것은? (단, 가는 실선과 굵은 실선은 각각 A와 B의 위치를 시간에 따라 나타낸 것이다.)

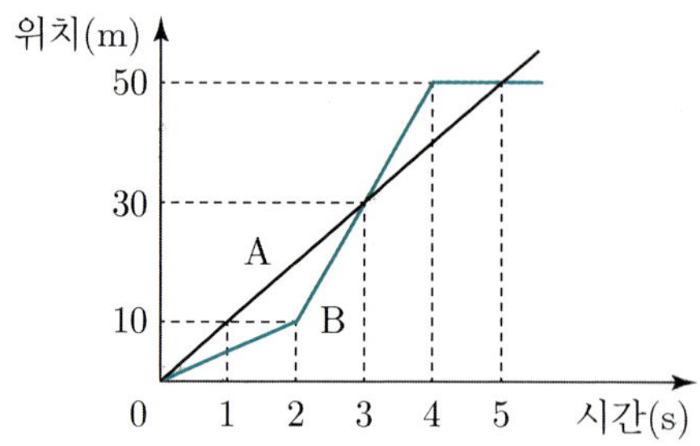

[문제 3.1.18]

① 0~3초까지 이동한 거리는 A가 B보다 크다.
② 0~5초까지 평균 속력은 A와 B가 같다.
③ 3초일 때 순간 속력은 A가 B보다 크다.
④ 0~5초 동안 B는 등속도 운동한다.

19. 그림은 1차원 직선운동을 하는 물체의 위치를 시간에 따라 나타낸 것이다. A점과 B점 사이의 구간에서 물체의 평균 속력은 $v_{평균}$, A점과 B점에서 물체의 순간 속력은 각각 v_A, v_B일 때, $v_{평균}$, v_A, v_B의 크기를 비교한 것으로 옳은 것은?

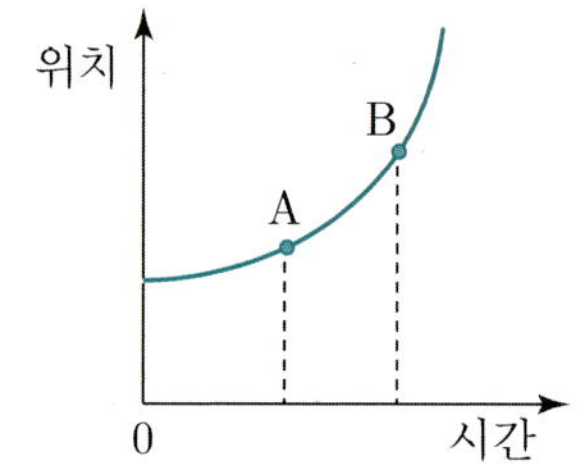

[문제 3.1.19]

① $v_A = v_{평균} = v_B$ ② $v_B < v_{평균} < v_A$
③ $v_{평균} < v_B < v_A$ ④ $v_A < v_{평균} < v_B$

20. 그림은 자동차가 직선도로를 따라 등가속도 운동을 하는 모습을 나타낸 것이다. P점에서 정지해 있다가 출발한 자동차가 10초 후 Q점을 통과할 때 속력은 10m/s이었다. 이에 대한 설명으로 옳은 것은?

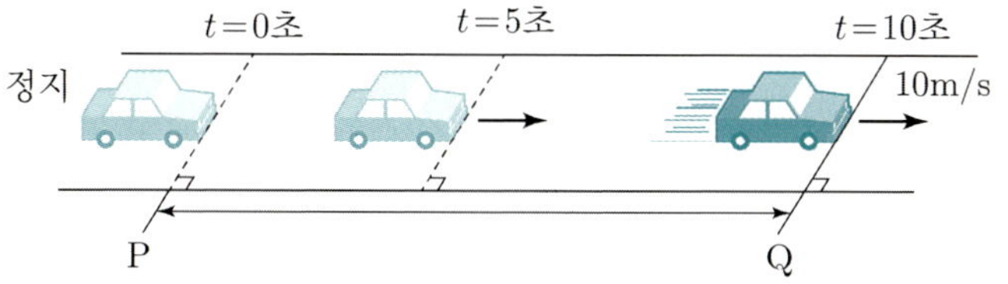

[문제 3.1.20]

① 자동차의 가속도의 크기는 $2m/s^2$이다.

② P와 Q 사이의 거리는 100m이다.

③ 자동차가 출발하고 5초가 지날 때 속력은 5m/s이다.

④ 자동차가 출발해서 5초 동안 이동한 거리는 50m이다.

3.2 중력장 내의 운동

지구의 물체에는 지구 중심 방향으로 인력이 작용하는데 이것을 중력이라 하며, 중력에 의해 생기는 가속도를 중력가속도(g)라 한다. 중력가속도의 값은 장소에 따라 조금씩 다르지만 일반적으로 $g = 9.8\mathrm{m/s^2}$으로 한다. 중력가속도의 방향은 언제나 연직 아랫방향(↓)이다

1 중력장 내의 직선운동

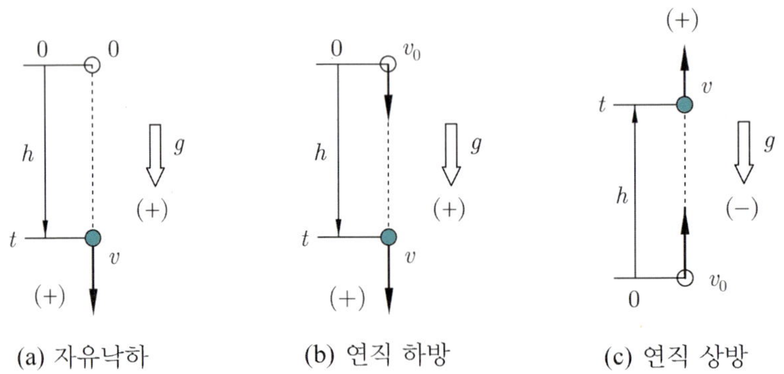

[그림 3.2.1]

[1] 자유낙하운동 : 처음속도 $v_0 = 0$

[그림 3.2.1(a)] : 무거운 물체를 들고 있다가 가만히 놓을 때와 같이 정지 상태에서 중력의 영향만으로 낙하하는 물체의 운동을 자유낙하운동이라 한다. 이때의 운동은 처음속도 $v_0 = 0$이고 가속도는 중력가속도 g인 등가속도 직선운동이다. 물체의 처음 위치를 원점으로 하고 아래 방향을 양(+)으로 잡으면 t 초 후의 속도 v와 물체의 이동 거리 h의 관계식은 다음과 같다.

$$v = gt \quad \cdots (3.2.1)$$

$$h = \frac{1}{2}gt^2 \quad \cdots (3.2.2)$$

$$v^2 = 2gh \quad \cdots (3.2.3)$$

[2] 물체를 처음속도 v_0로 던졌을 때

(1) 연직 아래 방향으로 v_0의 속력으로 던질 때[그림 3.2.1(b)] : 아래 방향을 양(+)으로 잡으면 처음속도와 중력가속도의 방향이 같고 가속도 $a=g$이다.

$$v = v_0 + gt \quad \cdots (3.2.4)$$

$$h = v_0 t + \frac{1}{2} g t^2 \quad \cdots (3.2.5)$$

$$v^2 - v_0^2 = 2gh \quad \cdots (3.2.6)$$

(2) 연직 위쪽으로 v_0의 속력으로 던질 때[그림 3.2.1(c)] : 위 방향을 양(+)으로 잡으면 처음속도와 중력가속도의 방향이 반대가 되므로 가속도 $a=-g$이다. 따라서 이때는 식 (3.2.4)~(3.2.6)의 g에 $-g$를 대입하면 된다.

$$v = v_0 - gt \quad \cdots (3.2.7)$$

$$h = v_0 t - \frac{1}{2} g t^2 \quad \cdots (3.2.8)$$

$$v^2 - v_0^2 = -2gh \quad \cdots (3.2.9)$$

물체를 위로 던지면 아래 방향으로 작용하는 중력에 의해 최고점에 도달할 때까지는 속력이 점점 감소한다. 최고점에서 속도 $v=0$이 된 후 운동 방향을 바꾸어 아래로 떨어지게 된다.

2 중력장 내의 포물선 운동[2]

물체를 임의 각도로 경사지게 던졌을 때, 물체의 운동을 수평방향과 수직 방향으로 나누어 생각할 수 있다. 공기 저항을 무시하면 물체는 연직 아래 방향(+)으로 가속도 $a=g$의 등가속도 운동을 하고 수평 방향의 속도는 변하지 않는다. 이로 인하여 물체의 운동 경로는 포물선을 그리게 되는데 이와 같은 운동을 포물선운동이라 한다.

---

2 포물선 운동은 속도를 수평 방향과 수직 성분으로 분해하면 쉽게 해석할 수 있다.

[1] 수평 방향으로 던진 물체의 운동

[그림 3.2.2]와 같이 지면으로부터 높이 H인 곳에서 수평방향으로 v_0의 속력으로 던진 물체의 운동을 고려한다. 물체의 운동을 수평(x)성분과 수직성분(y)으로 분해하면 수평방향으로는 등속운동($a_x = 0$)이고, 연직방향으로는 중력가속도 $a_y = g$의 등가속도 운동이다[표 3.2.1].

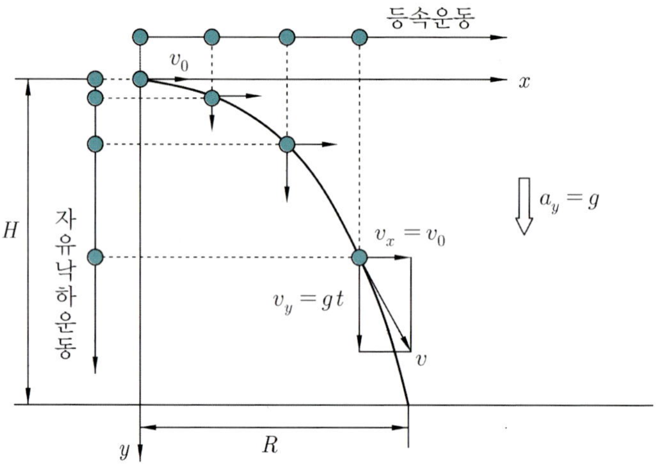

[그림 3.2.2]

[표 3.2.1]

	수평방향	연직방향
처음속도(v_0)	$v_{0x} = v_0$	$v_{0y} = 0$
가속도(a)	$a_x = 0$	$a_y = g$
t초 후의 속도(v)	$v_x = v_{0x} + a_x t = v_0$	$v_y = v_{0y} + a_y t = gt$
t초 후의 위치(x,y)	$x = v_0 t$	$y = v_{0y}t + \frac{1}{2}a_y t^2 = \frac{1}{2}gt^2$

(1) 낙하시간 : 지면에 떨어질 때까지 걸린 시간은 자유낙하한 시간과 같다.

$$H = \frac{1}{2}g t_1^2$$

$$\therefore \text{ 낙하시간 } t_1 = \sqrt{\frac{2H}{g}} \quad \cdots (3.2.10)$$

(2) 수평 도달 거리 : 낙하시간 t_1 동안에 수평방향으로 일정속도 v_0의 등속운동을 하므로 수평 도달 거리(R)는 다음과 같다.

$$R = v_0 t_1 = v_0 \sqrt{\frac{2H}{g}} \quad \cdots (3.2.11)$$

(3) 지면에 떨어졌을 때의 물체의 속도 크기 : 지면에 도달했을 때 속도의 x성분 $v_x = v_0$이고, y성분 $v_y = g t_1 = \sqrt{2gH}$ 이므로 속도의 크기(v)는 다음과 같다.

$$v = \sqrt{v_x^2 + v_y^2} = \sqrt{v_0^2 + 2gH} \quad \cdots (3.2.12)$$

[2] 비스듬히 위로 던진 물체의 운동

[그림 3.2.3]과 같이 수평면과 α의 각도로 위로 던져진 물체의 운동은 수평방향으로는 등속운동($a_x = 0$)이고, 연직방향으로는 중력가속도 $a_y = -g$의 등가속도 운동이다[표 3.2.2].

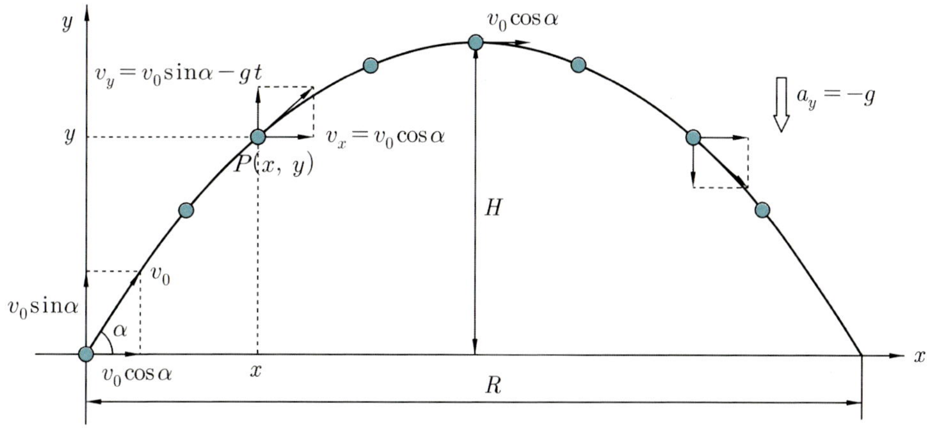

[그림 3.2.3]

[표 3.2.2]

	수평방향	연직방향
처음속도(v_0)	$v_{0x} = v_0 \cos\alpha$	$v_{0y} = v_0 \sin\alpha$
가속도(a)	$a_x = 0$	$a_y = -g$
t초 후의 속도(v)	$v_x = v_{0x} + a_x t = v_0 \cos\alpha$	$v_y = v_{0y} + a_y t = v_0 \sin\alpha - gt$
t초 후의 위치(x,y)	$x = (v_0 \cos\alpha)t$	$y = v_{0y}t + \frac{1}{2}a_y t^2$ $= (v_0 \sin\alpha)t - \frac{1}{2}gt^2$

(1) 최고점의 높이(H)와 도달 시간(t_1) : 연직방향 속도 $v_y = 0$이고 수평방향 속도만 존재한다. $v_y = 0$에서 도달 시간(t_1)은

$$v_y = v_0 \sin\alpha - g t_1 = 0$$

$$\therefore \ t_1 = \frac{v_0 \sin\alpha}{g} \qquad \cdots (3.2.13)$$

이고, 최고점의 높이(H)는 다음과 같다.

$$H = (v_0 \sin\alpha) t_1 - \frac{1}{2} g t_1^2 = \frac{v_0^2 \sin^2\alpha}{2g} \qquad \cdots (3.2.14)$$

(2) 수평 도달 거리 R : 최고점 도달 시간의 2 배가 되는 시간 동안 수평 방향으로 일정속도 $v_0 \cos\alpha$의 등속 운동을 하므로

$$R = (v_0 \cos\alpha) \times (2t_1) = v_0 \cos\alpha \times \frac{2v_0 \sin\alpha}{g}$$

$$= \frac{v_0^2 \sin 2\alpha}{g} \quad (\leftarrow \sin 2\alpha = 2\sin\alpha \cos\alpha)$$

이다. 즉 수평 도달 거리(R)는 다음과 같다.

$$R = \frac{v_0^2 \sin 2\alpha}{g} \qquad \cdots (3.2.15)$$

따라서 $2\alpha = 90°$, 즉 발사각 $\alpha = 45°$일 때 수평 도달 거리가 최대가 된다.

(3) 물체의 운동경로 : 수평방향 위치 $x=(v_0\cos\alpha)t$에서 $t=\dfrac{x}{v_0\cos\alpha}$를 구하여 연직 방향 위치 $y=(v_0\sin\alpha)t-\dfrac{1}{2}gt^2$에 대입하여 정리하면 운동경로는

$$y=x\tan\alpha-\frac{g}{2v_0^2\cos^2\alpha}x^2$$

의 포물선이다[그림 3.2.3].

예제 3.2.1 높이가 100m인 건물의 옥상에서 어떤 물체를 자유 낙하시켰을 때 물체가 지면에 떨어질 때까지 걸린 시간과 이때의 물체의 속도를 구하여라.

풀이 건물의 높이를 h, 물체가 지면에 떨어질 때까지 걸린 시간을 t로 하면

$$h=\frac{1}{2}gt^2$$

$$\therefore\ \ t=\sqrt{\frac{2h}{g}}=\sqrt{\frac{2\times100}{9.8}}=4.52\ [\mathrm{s}]$$

이다. 그리고 물체는 가속도 g의 등가속도 운동을 하므로 이때의 속도(v)는 다음과 같다.

$$v=gt=9.8\times4.52=44.3\ [\mathrm{m/s}]$$

예제 3.2.2 건물의 옥상에서 어떤 물체를 연직 아래 방향으로 10m/s의 속도로 던졌더니 2초 후에 지면에 떨어졌다. 건물의 높이를 구하여라.

풀이 건물의 높이는 물체가 낙하한 거리와 같다. 낙하거리 $h=v_0t+\dfrac{1}{2}gt^2$에서 $v_0=10\mathrm{m/s}$, $t=2\mathrm{s}$이므로 건물의 높이(H)는 다음과 같다.

$$H=v_0t+\frac{1}{2}gt^2=10\times2+\frac{1}{2}\times9.8\times2^2=39.6\ [\mathrm{m}]$$

예제 3.2.3 어떤 물체를 $v_0=40\mathrm{m/s}$의 속력으로 연직 위 방향으로 던졌을 때 물체가 최고점에 도달할 때까지 걸린 시간과 최고점의 높이를 구하여라.

풀이 초기속도 $v_0=40\mathrm{m/s}$이고, 최고점에서 물체의 속도 $v=0$이다.

• 최고점에 도달할 때까지 걸린 시간을 t라 하면

$$v = v_0 - gt = 0$$

$$\therefore \ t = \frac{v_0}{g} = \frac{40}{9.8} = 4.1 \text{ [s]}$$

• 최고점의 높이를 $h_{\max}$라 하면

$$v^2 - v_0^2 = -2g h_{\max} \rightarrow 0 - v_0^2 = -2g h_{\max}$$

$$\therefore \ h_{\max} = \frac{v_0^2}{2g} = \frac{40^2}{2 \times 9.8} = 81.6 \text{ [m]}$$

예제 3.2.4 [그림 3.2.4]와 같이 높이 H에서 수평 방향으로 $v_0 = 40\text{m/s}$의 속력으로 물체를 던졌을 때 8초 후에 물체가 지면에 떨어졌다. 높이(H)와 수평 방향으로 이동한 거리(R)를 구하여라.

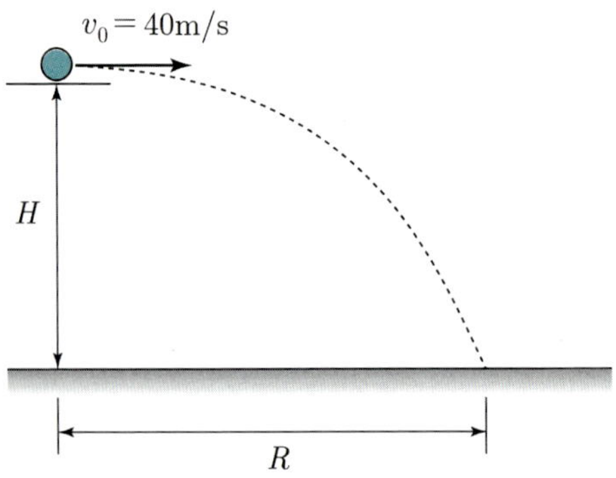

[그림 3.2.4]

풀이 • 연직 방향으로는 자유낙하 운동이므로

$$H = \frac{1}{2}gt^2 = \frac{1}{2} \times 9.8 \times 8^2 = 313.6 \text{ [m]}$$

• 수평 방향으로는 등속도 운동이므로

$$R = v_0 t = 40 \times 8 = 320 \text{ [m]}$$

예제 3.2.5 지면 위 높이 h에서 수평 방향으로 공을 던졌더니 지면에 떨어질 때까지 수평방향으로 운동한 거리가 h였다. 처음 속도 v_0를 구하여라.

풀이 땅에 떨어질 때까지 걸린 시간을 t라 하면 낙하거리는

$$h = \frac{1}{2}gt^2$$

이므로

$$t = \sqrt{\frac{2h}{g}}$$

이다. 이때 수평방향으로는 처음 속도 v_0의 등속운동이므로 수평방향으로 날아간 거리는

$$h = v_0 t$$

이다. 따라서 처음 속도 v_0는 다음과 같다.

$$v_0 = \frac{h}{t} = \frac{h}{\sqrt{2h/g}} = \sqrt{\frac{gh}{2}}$$

예제 3.2.6 처음 속도 100m/s, 수평선과 30° 각도로 위로 발사된 물체가 올라갈 수 있는 최고점의 높이와 발사점으로부터 낙하점까지의 수평 거리를 구하여라. 단, 발사점과 낙하점은 같은 고도에 있고, 공기 저항은 없다.

풀이 처음 속도 $v_0 = 100\text{m/s}$, 발사각 $\theta = 30°$이다.

(1) 최고점의 높이(H) : 식 (3.2.14)로부터

$$H = \frac{v_0^2 \sin^2\alpha}{2g} = \frac{(100)^2 \times \sin^2 30°}{2 \times 9.8} = 127.6\ [\text{m}]$$

(2) 발사점으로부터 낙하점까지의 수평 거리(R) : 식 (3.2.15)로부터

$$R = \frac{v_0^2 \sin 2\alpha}{g} = \frac{(100)^2 \times \sin(2 \times 30°)}{9.8} = 883.7\ [\text{m}]$$

3.2 연습문제

E·X·E·R·C·I·S·E·S

1. 높이 H에서 자유낙하한 공이 10초 후에 지면에 도달한다면 H는 몇 m인가?

2. 자유 낙하한 물체가 100m 아래로 떨어지는 데 걸린 시간과 이때의 물체의 속력을 구하여라.

3. 자유낙하한 공이 처음 4초 동안 낙하한 거리와 그 이후 3초 동안 낙하한 거리를 구하여라.

4. 연직 위로 던진 공의 최고점의 높이가 50m이면 공의 처음 속도는 얼마인가?

5. 처음 속도 49m/s로 연직 위로 쏘아 올린 공이 도달할 수 있는 최대 높이와 그때까지 걸린 시간을 구하여라. 단, 중력 가속도 $g = 9.8\,\text{m/s}^2$이다.

6. 높이가 H인 곳에서 물체를 자유 낙하시킬 때 물체의 높이(지면으로부터의 거리) y와 시간 t와의 관계식을 구하여라. 단, 중력 가속도는 g이다.

7. 지면으로부터 높이 40m인 지점에서 물체를 연직 위 방향으로 20m/s의 속력으로 던졌을 때 물체가 지면에 떨어질 때까지 걸린 시간을 구하여라.

8. 바닷가 절벽 위에서 수평 방향으로 V의 속도로 물체를 쏘았을 때 T초 후에 바다에 떨어졌다. 같은 지점에서 수평 방향으로 $4V$의 속도로 쏜 물체가 바다에 떨어질 때까지 날아가는 시간과 수평 도달 거리를 구하여라.

9. 1400m 상공에서 수평 방향으로 500km/h의 속력으로 쏜 물체가 지면에 도달할 때까지 걸린 시간과 수평 방향의 이동 거리를 구하여라.

10. 1000m 상공에서 수평 방향으로 30m/s로 공을 던졌을 때 4초 후의 공의 속도의 크기와 공의 운동 방향이 수평선과 이루는 각을 구하여라.

11. 높이 H인 건물의 옥상에서 수평 방향으로 $v_0 = 10\text{m/s}$의 속력으로 물체를 던졌더니 수평 거리 $R = 40\text{m}$ 지점에서 지면에 떨어졌다. 물체가 지면에 떨어질 때까지 걸린 시간과 건물의 높이(H)를 구하여라.

12. 처음 속도 48 m/s, 수평선과 60°의 각도로 경사지게 위로 발사한 물체가 있다. 다음을 구하여라.

(1) 2초 후의 물체의 높이와 수평 방향과 수직방향의 속도성분

(2) 6초 후의 물체의 높이와 수평 방향과 수직방향의 속도성분

13. 처음 속도 80 m/s, 수평선과 30°의 각도로 경사지게 위로 발사한 물체가 올라갈 수 있는 최고점의 높이와 지면에 떨어질 때까지 날아간 수평 거리를 구하여라. 단, 지면의 고도는 일정하다.

14. 물체 A는 80m 높이에서 가만히 자유 낙하시키고, 이와 동시에 물체 B는 지면에서 연직 위로 40m/s의 속도로 던졌더니 얼마 후 두 물체가 충돌하였다. 충돌 지점의 높이는 몇 m인가?

15. 골프공이 수평에서 30° 위쪽을 향하여 50 m/s의 초기속도로 날아간 경우, 다음 물음에 답하시오. [중등교사 임용시험(기계·금속)]

(1) 골프공이 떨어질 때까지의 소요시간을 계산하시오.

(2) 골프공이 떨어진 지점까지의 거리를 계산하시오.

(3) 골프공이 도달한 최고 높이를 계산하시오.

16. 지면에서 수평면과 각 θ의 방향으로, 속력 v_0로 물체를 발사했다. 이 물체의 운동에 대한 설명으로 옳은 것만을 모두 고르면? (단, 공기의 저항은 무시하며, $0<\theta<90°$이다) [공무원 임용시험]

ㄱ. 지면의 수직방향 속력은 v_0보다 작다. ㄴ. 물체가 최고점에 도달할 때, 물체의 속도와 가속도는 서로 수직이다. ㄷ. $\theta=30°$인 경우, $\theta=60°$의 경우와 비교하여 도달하는 수평거리가 더 크다. ㄹ. $\theta=30°$인 경우, $\theta=60°$의 경우와 비교하여 지면에 도달할 때까지 걸리는 시간이 더 작다.

① ㄱ, ㄴ　　② ㄱ, ㄹ　　③ ㄱ, ㄴ, ㄷ　　④ ㄱ, ㄴ, ㄹ

17. 지표면으로부터 높이 H인 지점에서 질량이 m인 물체가 자유낙하 하였다. 지표면에서 $\frac{3}{4}H$인 높이에서의 물체의 속력은? (단, 공기저항은 무시하고, 중력 가속도는 g이다) [공무원 임용시험]

① $\frac{gH}{2}$ ② $\sqrt{\frac{gH}{2}}$ ③ $\sqrt{\frac{3gH}{4}}$ ④ $\sqrt{\frac{3gH}{2}}$

18. ㉠ 동일한 두 물체를 건물의 49층과 50층에서 동시에 떨어뜨렸다. ㉡ 동일한 두 물체를 건물의 50층에서 1초 간격을 두고 차례로 떨어뜨렸다. 물체가 바닥에 도달하기 전, ㉠과 ㉡의 경우 두 물체 사이의 간격이 시간이 지남에 따라 어떻게 되는가? (단, 공기의 저항은 무시한다) [공무원 임용시험]

① ㉠-일정, ㉡-일정 ② ㉠-일정, ㉡-증가
③ ㉠-증가, ㉡-일정 ④ ㉠-증가, ㉡-증가

19. 그림은 물체 A와 물체 B가 실로 연결된 채 정지한 상태에서 운동을 시작하여 경사면을 따라 등가속도 운동을 하는 모습을 나타낸 것이다. A, B의 질량은 각각 $3m$, $2m$이다. A가 P에서 Q까지 이동하는 동안, 나타나는 현상에 대한 설명으로 옳은 것을 보기에서 모두 고른 것은? (단, 실의 질량과 모든 마찰은 무시한다)

[공무원 임용시험]

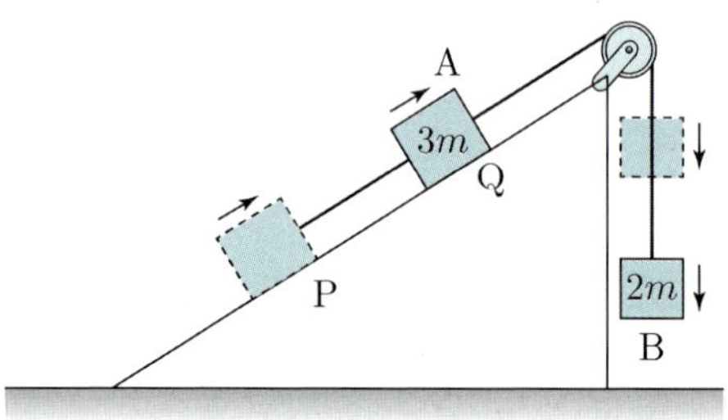

[문제 3.2.19]

ㄱ. A의 운동 에너지는 증가한다.
ㄴ. B의 역학적 에너지는 일정하다.
ㄷ. B에 작용하는 중력이 한 일은 B의 운동 에너지 증가량과 같다.

① ㄱ ② ㄷ ③ ㄱ, ㄴ ④ ㄴ, ㄷ

20. 무거운 돌과 가벼운 돌을 지상 높은 곳에서 떨어뜨릴 때, 두 물체의 가속도는 같다. 그 이유로 가장 적절한 것은? (단, 공기저항은 무시한다) [공무원 임용시험]

① 두 물체에 작용하는 힘의 크기가 같기 때문이다.
② 두 물체에 작용하는 힘의 방향이 같기 때문이다.
③ 두 물체가 같은 재질로 이루어졌기 때문이다.
④ 무거운 돌에 작용하는 중력이 큰 만큼 그 질량도 크기 때문이다.

21. 그림은 다음 3가지 운동을 일정한 기준에 따라 구분하는 과정을 나타낸 것이다. (가)~(다)에 들어갈 기호로 옳은 것은? [공무원 임용시험]

A. 연직 아래로 떨어지는 물체의 자유낙하 운동 B. 비스듬히 던져 올린 물체의 포물선 운동 C. 등속 원운동

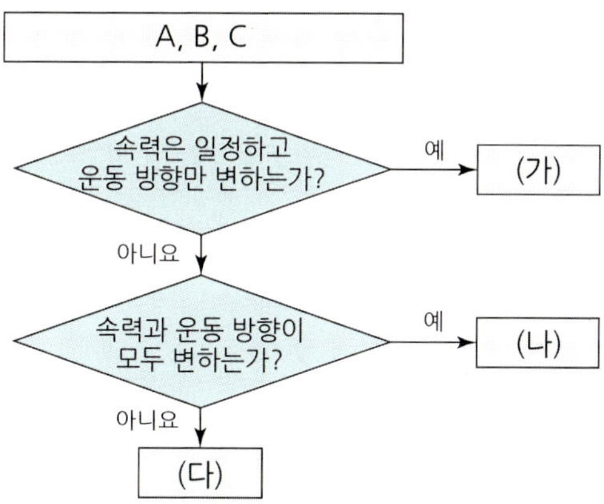

[문제 3.2.21]

① (가)-A, (나)-B, (다)-C
② (가)-B, (나)-C, (다)-A
③ (가)-C, (나)-A, (다)-B
④ (가)-C, (나)-B, (다)-A

22. 그림과 같이 기울기가 일정하고 마찰이 없는 경사면에서 시간 $t=0$일 때 점 p에 물체 A를 가만히 놓는 순간, 물체 B가 v의 속력으로 경사면의 점 q를 통과하였다. 동일한 직선 경로를 따라 운동하는 A, B는 각각 L_A, L_B만큼 이동하여 t_0초 후 같은 속력으로 충돌하였다. 이때 $L_A : L_B$는? [공무원 임용시험]

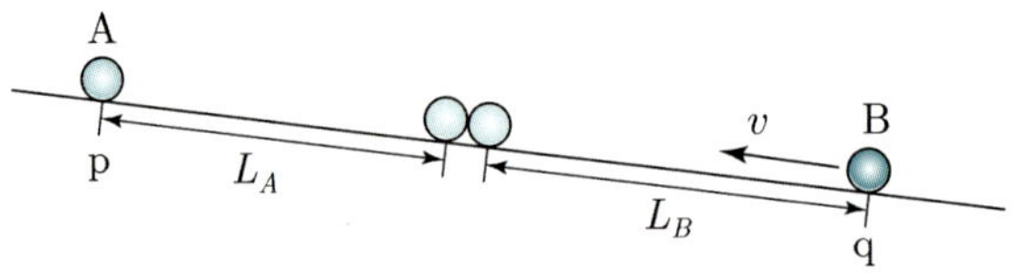

[문제 3.2.22]

① 1 : 1　　② 1 : 2　　③ 1 : 3　　④ 2 : 3

3.3 운동 법칙

1 운동 제1법칙 (뉴턴의 제1법칙)

물체는 운동 상태를 변화시키려는 외부로부터 힘이 작용하지 않으면, 등속도 운동을 하는 물체는 등속도 운동을 계속하고 정지해 있는 물체는 계속 정지해 있다.

물체가 현재의 운동 상태를 유지하려는 성질을 관성이라 하며, 운동 제1법칙을 관성의 법칙이라고 한다.

2 운동 제2법칙 (뉴턴의 제2법칙)[3]

(1) 일반식 : 물체에 작용하는 외력의 합($\sum \vec{F}$)은 물체의 운동량($m\vec{v}$)의 시간 변화율과 같다.

$$\sum \vec{F} = \frac{d}{dt}(m\vec{v}) \qquad \cdots (3.3.1)$$

(2) 질량이 일정할 때 : 외부로부터 물체에 힘이 작용하면 힘의 방향으로 가속도($\vec{a}$)가 생기며 질량이 일정할 때 가속도의 크기는 힘의 크기에 비례하고 물체의 질량에 반비례 한다.

$$\sum \vec{F} = m\vec{a} \qquad \cdots (3.3.2)$$

힘 $\vec{F}$의 방향과 가속도 $\vec{a}$의 방향은 같다.

설명 물체에 힘이 작용하면 운동 상태가 변할 수 있는데 운동 제2법칙은 이와 같은 힘과 운동의 변화 사이의 관계를 정량화한 것이다. 운동량($\vec{p}$)은 운동 중인 물체의 운동의 정도 또는 운동의 양을 나타내는 물리량으로 물체의 질량(m)과 속도($\vec{v}$)

---

3 뉴턴 운동 제2법칙을 잘 알아두도록 한다. 기계공학에서 가장 기본이 되는 식이라고 할 수 있다. 형태가 분명한 물체의 운동뿐만 아니라 모양이 변화하는 유체의 운동에 대한 방정식도 이 식으로부터 유도된다.

의 곱으로 정의되는 벡터이다.

$$\vec{p} = m\vec{v} \quad [\text{SI 단위 kg}\cdot\text{m/s}] \qquad \cdots (3.3.3)$$

운동 제2법칙은 물체의 운동량의 시간 변화율과 순 힘(net force)의 관계이다. 운동의 변화를 결정하는 것은 물체에 작용하는 여러 힘들의 합이라는 것을 유념해야 한다. 일반적인 운동 제2법칙은

$$\sum \vec{F} = \frac{d\vec{p}}{dt} = \frac{d(m\vec{v})}{dt}$$

인데, 질량이 일정한 경우

$$\sum \vec{F} = \frac{d(m\vec{v})}{dt} = m\frac{d\vec{v}}{dt} = m\vec{a}$$

가 된다. 즉, 물체에 힘이 작용하면 힘의 방향으로 가속도($\vec{a}$)가 생기며 가속도의 크기는 힘의 크기에 비례한다. 뉴턴의 제2법칙의 일반적인 형태는 $\sum \vec{F} = \frac{d}{dt}(m\vec{v})$이지만 물체의 질량이 일정한 경우에 대한 운동을 많이 취급하므로 $\sum \vec{F} = m\vec{a}$가 더 알려져 있다. 특히 일차원인 경우 물체에 작용하는 외력의 합을 F라 하면 스칼라 형태로 표현되는 운동 제2법칙은 다음과 같다.

$$F = ma \qquad \cdots (3.3.4)$$

여기에서 $a \propto F$, $a \propto 1/m$임을 알 수 있으며 이 식을 가속도의 법칙이라고도 한다.

3 운동 제3법칙 (뉴턴의 제3법칙)

물체 A가 B에게 힘을 가하면 B는 작용선과 크기가 같고 방향이 반대인 힘을 A에게 가한다.

설명 운동 제3법칙은 물체들 사이의 힘들에 관한 것이다. 배를 타고 벽을 밀면 배는 벽으로부터 반대 방향의 힘을 받아서 뒤로 밀리게 된다. 실험에 의하면 물체 A가 물체 B에 힘을 가하면 B도 A에 힘을 가한다. 이 두 힘은 크기가 같고 방향이 반대이다. 이때 한쪽 힘을 작용, 다른 쪽을 반작용이라고 하며 제3법칙을 작용·반작

용의 법칙이라고도 한다. 작용과 반작용은 두 물체 사이에 작용하는 상호 작용력이다. 따라서 운동 제3법칙에 나타나는 한 쌍의 힘들은 다른 물체에 작용한다는 것을 유념해야 한다. 이와 같은 개념은 특히 큰 물체를 여러 물체로 분리하여 분리된 물체에 대한 자유물체도를 그릴 때 중요하다. 예를 들어 한 물체를 두 물체 A, B로 분리할 때 A가 B에게 가하는 힘이 $\vec{F}$이면 크기가 같고 방향이 반대인 힘 $-\vec{F}$를 같은 작용선상에서 B가 A에게 가하게 된다.

예 질량 m의 물체에 지면과 θ의 각도로 P의 힘이 일정하게 작용하고 있을 때[그림 3.3.1(a)] 물체가 수평 방향으로 가속도 a의 등가속도 직선운동을 하는 경우를 해석하면 다음과 같다.

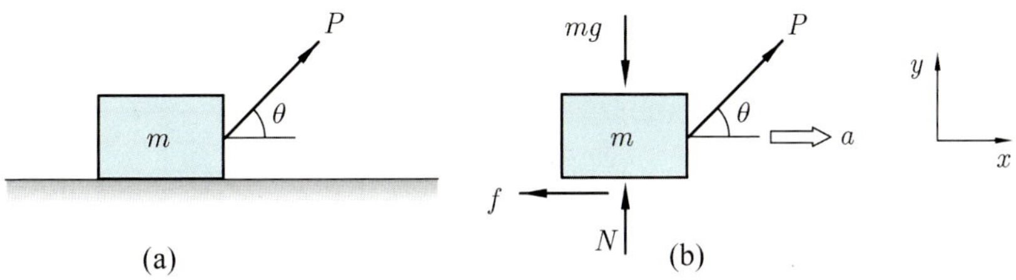

[그림 3.3.1]

먼저 운동 제3법칙(작용·반작용의 원칙)을 적용하여 물체를 지면에서 분리하여 물체에 대한 자유물체도를 그린다[그림 3.3.1(b)]. 물체에는 힘 P, 중력 mg, 마찰력 f 외에 지면으로부터의 반력 N이 작용한다. 마찰력의 방향은 운동방향과 반대 방향이다. 여기에서 지면을 x축, 지면과 수직 방향을 y축으로 하여 좌표계를 잡으면 x방향 가속도 $a_x = a$이고 y방향 가속도는 $a_y = 0$이다. 물체에 대하여 운동 제2법칙을 적용하면 다음 관계식이 얻어진다.

$$x \text{ 방향} : \sum F_x = ma_x \quad \therefore \; P\cos\theta - f = ma$$

$$y \text{ 방향} : \sum F_y = ma_y \quad \therefore \; N - mg + P\sin\theta = 0$$

여기에서 $\theta = 0$이면 지면에서 반력 $N = mg$이고 마찰력 $f = \mu mg$가 된다. μ는 마찰계수이다.

4 미끄럼마찰(sliding friction)

(1) 마찰력 : 마찰은 두 물체의 접촉면 사이에서 물체의 운동을 방해하는 현상으로 이때 발생하는 힘을 마찰력이라 한다.

(2) 정지 마찰력 : 물체에 힘을 가해도 물체가 움직이지 않을 때의 마찰력(f_s)을 말하며 물체에 가해진 외력(P)의 크기와 같다.

$$f_s = P \quad \cdots (3.3.5)$$

(3) 최대 정지 마찰력 : 정지 상태의 물체에 힘을 가했을 때 물체가 움직이기 시작하는 순간의 마찰력을 최대 정지 마찰력($f_{s,\max}$)이라 한다. 정지마찰계수를 μ_s, 수직 반력을 N이라 하면 최대 정지 마찰력은 다음과 같다.

$$f_{s,\max} = \mu_s N \quad \cdots (3.3.6)$$

(4) 운동 마찰력 : 운동하고 있는 물체가 받는 마찰력(f_k)으로 외력에 관계없이 일정한 값을 갖는다. 운동마찰계수를 μ_k, 수직 반력을 N이라 하면 운동 마찰력(f_k)은 다음과 같다.

$$f_k = \mu_k N \quad \cdots (3.3.7)$$

예제 3.3.1 [그림 3.3.2]와 같이 마찰 없는 수평면에서 질량 4kg의 물체에 수평 방향으로 12N의 일정한 힘을 가하면 물체의 가속도는 몇 $\mathrm{m/s^2}$인가?

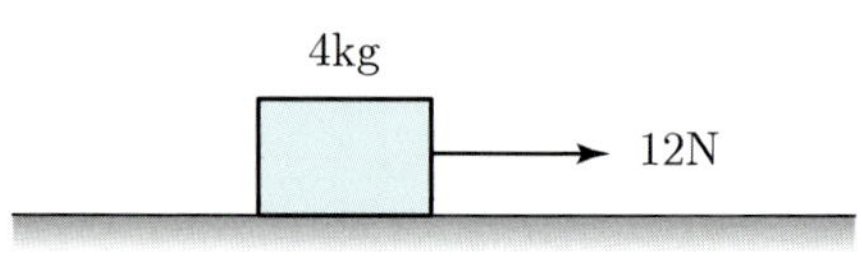

[그림 3.3.2]

풀이 운동 제2법칙 $F = ma$에서 가속도(a)는 다음과 같다.

$$a = \frac{F}{m} = \frac{12\mathrm{N}}{4\mathrm{kg}} = 3\frac{\mathrm{N}}{\mathrm{kg}} = 3\left(\mathrm{kg}\cdot\frac{\mathrm{m}}{\mathrm{s}^2}\right) \times \frac{1}{\mathrm{kg}} = 3\,[\mathrm{m/s^2}]$$

예제 3.3.2 정지해 있는 질량 100 kg의 물체에 일정한 힘이 작용하여 4초 후에 물체의 속력이 8m/s가 되었다. 물체가 받은 힘을 구하여라.

풀이 처음속도 $v_1 = 0$이고, 4초 후의 속도 $v_2 = 8\text{m/s}$이다.

$$F = ma = m\frac{v_2 - v_1}{\Delta t} = 100\text{kg} \times \frac{(8-0)\text{m/s}}{4\text{s}} = 200\,\text{kg} \cdot \frac{\text{m}}{\text{s}^2} = 200\,[\text{N}]$$

예제 3.3.3 질량 $m = 40\text{kg}$의 물체가 $v_0 = 30\text{m/s}$의 속도로 직선 운동을 하고 있다. 운동방향과 반대 방향으로 120N의 일정한 힘을 물체에 가하면 몇 초 후에 물체가 정지하는가?

풀이 처음 속도 $v_0 = 30\text{m/s}$의 방향을 양(+)으로 잡으면 힘 $F = 120\text{N}$의 방향은 음(−)이다. 따라서 $F = ma$에서 가속도

$$a = \frac{F}{m} = \frac{-120\text{N}}{40\text{kg}} = -3\,\frac{\text{m}}{\text{s}^2}$$

이므로 정지($v = 0$)하는데 걸리는 시간 t는 다음과 같다.

$$v = v_0 + at \;\rightarrow\; 0 = v_0 + at$$

$$\therefore\; t = -\frac{v_0}{a} = -\frac{30\text{m/s}}{-3\text{m/s}^2} = 10\,[\text{s}]$$

예제 3.3.4 케이블에 매달려 있는 질량 $m = 500\text{kg}$의 물체가 케이블에 끌려 연직 위쪽으로 $a = 0.2\,\text{m/s}^2$의 일정 가속도로 올라가고 있다. 케이블의 무게를 무시할 때 케이블에 걸리는 장력을 구하여라.

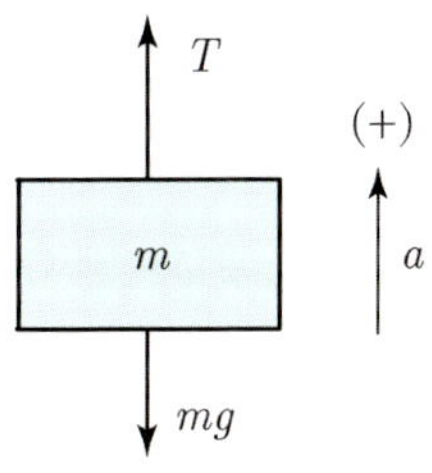

[그림 3.3.3]

풀이 [그림 3.3.3]과 같이 물체에 작용하는 외력은 케이블의 장력(T)과 물체의 무게(mg)이다. 물체는 직선 운동을 하므로 가속도의 방향과 같은 방향(위쪽)을 양(+)으로 잡고 운동 제2법칙 $\sum F = ma$를 적용하면

$$T - mg = ma$$

$$\therefore \text{ 장력 } T = m(a+g) = 500 \times (0.2 + 9.8) = 5{,}000 \text{ [N]}$$

예제 3.3.5 [작용·반작용의 법칙] [그림 3.3.4(a)]와 같이 마찰이 없는 수평면 위에 질량 m, M인 두 물체 A, B를 접촉시켜놓고 수평 방향으로 F의 힘으로 밀어주었다. 두 물체의 가속도와 A와 B 사이에 작용하는 힘을 구하여라.[4]

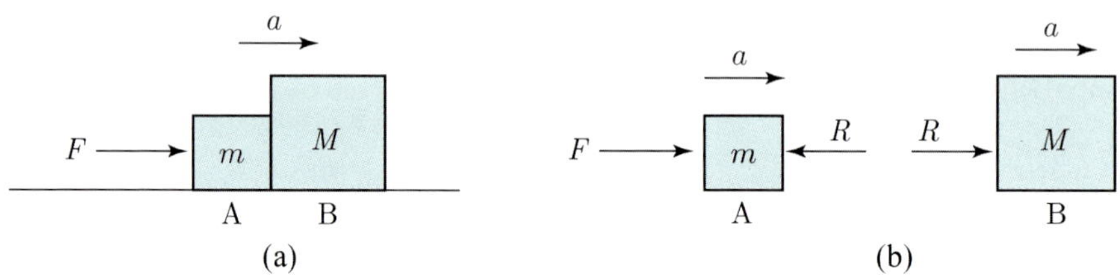

[그림 3.3.4]

풀이 A와 B 사이에 작용하는 힘을 R로 하여 자유 물체도를 그리면 [그림 3.3.4(b)]와 같다. A는 B를 R의 힘으로 밀어주며 A와 B 사이에 작용하는 힘은 작용·반작용의 법칙에 따라 크기가 같고 방향이 반대이다.
자유 물체도에서 질량 A의 물체에 운동 제2법칙을 적용하면

$$F - R = ma \qquad \cdots ①$$

이고, B의 물체에 운동 제2법칙을 적용하면

$$R = Ma \qquad \cdots ②$$

이다. ①+②에서

$$F = ma + Ma = (m+M)a$$

$$\therefore a = \frac{F}{m+M} \qquad \cdots ③$$

4 [예제 3.3.5~7]을 통하여 작용·반작용의 법칙을 이해하도록 한다. 이 법칙은 간단하지만 역학에서 중요한 기본적인 개념이다.

이고, ③을 ②에 대입하면 A와 B 사이에 작용하는 힘(R)은 다음과 같다.

$$R = \frac{MF}{m+M} \quad \cdots ④$$

예제 3.3.6 [그림 3.3.5(a)]와 같이 마찰이 없는 수평면 위에서 질량 $m = 2\text{kg}$과 $M = 3\text{kg}$의 두 물체를 실로 연결하여 수평 방향으로 $F = 40\,\text{N}$의 힘으로 끌었다. 두 물체를 연결하는 실에 걸리는 인장력과 물체의 가속도를 구하여라. 실의 무게는 무시한다.

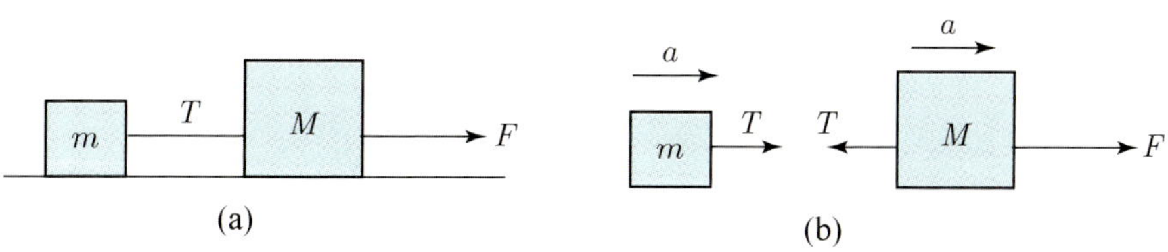

[그림 3.3.5]

풀이 줄에 걸리는 인장력을 T, 가속도를 a로 놓고 각각의 물체에 대한 자유물체도 [그림 3.3.5(b)]를 그려 문제를 해석한다. 줄에는 인장력이 작용하며 작용·반작용 법칙에 따라 크기가 같고 방향이 반대인 인장력이 두 물체에 각각 작용한다.
자유 물체도에서 질량 m의 물체에 운동 제2법칙을 적용하면

$$T = ma \quad \cdots ①$$

이고, 질량 M의 물체에 운동 제2법칙을 적용하면

$$F - T = Ma \quad \cdots ②$$

이다. ①+②에서

$$F = ma + Ma = (m+M)a$$

$$\therefore \ a = \frac{F}{M+m} \quad \cdots ③$$

이고, ③을 ①에 대입하면 실에 걸리는 인장력은

$$T = \frac{mF}{M+m} \quad \cdots ④$$

이다. ③, ④로부터 $m = 2\text{kg}$, $M = 3\text{kg}$, $F = 40\,\text{N}$일 때 가속도(a)와 인장력(T)

은 다음과 같다.

$$a = \frac{F}{M+m} = \frac{40\mathrm{N}}{(3+2)\mathrm{kg}} = 8\,[\mathrm{m/s^2}]$$

$$T = \frac{mF}{M+m} = \frac{2\mathrm{kg}\times 40\mathrm{N}}{(3+2)\mathrm{kg}} = 16\,[\mathrm{N}]$$

예제 3.3.7 질량 $m=4\,\mathrm{kg}$과 $M=6\,\mathrm{kg}$의 물체가 도르래(pulley)를 지나는 줄로 연결되어 중력에 의해 일정한 가속도로 운동하고 있다[그림 3.3.6]. 줄의 무게와 도르래의 마찰력을 무시할 때 물체의 가속도와 줄에 걸리는 장력을 구하여라.

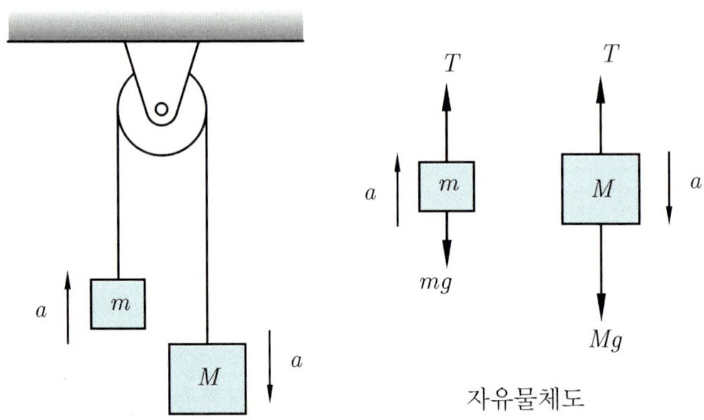

[그림 3.3.6]

풀이 줄에 걸리는 장력을 T, 가속도를 a로 놓고 각각의 물체에 대한 자유물체도를 그려 문제를 해석한다. 줄로 연결된 두 물체는 무거운 물체가 낙하하는 방향으로 운동한다. 질량 m의 물체는 위로 운동하므로 이 방향(↑)을 양(+)으로 잡고 운동 제2법칙을 적용하면

$$T - mg = ma \qquad \cdots ①$$

이고, 질량 M의 물체는 아래로 운동하므로 이 방향(↓)을 양(+)으로 잡고 운동 제2법칙을 적용하면

$$Mg - T = Ma \qquad \cdots ②$$

이다. ①+②에서

$$Mg - mg = ma + Ma$$

$$\therefore \quad a = \frac{M-m}{M+m}g \qquad \cdots ③$$

이고, 식 ③을 ①에 대입하면 줄에 걸리는 장력은

$$T = \frac{2mM}{M+m}g \qquad \cdots ④$$

이다. 식 ③, ④로부터 $m = 4\text{kg}$, $M = 6\text{kg}$일 때 가속도와 장력은 다음과 같다.

$$a = \frac{M-m}{M+m}g = \frac{(6-4)\text{kg}}{(6+4)\text{kg}} \times 9.8\,\text{m/s}^2 = 1.96\,[\text{m/s}^2]$$

$$T = \frac{2mM}{M+m}g = \frac{2\times(4\text{kg})\times(6\text{kg})}{(6+4)\text{kg}} \times 9.8\,\text{m/s}^2 = 47.04\,[\text{N}]$$

† 복합물체의 운동을 해석할 때는 각 물체를 분리하여 자유물체도를 그리고, 각각의 자유물체도에서 운동 제2법칙을 적용한다. 물체를 분리할 때 적용되는 원칙은 운동 제3법칙(작용과 반작용의 법칙)이다.

3.3 연습문제

EXERCISES

1. 질량 4kg의 물체에 200N의 힘을 일정하게 가하면 물체의 가속도는 몇 m/s^2이 되는가?

2. 어떤 물체에 8N의 힘을 가하였을 때 물체의 가속도가 $20\,cm/s^2$이면 질량은 몇 kg인가?

3. 질량 $m = 2kg$의 물체가 마찰 없는 수평면 위에서 그림과 같이 수평 방향 힘과 수직 방향 힘을 받고 운동하고 있을 때 다음을 구하여라.

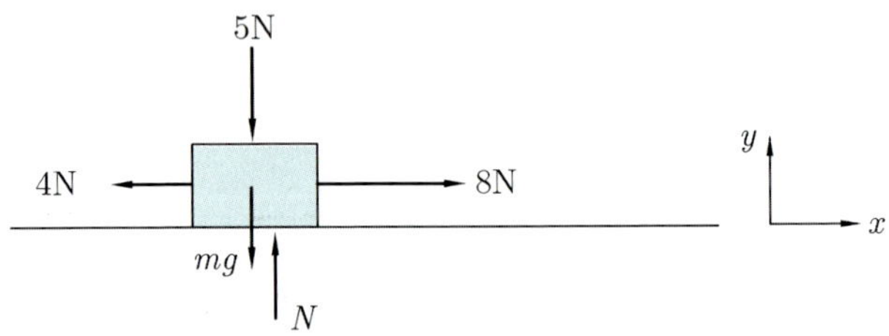

[문제 3.3.3]

(1) 바닥으로부터 받는 수직 반력
(2) 물체의 수평 방향 가속도
(3) 정지 상태에서 출발하였을 때 5초 동안 이동한 거리

4. 질량이 각각 $m_A = 4kg$, $m_B = 6\,kg$인 두 개의 블록 A, B가 마찰이 없는 수평면 위에서 가벼운 줄로 연결되어 있다. 블록 B를 오른쪽으로 $F = 70N$의 힘으로 당길 때 블록의 가속도와 연결된 줄에 걸리는 장력을 구하여라.

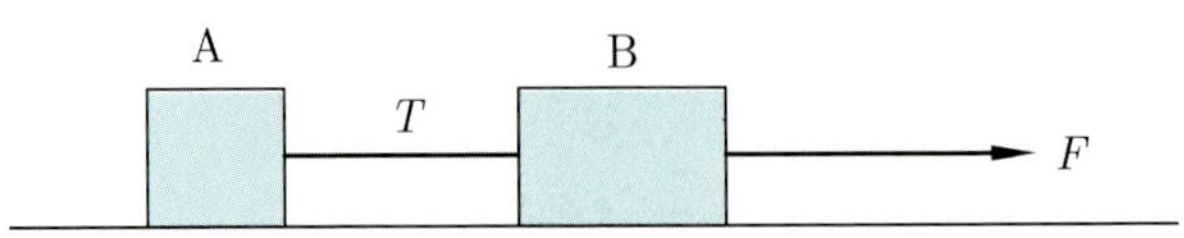

[문제 3.3.4]

5. 정지해 있는 400kg의 승용차가 일정한 힘을 받고 등가속도 직선 운동을 하여 5초 후에 108km/h의 속도가 되었다. 차의 가속도와 차가 받은 추진력을 구하여라.

6. 40m/s의 속도로 등속 직선 운동을 하고 있는 3kg의 물체에 일정한 힘을 작용하여 6초 후에 정지시키려면 가해야 할 힘의 크기는 몇 N인가?

7. 무게를 무시할 수 있는 줄에 매달려 있는 4kg의 물체가 연직 아래쪽으로 $6.8\,\mathrm{m/s^2}$의 일정 가속도로 하강하고 있을 때 줄에 걸리는 장력을 구하여라. 단, 중력 가속도 $g = 9.8\mathrm{m/s^2}$이다.

8. 마찰 없는 면 위에 놓여 있는 2kg의 물체에 8N의 힘을 수평선과 30° 각도로 일정하게 가할 때 물체의 수평 방향 가속도를 구하여라.

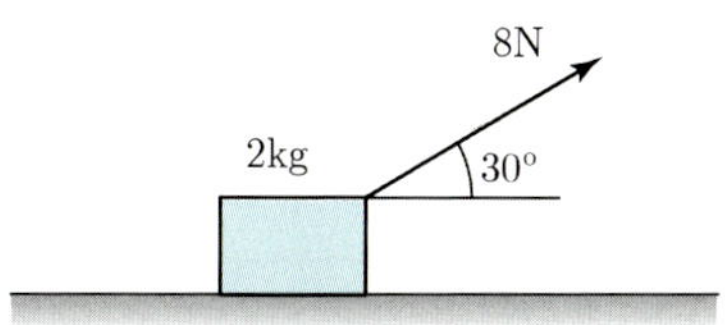

[문제 3.3.8]

9. 경사각 $\theta = 30°$인 마찰이 없는 빗면 위에서 질량 m의 물체가 중력에 의해 일정 가속도 a로 미끄러져 내려오고 있을 때 물체의 가속도를 구하여라.

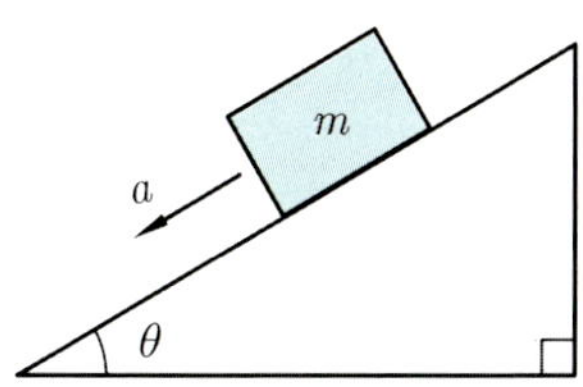

[문제 3.3.9]

10. 질량 $m = 2\mathrm{kg}$과 $M = 8\mathrm{kg}$의 물체가 도르래를 지나는 줄로 연결되어 있다. 질량 m의 물체를 연직 아래 방향으로 $P = 20\mathrm{N}$의 힘으로 당길 때 물체의 가속도와 줄에 걸리는 장력을 구하여라. 단, 줄의 무게와 마찰력은 무시한다.

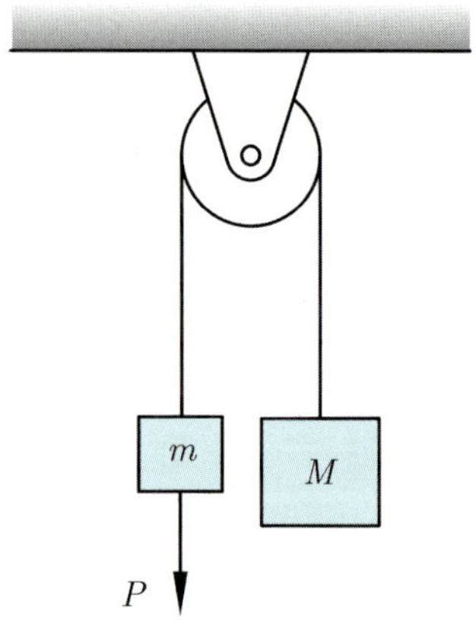

[문제 3.3.10]

11. 질량 m과 M의 물체가 도르래에 걸린 줄로 연결되어 중력에 의하여 일정 가속도로 운동하고 있다. $m = 3\text{kg}$, $M = 7\text{kg}$일 때 물체의 가속도와 줄에 걸리는 장력을 구하여라. 단, 줄의 무게와 마찰력은 무시한다.

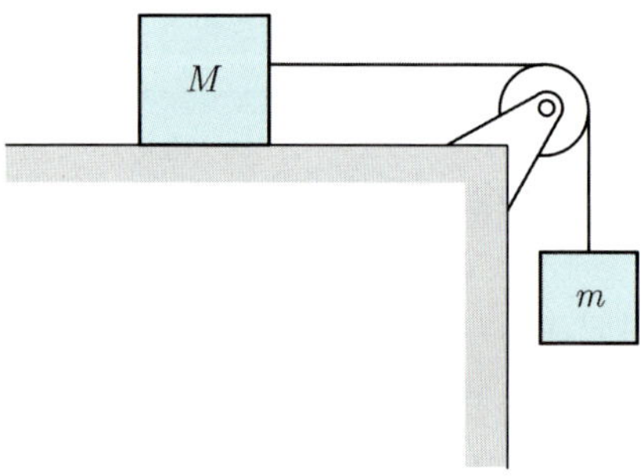

[문제 3.3.11]

12. 그림과 같이 마찰이 없는 수평면 위에 질량 2kg, 3kg인 두 물체 A, B를 접촉시켜 놓고 수평 방향으로 20N의 힘으로 밀어주었다. 두 물체의 가속도의 크기와 물체 A가 B에 작용하는 힘의 크기를 구하여라.

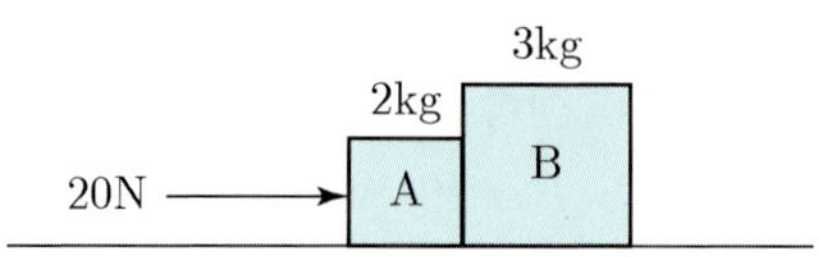

[문제 3.3.12]

13. 어떤 사람이 정지한 엘리베이터 바닥에 놓인 체중계 위에 올라서서 눈금을 보니 50 kg이었다. 이 엘리베이터가 위 방향으로 $1.0\,m/s^2$으로 가속된다면 체중계가 가리키는 눈금은? 단, 중력 가속도의 크기는 $10\,m/s^2$으로 한다. [공무원 임용시험]

① 60 kg ② 55 kg ③ 51 kg ④ 45 kg

14. 마찰계수가 0.5인 경사가 없는 바닥에서 질량이 m인 물체를 정지 상태에서 수평 방향으로 끌기 위해 필요한 최소한의 힘이 15N이었다면 물체의 질량은? (단, 중력가속도 $g = 10m/s^2$이다) [공무원 임용시험]

[문제 3.3.14]

① 1kg ② 2kg ③ 3kg ④ 4kg

15. 그림 (가)는 마찰이 없는 수평면에서 운동 중인 질량이 4kg인 물체에 일정한 크기의 힘 F가 운동 방향으로 작용하여 물체가 10m를 이동한 것을 나타낸 것이다. 그림 (나)는 (가)의 물체에 F가 작용한 순간부터 물체의 운동 에너지를 이동 거리에 따라 나타낸 것이다. 이에 대한 설명으로 옳지 않은 것은? [공무원 임용시험]

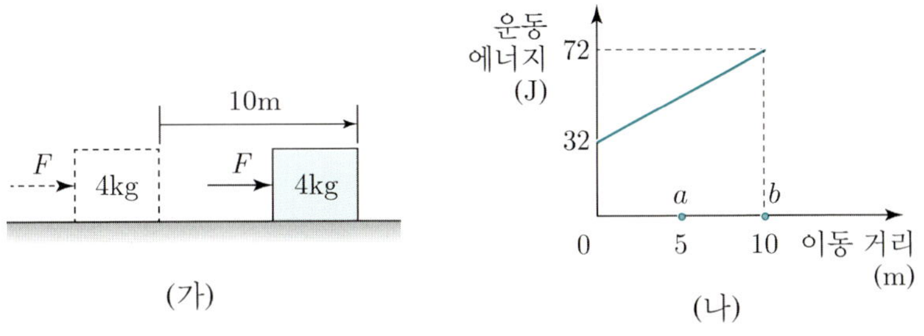

[문제 3.3.15]

① F가 작용하기 직전 물체의 속력은 4m/s이다.

② a에서 물체의 가속도 크기는 $1m/s^2$이다.

③ F의 크기는 4N이다.

④ a에서 b까지 물체의 이동 시간은 2초이다.

16. 그래프는 수평면에 정지해 있는 1kg의 물체에 작용한 힘을 시간에 따라 나타낸 것이다. 0~2초 동안 물체가 마찰이 없는 바닥에서 직선운동을 할 때, 이에 대한 설명으로 옳은 것은? [공무원 임용시험]

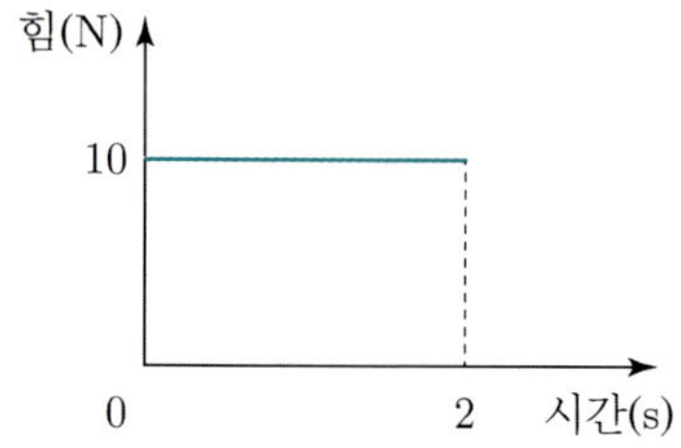

[문제 3.3.16]

① 물체의 가속도의 크기는 $5\mathrm{m/s^2}$이다.
② 물체에 작용한 힘이 물체에 한 일은 200J이다.
③ 1초에서 물체의 속력은 5m/s이다.
④ 일정한 힘이 작용하였으므로 물체의 운동량의 크기는 일정하다.

17. 관성력은 물체 사이의 상호작용에 의한 힘이 아니고 관측자가 가속운동을 하기 때문에 느껴지는 겉보기 힘이다. 이에 대한 현상으로 옳은 것만을 모두 고르면? [공무원 임용시험]

ㄱ. 차가 급정거 또는 급출발할 때 사람이 앞 또는 뒤로 쏠리는 힘
ㄴ. 엘리베이터에서 무게를 잴 때, 엘리베이터가 정지해 있다가 움직이기 시작하면 무게가 변화하는 현상
ㄷ. 평평한 책상 위에 놓인 벽돌에 작용하는 수직항력은 중력에 대한 책상의 반작용에 따른 겉보기 힘이다

① ㄱ, ㄴ　　② ㄱ, ㄷ　　③ ㄴ, ㄷ　　④ ㄱ, ㄴ, ㄷ

18. 그림은 질량이 M인 물체 A와 질량이 m인 물체 B를 도르래와 실을 사용하여 연결하고, A를 가만히 놓았을 때 A가 연직 아래 방향으로 등가속도 운동하는 것을 나타낸 것이다. A의 가속도의 크기는 $\frac{1}{2}g$이다. A, B에 작용하는 알짜힘을 각각 F_A, F_B라 할 때, $F_A : F_B$는? (단, g는 중력 가속도이고, 모든 마찰과 공기 저항, 실의 질량은 무시한다) [공무원 임용시험]

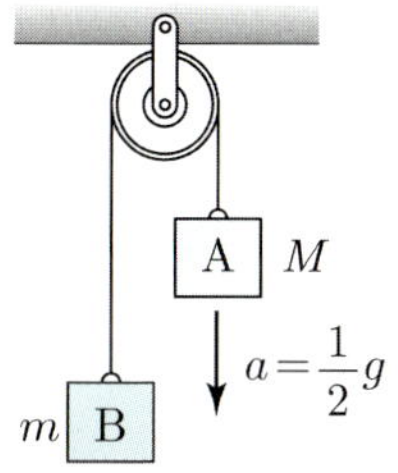

[문제 3.3.18]

① 1 : 2　　② 1 : 3　　③ 2 : 1　　④ 3 : 1

19. 한 아이가 스키를 타고 수평면에서 30도 기울어진 경사면을 일정한 가속도로 내려오고 있다. 스키와 경사면 사이의 운동마찰 계수가 0.40이다. 아이의 가속도는 중력 가속도(g)의 몇 배인가? (단, $\sqrt{3}=1.7$로 한다) [공무원 임용시험]

① 0.16　　② 0.34　　③ 0.45　　④ 0.65

20. 그림은 수평면에 놓인 물체 B 위에 물체 A를 올려놓은 것을 나타낸 것이다. A, B의 질량은 각각 m, $2m$이고, A와 B는 정지한 상태이다. 이에 대한 설명으로 옳은 것을 보기에서 모두 고른 것은? (단, 중력 가속도는 g이다.)

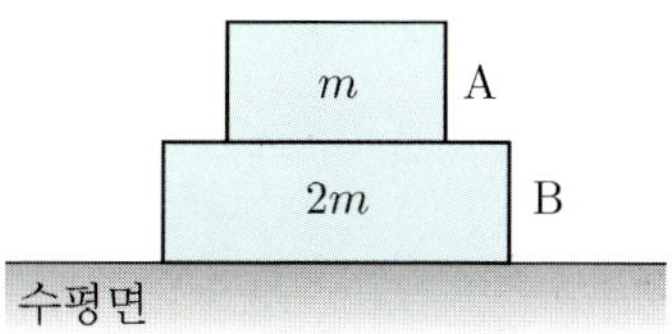

[문제 3.3.20]

ㄱ. A에 작용하는 알짜힘(합력)은 0이다.
ㄴ. A가 B를 누르는 힘과 B가 A를 떠받치는 힘은 작용과 반작용의 관계이다.
ㄷ. 수평면이 B를 떠받치는 힘의 크기는 $2mg$이다.

① ㄱ　　② ㄷ　　③ ㄱ, ㄴ　　④ ㄴ, ㄷ

21. 정지한 엘리베이터의 수평한 바닥면에 10kg의 상자가 놓여 있을 때, 다음 설명 중 옳은 것은? (단, 중력 가속도는 10m/s^2이다)

① 엘리베이터가 아래로 움직이기 시작할 때 상자에 작용하는 수직 항력은 100N보

다 크다.

② 엘리베이터가 위로 움직이기 시작할 때 상자에 작용하는 수직 항력은 100N보다 크다.

③ 엘리베이터가 일정한 속도로 올라갈 때 상자에 작용하는 수직 항력은 100N보다 크다.

④ 엘리베이터가 일정한 속도로 내려갈 때 상자에 작용하는 수직 항력은 100N보다 크다.

22. 그림과 같이 수평면에 정지해 있던 질량이 2kg인 물체에 수평 방향으로 4N의 힘을 2초 동안 작용하였다. 물체가 수평면을 지나서 경사면을 따라 도달할 수 있는 수평면으로부터의 최대 높이 h[m]는? (단, 수평력이 작용되는 동안 물체는 수평면에 있고, 물체의 크기 및 모든 마찰과 공기 저항은 무시하며, 중력 가속도 $g = 10\text{m/s}^2$이다)

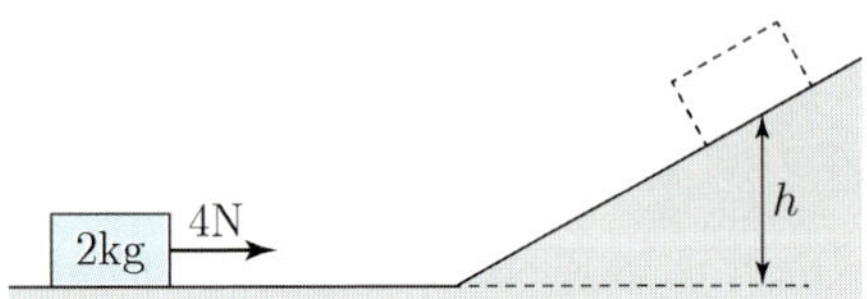

[문제 3.3.22]

① 1.6 ② 1.2 ③ 0.8 ④ 0.4

제4장

재료역학

4.1 응력과 변형률

1 하중의 분류

[1] 작용 상태에 따른 분류

(a) 인장하중(tensile load) : 재료를 양쪽에서 잡아당기도록 작용하는 하중
(b) 압축하중(compressive load) : 재료를 양쪽에서 누르도록 작용하는 하중
(c) 전단하중(shearing load) : 재료를 미끄러뜨려서 자르도록 작용하는 하중
(d) 굽힘하중(bending load) : 재료가 휘어지도록 작용하는 하중
(e) 비틀림하중(torsional load) : 재료가 비틀어지도록 작용하는 하중

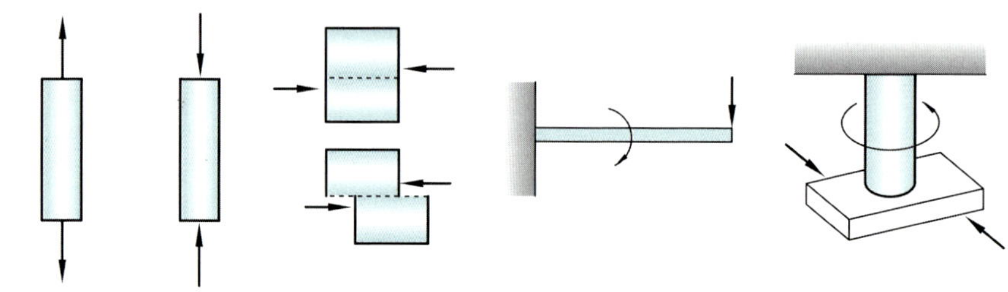

[그림 4.1.1] 작용 상태에 따른 하중의 종류

설명 물체에 작용하는 외력을 하중(load)이라고 하며 하중의 작용상태에 따라 [그림 4.1.1]과 같이 분류한다. 여기에서 인장하중과 압축하중을 총칭하여 수직하중 또는 세로하중이라 하고, 전단하중(shearing load)을 가로하중이라고도 한다. 하중의 작용 상태에 따라 물체에는 인장응력, 압축응력, 전단응력, 굽힘 응력, 비틀림 응력이 발생한다.

[2] 하중 속도에 의한 분류

(a) 정하중(static load) : 시간에 따른 변화가 없이 일정하게 유지되는 하중[그림 4.1.2(a)], 또는 매우 느린 속도로 조금씩 증가하면서 작용하는 하중
(b) 동하중(dynamic load) : 하중이 가해지는 속도가 빠르고 시간에 따라 크기, 방향, 작용점 등이 변하는 하중. 동하중에는 ① 반복하중(repeated load) : 힘의 방향은 변

하지 않고 주기적으로 반복하여 작용하는 하중, ② 교번하중(alternative load) : 힘의 크기와 방향이 주기적으로 변하는 하중, ③ 충격하중(impact load) : 순간적인 매우 짧은 시간에 작용하는 하중 등이 있다[그림 4.1.2(b),(c),(d)].

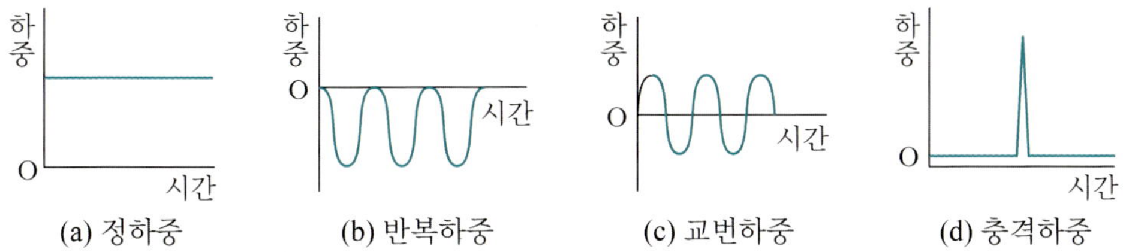

[그림 4.1.2] 하중 속도에 따른 하중의 종류

2 수직 응력과 전단 응력

물체가 외부로부터 힘(외력)을 받으면 물체 내부에는 그 외력에 저항하는 힘이 생기는데 이 저항력을 내력(internal force)이라 하고, 단위 면적당 내력을 응력(stress)이라 한다. 응력의 SI단위는 $\mathrm{N/m^2 = Pa}$ 이다.

$$(\text{응력}) = \frac{(\text{내력})}{(\text{단면적})} \quad \cdots (4.1.1)$$

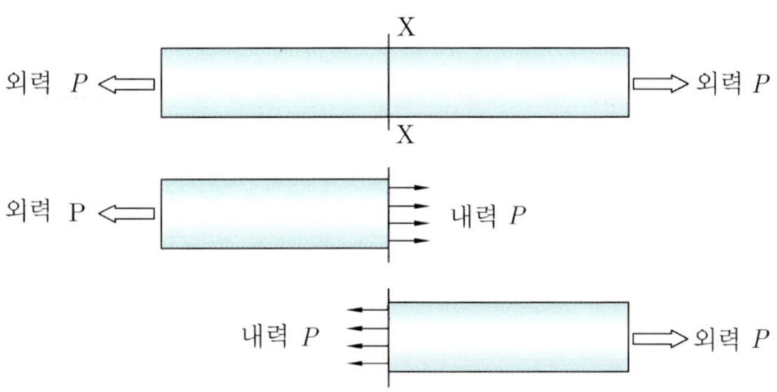

[그림 4.1.3] 외력과 내력

설명 고무줄의 양 끝을 손으로 잡아당기면 고무줄도 손의 힘과 같은 크기의 힘으로 손을 당기는 것을 느낄 수 있다. 이와 같이 모든 물체는 외부에서 힘을 작용하면 그 내부에는 이 힘에 저항하는 힘이 생기는데 이것을 내력이라 한다. [그림 4.1.3]과 같이 단면 X－X를 잘랐을 때 각 단면에는 외력 P와 평형을 이루는 내력 P가 발생한다. 작용-반작용 법칙에 의해 내력은 외력과 크기가 같고, 반대 방향으로 작용하며, 외력을 제거하면 없어진다. 물체에 작용하는 외력에 의해 발생하는 내력은 외력의 증가와 함께 증가하고, 재료가 견딜 수 있는 어느 한도 이상이 되면 외력에 저항할 수 없게 되어 그 재료는 마침내 파괴된다. 같은 크기의 하중이 단면적이 다른 재료에 작용하는 경우 재료에 발생하는 내력은 같다. 그러나 하중이 커질 때 단면적이 큰 재료는 파괴되지 않아도 단면적이 작은 재료는 파괴될 수 있다. 이것은 단면적이 작은 재료는 단위 면적이 지탱해야 할 힘이 커지기 때문이다. 따라서 재료의 강도(strength)를 판단하기 위해서는 재료의 단위 면적당 저항력을 고려해야 하는데 이것을 응력(stress) 또는 응력도(intensity of stress)라 한다. 외력에 의한 재료의 파손이 주 관심사가 되는 재료역학의 주요 물리량은 내력에 의한 응력이라고 할 수 있다. 응력의 단위로는 $\mathrm{N/mm^2}$, MPa 등이 사용된다.

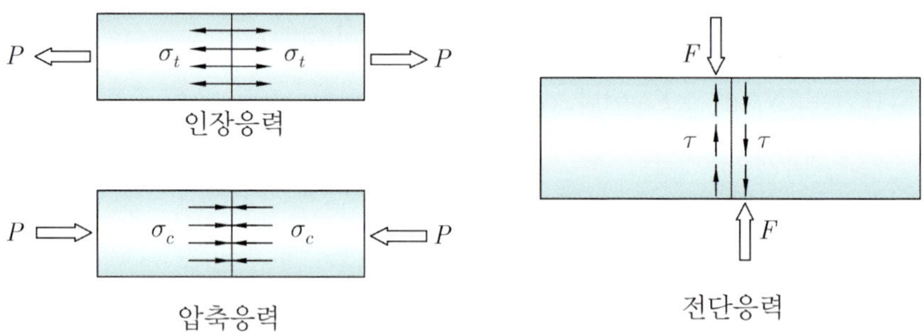

[그림 4.1.4] 수직응력과 전단응력

[1] 수직응력

재료의 단면에 수직으로 하중이 작용할 때 발생하는 응력을 수직응력(normal stress)이라 하며 인장응력과 압축응력으로 구분한다[그림 4.1.4]. 재료의 단면적을 A, 하중을 P라 하면 수직응력은 다음과 같이 정의된다.

$$\sigma = \frac{P}{A} \qquad \cdots (4.1.2)$$

설명 재료의 강도는 하중의 종류에 따라 서로 다르다. 예를 들어 목재는 압축력에는 강하고 인장력에는 상대적으로 약하다. 따라서 수직응력을 두 종류의 응력으로 구분하여 [그림 4.1.4]와 같이 인장하중과 압축하중에 의해 발생하는 응력을 각각 인장응력(tensile stress), 압축응력(compressive stress)이라 한다. 일반적으로 인장응력을 σ_t, 압축응력을 σ_c로 나타내고, 응력에 부호를 붙여서 계산할 때는 인장응력을 양(+), 압축응력을 음(−)으로 하여 계산한다.

[2] 전단응력

재료의 단면에 평행하게 하중이 작용할 때 단면에 발생하는 응력을 전단응력(shear stress)이라 한다[그림 4.1.4]. 재료의 단면적을 A, 하중을 F라 하면 전단응력 τ는 다음과 같이 정의된다.

$$\tau = \frac{(\text{전단하중})}{(\text{전단되는 단면의 면적})} = \frac{F}{A} \quad \cdots (4.1.3)$$

설명 재료를 절단하려는 전단하중(shearing load)에 의해 절단면에 발생하는 절단방향의 응력을 전단응력이라 한다. 전단응력은 단면에 평행하게 발생하는 응력이므로 접선응력(tangential stress)이라고도 한다. [그림 4.1.4]에서 재료를 미끄러뜨려서 자르도록 작용하는 전단하중 F가 단면적 A에 작용하면 전단응력 $\tau = F/A$이다.

예제 4.1.1 지름 $D=30\text{mm}$의 봉에 $P=8\,\text{kN}$의 인장하중이 작용할 때 봉에 발생하는 인장응력은 몇 MPa인가?

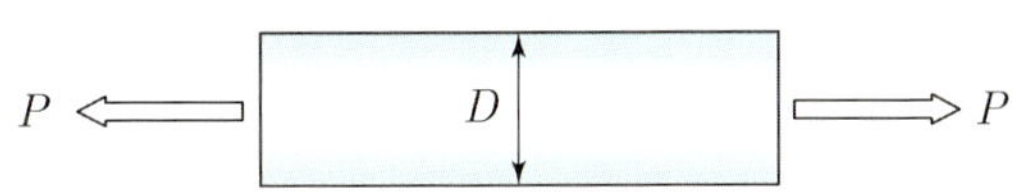

[그림 4.1.5]

풀이 인장하중이 작용하는 봉의 단면적 $A = \frac{\pi}{4}D^2$이므로 봉에 발생하는 인장응력(σ)은 다음과 같다.

$$\sigma = \frac{P}{A} = \frac{P}{\pi D^2/4} = \frac{4P}{\pi D^2} = \frac{4\times(8\times10^3\text{N})}{\pi\times(30\times10^{-3}\text{m})^2}$$
$$= 1.132\times10^7\,\text{N/m}^2 = 11.32\ [\text{MPa}]$$

예제 4.1.2 그림과 같은 리벳 이음에서 판에 가한 하중 $F = 2\text{kN}$, 리벳의 지름 $D = 5\text{mm}$일 때 리벳에 발생하는 전단응력은 몇 MPa인가?

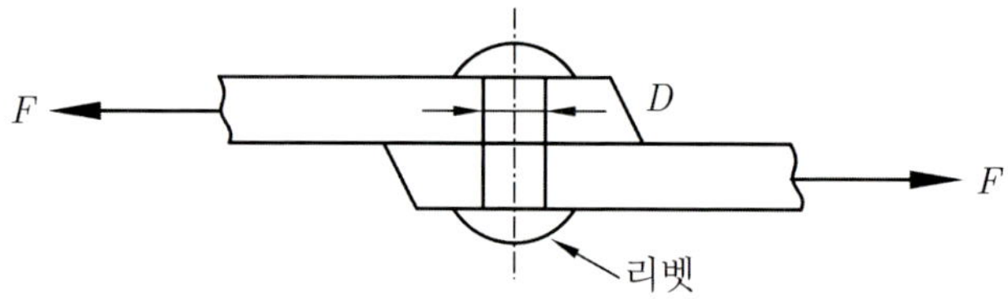

[그림 4.1.6]

풀이 그림에서 전단하중이 작용하는 리벳의 단면적 $A = \frac{\pi}{4}D^2$이다. 따라서 리벳에 발생하는 전단응력(τ)은 다음과 같다.

$$\tau = \frac{F}{A} = \frac{F}{\pi D^2/4} = \frac{4F}{\pi D^2} = \frac{4 \times (2 \times 10^3 \text{N})}{\pi \times (5 \times 10^{-3} \text{m})^2}$$

$$= 101.86 \times 10^6 \text{N/m}^2 = 101.86 \text{ [MPa]}$$

3 변형률

하중에 의한 재료의 변형량과 원래 치수와의 비를 변형률(strain)이라 한다.

$$(\text{변형률}) = \frac{(\text{변형량})}{(\text{처음 치수})} \quad \cdots (4.1.4)$$

변형률에는 세로 변형률, 가로 변형률, 전단 변형률이 있다.

설명 재료에 외력이 가해지면 내부에 응력이 발생하고, 이에 따라 재료를 구성하는 원자나 분자의 상대적 위치가 변화하여 재료가 변형된다. 변형된 양은 물체의 크기에 따라 다르며, 같은 응력이 발생하는 경우에는 큰 물체일수록 변형량이 커진다. 따라서 변형량과 원래 치수와의 비를 정의하여 사용한다. 변형률은 차원이 없는 무차원량이다.

[1] 세로변형률

재료에 축 방향으로 수직 하중을 가할 때 일어나는 축 방향의 변형량을 재료의 처음 길이로 나눈 것을 세로 변형률(longitudinal strain) 또는 수직변형률이라 한다. 재료의 처음 길이와 하중을 받은 후의 나중 길이를 각각 l_0, l로 하면 세로변형률 ϵ은 다음과 같다.

$$\epsilon = \frac{l - l_0}{l_0} = \frac{\Delta l}{l_0} \quad \cdots (4.1.5)$$

여기에서 $\Delta l = l - l_0$은 축 방향의 재료의 변형량을 나타낸다[그림 4.1.7(a)].

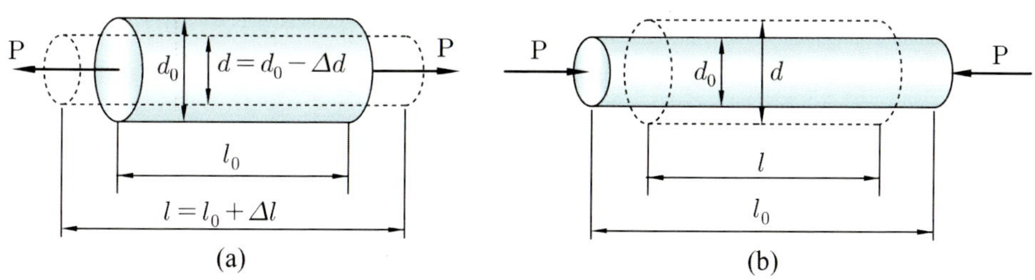

[그림 4.1.7] 축 방향과 가로 방향 변형

[2] 가로변형률

재료에 축 방향으로 수직 하중을 가할 때 일어나는 가로 방향의 변형량을 가로 방향의 처음 치수로 나눈 것을 가로 변형률(lateral strain) 또는 횡방향 변형률(transverse strain)이라 한다. 하중을 받기 전의 재료의 처음 굵기를 d_0, 변형 후의 굵기를 d로 하면 가로변형률 ϵ'은 다음과 같다.

$$\epsilon' = \frac{d - d_0}{d_0} = \frac{\Delta d}{d_0} \quad \cdots (4.1.6)$$

여기에서 $\Delta d = d - d_0$은 가로 방향의 재료의 변형량을 나타낸다.

설명 [그림 4.1.7(a)]와 같이 인장 하중을 받으면 재료의 길이가 Δl만큼 늘어난다. 이때의 인장 변형률 $\epsilon = \Delta l / l_0$은 양(+)의 값을 갖는다. 반면 (b)와 같이 압축 하중을 받으면 수축하기 때문에 Δl은 음(−)의 값을 갖고 압축 변형률 $\epsilon = \Delta l / l_0$도 음이 된다. 이와 같이 재료가 수직 하중을 받을 때의 인장 변형률과 압축 변형률을 총칭하여 세로변형률이라 한다. 한편 금속 재료의 밀도는 거의 일정하므로 재료의 축방향(길이방향)으로 인장하중을 받으면 재료의 길이가 늘어나지만 가로방향으로는 가늘어진다[그림 4.1.7(a)]. 이와 반대로 압축 하중을 받으면 길이가 짧아지고 가로 방향으로는 굵어진다[그림 4.1.7(b)]. 가로 변형률 ϵ'은 이와 같은 재료의 가로 변형량(Δd)을 처음 지름 d_0로 나눈 값 $\epsilon' = \Delta d / d_0$으로 정의한다.

[3] 푸아송 비, 푸아송 수

가로변형률을 ϵ', 세로변형률을 ϵ이라 하면 푸아송 비(ν, Poisson's ratio)는 다음과 같이 정의된다.

$$\nu = \left| \frac{\epsilon'}{\epsilon} \right| = -\frac{\epsilon'}{\epsilon} \quad \cdots (4.1.7)$$

그리고 푸아송 비의 역수를 푸아송 수(m, Poisson's number)라 한다.

$$m = \frac{1}{\nu} = \left| \frac{\epsilon}{\epsilon'} \right| \quad \cdots (4.1.8)$$

설명 [그림 4.1.7]과 같이 수직 하중을 받으면 세로와 가로방향으로의 변형이 동시에 발생한다. 실험에 의하면 세로변형률 ϵ과 가로변형률 ϵ'의 비는 응력이 어느 한계값 이하일 때는 각 재료마다 고유의 값을 갖는다는 것이 알려져 있다. 이에 따라 푸아송 비를 정의하였고, 이것은 탄성계수와 함께 중요한 재료 상수로 사용되고 있다. 세로변형률과 가로변형률의 부호가 서로 반대이기 때문에 ϵ'/ϵ는 음(−)의 부호를 갖는다. 그런데 실제로 각각의 변형률은 절댓값을 많이 사용하므로 일반적으로 ϵ'/ϵ의 부호는 무시하며 푸아송 비 $\nu = |\epsilon'|/|\epsilon|$으로 정의하여 사용한다. 일반적으로 금속 재료인 경우 ν의 범위는 $0.25 \sim 0.35$ 정도이다. 푸아송 비의 이론적 최댓값은 0.5이고, 고무의 값이 이에 가깝다.

재료의 세로탄성계수 E, 가로탄성계수 G, 푸아송 비 ν는 이론적으로 다음과 같은 관계를 갖는다.

$$G = \frac{E}{2(1+\nu)} \quad \cdots (4.1.9)$$

이 관계식으로부터 어느 한 값을 알면 다른 값을 구할 수 있다. 여기에서 $\nu > 0$이므로 E의 값은 G의 값보다 두 배 이상이라는 것을 알 수 있다.

[4] 전단변형률

[그림 4.1.8]과 같이 사각형 요소에 전단하중이 작용하여 상하면에 λ만큼 상대적 변형이 발생하였을 때 양단간의 수직거리를 l이라 하면 전단변형률(shearing strain) γ는 다음과 같이 정의된다.

$$\gamma = \frac{\lambda}{l} = \tan\phi \approx \phi \qquad \cdots (4.1.10)$$

여기에서 각 ϕ를 전단각이라 한다.

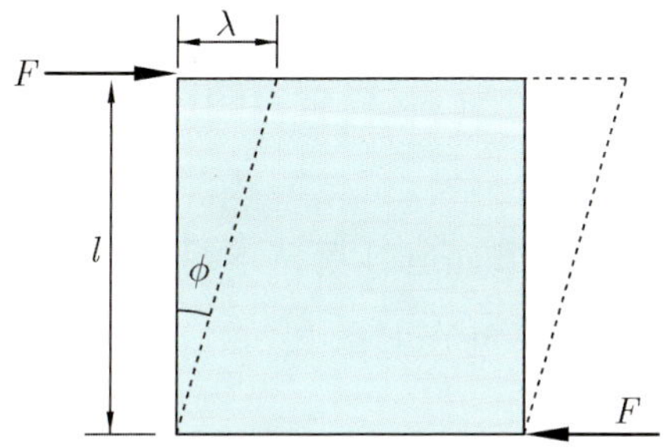

[그림 4.1.8] 전단변형률

설명 [그림 4.1.8]과 같이 거리 l만큼 떨어진 두 평형 면이 수평방향으로 전단 하중을 받아서 사각형 요소가 점선의 모양으로 변형되었을 때 λ를 거리 l에 대한 변형량이라 한다. 이와 같은 변형을 미끄럼 변형이라 하며, 단위 길이에 대한 미끄럼 변형을 전단변형률로 정의한다. 여기에서 수평 방향으로 λ만큼 변형됨으로써 수직한 면이 ϕ의 각도로 기울어지게 되었다고 할 때 이 각도를 전단각이라 한다. 따라서 전단변형률 $\gamma = \lambda / l = \tan\phi$이고, ϕ가 아주 작을 때 $\tan\phi \approx \phi$로 근사시킬 수 있다.

예제 4.1.3 [세로변형률] 길이 1m의 막대가 인장 하중을 받고 길이가 2mm 늘어났을 때 막대의 세로 변형률을 구하여라.

풀이 세로변형률 $\epsilon = \frac{\Delta l}{l_0} = \frac{2 \times 10^{-3}\text{m}}{1\text{m}} = 2 \times 10^{-3} = 0.2\,[\%]$

예제 4.1.4 [세로변형률] 단면적이 일정한 봉을 압축하여 길이가 400mm가 되었다. 압축에 의한 세로변형률의 크기가 0.01이면 변형 전의 길이는 얼마인가?

풀이 변형 전과 후의 길이를 각각 l_0, l로 하면 압축 변형률의 크기는

$$\epsilon = \frac{l_0 - l}{l_0}$$

이므로 변형 전의 길이(l_0)는 다음과 같다.

$$\epsilon = \frac{l_0 - l}{l_0} = 1 - \frac{l}{l_0} \rightarrow \frac{l}{l_0} = 1 - \epsilon$$

$$\therefore \ l_0 = \frac{l}{1-\epsilon} = \frac{400\text{mm}}{1-0.01} = 404.04\ [\text{mm}]$$

예제 4.1.5 [가로변형률] 지름 20mm인 둥근 봉이 인장하중을 받고 지름이 0.008mm 줄어들었다. 봉의 가로변형률을 구하여라.

풀이 가로변형률 $\epsilon' = \dfrac{\Delta d}{d_0} = \dfrac{-0.008\text{mm}}{20\text{mm}} = -4 \times 10^{-4} = -0.04\ [\%]$

예제 4.1.6 [푸아송 비] 지름 40mm, 길이 400mm인 봉이 인장 하중을 받고 길이가 0.3mm 늘어나고, 지름은 0.01mm 줄어들었다. 세로변형률, 가로변형률, 푸아송 비를 구하여라.

풀이 (1) 세로변형률 $\epsilon = \dfrac{\Delta l}{l_0} = \dfrac{0.3\text{mm}}{400\text{mm}} = 7.5 \times 10^{-4}$

(2) 가로변형률 $\epsilon' = \dfrac{\Delta d}{d_0} = \dfrac{-0.01\text{mm}}{40\text{mm}} = -2.5 \times 10^{-4}$

(3) 푸아송 비 $\nu = \left| \dfrac{\epsilon'}{\epsilon} \right| = \left| \dfrac{-2.5 \times 10^{-4}}{7.5 \times 10^{-4}} \right| = \dfrac{1}{3} \approx 0.33$

예제 4.1.7 [푸아송 수] 푸아송 수 m, 세로 탄성계수 E, 지름 d_0인 봉에 인장 하중이 작용하여 σ의 인장응력이 생겼을 때 봉 지름의 감소량을 구하여라.

풀이 훅의 법칙에서 $\sigma = E\epsilon$이므로 $\epsilon = \sigma / E$이다. 따라서 푸아송 수의 정의에 의해 봉

지름의 감소량(Δd)은 다음과 같다.

$$m = \frac{1}{\nu} = \left| \frac{\epsilon}{\epsilon'} \right| = \frac{\epsilon}{\Delta d / d_0} = \frac{\sigma / E}{\Delta d / d_0}$$

$$\therefore \ \Delta d = \frac{\sigma d_0}{m E}$$

예제 4.1.8 [전단변형률] [그림 4.1.9]와 같이 전단 칼날 사이의 거리가 10 mm인 재료가 칼날에 의한 전단 하중을 받고 0.05 mm의 상대적 변위가 발생하였다면 재료의 전단 변형률은 얼마인가?

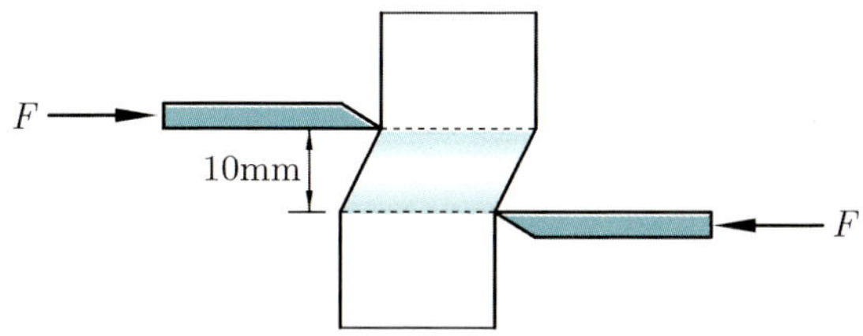

[그림 4.1.9]

풀이 전단변형률 $\gamma = \frac{\lambda}{l} = \frac{0.05\,\text{mm}}{10\,\text{mm}} = 0.005 = 0.5\,[\%]$

4 탄성 법칙

[1] 훅의 법칙과 탄성계수

'재료 내부에 발생하는 응력이 변형률에 정비례한다.'라는 것을 훅(Hook)의 법칙이라 한다.

$$(\text{응력}) = (\text{비례상수}) \times (\text{변형률}) \quad \cdots (4.1.11)$$

여기에서 비례상수를 탄성계수(modulus of elasticity)라고 부른다. 탄성계수는 응력과 같은 단위를 갖고 N/mm^2, GPa 등이 많이 사용된다.

설명 힘을 받으면 변형되고 그 힘을 제거하면 원래의 형태로 되돌아가는 물체를 탄성체라 한다. 금속의 경우 응력과 변형률이 작은 영역에서는 대부분 이와 같은 거동을 보인다. 특히 이러한 탄성체 중에서 응력이 변형률에 정비례하는 것을 훅(Hook)의 탄성체라 한다. 그러나 금속도 응력이나 변형률이 어느 한도를 넘어서면 영구 변형 등을 동반하는 소성 등의 성질이 나타나므로 이때는 훅의 탄성체로 취급할 수 없다. 탄성체를 주로 취급하는 기초적인 재료역학에서는 비례 한도 내에서의 문제를 주로 다룬다. 따라서 훅의 법칙은 재료역학 및 탄성학의 기초가 되는 기본적인 법칙 중의 하나이다. 탄성계수에는 세로탄성계수, 가로탄성계수 등이 있고, 재료마다 다른 값을 갖는다.

[2] 세로 탄성계수

인장 또는 압축 하중을 받을 때 발생하는 수직 응력 σ와 축방향의 변형률 ϵ과의 비를 세로탄성계수(modulus of longitudinal elasticity) 또는 영계수(Young's modulus)라 하고 일반적으로 E로 표시한다.

$$E = \frac{\sigma}{\epsilon} \qquad \therefore \ \sigma = E\epsilon \qquad \cdots (4.1.12)$$

예 세로탄성계수 E, 길이 L, 단면적 A의 재료에 축방향 하중 P를 가했을 때의 변형량 ΔL은 다음과 같이 계산된다. 응력과 변형률의 정의에 의해

$$\sigma = \frac{P}{A}, \ \epsilon = \frac{\Delta L}{L}$$

이고, $\sigma = E\epsilon$이므로

$$\frac{P}{A} = E \cdot \frac{\Delta L}{L}$$

$$\therefore \ \Delta L = \frac{PL}{AE} \qquad \cdots (4.1.13)$$

† 일반적으로 훅의 법칙을 $\sigma = E\epsilon$으로 많이 나타내며, 세로탄성계수 E는 응력-변형률 선도에서 비례한도 이내의 직선 부분의 기울기가 된다. 금속과 같이 탄성변형을 일으키는 데 큰 응력이 요구되는 재료는 큰 세로탄성계수 값을 갖고, 고무와 같이 잘 늘어나는 재료는 작은 값을 갖는다. 강철의 세로탄성계수는 약 210 GPa이다.

예제 4.1.9 [세로탄성계수] 길이 $80\,\mathrm{cm}$, 세로탄성계수 $E=200\,\mathrm{GPa}$인 연강봉이 $300\mathrm{MPa}$의 인장응력을 받을 때 늘어난 길이를 구하여라.

풀이 훅의 법칙에서

$$\sigma = E\epsilon = E\times\left(\frac{\Delta L}{L_0}\right)$$

이므로 늘어난 길이 ΔL은 다음과 같다.

$$\Delta L = \frac{\sigma L_0}{E} = \frac{(300\times 10^6)\times(0.8)}{200\times 10^9} = 1.2\times 10^{-3}\,[\mathrm{m}] = 1.2\,[\mathrm{mm}]$$

예제 4.1.10 길이가 1.0m이고 단면이 20mm×40mm인 사각 봉에 축방향 힘 16kgf가 작용할 때 1.0mm 늘어났다. 봉의 탄성계수[MPa]를 구하여라. (단, 중력가속도 $g=10\mathrm{m/s^2}$으로 한다)

풀이 봉의 길이 $L=1\mathrm{m}$, 단면적 $A=20\times 40\mathrm{mm^2}$, 하중 $P=16\mathrm{kgf}$, 늘어난 길이 $\Delta L=1\mathrm{mm}$이다. 봉의 탄성계수를 E라 하면

$$\sigma = E\epsilon \;\rightarrow\; \frac{P}{A} = E\left(\frac{\Delta L}{L}\right)$$

$$\therefore\; E = \frac{PL}{A\Delta L} = \frac{(16)\times(1000)}{(20\times 40)\times(1)}\left(\frac{\mathrm{kgf}}{\mathrm{mm^2}}\right) = 20\left(\frac{\mathrm{kgf}}{\mathrm{mm^2}}\right)$$

$$= 20\left(\frac{10\mathrm{N}}{\mathrm{mm^2}}\right) = 200\,[\mathrm{MPa}]$$

여기에서 $1\mathrm{kgf}=10\mathrm{N}$, $\dfrac{\mathrm{N}}{\mathrm{mm^2}} = \dfrac{\mathrm{N}}{(10^{-3}\mathrm{m})^2} = 10^6\mathrm{Pa}$이다.

[3] 전단 탄성계수

전단 하중을 받을 때 발생하는 전단 응력 τ와 전단 변형률 γ와의 비를 전단 탄성계수(modulus of elasticity in shear), 가로탄성계수(modulus of lateral elasticity) 또는 강성계수(modulus of rigidity)라 하고 일반적으로 G로 표시한다.

$$G = \frac{\tau}{\gamma} \qquad \therefore\; \tau = G\gamma \qquad \cdots (4.1.14)$$

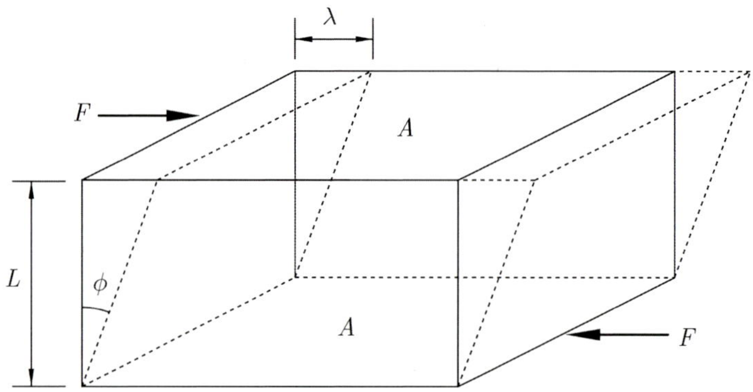

[그림 4.1.10] 미끄럼 변형량과 전단각

예 [그림 4.1.10]과 같이 거리 L만큼 떨어진 단면적 A의 두 면에 전단하중 F가 작용하였을 때 발생하는 미끄럼 변형량 λ와 전단각 ϕ는 다음과 같이 계산된다. 전단응력과 전단변형률의 정의에 의해

$$\tau = \frac{F}{A},\ \gamma = \frac{\lambda}{L}$$

이고, $\tau = G\gamma$이므로

$$\frac{F}{A} = G \times \frac{\lambda}{L}$$

$$\therefore\ \lambda = \frac{FL}{AG} \qquad \cdots (4.1.15)$$

이다. 여기에서 전단각 ϕ가 작을 때 $\lambda/L = \tan\phi \approx \phi$이므로 전단각은 다음과 같다.

$$\phi = \frac{F}{AG} \qquad \cdots (4.1.16)$$

예제 4.1.11 [전단탄성계수] 단면적 $50\,\mathrm{mm}^2$의 재료가 $8\,\mathrm{kN}$의 전단력을 받을 때 전단각이 $0.002\,\mathrm{rad}$이면 재료의 전단탄성계수(G)는 얼마인가?

풀이 단면적 $A = 50\,\mathrm{mm}^2$, 전단력 $F = 8\,\mathrm{kN} = 8000\mathrm{N}$, 전단각 $\phi = 0.002\,\mathrm{rad}$이다. 전단각 $\phi = \dfrac{F}{AG}$로부터

$$G = \frac{F}{\phi A} = \frac{8 \times 10^3 \mathrm{N}}{(2 \times 10^{-3}) \times 50 \mathrm{mm}^2} = 8 \times 10^4 [\mathrm{MPa}] = 80 [\mathrm{GPa}]$$

이상에서 $1\dfrac{\mathrm{N}}{\mathrm{mm}^2} = 1\dfrac{\mathrm{N}}{(10^{-3}\mathrm{m})^2} = 10^6 \dfrac{\mathrm{N}}{\mathrm{m}^2} = 1\mathrm{MPa}$이다.

5 재료의 성질

[1] 응력-변형률 선도

인장, 압축, 굽힘 하중 등과 같은 외력에 대하여 재료가 저항하는 성질을 재료의 기계적 성질이라 한다. 기계적 성질에는 인장강도, 항복강도, 굽힘 강도, 비틀림 강도, 경도 등이 있고, 재료시험은 이러한 재료의 기계적 성질을 조사하는 것이다. 정하중하에서의 재료 강도 시험법에는 인장시험, 굽힘 시험, 비틀림 시험, 경도시험 등이 있다. 응력-변형률 선도(stress-strain diagram)는 재료의 성질을 설명하는 가장 기본적인 것 중의 하나인데 이 선도는 인장시험을 통하여 얻어진다.

[그림 4.1.11]과 같은 원형 단면의 봉에 인장하중을 가하고 이 봉의 길이방향과 가로방향의 변화를 실험적으로 측정한다. 시험편의 지름 $D = 14\mathrm{mm}$, 표점거리 $L = 50\mathrm{mm}$, 평행부의 길이 $P \approx 60\mathrm{mm}$, 어깨부의 반지름 $R = 15\mathrm{mm}$ 이상으로 한다. 시험편에 걸리는 하중을 시험편의 단면적으로 나눈 응력(σ)을 구하고, 처음의 시험편에 표시해둔 표점길이 L에 대하여 하중이 가해짐에 따라 늘어난 길이 ΔL과의 비(변형률 ϵ)를 구한 후 σ와 ϵ의 관계를 선도로 나타내면 재료의 응력과 변형률의 관계를 알 수 있다. 이와 같이 구한 응력-변형률 선도는 재료의 특성을 설명하는 데 있어서 유용하게 사용된다. 한편 응력에는 기준이 되는 면적에 따라 다음과 같은 공칭응력과 진응력이 있다.

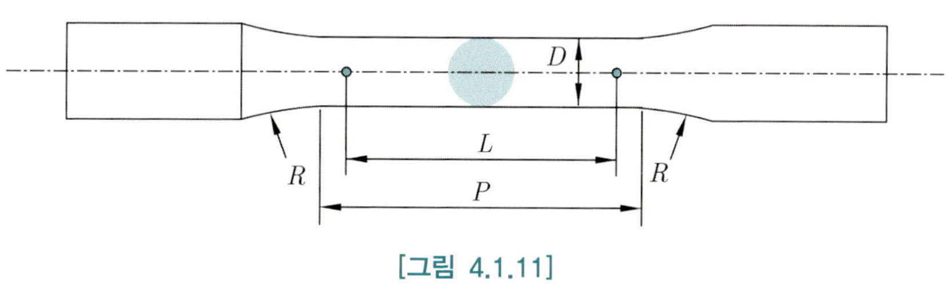

[그림 4.1.11]

(1) 공칭응력 : 일반적으로 인장하중을 가하면 단면적이 감소하지만 이 감소량이 아주 작으므로 하중 P를 처음 단면적 A_0으로 나눈 응력

$$\sigma = \frac{P}{A_0} \qquad \cdots (4.1.17)$$

을 공칭응력(nominal stress) 또는 공업응력이라 한다. 설계에서 일반적으로 많이 사용하는 것은 공칭응력이다.

(2) 진응력 : 하중에 의해 변형된 상태의 단면적 A'으로부터 구한 응력

$$\sigma_t = \frac{P}{A'} \qquad \cdots (4.1.18)$$

을 진응력(true stress, 실제응력)이라 한다.

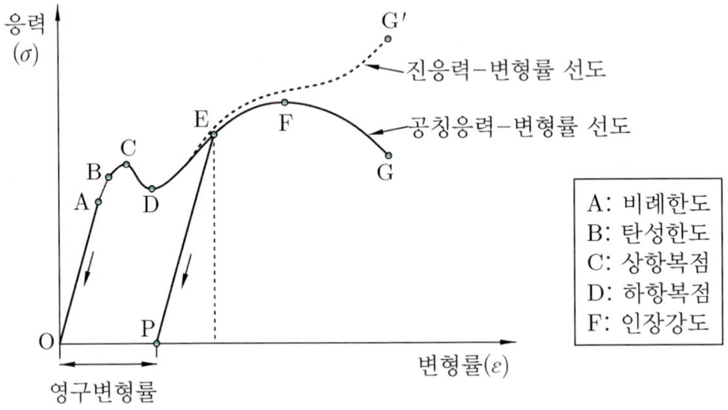

[그림 4.1.12]

[그림 4.1.12]는 연강의 응력-변형률 선도이다. 그림에서 점선은 진응력과 변형률의 관계를 나타내고, 실선은 공칭응력과 변형률의 관계를 나타낸다. 일반적으로 재료의 기계적 성질을 나타낼 때 공칭응력-변형률 선도를 많이 사용하므로 이 선도를 통하여 재료의 기계적 성질을 알아본다.

(1) OB 구간 : 변형률이 작을 때 점 A까지는 응력(σ)이 변형률(ϵ)에 비례하여 증가하므로($\sigma = E\epsilon$) 점 A의 응력을 비례한도(proportional limit)라 하며, 직선 OA의 기울기는 재료의 세로 탄성계수(E)가 된다. 그리고 점 A보다 약간 더 큰 응력 B까지는 가한 하중을 제거하면 재료가 처음 상태로 되돌아온다. 이러한 재료의 성질을 탄성(elasticity)이라 하고, 점 B의 응력을 탄성한도(elastic limit)라 한다. 대부분의 재료에서는 비례한도와 탄성한도의 값이 거의 같다.

(2) CD 구간 : 응력이 점 B를 지나 점 C에 도달하면 하중을 증가시키지 않아도 변형률이 갑자기 커지면서 점 D에 도달한다. 이러한 현상을 재료의 항복(yield)이라 하고, 점 C, D의 응력을 각각 상항복점(upper yield point), 하항복점(lower yield point)이라 한다.

(3) DF 구간 : 하항복점을 지나 점 E까지 하중을 증가시킨 후 점 E에서 하중을 감소시키면 직선 OA와 거의 평행한 선 EP를 따라 변화한다. 그리고 하중을 완전히 제거하여도($\sigma = 0$) 시험편에는 점 P에 해당하는 변형률이 남고 처음의 상태(O)로 돌아가지 않는다. 이와 같이 응력이 0이 되어도 남아있는 변형률을 영구 변형률(permanent strain) 또는 잔류 변형률(residual strain)이라 한다. 영구변형을 일으키는 변형을 소성변형이라 하고 영구변형이 생기는 재료의 성질을 소성(plasticity)이라 한다.

(4) FG 구간 : 공칭응력이 최대가 되는 점 F 부근에서는 시험편에 국부적으로 심한 단면 축소 현상(necking 현상)이 일어난다. 따라서 점 F를 지나면 단면적 감소로 인하여 진응력(실제응력)이 급격하게 커진다. 그러나 공칭응력은 서서히 감소하고, 이후 넥킹이 계속 진행되면 마침내 파단에 이르게 된다(점 G). 여기에서 응력-변형률 선도의 최고점인 점 F의 응력을 극한강도(ultimate strength)라 한다. 극한강도는 인장인 경우 인장강도, 압축인 경우 압축강도, 전단인 경우에는 전단강도라 한다.

인장시험에서 시험 값은 다음과 같이 계산한다.

(1) 인장강도(tensile strength) : 시험편이 파단될 때까지 걸리는 최대 인장 하중 $P_{\max}$을 시험편의 원단면적 A_0으로 나눈 값을 인장강도($\sigma_{\max}$)라 한다.

$$\sigma_{\max} = \frac{P_{\max}}{A_0} \qquad \cdots (4.1.19)$$

(2) 항복강도(yield strength) : 항복점의 하중값 P_{y}를 시험편의 원단면적 A_0으로 나눈 값을 항복강도(σ_{y})라 한다.

$$\sigma_{\mathrm{y}} = \frac{P_{\mathrm{y}}}{A_0} \qquad \cdots (4.1.20)$$

(3) 연신율(elongation ratio), 단면 수축률 : 시험편이 파괴되기 직전의 표점거리 L_1과 원표점 거리 L_0와의 차이 $L_1 - L_0$을 변형량이라 하고, 변형량을 원표점 거리에 대한 백분율로 나타낸 것을 연신율(ε) 또는 신장률이라 한다.

$$\varepsilon = \frac{L_1 - L_0}{L_0} \times 100\ [\%] \qquad \cdots (4.1.21)$$

시험편이 파괴되기 직전의 최소단면적 A_1과 시험 전의 원단면적 A_0의 차이 $A_0 - A_1$가 단면 변형량이고, 단면 변형량을 원단면적에 대한 백분율로 나타낸 것을 단면 수축률(η)이라 한다.

$$\eta = \frac{A_0 - A_1}{A_0} \times 100\ [\%] \qquad \cdots (4.1.22)$$

연성재료는 인장하중을 받을 때 항복강도 점을 지나면서 중앙부분이 서서히 가늘어지며, 인장강도 점을 지나면 [그림 4.1.13]과 같이 오목하게 넥킹(necking)이 일어난 후 파단하게 된다. 연신율과 단면 수축률은 재료의 소성 변형 능력을 나타내는 척도가 된다.

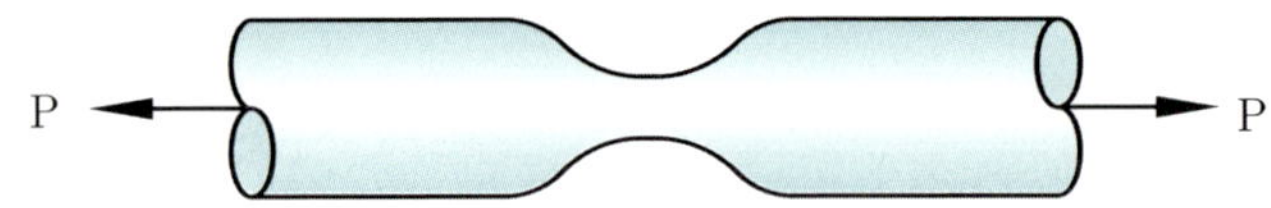

[그림 4.1.13]

† 연강은 [그림 4.1.12]와 같은 응력 변형률 선도를 보이지만 다른 재료(주철, 합금강, 황동 등)인 경우에는 이와 같은 특성이 나타나지 않는 것이 많다. 즉, 재료마다 독특한 강도 특성을 갖는다고 할 수 있다. 주철과 같은 취성재료는 [그림 4.1.14]의 (a)와

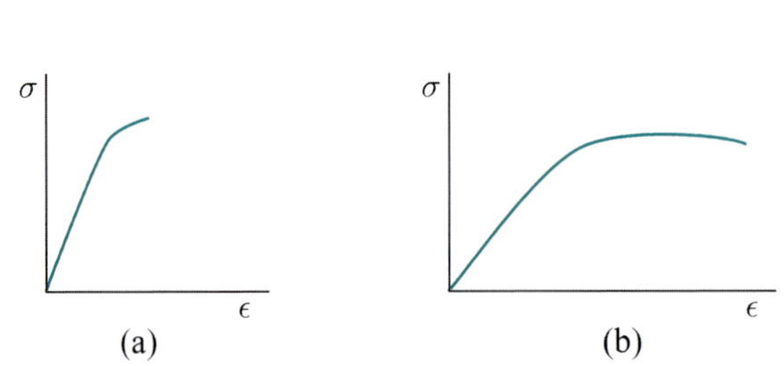

[그림 4.1.14] 응력(σ)–변형률(ϵ) 선도 : (a) 주철 (b) 알루미늄

같은 특성을 보이고, 알루미늄 등과 같이 뚜렷한 항복점을 갖지 않은 재료의 응력-변형률 곡선은 (b)와 같은 모양을 나타낸다.

예제 4.1.12 다음 표는 어떤 재료의 인장 시험 결과이다. 시험편의 인장 강도와 연신율을 구하여라.

측정 항목	측정값[mm]	측정 항목	측정값[kN]
시험편 지름	10	최대 하중	80
시험편 절단 부 지름	8	항복 하중	50
시험편의 원 표점 거리	50	파괴 하중	60
절단 후 표점 거리	60		

풀이 변형되기 전 시험편의 처음 지름 $D_0 = 10$mm, 원 표점 거리 $L_0 = 50$mm이고, 최대 하중 $P_{\max} = 80$kN, 절단 후 표점 거리 $L_1 = 60$mm이다.

(1) 인장강도 : $\sigma_{\max} = \dfrac{P_{\max}}{A_0} = \dfrac{P_{\max}}{\pi D_0^2/4} = \dfrac{4 \times 80}{\pi \times 10^2} = 1.02[\text{kN/mm}^2]$

(2) 연신율 : $\varepsilon = \dfrac{L_1 - L_0}{L_0} \times 100\ [\%] = \dfrac{60-50}{50} \times 100[\%] = 20[\%]$

[2] 허용응력과 안전율

기계나 구조물이 파손되지 않고 제 기능을 수행하기 위해서는 그것에 생기는 응력이 재료가 지탱할 수 있는 응력을 넘지 않아야 한다. 그 외에 온도나 하중의 종류 등 여러 요인이 복합적으로 영향을 미치므로 기계나 기계요소를 설계할 때는 이러한 요인들을 종합적으로 고려해야 한다.

(1) 사용응력, 허용응력, 설계응력 : 기계나 구조물을 실제로 사용할 때 재료에 발생하는 응력을 사용응력(σ_w, working stress)이라 하고, 재료의 안전성을 생각하여 사용하는 재료에 허용되는 최대 응력을 허용응력(σ_a, allowable stress)이라 한다. 사용응력은 허용응력 이하($\sigma_w \le \sigma_a$)가 되어야 한다. 한편 기계나 기계요소를 설계할 때 기준으로 사용하는 응력을 설계응력(σ_d, design stress)이라 하며 $\sigma_d \le \sigma_a$가 된다. 재료의 경제적인 면을 고려하면 사용응력은 설계응력과 같은 것이 이상적이지만 안전을 위하여 실제로는 $\sigma_w \le \sigma_d$이다. 따라서 세 응력은 다음 관계를 갖는다.

$$\sigma_w \le \sigma_d \le \sigma_a$$

(2) 기준강도 : 허용응력을 정할 때 기준이 되는 재료의 기준강도는 재료가 받는 하중의 종류나 사용 환경에 따른 파괴 형식에 바탕을 두고 선정한다. 상온에서 정하중을 받는 경우 기준강도는 극한강도(인장강도, 압축강도, 전단강도)가 되고, 반복하중에서는 피로강도를 기준강도로 한다.

(3) 안전율 : 허용응력은 재료에 따라 여러 가지 사용 조건을 복합적으로 고려해야 하므로 그 값을 정확하게 결정하기가 어렵다. 따라서 재료의 기준강도와 허용응력의 비로 나타나는 안전율(safety factor)을 알맞게 선정하여 결정한다. 기준강도를 σ, 허용응력을 σ_a라 하면 안전율 S는 다음과 같이 정의된다.

$$S = \frac{\sigma}{\sigma_a}, \quad \sigma_a = \frac{\sigma}{S} \qquad \cdots (4.1.23)$$

안전율은 기계요소가 위험하게 되는 응력 값보다 허용응력을 더 낮게 잡아서 기계요소를 충분히 안전하게 사용할 수 있도록 기계요소를 설계하는 데에 필요한 값이다. 안전율은 1보다 크고, 이 값을 크게 잡을수록 안전하지만 너무 크게 잡으면 경제성이 떨어지게 되므로 많은 경험과 연구에 의해 그 값을 적절하게 결정한다.

예제 4.1.13 [안전율] 인장강도가 600 MPa인 재료가 있다. 안전율이 3이면 허용응력은 몇 MPa인가?

풀이 안전율의 정의 $S = \sigma/\sigma_a$로부터 허용응력(σ_a)은 다음과 같다.

$$\sigma_a = \frac{\sigma}{S} = \frac{600\text{MPa}}{3} = 200\,[\text{MPa}]$$

예제 4.1.14 [안전율] 200 kN의 인장하중을 받는 둥근 연강 봉이 있다. 연강의 인장강도가 420 MPa, 안전율이 3일 때 봉의 지름[mm]을 구하여라.

풀이 인장강도 $\sigma = 420\,\text{MPa}$, 안전율 $S = 3$이므로 허용응력(σ_a)은

$$\sigma_a = \frac{\sigma}{S} = \frac{420\text{MPa}}{3} = 140\,[\text{MPa}]$$

이다. 따라서 인장하중 $W = 200\,\text{kN}$일 때 봉의 지름(d)은 다음과 같다.

$$\sigma_a = \frac{W}{A} = \frac{W}{\pi d^2/4}$$

$$\therefore \; d = \sqrt{\frac{4W}{\pi \sigma_a}} = \sqrt{\frac{4(200 \times 10^3 \,\mathrm{N})}{\pi(140 \times 10^6 \,\mathrm{N/m^2})}} = 4.26 \times 10^{-2}[\mathrm{m}] = 42.6[\mathrm{mm}]$$

4.1 연습문제

E·X·E·R·C·I·S·E·S

1. 지름이 20mm인 연강 봉에 4kN의 인장 하중이 작용하면 봉에 발생하는 인장응력은 몇 MPa인가?

2. 그림과 같이 지름 d, $2d$의 환봉으로 구성된 재료에 압축하중 P가 작용할 때 재료 (a)와 (b)에 발생하는 압축응력의 비 σ_A/σ_B를 구하여라.

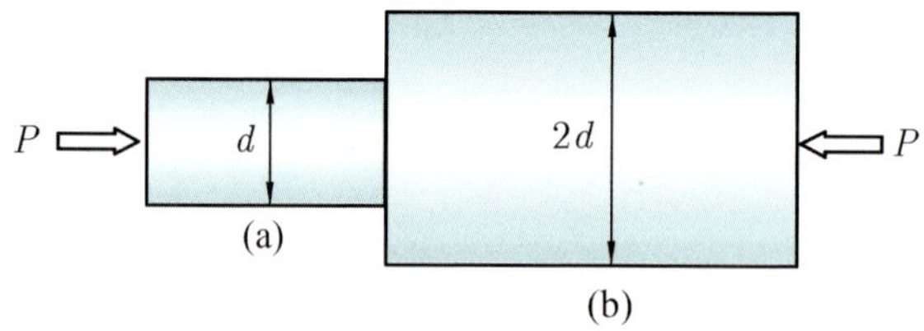

[문제 4.1.2]

3. 지름 $d = 20$mm, 머리 높이 $h = 25$mm인 그림과 같은 볼트에 $P = 4$kN의 하중이 작용하면 볼트 머리에 발생하는 전단응력은 몇 MPa인가?

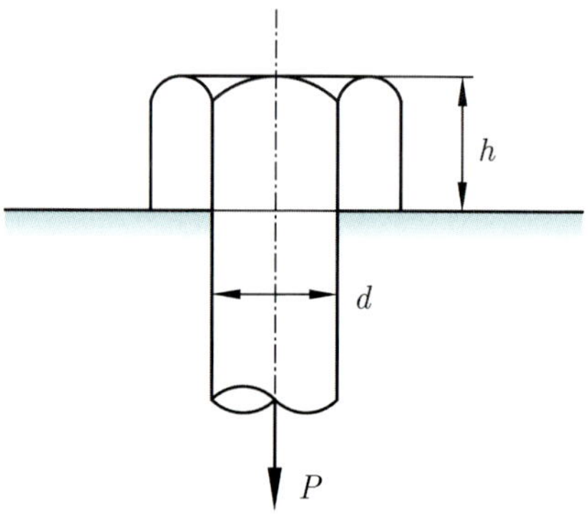

[문제 4.1.3]

4. 정육면체의 금속에 면에 수직한 방향으로 40kN의 인장하중이 작용할 때 발생하는 응력이 50MPa이면 정육면체의 한 변의 길이는 몇 mm인가?

5. 바깥지름 80mm, 안지름 50mm인 속이 빈 원통에 60kN의 압축하중이 작용할 때 원통에 발생하는 압축응력은 몇 MPa인가?

6. 볼트의 축에 수직 방향으로 8kN의 전단 하중이 작용할 때 볼트에 발생하는 전단응력이 25MPa이면 볼트의 지름은 몇 mm인가?

7. 그림과 같은 핀 이음에 인장하중 $F = 15$kN이 작용할 때 핀에 발생하는 전단응력이 30MPa이면 핀의 지름(d)은 몇 mm인가?

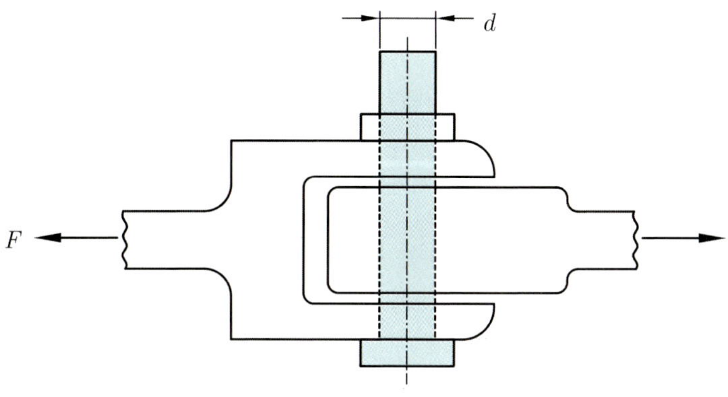

[문제 4.1.7]

8. 길이 500mm의 봉이 인장 하중을 받고 길이가 2mm 늘어났다면 봉의 세로변형률은 얼마인가?

9. 단면적이 일정한 봉에 인장 하중을 가하였더니 길이가 300mm가 되었다. 인장에 의한 세로변형률이 0.005이면 변형 전의 길이는 얼마인가?

10. 어떤 봉의 압축 하중에 의한 수축률이 0.002일 때 줄어든 길이가 0.8mm이면 변형 전의 봉의 길이는 얼마인가?
† 수축률은 압축 하중에서의 세로변형률의 크기를 말한다.

11. 지름 20mm의 봉이 압축 하중을 받고 지름이 0.008mm 늘어났을 때 봉의 가로변형률을 구하여라.

12. 그림과 같은 사각형 요소가 전단하중을 받고 $\lambda = 0.4\,\mathrm{mm}$의 미끄럼변형이 발생하였다. $l = 100\mathrm{mm}$일 때 전단변형률과 전단각을 구하여라.

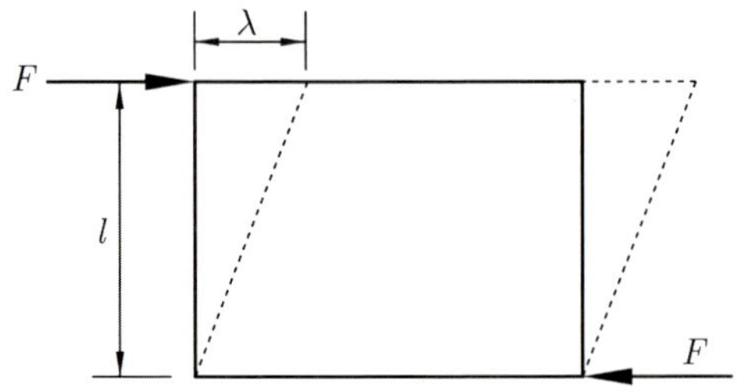

[문제 4.1.12]

13. 세로탄성계수 $E = 200\,\mathrm{GPa}$, 길이 200 mm인 봉이 인장하중을 받고 길이가 200.3 mm가 되었을 때 봉에 발생한 인장응력을 구하여라.

14. 그림과 같은 하중을 받고 있는 봉에서 전체 신장량(늘어난 길이)을 구하여라. 단, 세로탄성계수 $E = 200\,\mathrm{GPa}$, 단면적 $A_1 = 5\mathrm{cm}^2$, $A_2 = 2\mathrm{cm}^2$이다.

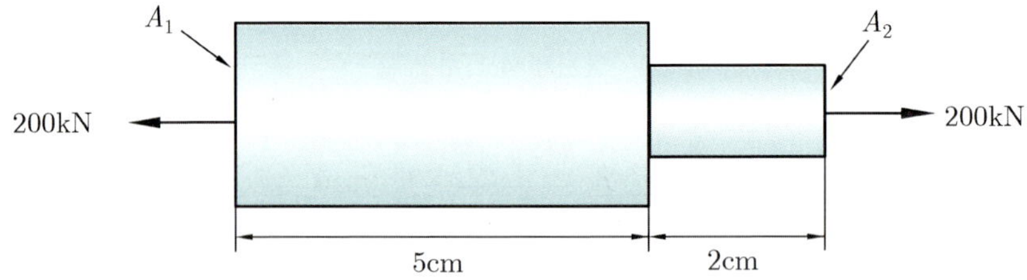

[문제 4.1.14]

15. 길이 0.5m, 세로탄성계수 $E = 200\,\mathrm{GPa}$의 봉이 100MPa의 인장응력을 받을 때 늘어난 길이를 구하여라.

16. 지름 10 mm인 금속 봉을 인장 시험기에 설치하고 140 kN의 인장 하중을 가하였더니 길이가 500 mm에서 505mm로 늘어났다. 재료의 세로탄성계수를 구하여라.

17. 전단탄성계수 $G = 80\,\mathrm{GPa}$, 단면적 $1000\,\mathrm{mm}^2$인 재료가 100 kN의 전단하중을 받을 때 발생하는 전단변형률을 구하여라.

18. 지름 $20\,\text{mm}$의 재료가 $25\,\text{kN}$의 전단하중을 받고 10^{-3}의 전단변형률이 발생하였을 때 재료의 전단탄성계수를 구하여라.

19. 전단탄성계수 $G = 80\,\text{GPa}$, 단면적 $10\,\text{cm}^2$인 재료에 단면 방향으로 전단 하중을 가했을 때 발생하는 전단각이 $10^{-3}\,\text{rad}$이면 가한 하중은 몇 kN인가?

20. 푸아송 비가 0.4이고 가로변형률이 0.001인 재료의 세로변형률은 얼마인가?
† 일반적으로 변형률의 절댓값을 많이 사용한다.

21. 지름 40mm, 길이 500mm인 봉이 인장하중을 받고 길이가 0.5mm 늘어나고 지름이 0.01mm 줄어들었을 때 재료의 푸아송 비를 구하여라.

22. 한 변의 길이가 $20\,\text{mm}$인 정육면체 모양의 재료에 50kN의 인장 하중을 작용시켰더니 하중과 직각 방향의 변의 길이가 $4 \times 10^{-3}\,\text{mm}$만큼 줄어들었다. 재료의 세로탄성계수 $E = 200\,\text{GPa}$일 때 푸아송 비를 구하여라.
† $\sigma = F/A = E\epsilon$, $\nu = (\Delta a/a_0)/\epsilon$

23. [복합재료] 그림과 같이 길이 L의 속이 빈 구리 튜브(1) 내에 강철실린더(2)가 끼워져 압축력(P)을 받고 있다. 구리튜브의 면적과 탄성계수는 각각 A_1, E_1이고, 강철실린더의 면적과 탄성계수는 각각 A_2, E_2일 때 다음을 구하여라.
(1) 구리 튜브와 강철 실린더에 발생하는 응력

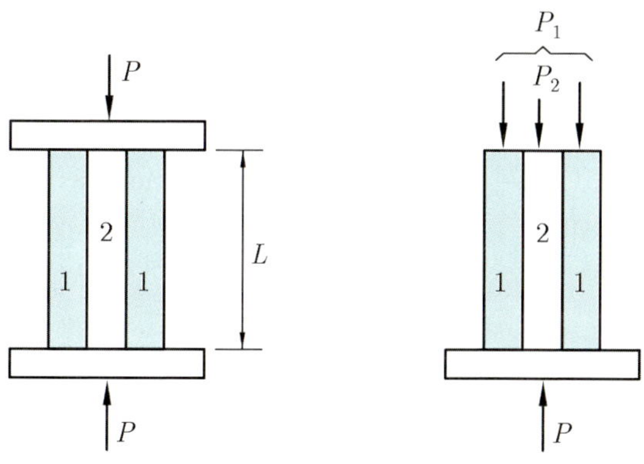

[문제 4.1.23]

(2) 길이 방향 변형률

(3) 압축에 의해 줄어든 길이

24. 인장시험에서 시험편의 평행부의 지름이 10mm이고, 최대 하중이 40kN일 때 시험 재료의 인장강도는 몇 MPa인가?

25. 단면 20mm×50mm인 목재가 압축하중을 받고 있다. 목재의 압축 강도는 49MPa, 안전율은 7일 때 목재의 허용응력과 목재에 작용시킬 수 있는 안전한 최대 압축하중을 구하여라.

26. 지름 8mm인 연강 리벳 하나가 5kN의 전단력을 받고 있다. 허용응력은 사용응력과 같고, 연강의 전단강도가 340MPa일 때 안전율을 구하여라.

27. 다음과 같이 지름 10mm의 강봉에 3,000kN의 인장력이 작용하여 봉의 지름이 0.4mm 줄어들었다. 이때 푸아송 비(Poisson's ratio)는? (단, 강봉의 탄성계수는 2.0×10^5MPa이고, π는 3으로 계산한다) [공무원 임용시험]

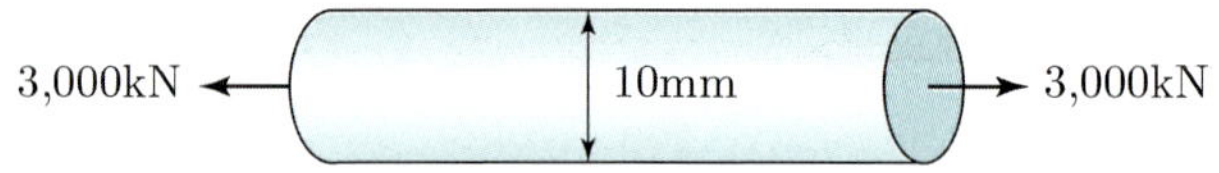

[문제 4.1.27]

① $\frac{1}{3}$ ② $\frac{1}{4}$ ③ $\frac{1}{5}$ ④ $\frac{1}{6}$

28. 단면이 원형이고 직경이 d인 막대의 길이(축)방향으로 인장하중이 작용하여 막대에 인장응력 σ가 생겼다면 이때 직경의 감소량을 나타내는 식은? (단, ν는 푸아송 비(Poisson's ratio)이고, G는 전단탄성계수(shear modulus)이고, E는 영의 계수(Young's modulus)이다) [공무원 임용시험]

① $\frac{\nu dG}{\sigma}$ ② $\frac{\nu\sigma G}{d}$ ③ $\frac{\nu\sigma d}{E}$ ④ $\frac{\nu\sigma E}{d}$

29. 길이가 10m이고 지름이 50cm인 강봉이 길이방향으로 작용하는 인장력에 의하여 길이방향으로 변형이 10cm 발생하였다. 이때 강봉의 푸아송 비(Poisson's ratio)가

0.2인 경우, 강봉의 반지름[cm] 변화로 옳은 것은? [공무원 임용시험]

① 0.1 증가 ② 0.1 감소 ③ 0.05 증가 ④ 0.05 감소

30. 길이 150mm, 지름 15mm의 강봉에 인장력을 가했더니 길이 방향으로 1.0mm가 늘어났다면 지름의 변화량[mm]은? (단, 이 강봉의 푸아송 수는 4이다) [공무원 임용시험]

① 0.025(감소) ② 0.025(증가) ③ 0.050(감소) ④ 0.050(증가)

31. 푸아송 비가 $\frac{1}{2}$이고 가로 변형률이 0.001인 재료의 세로 변형률은 얼마인가? [중등교사임용시험(기계)]

① 0.001 ② 0.002 ③ 0.0005 ④ 0.005

32. 어떤 재료를 인장 시험하여 그림과 같은 응력(σ)−변형률(ϵ) 선도를 얻었다. 이때 훅의 법칙 $\sigma = E\epsilon$을 만족하는 구간으로 옳은 것은? (단, E는 탄성계수이다) [공무원 임용시험]

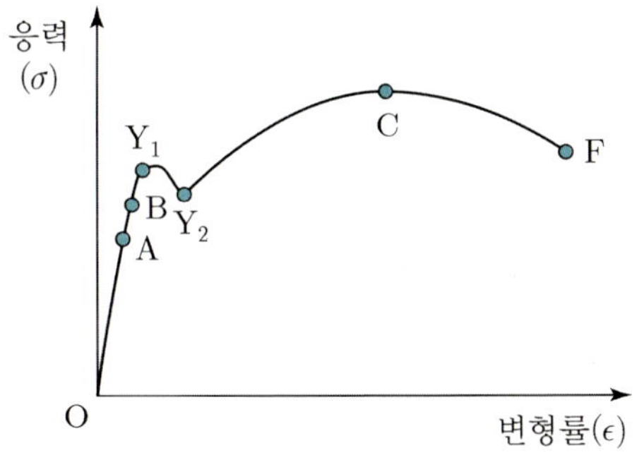

점A : 비례한도
점B : 탄성한도
점Y_1 : 상항복점
점Y_2 : 하항복점
점C : 극한강도
점F : 파괴강도

[문제 4.1.32]

① OA 구간 ② AB 구간 ③ Y_1Y_2 구간 ④ CF 구간

33. 지름이 20mm, 길이가 7cm인 시편이 시험 후 지름이 10mm, 길이가 8cm가 되었을 때, 단면 수축률은? [공무원 임용시험]

① 0.55 ② 0.65 ③ 0.75 ④ 0.85

34. 연신율이 20%인 재료의 인장시험에서 파괴되기 직전의 시편 전체길이가 24cm일 때 이 시편의 초기 길이[cm]는? [공무원 임용시험]

① 19.2 ② 20.0 ③ 28.8 ④ 30.0

35. 연성 재료의 응력(σ)－변형률(ϵ) 선도에서 인장 강도에 해당하는 위치는?

[공무원 임용시험]

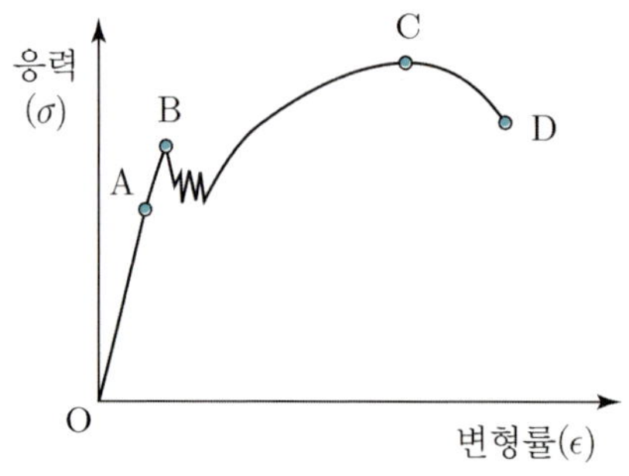

[문제 4.1.35]

① A　　② B　　③ C　　④ D

36. 재료의 거동에 대한 설명으로 옳지 않은 것은? [공무원 임용시험]

① 탄성거동은 응력－변형률 관계가 보통 직선으로 나타나지만 직선이 아닌 경우도 있다.

② 크리프(creep)는 응력이 작용하고 이후 그 크기가 일정하게 유지되더라도 변형이 시간 경과에 따라 증가하는 현상이다.

③ 재료가 항복한 후 작용하중을 모두 제거한 후에도 남는 변형을 영구변형이라 한다.

④ 푸아송 비는 축하중이 작용하는 부재의 횡방향 변형률(ϵ_h)에 대한 축방향 변형률(ϵ_v)의 비(ϵ_v/ϵ_h)이다.

37. 그림과 같이 천장에 수직으로 고정되어 있는 길이 L, 지름 d인 원형 강철봉에 무게가 W인 물체가 달려있을 때, 강철봉에 작용하는 최대응력은? (단, 원형 강철봉의 단위중량은 γ이다) [공무원 임용시험]

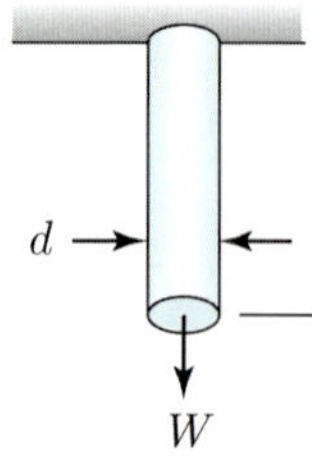

[문제 4.1.37]

① $\dfrac{4W}{\pi d^2}+\gamma L$　　② $\dfrac{4W}{\pi d^2}+\dfrac{\pi d^2\gamma L}{4}$

③ $\dfrac{2W}{\pi d^2}+\gamma L$　　④ $\dfrac{2W}{\pi d^2}+\dfrac{\pi d^2\gamma L}{2}$

38. 금속재료의 인장시험을 통해 얻을 수 있는 성질로만 묶은 것은? [공무원 임용시험]

① 파단점, 내마모성, 인장강도

② 푸아송 비, 단면 수축률, 연신율

③ S－N 선도, 항복점, 연성

④ 응력－변형률 선도, 탄성한도, 전성

39. 응력－변형률 선도에 대한 설명으로 옳은 것은? [공무원 임용시험]

① 탄성한도 내에서 응력을 제거하면 변형된 상태가 유지된다.

② 진응력－진변형률 선도에서의 파괴강도는 공칭응력－공칭변형률 선도에서 나타나는 값보다 크다.

③ 연성재료의 경우, 공칭응력－공칭변형률 선도상에서 파괴강도는 극한강도보다 크다.

④ 취성재료의 경우, 공칭응력－공칭변형률 선도상에 하항복점과 상항복점이 뚜렷이 구별된다.

40. 폭 30mm, 두께 20mm, 길이 60mm인 강재의 길이방향으로 최대허용하중 36kN이 작용할 때 안전계수는? (단, 재료의 기준강도는 240MPa이다) [공무원 임용시험]

① 2　　② 4　　③ 8　　④ 12

41. 지름이 30mm, 표점 거리가 100mm인 시편으로 인장시험하여 파단 시 표점 거리가 120mm가 되었을 때의 연신율[%]은? [공무원 임용시험]

① 5　　② 10　　③ 15　　④ 20

42. 지름 10mm의 원형단면을 갖는 길이 1m의 봉이 인장하중 $P=15$kN을 받을 때, 단면 지름의 변화량[mm]은? (단, 계산 시 π는 3으로 하고, 봉의 재질은 균일하며, 탄성계수 $E=50$GPa, 푸아송 비 $\nu=0.3$이다. 또한 봉의 자중은 무시한다) [공무원 임용시험]

① 0.006　　② 0.009　　③ 0.012　　④ 0.015

43. 그림은 응력과 변형률 곡선을 나타낸 그래프이다. 각 지점의 명칭으로 옳지 않은 것은? [공무원 임용시험]

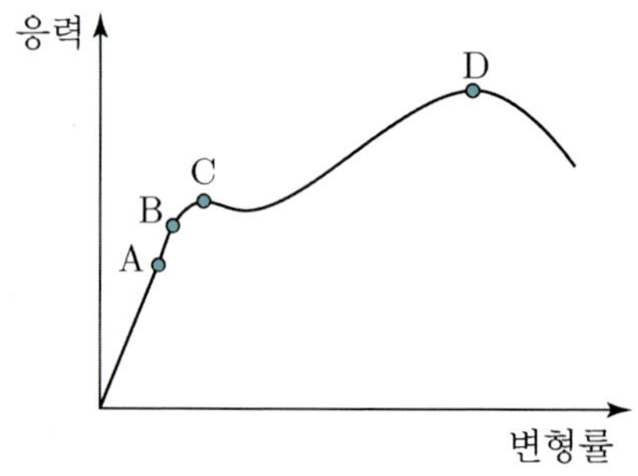

[문제 4.1.43]

① A점은 비례한도(proportional limit)이다.

② B점은 소성한도(plastic limit)이다.

③ C점은 항복점(yield strength)이다.

④ D점은 한계응력(ultimate stress)이다.

44. 균일단면을 가지며 높이가 20m인 콘크리트 교각이 압축 하중 $P=11$MN을 받고 있다. 콘크리트의 허용압축응력이 5.5MPa일 때 필요한 교각의 단면적은? (단, 교각의 자중을 고려하며 콘크리트의 비중량은 25kN/m^{3}이다) [공무원 임용시험]

① 2.0m^2　② 2.2m^2　③ 2.4m^2　④ 2.6m^2

45. 그림과 같은 봉에 인장력 P가 작용하여 길이방향으로 0.02m 늘어났고 두께방향으로 0.0003m 줄어들었을 경우, 이 재료의 푸아송 비는? (단, 봉의 자중은 무시한다) [공무원 임용시험]

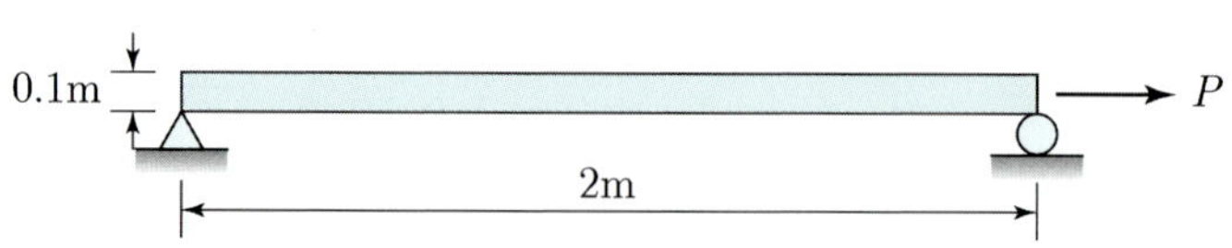

[문제 4.1.45]

① 0.3　② 0.4　③ 0.5　④ 0.6

46. 그림과 같이 길이가 200mm이고, 단면이 20mm×20mm인 강봉에 60kN의 축방향 인장력이 작용하여 강봉이 0.15mm 늘어났을 때 이 강봉의 탄성계수[MPa]는?

[공무원 임용시험]

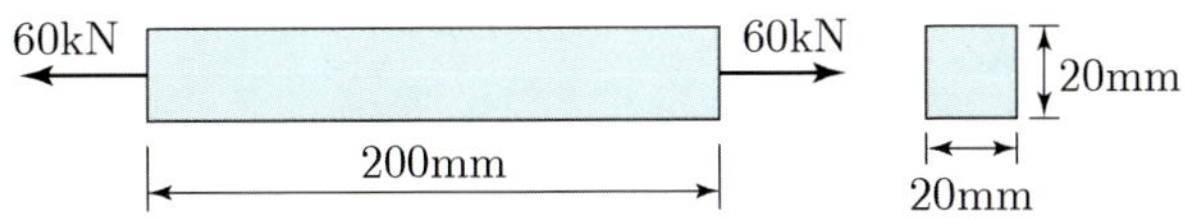

[문제 4.1.46]

① 2.0×10^5 ② 2.0×10^4 ③ 8.0×10^5 ④ 8.0×10^4

4.2 보의 전단력과 굽힘 모멘트

1 보

공학에서 사용하는 각종 구조물 부재 중 부재를 따라 여러 점에 작용하는 하중을 지지하도록 설계한 것을 보(beam)라 한다. 보는 기계공학뿐만 아니라 토목, 건축 등의 여러 분야에서 사용되며 기초 재료역학에서 취급하는 가장 기본적인 구조물 부재라 할 수 있다. 따라서 보에 대한 기초 이론을 충분히 습득하여야 한다.

[그림 4.2.1]과 같이 보는 일반적으로 길고 직선인 균일 단면의 막대 모양이다. 이와 같은 보의 하중 적재능력을 해석할 때는, 첫째 보의 전체와 임의 부분을 분리하여 평형조건을 세우고, 둘째 외부의 합력과 이를 지지하는 보의 내부 저항과의 관계식을 세워야 한다. 이러한 해석의 첫 부분은 정역학에서 많이 다루는 반면, 두 번째 부분은 일반적으로 재료의 강도 특성과 관련하여 재료역학(고체역학)에서 다루는 내용이다.

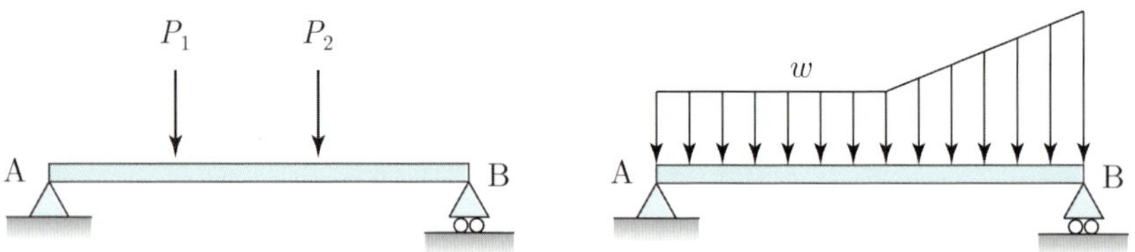

(a) 집중하중 (b) 분포하중

[그림 4.2.1] 집중하중과 분포하중을 받고 있는 보

2 보의 받침점(지점)

보를 받치고 있는 점을 받침점 또는 지점이라 하고, 두 받침점 사이의 거리를 스팬(span)이라 한다. 받침점에는 회전지점, 이동지점, 고정지점이 있다.

[1] 회전지점(핀 지점)

보의 끝이 핀으로 고정되어 있어서 회전할 수 있는 지점이다. 수평 및 수직 방향 성분을 갖는 반력이 존재할 수 있지만 반력 모멘트는 발생하지 않는다.

[2] 이동지점(롤러 지점)

보의 끝이 마찰 없는 롤러로 지지되어 있다. 수평 방향 반력과 반력 모멘트가 없고 수직 방향 반력만 존재한다.

[3] 고정 지점

보를 완전히 고정하여 수평 및 수직 방향 성분을 갖는 반력과 반력 모멘트가 모두 존재할 수 있는 지점이다.

3 보의 종류

보를 지지하는 방법(받침점의 조합)에 따라 보의 종류를 [그림 4.2.2]와 같이 (a) 단순보(단순 지지보) (b) 외팔보 (c) 내달이보(내민보, 돌출보) (d) 다중 지지보(연속보) (e) 고정보 (f) 고정 지지보 등으로 분류한다.

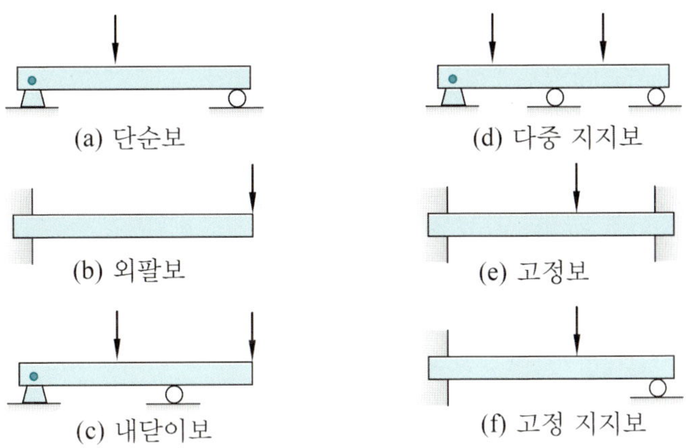

[그림 4.2.2] 보의 종류

[1] 단순보(simple beam)

회전지점(핀)과 이동지점(롤러)으로써 양 끝이 모두 받쳐져 있는 보이다.

[2] 외팔보(cantilever beam)

한쪽 끝은 벽에 고정되고, 다른 쪽 끝은 자유롭게 되어 있는 보이다.

[3] 내닫이보(overhanging beam)

회전지점과 이동지점으로써 받쳐지고 보의 일부가 받침점 밖으로 나와 있는 보이다.

[4] 다중 지지보(multiply supported beam)

3개 이상의 받침점을 갖는 보이다. 받침점 중 하나는 회전지점이고 나머지는 이동지점이다.

[5] 고정보(fixed beam)

양 끝이 모두 벽에 고정되어 있는 보이다.

[6] 고정 지지보(supported and fixed beam)

한쪽 끝은 벽에 고정되고, 다른 쪽 끝은 이동지점으로써 받쳐져 있는 보이다.

4 정정보와 부정정보

[1] 정정보

힘의 평형방정식($\sum\overrightarrow{F}=0$, $\sum\overrightarrow{M}=0$)만으로 지점의 반력을 모두 구할 수 있는 보를 정정보(statically determinate beam)라 한다. 정정보에는 단순보, 외팔보, 내닫이보 등이 있다.

[2] 부정정보

정정보와 달리 힘과 모멘트 평형 조건($\sum\overrightarrow{F}=0$, $\sum\overrightarrow{M}=0$)만으로는 반력을 모두 구할 수 없는 보를 부정정보(statically indeterminate beam)라 한다. 부정정보를 해석할 때는 하중과 보의 변형 관계까지 고려해야 한다. 부정정보에는 다중 지지보, 고정보, 고정 지지보 등이 있다.

5 보의 내력

[1] 보의 전단력과 굽힘 모멘트

(1) 전단력 : 보의 임의 단면에서 단면에 평행하게 작용하는 힘으로 단면을 절단하려

하는 힘(V)을 전단력(shear force)이라 한다[그림 4.2.3].

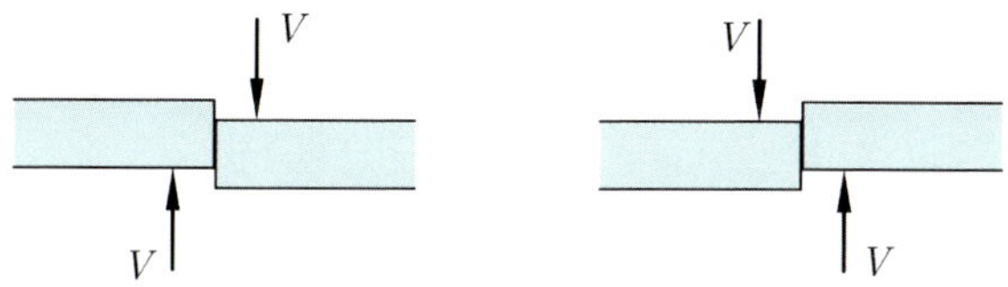

[그림 4.2.3] 전단력

(2) 굽힘 모멘트 : 하중에 의해 보를 휘게 하려는 작용(M)을 굽힘 모멘트 또는 휨모멘트(bending moment)라 한다[그림 4.2.4].

[그림 4.2.4] 굽힘 모멘트

(3) 전단력과 굽힘 모멘트의 부호 : 일반적으로 보의 임의 점에서의 전단력과 굽힘 모멘트의 부호는 [그림 4.2.5]와 같이 정한다.

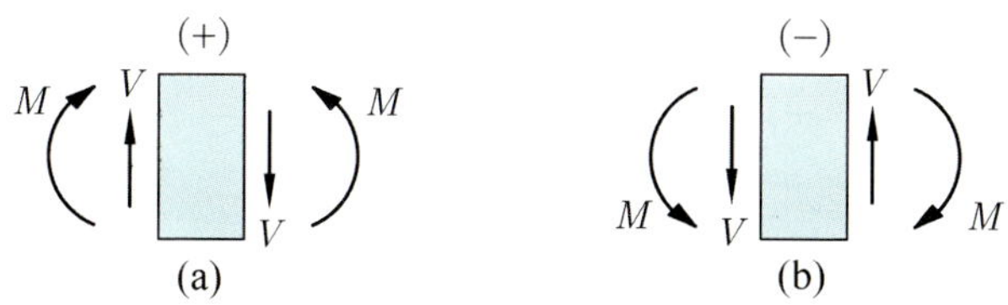

[그림 4.2.5] 전단력과 굽힘 모멘트의 부호

설명 보에 하중이 작용하면 지점에는 반력이 생기고, 보 내부에는 하중 및 반력에 저항하는 힘이 생기게 된다. [그림 4.2.6(a)]와 같이 외팔보의 끝에 연직 위 방향으로 하중 P가 작용하는 경우를 조사해보자. 자유단으로부터 거리 x만큼 떨어진 임의 단면 X − X에서 보를 잘라서 보의 왼쪽 부분에 대한 자유물체도를 그리면 [그림 4.2.6(b)]와 같다. 분리된 물체는 힘 P와 단면 X − X에서의 내력에 의해 평형을 이루고 있다. 여기에서 단면에 평행하게 작용하는 힘을 전단력(V), 보를 휘게 하는 영향을 굽힘 모멘트(M)라 한다. 외력 P가 보에 수직으로 작용하기 때문에 단면에는 축력이 존재하지 않는다.

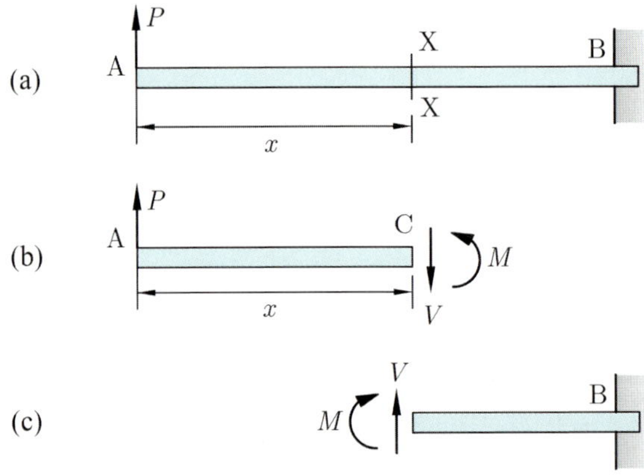

[그림 4.2.6]

정정보의 전단력 V와 굽힘 모멘트 M은 정역학의 평형 방정식으로부터 구할 수 있다. [그림 4.2.6(b)]의 자유물체도에 평형방정식을 적용하면

$$\sum F_y = 0 : P - V = 0 \quad \therefore \ V = P$$

$$\sum M_{\mathrm{C}} = 0 : M - Px = 0 \quad \therefore \ M = Px$$

가 얻어진다.

임의 단면에 나타나는 전단력과 굽힘 모멘트를 구하기 위하여 그 부분을 절단하였을 때 왼쪽과 오른쪽 단면에 나타나는 전단력과 굽힘 모멘트는 크기가 같고 방향이 반대이다. 즉, [그림 4.2.6(b)]와 같이 V와 M이 발생하면 오른쪽 부분의 자유물체도에서는 [그림 4.2.6(c)]와 같은 V와 M이 작용한다.

[그림 4.2.5]와 같이 정한 부호 규약에서 양의 전단력은 재료를 시계방향으로 회전시키려 하며, 양의 굽힘 모멘트는 재료를 아래쪽으로 볼록하게 구부러지게 한다. 그림과 같은 요소의 왼쪽 면에서는 위쪽으로 작용하는 전단력을 양(+), 아래쪽으로 작용하는 것을 음(−)으로 하고, 오른쪽 면에서는 이와 반대로 위쪽으로 작용하는 전단력을 음(−), 아래쪽으로 작용하는 것을 양(+)으로 하였다. 굽힘 모멘트의 부호는 요소의 왼쪽 면에서는 시계방향의 모멘트를 양(+), 반시계 방향의 모멘트를 음(−)으로 하고, 오른쪽 면에서는 반시계 방향의 모멘트를 양(+), 시계방향 모멘트를 음(−)으로 하였다. 그러나 [그림 4.2.5]와 같은 전단력과 모멘트에 대한 부호 규약은 반드시 지켜야 되는 사항은 아니고 문제에 따라 편리하게 부호를 정하여 해석할 수 있다.

| 심화학습 | 보의 내부에 생기는 저항력

일반적으로 보의 내부에 생기는 저항력에는 [그림 4.2.7(a)]와 같이 전단력, 축력(axial force), 굽힘 모멘트, 비틀림 모멘트의 4가지가 있다. 여기에서 하중이 축에 수직인 방향으로만 작용할 때는 축력과 비틀림 모멘트가 0이 되므로 전단력과 굽힘 모멘트만 발생한다. 따라서 보통의 보에서 고려하는 것은 전단력과 굽힘 모멘트이다. 그런데 2차원 평면에서 하중이 작용하더라도 하중의 작용선이 축과 일치하지 않고 경사져 있을 때는 [그림 4.2.7(b)]와 같이 전단력, 축력(axial force), 굽힘 모멘트의 3가지가 발생할 수 있다.

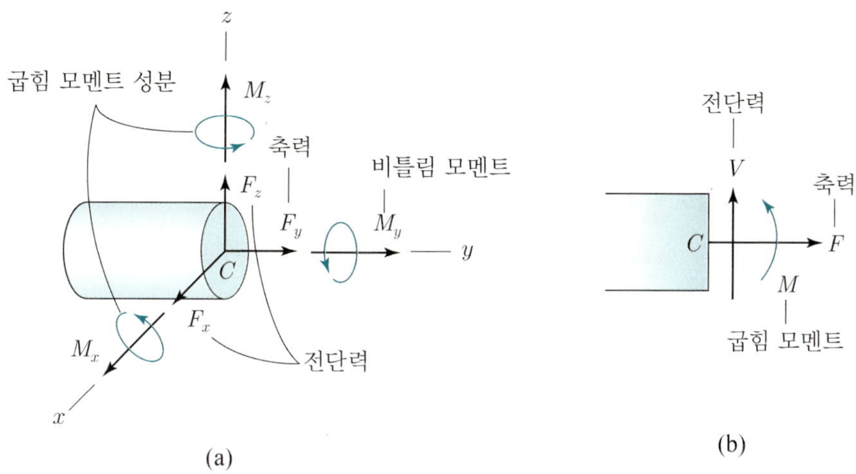

[그림 4.2.7]

[2] 전단력과 굽힘 모멘트 선도

전단력과 굽힘 모멘트의 방향과 크기가 분명하게 정해졌을 때 이들 값을 보의 한 쪽 끝으로부터 측정한 거리(x)의 함수로 그려놓은 선도를 전단력 선도(shear force diagram) 및 굽힘 모멘트 선도(bending moment diagram)라 한다.

설명 이 선도는 일반적으로 보의 전 길이를 가로축으로 잡고 전단력 및 굽힘 모멘트의 크기를 세로축에 나타낸다. 그리고 정해진 부호 규약에 따라 양(+)의 값은 가로축 위에, 음(−)의 값은 가로축 아래에 그린다. 이 선도를 통하여 보에 작용하는 전단력 및 굽힘 모멘트의 크기가 보의 전 길이에 걸쳐 어떻게 변화하는가를 쉽게 알 수 있다. 선도에서 특별히 관심의 대상이 되는 것은 이들의 최대 및 최솟값이다.

[3] 전단력과 굽힘 모멘트를 구하는 단계

○ 1단계 : 전체 보의 자유물체도를 그리고, 정역학의 힘과 모멘트 평형 조건($\sum \overrightarrow{F} = 0$, $\sum \overrightarrow{M} = 0$)을 적용하여 지점의 반력을 구한다.

(† 외팔보와 같이 지점이 없는 자유단을 갖는 경우에는 이 단계를 생략할 수 있다.)

○ 2단계 : 전단력과 굽힘 모멘트를 구하려는 위치(C)에서 보를 자르고, 절단된 보의 두 부분 중 하나를 선택한다.

○ 3단계 : 선택한 보 부분에 대한 자유물체도를 그린다.

자유물체도에 하중과 반력 등의 외력을 도시하고, 절단된 단면에는 구하려는 전단력(V) 및 굽힘 모멘트(M)를 정해진 부호 규약에 따라 표시한다.

○ 4단계 : 3단계에서 작성한 자유물체도에 평형 조건($\sum F_y = 0$, $\sum M_C = 0$)을 적용하여 전단력 V와 굽힘 모멘트 M을 구한다.

예제 4.2.1 **[외팔보 – 집중하중]** 자유단 A에 집중하중 P가 연직 아래 방향으로 작용하고 있는 길이 L의 외팔보[그림 4.2.8(a)]에 대하여 전단력 선도와 굽힘 모멘트 선도를 그려라.

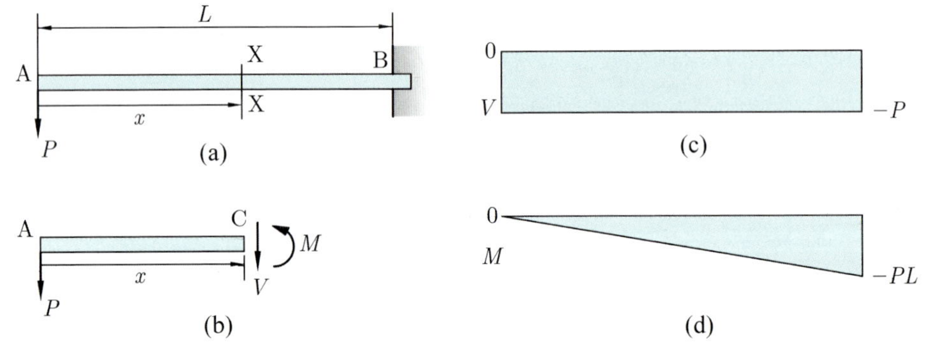

[그림 4.2.8]

풀이 자유단으로부터 거리 x만큼 떨어진 임의의 단면 X − X에서 보를 자르고 보의 왼쪽 부분에 대한 자유물체도를 그리면 [그림 4.2.8(b)]와 같다. 그림 (b)에서 평형방정식을 적용하면 다음과 같이 전단력과 굽힘 모멘트가 구해진다.

$$\sum F_y = 0 : -P - V = 0 \quad \therefore \ V = -P$$

$$\sum M_C = 0 : M + Px = 0 \quad \therefore \ M = -Px$$

보의 전 길이에 대해 전단력과 굽힘 모멘트를 [그림 4.2.8 (c),(d)]에 나타내었다. 전단력은 $-P$로 일정하며, $x=L$인 고정단 B에서 최대 굽힘 모멘트 $M_{\max}=-PL$이 발생한다.

예제 4.2.2 [외팔보–균일하중] 일정한 크기의 균일 하중(q)을 받고 있는 길이 L의 외팔보[그림 4.2.9]에 대하여 전단력 선도와 굽힘 모멘트 선도를 그려라.

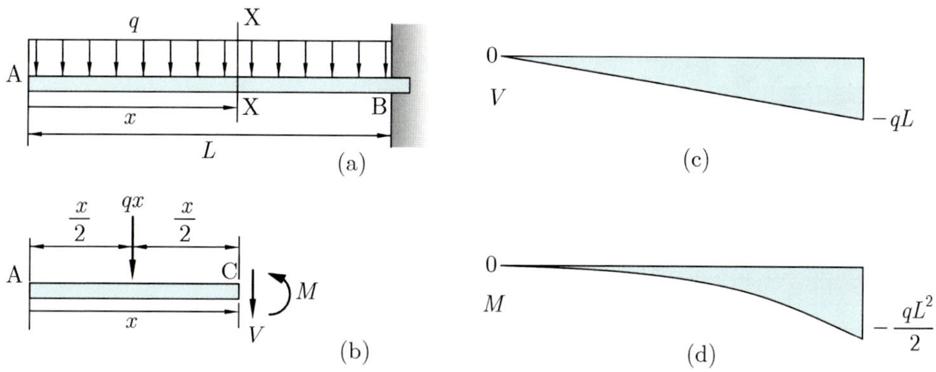

[그림 4.2.9]

풀이 자유단으로부터 거리 x만큼 떨어진 임의 단면 X − X에서 보를 잘라서 보의 왼쪽 부분에 대한 자유물체도를 그린다. 여기에서 균일 하중 q에 의해 길이 x의 보에 작용하는 하중은 보의 중앙($x/2$)에 작용하는 하나의 집중하중 qx로 대체할 수 있다. 따라서 자유물체도는 [그림 4.2.9(b)]와 같고, 여기에 평형방정식을 적용하면

$$\sum F_y=0 : -qx-V=0 \quad \therefore \quad V=-qx$$

$$\sum M_C=0 : M+(qx)\cdot\frac{x}{2}=0 \quad \therefore \quad M=-\frac{1}{2}qx^2$$

이다. 이 식으로부터 보의 전 길이에 대해 전단력과 굽힘 모멘트 선도를 그리면 [그림 4.2.9(c),(d)]와 같다. 전단력과 굽힘 모멘트의 최댓값은 $x=L$인 고정단 B에서 발생한다.

$$V_{\max}=-qL, \quad M_{\max}=-\frac{1}{2}qL^2$$

예제 4.2.3 [단순보 – 집중하중] 집중하중(P)을 받는 길이 L의 단순보[그림 4.2.10]에 대하여 전단력 선도와 굽힘 모멘트 선도를 그려라.

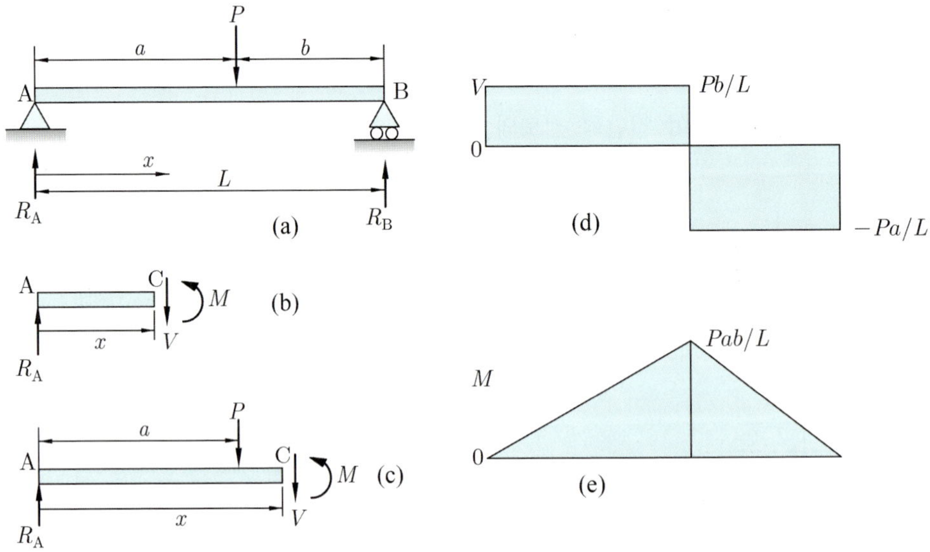

[그림 4.2.10]

풀이 전체 보의 자유물체도로부터 보의 반력을 구하면 다음과 같다.

$$R_A = \frac{Pb}{L}, \quad R_B = \frac{Pa}{L}$$

지점 A로부터 거리 x만큼 떨어진 위치에서 보를 자르고 보의 왼쪽 부분에 대한 자유물체도를 그린다.

(1) $0 < x < a$: 이때의 자유물체도는 [그림 4.2.10(b)]와 같다. 여기에 평형방정식을 적용하면 전단력(V)과 굽힘 모멘트(M)는 다음과 같다.

$$\sum F_y = 0 : R_A - V = 0 \quad \therefore \quad V = R_A = \frac{Pb}{L}$$

$$\sum M_C = 0 : M - R_A x = 0 \quad \therefore \quad M = R_A x = \frac{Pbx}{L}$$

(2) $a < x < L$: 하중 P의 오른쪽 구간에서 보를 잘라 내어 자유물체도를 그리면 [그림 4.2.10(c)]와 같다. 여기에 평형방정식을 적용하면 다음과 같이 전단력(V)과 굽힘 모멘트(M)가 구해진다.

$$\sum F_y = 0 : R_A - P - V = 0$$

$$\therefore \ V = R_A - P = \frac{Pb}{L} - P = \frac{P}{L}(b - L) = -\frac{Pa}{L}$$

$$\sum M_C = 0 : M - R_A x + P(x - a) = 0$$

$$\therefore \ M = R_A x - P(x - a) = \frac{Pb}{L} \times x - P(x - a)$$

$$= \frac{P}{L}(bx - xL + aL) = \frac{P}{L}[-x(L - b) + aL]$$

$$= \frac{P}{L}(-xa + aL) = \frac{Pa}{L}(-x + L)$$

전체 보에 대한 전단력과 굽힘 모멘트 선도는 [그림 4.2.10(d),(e)]와 같다. $0 < x < a$에서의 전단력은 $\frac{Pb}{L}$로 일정하고, $a < x < L$에서의 전단력은 $-\frac{Pa}{L}$로 일정하다. 최대 굽힘 모멘트는 하중 P의 작용점에서 발생하며 $M_{\max} = \frac{Pab}{L}$이다.

예제 4.2.4 [단순보 – 분포하중] 일정한 크기의 균일 하중(q)을 받는 길이 L의 단순보가 있다[그림 4.2.11].

(1) 전단력 선도와 굽힘 모멘트 선도를 그려라.

(2) 전단력과 굽힘 모멘트의 최댓값을 구하여라.

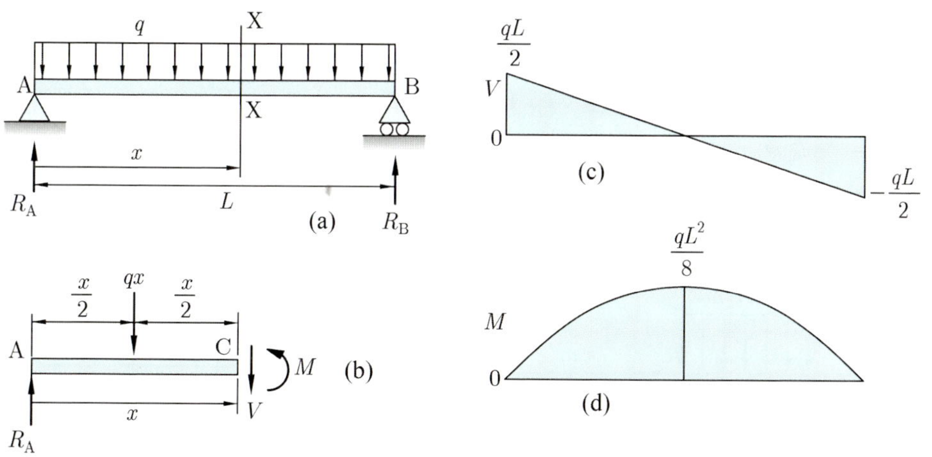

[그림 4.2.11]

풀이 (1) 균일 분포 하중 q가 작용할 때 길이 L의 보 전체가 받는 전 하중은 qL이며 반력은 다음과 같다.

$$R_A = \frac{qL}{2}, \quad R_B = \frac{qL}{2}$$

지점 A로부터 거리 x만큼 떨어진 위치에서 보를 자르고 보의 왼쪽 부분에 대한 자유물체도를 그린다. 균일 하중 q에 의해 길이 x의 보에 작용하는 하중은 보의 중앙($x/2$)에 작용하는 하나의 집중하중 qx로 대체한다. 자유물체도는 [그림 4.2.11]의 (b)와 같고, 여기에 평형방정식을 적용하면

$$\sum F_y = 0 : R_A - qx - V = 0$$

$$\therefore \quad V = R_A - qx = \frac{qL}{2} - qx$$

$$\sum M_C = 0 : M + (qx)\left(\frac{x}{2}\right) - R_A x = 0$$

$$\therefore \quad M = R_A x - \frac{qx^2}{2} = \frac{qLx}{2} - \frac{qx^2}{2}$$

$$= -\frac{q}{2}\left(x - \frac{L}{2}\right)^2 + \frac{qL^2}{8}$$

이다. 전체 보에 대한 전단력과 굽힘 모멘트 선도는 [그림 4.2.11]의 (c), (d)와 같다.

(2) 최대 전단력은 보의 끝단에서 발생하며 크기는 $V_{\max} = \frac{qL}{2}$이다. 최대 굽힘 모멘트는 보의 중앙 $x = \frac{L}{2}$에서 발생하며 $M_{\max} = \frac{qL^2}{8}$이다.

예제 4.2.5 [단순보 – 부분분포하중] [그림 4.2.12(a)]와 같이 부분적으로 균일 분포하중을 받는 보에서 다음을 구하여라.

(1) 지점 A, B에서의 반력

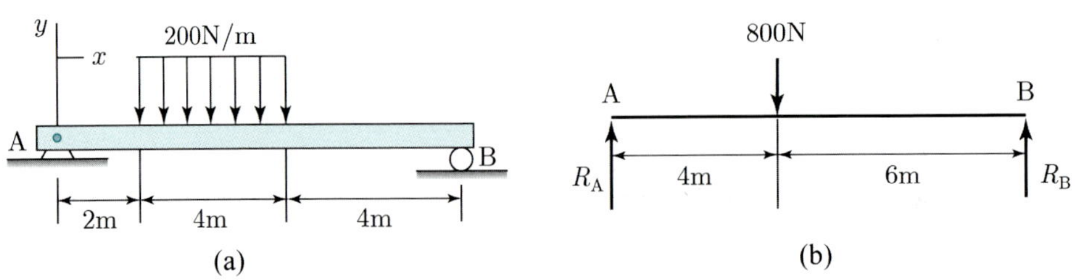

[그림 4.2.12]

(2) 보의 중앙($x = 5$m)에서의 전단력과 굽힘 모멘트

(3) $x = 7$m에서의 전단력과 굽힘 모멘트

풀이 (1) 분포하중에 의해 길이 4m에 작용하는 전하중은

$$F_R = (200\text{N/m}) \times (4\text{m}) = 800\text{N}$$

이고, F_R의 작용점은 보의 왼쪽 끝으로부터 $\left(2\text{m} + \dfrac{4\text{m}}{2}\right) = 4\text{m}$에 있다. 따라서 분포하중을 하나의 집중하중($\overrightarrow{F_R}$)으로 대체하여 자유물체도를 그리면 [그림]의 (b)와 같다. 여기에서 평형조건을 적용하여 반력을 구한다.
점 A에 대한 모멘트가 0($\sum M_\text{A} = 0$)인 조건을 적용하면

$$R_\text{B} \times 10\text{m} - 800\text{N} \times 4\text{m} = 0$$
$$\therefore \quad R_\text{B} = 320\,[\text{N}]$$

수직방향 힘의 합이 0($\sum F_y = 0$)에서

$$R_\text{A} + R_\text{B} - 800\text{N} = 0$$
$$\therefore \quad R_\text{A} = 800\text{N} - 320\text{N} = 480\,[\text{N}]$$

(2) 보를 중앙($x = 5$m)에서 절단하여 왼쪽 부분을 고려한다. 여기에서 분포하중은 길이 3m에 걸쳐 작용하므로

$$F_R = (200\text{N/m}) \times (3\text{m}) = 600\,[\text{N}]$$

이고, F_R의 작용점은 보의 왼쪽 끝으로부터 $\left(2\text{m} + \dfrac{3\text{m}}{2}\right) = 3.5\,[\text{m}]$에 있다. 따라서 분포하중을 하나의 집중하중($\overrightarrow{F_R}$)으로 대체하여 자유물체도를 그리면 [그림 4.2.13]과 같다. 여기에서 평형조건을 적용하여 전단력(V)과 굽힘 모멘트(M)를 구한다.

$$\sum F_y = 0 \;:\; R_\text{A} + V - 600\text{N} = 0$$
$$\therefore \quad V = 600\text{N} - 480\text{N} = 120\,[\text{N}]$$
$$\sum M_\text{C} = 0 \;:\; M - R_\text{A} \times (1.5\text{m} + 3.5\text{m}) + 600\text{N} \times (1.5\text{m}) = 0$$
$$\therefore \quad M = 480\text{N} \times (5\text{m}) - 600\text{N} \times (1.5\text{m}) = 1500\,[\text{N} \cdot \text{m}]$$

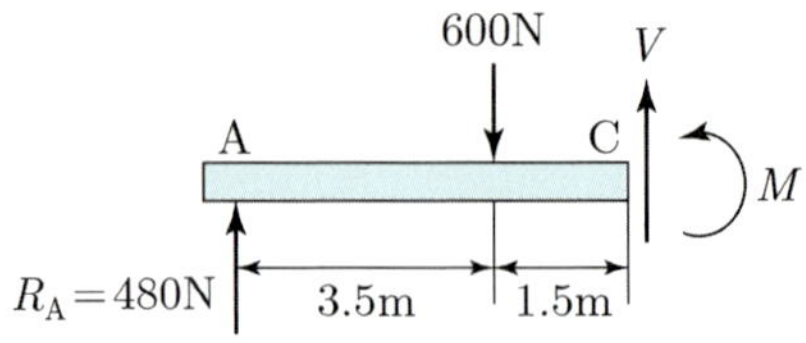

[그림 4.2.13]

(3) $x=7m$에서 보를 절단하여 오른쪽 부분에 대한 자유물체도를 그리면 [그림 4.2.14]와 같다. 여기에서 평형조건을 적용하여 전단력(V)과 굽힘 모멘트(M)를 구한다.

$$\sum F_y = 0 \ : \ R_B - V = 0$$

$$\therefore \ V = R_B = 320N$$

$$\sum M_C = 0 \ : \ R_B \times (3m) - M = 0$$

$$\therefore \ M = 320N \times (3m) = 960 \ [N \cdot m]$$

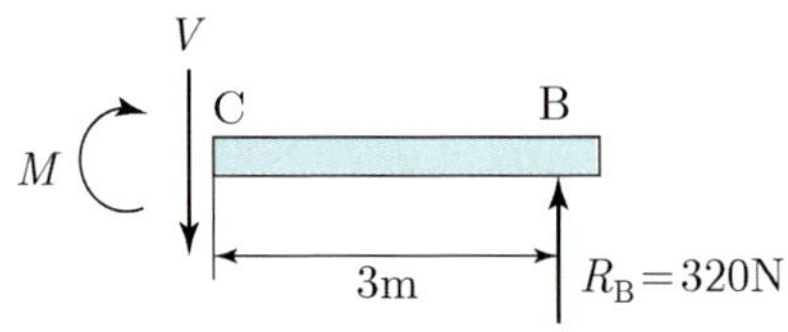

[그림 4.2.14]

보의 내력을 구할 때 절단된 보의 두 부분 중 해석하기 편리한 것을 선택하면 된다. 여기에서 절단된 보의 왼쪽 부분을 고려하여 전단력과 굽힘 모멘트를 구해보아라.

† 재료역학(고체역학)에서 보를 해석할 때 가장 기본적으로 알아야 할 것은 전단력과 굽힘 모멘트이다. 이를 기초로 하여 내부 응력과 처짐 등을 해석하므로 이들을 구하는 방법을 잘 알아두도록 한다.

| 심화학습 | 분포하중, 전단력 및 굽힘 모멘트 사이의 관계식

[그림 4.2.15(a)]와 같이 보의 길이방향(x)으로 변하는 분포하중[$w(x)$]이 작용할 때 보의 임의 단면에서의 전단력(V)과 굽힘 모멘트(M) 사이에는 다음 관계식이 성립한다.

$$\frac{dV}{dx} = -w, \quad \frac{dM}{dx} = V$$

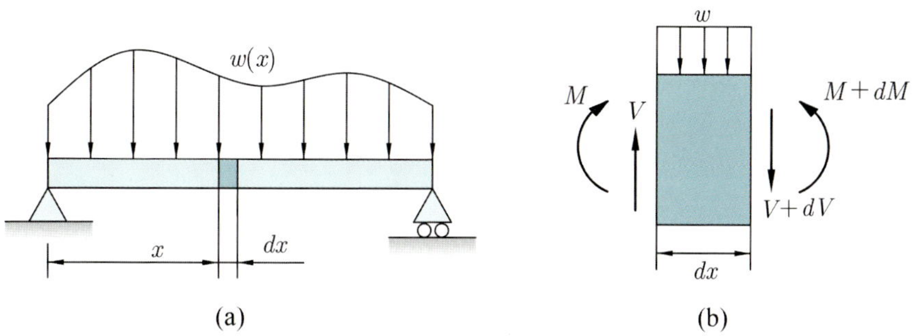

[그림 4.2.15] (a) 분포하중을 받는 단순보, (b)보의 미소요소에 대한 자유물체도.

설명 하중, 전단력, 굽힘 모멘트의 관계식을 얻기 위하여 임의 위치 x에서 dx만큼 떨어진 두 단면 사이에서 잘라낸 보의 미소요소를 고려한다[그림 4.2.15]. 먼저 요소의 왼쪽 면에 작용하는 전단력과 굽힘 모멘트를 각각 V, M이라 한다. 일반적으로 전단력과 굽힘 모멘트는 보의 축상의 위치에 따라 변한다. 분포하중인 경우 미소거리 dx에 대한 V와 M의 증가분이 미소하므로 이들을 각각 dV, dM으로 나타낸다. 이렇게 하여 미소요소에 대한 자유물체도를 그리면 [그림 4.2.15(b)]와 같다.

(1) 전단력 : 자유물체도에서 수직방향(y) 힘의 평형 조건을 적용하면 다음과 같은 식을 얻는다.

$$\sum F_y = 0 : V - w\,dx - (V + dV) = 0$$

$$-w\,dx - dV = 0$$

$$\therefore \frac{dV}{dx} = -w \qquad \cdots ①$$

(2) 굽힘 모멘트 : 자유물체도에서 모멘트 평형조건을 적용한다. 여기에서 분포하중은 그림의 평면에 수직인 축(z축)을 회전축으로 하는 모멘트를 발생한다. 모멘트 기준 축을 요소의 오른쪽 면을 지나는 축으로 하고, 반시계 방향을 양(+)으로 하면 다음과 같은 관계식을 얻는다.

$$\sum M_z = 0 : (M + dM) + (wdx)\left(\frac{dx}{2}\right) - Vdx - M = 0$$

$$dM + \frac{w}{2}(dx)^2 - Vdx = 0$$

여기에서 미분량 $dx \ll 1$이므로 $(dx)^2 \approx 0$으로 무시하면 다음과 같이 굽힘 모멘트(M)와 전단력(V)의 관계식이 얻어진다.

$$dM - Vdx = 0$$

$$\therefore \quad \frac{dM}{dx} = V \qquad \cdots ②$$

식 ②로부터 굽힘 모멘트 M이 연속이고 미분가능한 함수이면 최대 굽힘 모멘트($M_{\max}$)가 발생하는 점에서 전단력 $V = 0$이라는 것을 알 수 있다. 이 사실을 이용하면 최대 굽힘 모멘트가 발생하는 지점을 편리하게 구할 수 있다.

† 분포하중이 작용할 때는 미분식을 이용하여 전단력과 굽힘 모멘트를 쉽게 구할 수 있다. 재료역학에서 보를 해석할 때 가장 기본적으로 알아야 할 것은 전단력과 굽힘 모멘트이다. 이를 기본으로 하여 내부 응력과 처짐 등을 해석하므로 이들을 구하는 방법을 잘 알아두도록 한다.

4.2 연습문제

EXERCISES

1. 그림과 같은 단순보에 대한 전단력과 굽힘 모멘트 선도를 그려라. 보 내부의 최대 전단력과 최대 굽힘 모멘트는 얼마인가?

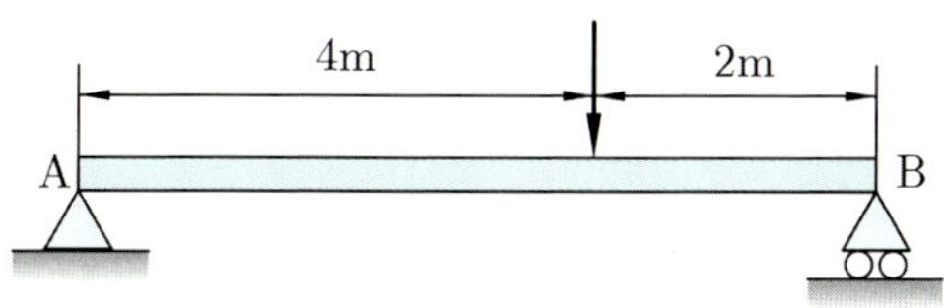

[문제 4.2.1]

2. 두 개의 집중하중이 작용하는 단순보가 있다.
   (1) 전단력과 굽힘 모멘트 선도를 그려라.
   (2) 보 내부의 최대 전단력과 최대 굽힘 모멘트를 구하여라.

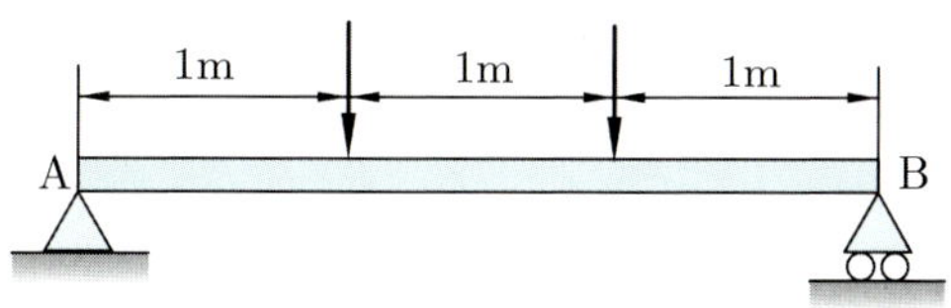

[문제 4.2.2]

3. 두 개의 집중하중을 받는 외팔보가 있다. 전단력과 굽힘 모멘트 선도를 그리고, 보 내부의 최대 전단력과 최대 굽힘 모멘트를 구하여라.

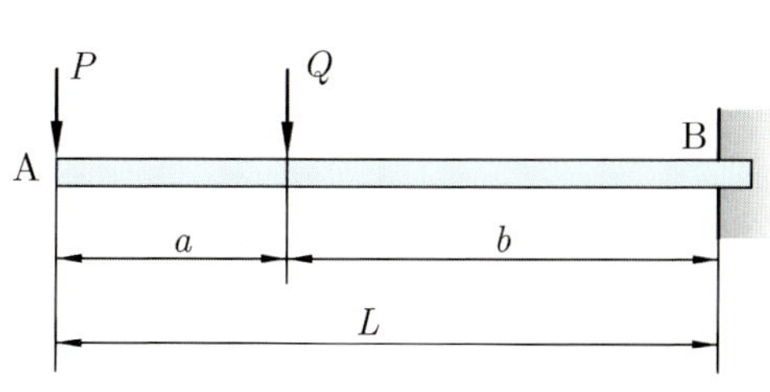

[문제 4.2.3]

4. 그림과 같은 단순보에서 지점 A로부터 30 cm와 60 cm 떨어진 두 단면에 작용하는 전단력과 굽힘 모멘트를 구하여라.

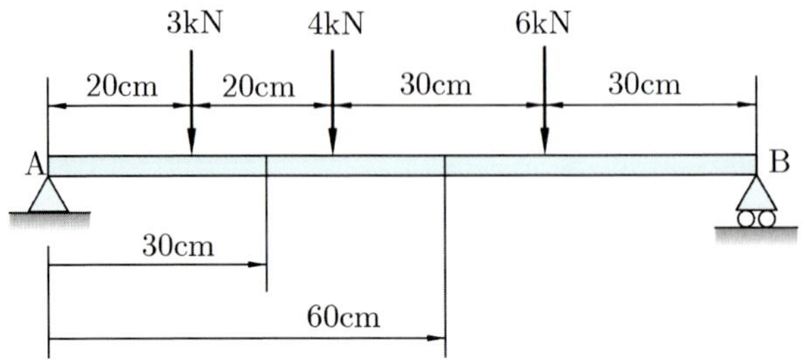

[문제 4.2.4]

5. 길이 L의 단순보가 선형적으로 변하는 분포하중 q를 받고 있다. 지점 A에서의 분포하중은 0이고, B에서의 분포하중은 q_0일 때 다음을 구하여라.

(1) 두 지점의 반력 R_A, R_B

(2) 지점 A로부터 거리 x인 위치에서의 전단력과 굽힘 모멘트

(3) 최대 굽힘 모멘트

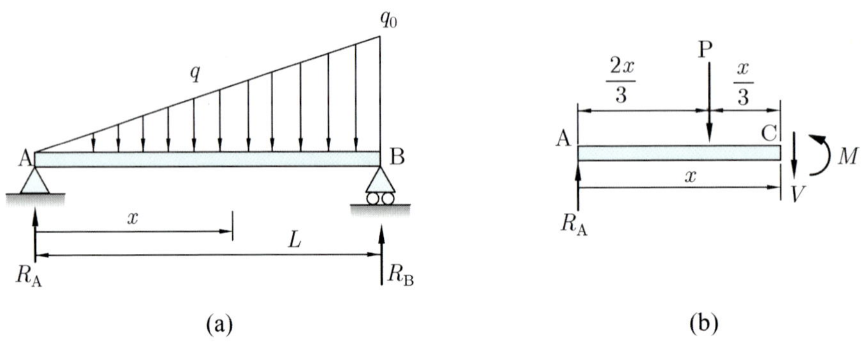

[문제 4.2.5]

6. 길이 L의 단순보의 중앙에 집중하중 P가 작용하고 있을 때 보 내부에 발생하는 최대 굽힘 모멘트를 구하여라.

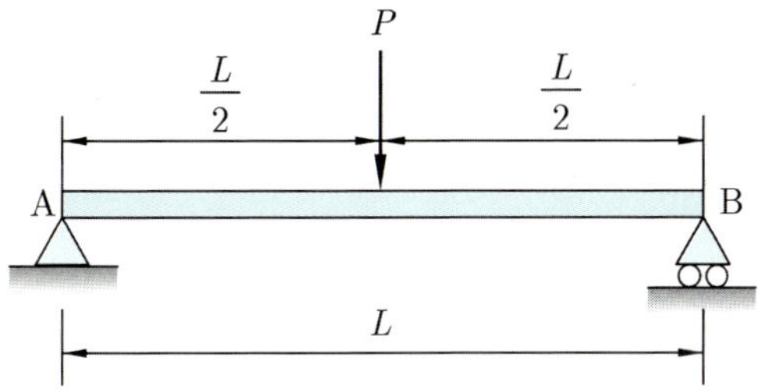

[문제 4.2.6]

7. 길이 L의 외팔보가 선형적으로 변하는 분포하중 q를 받고 있다. 자유단 A에서 $q=0$이고 고정 지점 B에서 $q=q_0$이다. 다음을 구하여라.

(1) 자유단으로부터 거리 x인 위치에서의 전단력과 굽힘 모멘트

(2) 최대 전단력과 최대 굽힘 모멘트의 크기

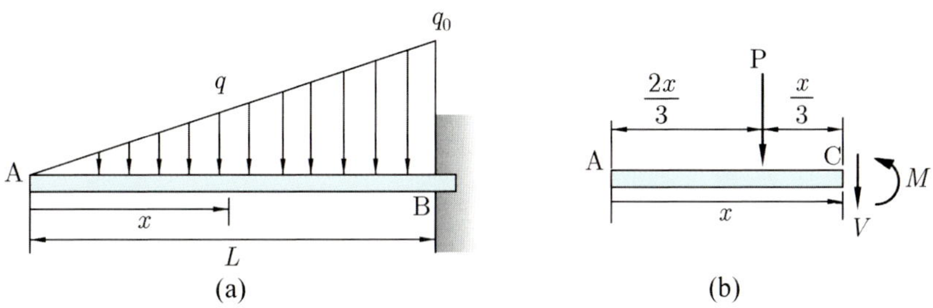

[문제 4.2.7]

8. 그림과 같은 돌출보가 200kN의 집중하중과 100kN/m의 균일 분포하중을 받고 있다. 지점 A로부터 3m 떨어진 단면에서의 전단력과 굽힘 모멘트를 구하여라.

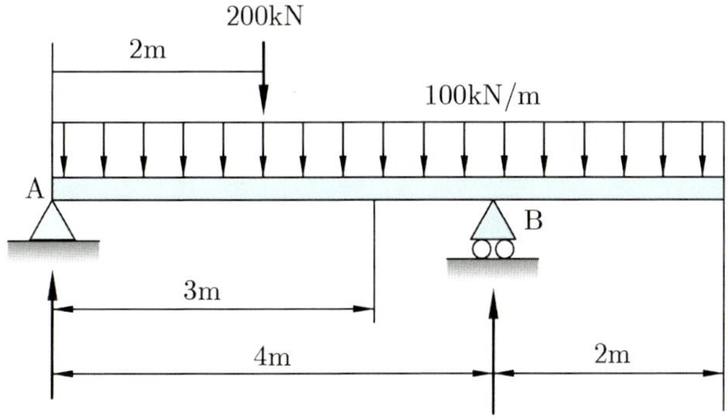

[문제 4.2.8]

9. 길이가 8m인 외팔보의 자유단에 100kN의 집중하중이 작용하고, 자유단으로부터 2m 거리에서 길이 4m에 걸쳐 10kN/m의 균일 분포하중이 작용할 때 다음 각 값을 구하시오. [중등교사 임용시험(기계)]

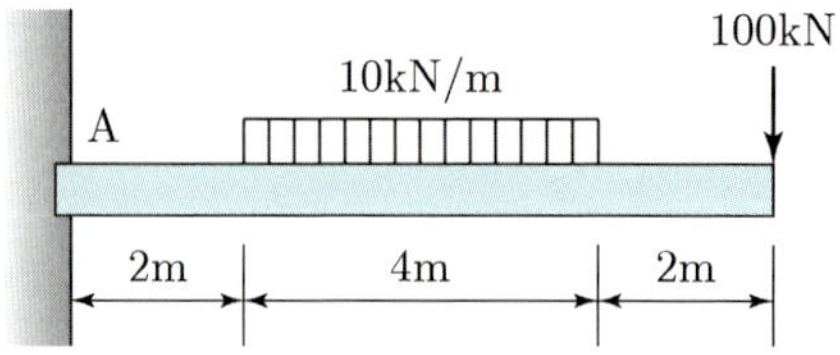

[문제 4.2.9]

(1) 최대 휨(굽힘) 모멘트[kN · m]

(2) 지점 A에서의 반력의 크기[kN]

10. 길이 120mm인 단순보에 받침점 A로부터 40mm, 80mm 떨어진 곳에 15N, 30N의 집중 하중이 각각 작용하고 있다. 보 중앙에서의 굽힘 모멘트를 구하시오. [중등교사 임용시험(기계·금속)]

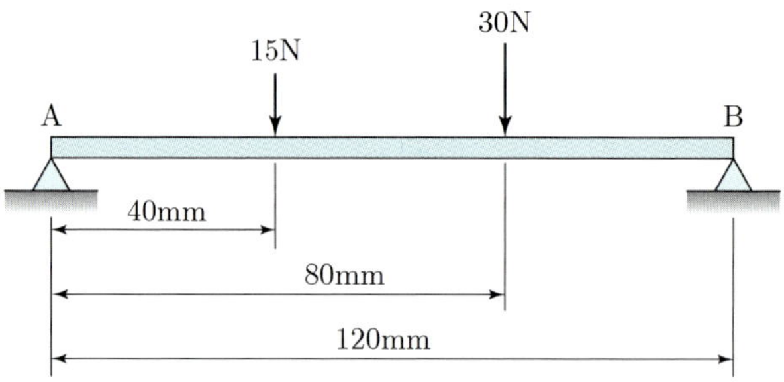

[문제 4.2.10]

11. 길이 $L = 200$cm의 단순보에 균일 분포하중 $w = 3$kgf/cm가 작용하고 있다. 보의 양단과 중앙에서의 전단력 및 굽힘 모멘트 값을 구하고, 이 보의 전단력 선도와 굽힘 모멘트 선도를 그리시오. [중등교사 임용시험(기계·금속)]

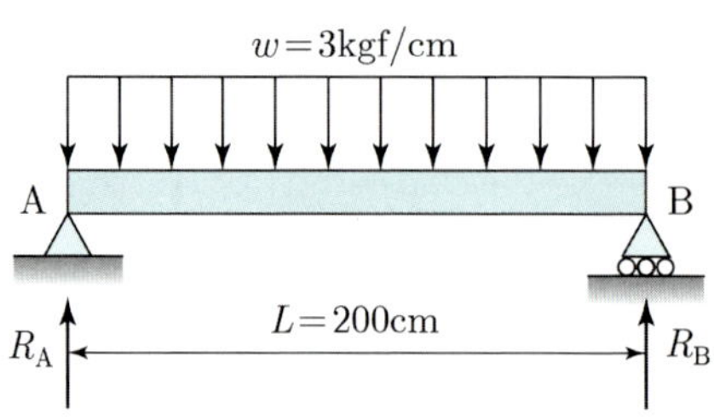

[문제 4.2.11]

(1) ○ 전단력 : 왼쪽 단면 값 ___________

중앙 단면 값 ___________

오른쪽 단면 값 ___________

○ 굽힘 모멘트 : 왼쪽 단면 값 ___________

중앙 단면 값 ___________

오른쪽 단면 값 ___________

(2) 전단력 선도 :

(3) 굽힘 모멘트 선도 :

12. 그림과 같이 균일 분포 하중이 작용하는 외팔보에 대한 물음에 답하시오.

[중등교사 임용시험(기계·금속)]

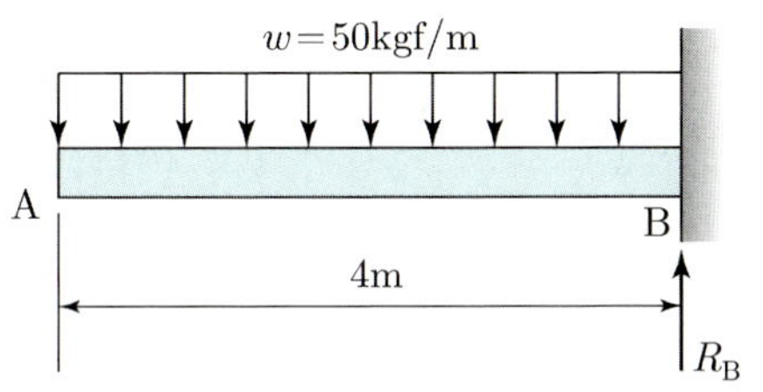

[문제 4.2.12]

(1) B 점의 반력 R_B[kgf]를 계산하시오.

(2) B 점에 작용하는 최대 전단력 V_{max}[kgf]를 계산하시오.

(3) B 점에 작용하는 최대 굽힘 모멘트 M_{max}[kgf·cm]를 계산하시오.

13. 그림과 같이 길이 L인 단순 지지보의 중앙부에 균일 분포하중 w가 부분적으로 작용할 때 다음을 구하여라. [중등교사 임용시험(기계·금속)]

(1) A 지점의 반력 (2) 최대 전단력

(3) 최대 굽힘 모멘트

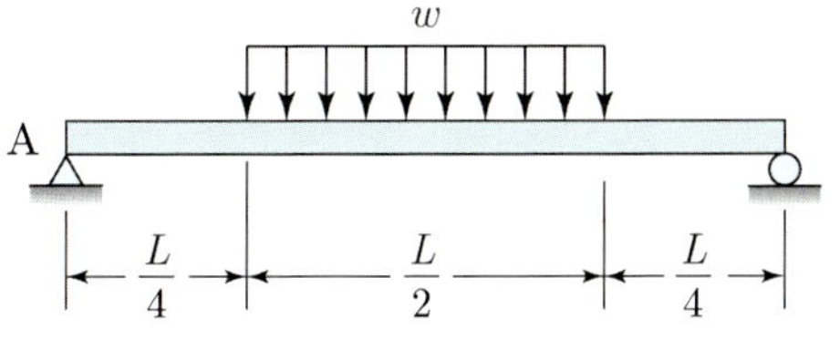

[문제 4.2.13]

14. 그림과 같은 단순보가 집중하중을 받을 때 최대 굽힘 모멘트[N · m]의 값을 구하여라. [중등교사 임용시험(기계·금속)]

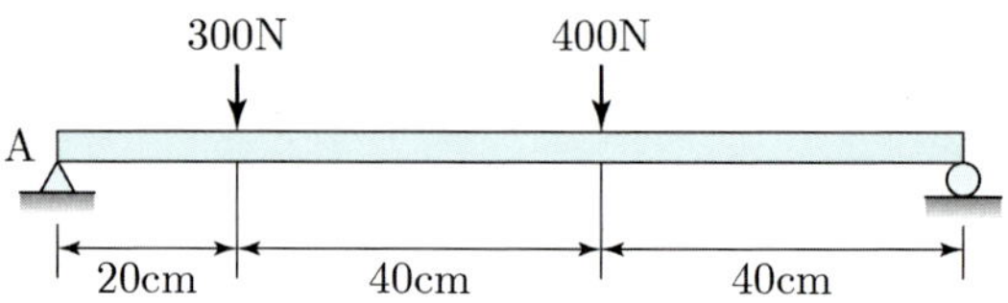

[문제 4.2.14]

15. 아래 구조물에 대한 물음에 답하시오. [중등교사 임용시험(기술)]

(1) A 지점과 B 지점의 반력을 구하시오.

(2) C 점의 휨모멘트를 구하시오.

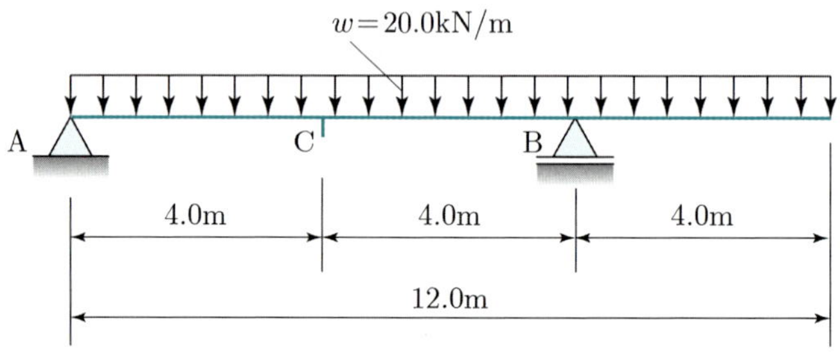

[문제 4.2.15]

16. 그림과 같이 하중이 작용하는 보에서 C 점의 전단력을 구하여라. 단, 보의 자체 하중은 무시한다. [중등교사 임용시험(기술)]

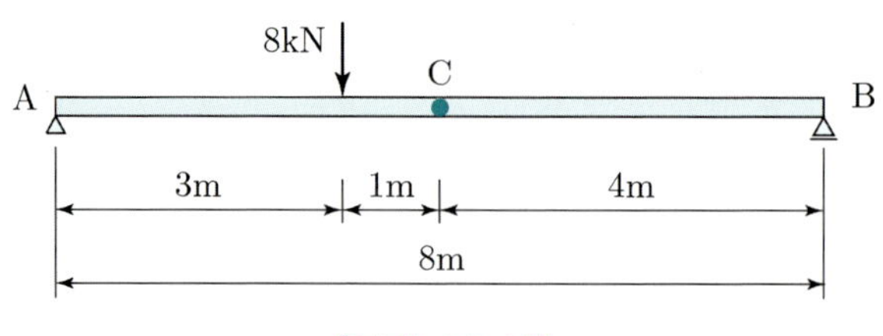

[문제 4.2.16]

17. 다음 그림과 같은 내민보의 반력 R_A와 R_B를 구하고, D점에서의 전단력(V_D)과 휨모멘트(M_D)를 구하시오. [중등교사 임용시험(건설)]

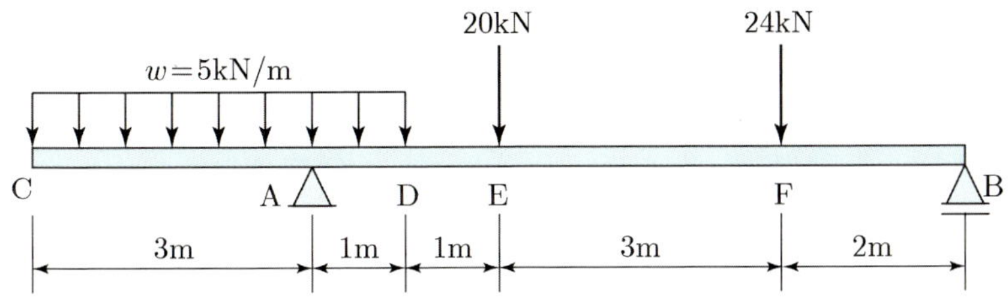

[문제 4.2.17]

18. 다음과 같은 내민보에서 발생하는 최대휨모멘트[kN · m]는? [공무원 임용시험]

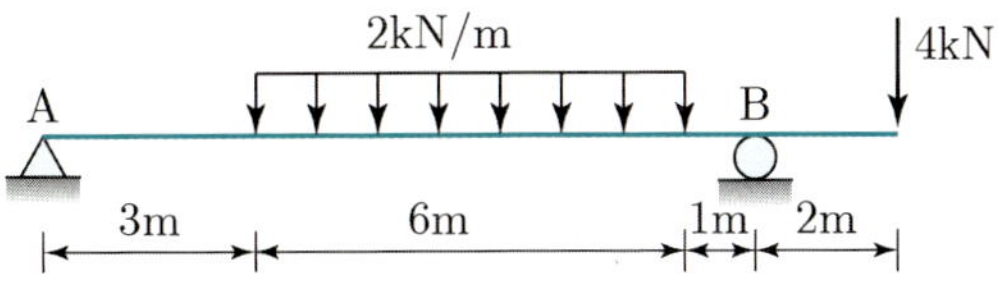

[문제 4.2.18]

① 4 ② 12
③ 16 ④ 19

19. 다음과 같이 집중하중 P와 등분포하중 $w = 5\text{kN/m}$를 받는 내민보에서, 전단력이 0이 되는 위치가 B점에서 왼쪽으로 2m 떨어져 있을 때, 집중하중 P의 크기[kN]는? [공무원 임용시험]

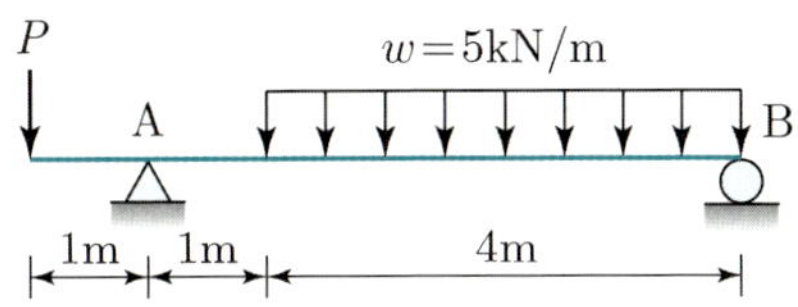

[문제 4.2.19]

① 6 ② 8
③ 10 ④ 12

20. 다음과 같은 단순보에서 최대휨모멘트가 발생하는 위치 x[m]는? (단, x는 지점 A로부터 거리이다) [공무원 임용시험]

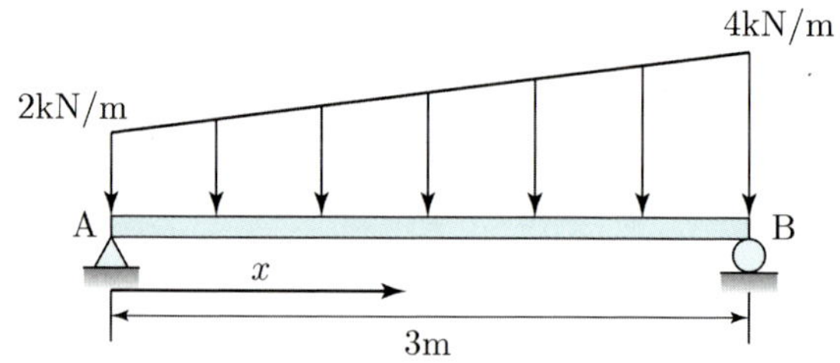

[문제 4.2.20]

① $-2+\sqrt{18}$ ② $-3+\sqrt{19}$
③ $-2+\sqrt{20}$ ④ $-3+\sqrt{21}$

21. 그림과 같이 단순보에 등분포하중이 작용할 때, 최대휨모멘트는 지점 A의 오른쪽 5m 위치에서 발생한다. 이때, 좌측 등분포하중의 크기 x[kN/m]는? (단, 보의 휨강성 EI는 일정하며, 자중은 무시한다) [공무원 임용시험]

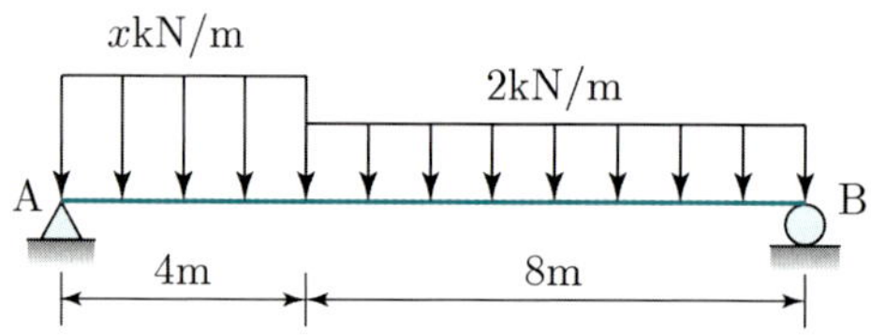

[문제 4.2.21]

① 2 ② 3 ③ 4 ④ 5

22. 주어진 내민보에 발생하는 최대 휨모멘트는? [공무원 임용시험]

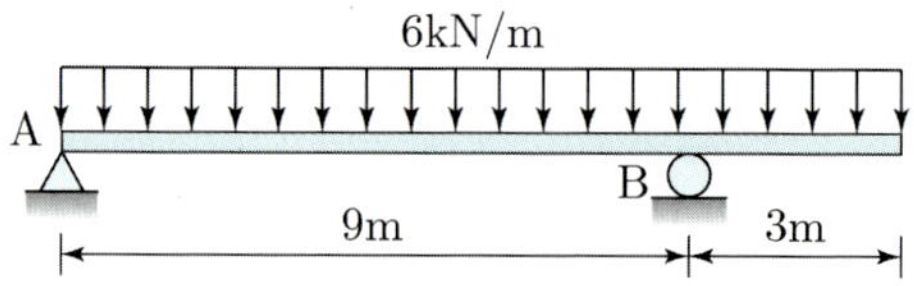

[문제 4.2.22]

① 24kN · m ② 27kN · m ③ 48kN · m ④ 52kN · m

23. 그림과 같은 길이가 10m인 캔틸레버보에 분포하중 $q_x = 50-10x+\frac{x^2}{2}$이 작용하고 있을 때 지점 A에서부터 6m 떨어진 지점 B에서의 전단력 V_B의 크기로 가장 옳은 것은? [공무원 임용시험]

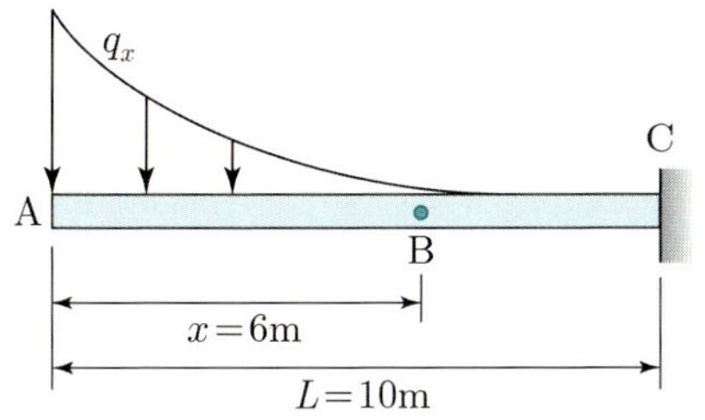

[문제 4.2.23]

① 84N　　② 156N　　③ 444N　　④ 516N

24. 그림과 같은 양단 내민보의 중앙 C에서 휨모멘트가 0이 되기 위한 a와 L의 비 (a/L)는? (단, 보의 자중은 무시하고, $P=2wL$이다) [공무원 임용시험]

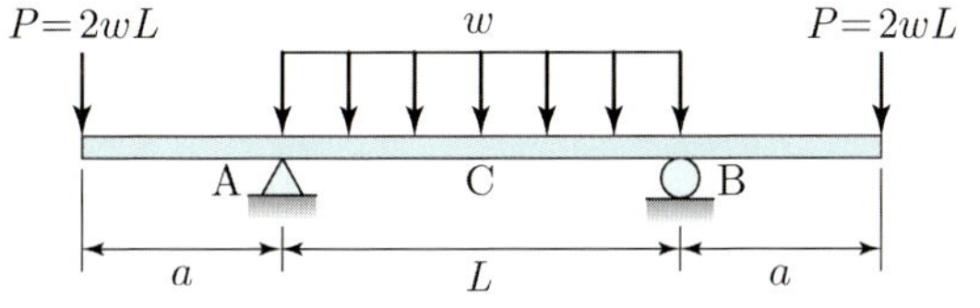

[문제 4.2.24]

① $\frac{1}{16}$　　② $\frac{1}{8}$　　③ $\frac{1}{4}$　　④ $\frac{1}{2}$

25. 단순보 CD에 발생하는 최대 휨모멘트[kN · m]는? [공무원 임용시험]

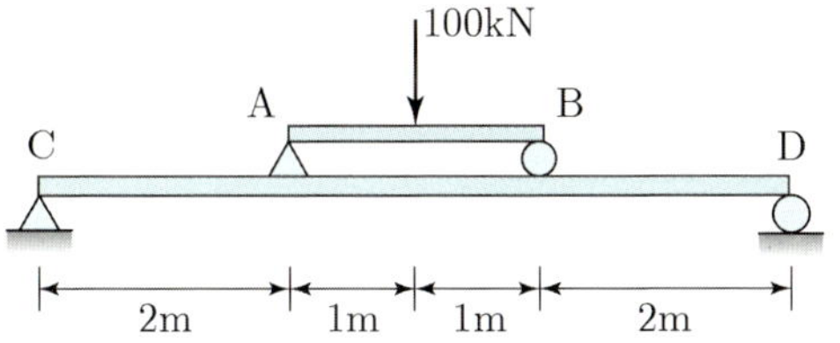

[문제 4.2.25]

① 50　　② 75　　③ 100　　④ 150

26. 그림과 같이 단순보에 2개의 집중하중이 작용하고 있을 때 휨모멘트선도는 아래와 같다. C점에 작용하는 집중하중 P_C와 D점에 작용하는 집중하중 P_D의 비(P_C/P_D)는? [공무원 임용시험]

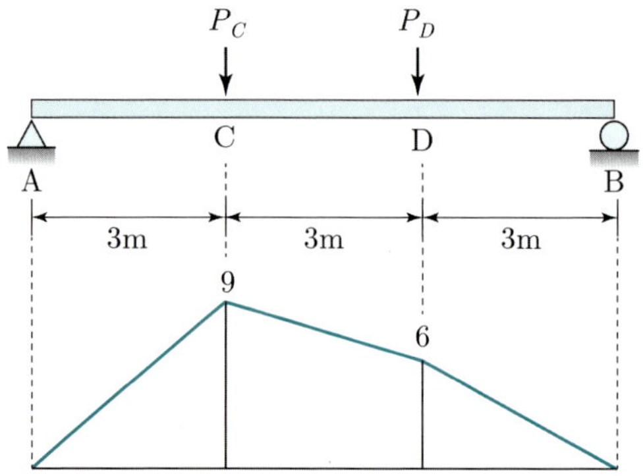

[문제 4.2.26]

① 4 ② 5 ③ 6 ④ 7

27. 다음 그림은 내민보의 전단력도이다. A점의 휨모멘트의 크기[kN · m]는? (단, 구조물의 자중은 무시한다) [공무원 임용시험]

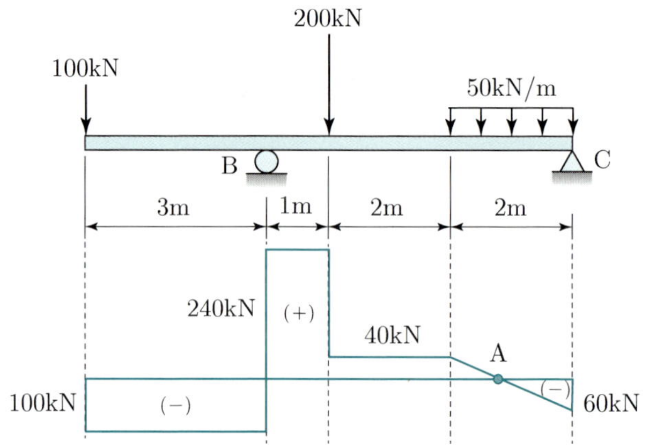

[문제 4.2.27]

① 30 ② 36 ③ 42 ④ 45

제5장

열역학

5.1 기본 개념

1 열역학

"열역학(thermodynamics)은 열과 일 및 물질의 상태량을 다루는 과학", 또는 "에너지와 엔트로피(entropy)에 관한 과학" 등으로 정의한다. 열(heat)과 일(work)은 모두 에너지(energy)의 한 형태로서, 열을 일로 변환시킬 수 있으며, 역으로 일을 열로 변환시킬 수 있다. 에너지의 엄밀한 정의는 어렵지만 "에너지는 일을 할 수 있는 능력, 또는 변화를 일으키는 능력"이라고 볼 수 있다. 관심 분야에 따라서는 물질의 상태 변화 그 자체가 주된 관심사가 되기도 하지만, 공업 열역학에서는 상태 변화에 따른 물질의 성질을 연구하여 에너지, 일 및 열 사이의 관계를 주로 다룬다.

열역학적 상태를 기술하는 상태량(property)에는 압력, 부피, 온도 등의 여러 가지가 있다. 그리고 에너지에는 기계적 에너지, 열에너지, 전기 에너지, 화학 에너지, 빛 에너지, 핵에너지, 소리 에너지 등의 여러 가지가 있다. 공업 열역학에서 주로 취급하는 열기관과 냉동기에서는 기계적 에너지와 열에너지가 주된 관심사가 되며 이들을 이용하여 기관의 성능을 분석한다.

한편 열과 일을 모두 에너지의 한 형태로 볼 수 있으므로 열역학을 간단하게 "에너지를 다루는 과학"으로 정의할 수 있다. 즉, 열역학은 동력 발생, 냉동, 물질의 상태량 사이의 관계 등을 포함한 모든 형태의 에너지와 에너지 변환을 포함하는 광범위한 학문이다.

2 열역학적 상태량(thermodynamic property)

계(시스템, system)에서 측정 가능한 모든 물리적 성질이 특정한 값을 가질 때 그 계는 어떤 상태에 있다고 하고, 이러한 성질을 계의 열역학적 상태량 또는 열역학적 성질이라 한다. 두 계의 모든 성질이 동일하면 두 계의 상태는 같다.

열역학적 상태량은 다음과 같이 강성적 상태량과 종량적 상태량으로 구분한다.

(1) 강성적 상태량(intensive property) : 계의 질량과 무관한 성질

(2) 종량적 상태량(extensive property) : 계의 질량에 비례하여 변하는 성질

예 온도와 압력은 강성적 상태량이고, 부피와 질량은 종량적 상태량이다. 밀도와 같

이 단위 부피당 종량적 상태량은 강성적 상태량이다.

3 비체적과 밀도

[1] 비체적

물질의 단위 질량당 부피를 비체적(specific volume)이라 한다. 질량이 m인 물질의 부피가 V이면 비체적 v는 다음과 같다.

$$v = \frac{V}{m} \quad \cdots (5.1.1)$$

국제단위계(SI 단위계)에서 비체적의 단위는 $[v] = \mathrm{m^3/kg}$이다.

[2] 밀도

물질의 단위 부피당 질량을 밀도(density)라 한다. 열역학에서는 일반적으로 기호 ρ로 나타내며 비체적의 역수가 된다.

$$\rho = \frac{m}{V} = \frac{1}{v} \quad \cdots (5.1.2)$$

밀도의 SI 단위는 $[\rho] = \mathrm{kg/m^3}$이다.

예제 5.1.1 $2\,\mathrm{m} \times 3\,\mathrm{m} \times 5\,\mathrm{m}$의 직육면체 용기에 $40\,\mathrm{kg}$의 기체가 채워져 있을 때, 기체의 비체적을 구하여라.

풀이 기체의 부피(V)는

$$V = 2\,\mathrm{m} \times 3\,\mathrm{m} \times 5\,\mathrm{m} = 30\,[\mathrm{m^3}]$$

이고, 질량 $m = 40\,\mathrm{kg}$이므로 기체의 비체적(v)은 다음과 같다.

$$v = \frac{V}{m} = \frac{30\mathrm{m^3}}{40\mathrm{kg}} = 0.75\,[\mathrm{m^3/kg}]$$

예제 5.1.2 부피 $4\,m^3$의 밀폐된 용기에 밀도 $0.08\,kg/m^3$의 기체가 채워져 있다. 기체의 질량과 비체적을 구하여라.

풀이 밀도 $\rho = \dfrac{m}{V}$ 이므로 $m = \rho V$ 이다.

(1) 질량 $m = \rho V = \left(0.08 \dfrac{kg}{m^3}\right) \times 4\,m^3 = 0.32\,[kg]$

(2) 비체적 $v = \dfrac{1}{\rho} = \dfrac{1}{0.08}\,\dfrac{m^3}{kg} = 12.5\,[m^3/kg]$

4 몰

질량수 12의 탄소(^{12}C) 0.012kg 속에 들어있는 원자수와 같은 수의 실체들을 포함하는 물질의 양을 몰(mole)이라 한다.[1]

여기에서 근본적인 실체는 분자를 말한다. 1몰에 들어있는 분자 수를 아보가드로수(Avogadro's number)라고 부르며, 현재까지 알려진 아보가드로 수(N_A)는 다음과 같다.

$$N_A = 6.022 \times 10^{23}\ [\text{개}/mol]$$
$$= 6.022 \times 10^{26}\ [\text{개}/kmol]$$

물질 1몰의 질량을 분자량(molar mass)이라고 하며 일반적으로 M으로 나타낸다. 몰의 정의에 따라 ^{12}C의 분자량은 다음과 같다.

$$M = 0.012\,[kg/mol] = 12\,[kg/kmol]$$

질량 m인 물질의 몰 수(n)는

$$n = \frac{m}{M} \qquad \cdots (5.1.3)$$

이고, n몰의 물질의 질량(m)은 다음과 같이 표현된다.

$$m = nM \qquad \cdots (5.1.4)$$

1 물질의 양을 나타낼 때 기계공학의 열역학에서는 몰 대신 질량을 주로 사용하지만 화학공학 등에서는 몰을 주로 사용한다.

5 열역학 제0법칙과 온도

어떤 물체의 뜨거움이나 차가움의 정도를 나타내는 기준으로서 온도를 사용할 수 있다는 것을 알지만 온도에 대한 정의를 내리는 것은 쉽지 않다. 매우 차가움, 차가움, 따뜻함, 매우 따뜻함과 같은 감각에 근거한 말로써 온도에 수치적인 값을 부여할 수 없기 때문이다. 그런데 다행히 물질의 여러 가지 상태량들은 온도에 따라 반복성이 있고 예측 가능한 형태로 변화하므로 이것이 온도 측정에 대한 근거를 만들어 준다. 예를 들어 일상생활에서 많이 사용하는 수은 온도계는 온도에 따른 수은의 팽창과 수축에 근거한다. 온도에 의존하는 이와 같은 여러 상태량을 이용하여 온도를 측정할 수 있다.

방 안에 놓아둔 뜨거운 물은 결국 식게 되고, 차가운 음료수는 결국 따뜻하게 된다는 것을 일상생활에서 잘 알고 있다. 이와 같은 현상은 뜨거운 물 또는 차가운 음료수와 방의 공기와의 열전달에 의한 것이다. 즉, 한 물체가 온도가 다른 어떤 물체와 접촉하면 양쪽 물체의 온도가 동일하게 될 때까지 높은 온도의 물체로부터 낮은 온도의 물체로 열이 이동한다. 두 물체의 온도가 같아질 때 열전달이 멈추게 되는데 이때 두 물체는 열적 평형에 도달했다고 말한다. 이와 같은 온도의 동일성은 열적 평형에 대한 유일한 필요조건이 된다.

[1] 열역학 제0법칙

두 물체의 온도가 각각 제3의 물체의 온도와 같다면 두 물체의 온도도 같다는 것을 열역학 제0법칙(zeroth law of thermodynamics)이라 한다.

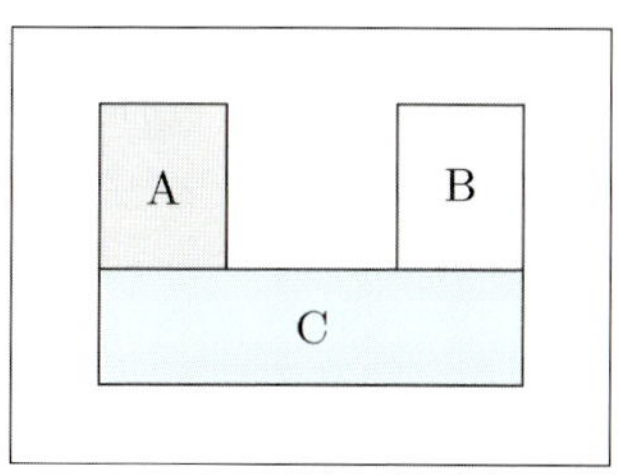

[그림 5.1.1]

설명 온도가 서로 다른 물체를 오랜 시간 동안 접촉시켜 놓으면 열은 높은 온도의 물체로부터 낮은 온도의 물체로 이동하여 마침내 두 물체의 온도가 같아진다. 이와 같은 상태를 열평형 상태라 한다. [그림 5.1.1]과 같이 세 물체 A, B, C가 열 평형 상태에 있다면 A와 C의 온도가 같고 B와 C의 온도가 같으므로 A와 B의 온도도 같다. 이것을 열역학 제0법칙이라 하는데 이 법칙은 온도 측정의 기본법칙이 된다. 물체와 온도계의 온도가 같다는 것이 성립할 때 온도계에서 읽은 온도를 그 물체의 온도라 할 수 있다.

[2] 섭씨온도와 화씨온도

표준 대기압 1 atm에서 순수한 물의 어는점을 0℃, 끓는점을 100℃로 한 온도를 섭씨(Celsius)온도라 하고, 어는점을 32°F, 끓는점을 212°F로 한 온도를 화씨(Fahrenheit)온도라 한다.

섭씨온도와 화씨온도를 각각 $T[℃]$, $T[°F]$라 하면 다음 관계식이 성립한다.

$$T[℃] = \frac{5}{9}(T[°F] - 32)\ [℃] \qquad \cdots (5.1.5)$$

$$T[°F] = \frac{9}{5}T[℃] + 32\ \ [°F] \qquad \cdots (5.1.6)$$

설명 국제단위계(SI)에서 사용되는 온도 눈금은 섭씨온도이고, 영국단위계에서의 온도 눈금은 화씨온도이다. 섭씨온도는 어는점과 끓는점 사이를 100등분하고, 화씨온도는 두 점 사이를 180등분하였으므로 다음 비례식이 성립한다.

$$T[°F] - 32 : 180 = T[℃] - 0 : 100$$

$$180\,T[℃] = 100(T[°F] - 32)$$

$$\therefore\ \ T[℃] = \frac{100}{180}(T[°F] - 32) = \frac{5}{9}(T[°F] - 32)$$

[3] 절대온도

1954년 제10차 국제도량형회의에서 물의 고체, 액체, 증기상이 평형 상태로 존재하는 삼중점(triple point)의 온도를 273.16 K, 0.01℃로 정하였다. 섭씨온도와 관련된 절대온도 척도(absolute scale of temperature)는 Kelvin 척도이며 도의 기호를 생략한 기호 K로 나타낸다. 영국 단위계에서 열역학적 온도 척도는 Rankine 척도이며 기호 R로 나타낸다.

섭씨온도 $T[℃]$와 Kelvin 온도 $T[K]$의 관계식은 다음과 같다.

$$T\,[\mathrm{K}] = T\,[℃] + 273.15 \quad \cdots (5.1.7)$$

화씨온도 T[°F]와 Rankine 온도 T[R]의 관계식은 다음과 같다.

$$T\,[\mathrm{R}] = T\,[°\mathrm{F}] + 459.67 \quad \cdots (5.1.8)$$

그리고 두 절대온도 사이에는 다음 관계식이 성립한다[예제 5.1.6].

$$T[\mathrm{R}] = \frac{9}{5}\mathrm{T}\,[\mathrm{K}] = 1.8\,T[\mathrm{K}] \quad \cdots (5.1.9)$$

1℃와 1K의 눈금의 크기는 같다. 그러므로 섭씨 눈금과 Kelvin 눈금의 온도 차이 ΔT는 같다. 즉, 물질의 온도를 x[℃] 상승시키는 것은 x[K] 상승시키는 것과 같다. 영국 단위계의 1°F와 1R의 눈금의 크기도 같다. [그림 5.1.2]에 여러 가지 온도 단위들의 크기를 알기 쉽게 나타내었다.

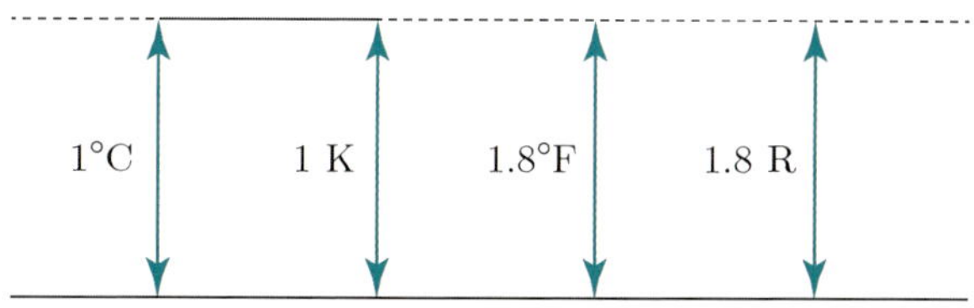

[그림 5.1.2] 온도 눈금들의 크기 비교

온도 차이에 대하여 다음 관계식이 성립한다.

$$\Delta T[\mathrm{K}] = \Delta T[℃] \quad \cdots (5.1.10)$$

$$\Delta T[\mathrm{R}] = \Delta T[°\mathrm{F}] \quad \cdots (5.1.11)$$

절대온도는 열역학적 온도(thermodynamic temperature)라고도 한다. 열역학에서는 물질 자체 또는 물질의 상태량에 독립적인 온도 눈금을 가지는 것이 바람직한데 이러한 눈금을 열역학적 온도라 한다. 273.15는 정확한 값이다. 섭씨온도 −275.15℃는 기체의 분자운동이 정지하는 열역학적 최저온도이며, 이것을 0K로 하는 온도를 국제단위계(SI)에서의 절대온도라 한다.

절대온도를 구할 때 실제 계산에서는 상수를 반올림하여 다음 관계식을 많이 사용한다.

$$T\,[\mathrm{K}] = T\,[℃] + 273.2$$

열역학의 이론식에서 사용하는 온도는 특별한 언급이 없으면 대부분 절대온도이다.

예제 5.1.3 섭씨온도 200℃를 화씨온도로 환산하여라.

풀이 화씨온도 $T[°\mathrm{F}] = \frac{9}{5}\,T[℃] + 32 = \frac{9}{5} \times 200 + 32 = 392\,[°\mathrm{F}]$ ◪

예제 5.1.4 화씨온도 140°F를 섭씨온도로 환산하여라.

풀이 섭씨온도 $T[℃] = \frac{5}{9}(T[°\mathrm{F}] - 32) = \frac{5}{9} \times (140 - 32) = 60\,[℃]$ ◪

예제 5.1.5 섭씨온도 25℃는 절대온도 몇 K인가?

풀이 절대온도 $T\,[\mathrm{K}] = T\,[℃] + 273.15 = 25 + 273.15 = 298.15\,[\mathrm{K}]$ ◪

예제 5.1.6 절대 온도 사이에 $T[\mathrm{R}] = 1.8\,T[\mathrm{K}]$가 성립함을 보여라.

풀이 절대 온도의 정의와 섭씨온도와 화씨온도의 관계로부터 증명된다.

$$\begin{aligned}
T\,[\mathrm{R}] &= T\,[°\mathrm{F}] + 459.67 \\
&= \left(\frac{9}{5}\,T[℃] + 32\right) + 459.67 \\
&= \frac{9}{5}(T\,[\mathrm{K}] - 273.15) + 32 + 459.67 \\
&= \frac{9}{5}\,T\,[\mathrm{K}] = 1.8\,T\,[\mathrm{K}]
\end{aligned}$$ ◪

예제 5.1.7 어떤 계가 가열되어 계의 온도가 10℃ 상승하였다. 이 온도상승을 K, R, °F로 나타내어라.

풀이 (1) 섭씨 눈금과 Kelvin 눈금의 온도 차이는 같다.

$$\therefore\ \Delta T(\mathrm{K}) = \Delta T[℃] = 10\,\mathrm{K}$$

(2) 절대온도 사이에서는 $T[\mathrm{R}] = 1.8\,T[\mathrm{K}]$이 성립한다.

$$\therefore \quad \Delta T[\mathrm{R}] = 1.8\,\Delta T[\mathrm{K}] = 1.8 \times 10 = 18\,\mathrm{R}$$

(3) 화씨 눈금과 Rankine 눈금의 온도 차이는 같다.

$$\therefore \quad \Delta T(^\circ\mathrm{F}) = \Delta T[\mathrm{R}] = 18\,^\circ\mathrm{F}$$

6 열량과 비열

[1] 열과 열량

물질의 온도와 상태 변화의 원인이 되는 에너지를 열이라 한다. 열량의 단위에는 kcal, J 등이 있다. 1kcal는 14.5℃의 순수한 물 1kg의 온도를 1℃ 높이는 데 필요한 열량이다.

설명 온도가 서로 다른 두 물체를 접촉시켜 놓으면 열은 높은 온도의 물체로부터 낮은 온도의 물체로 이동하게 된다. 이와 같이 이동한 열의 양을 열량이라 한다.

[2] 비열[2]

어떤 물질 1kg의 온도를 1℃ 높이는 데 필요한 열량을 그 물질의 비열이라 한다. 단위로는 J/kg·K, kcal/kg·℃ 등을 사용한다. 물의 비열은 다음과 같다.

$$1\,\mathrm{cal/g\cdot ^\circ C} \approx 4200\,\mathrm{J/kg\cdot K}$$

질량 m인 물질의 온도를 ΔT만큼 높이는 데 필요한 열량이 Q이면 물질의 비열 C는 다음과 같다.

$$C = \frac{Q}{m\,\Delta T} \qquad \cdots (5.1.12)$$

$$Q = m\,C\,\Delta T \qquad \cdots (5.1.13)$$

2 비열의 정의를 알아두도록 한다. 기초적인 열평형 문제는 이 식으로써 풀 수 있다.

[3] 열용량

어떤 물질의 온도를 1℃ 높이는 데 필요한 열량을 말하며, 단위로는 J/K, kcal/℃ 등을 사용한다. 질량 m, 비열 C인 물질의 열용량은 $C_m = mC$가 된다. 공업열역학에서는 주로 비열을 사용하여 문제를 해석한다.

[4] 열량 계산

비열이 C[J/kg·℃]인 어떤 물체 m[kg]의 온도를 T_1[℃]로부터 T_2[℃]로 올리는 데 필요한 열량(Q)은 다음과 같다.

$$Q = mC(T_2 - T_1) \ [\mathrm{J}] \qquad \cdots (5.1.14)$$

즉, 온도가 올라가면 그 물체는 $Q = mC(T_2 - T_1)$[J]의 열량을 흡수한다. 역으로 어떤 물질 m[kg]의 온도가 T_1[℃]에서 T_2[℃]로 내려가면 그 물체는 다음 열량을 외부로 방출한다.

$$Q = mC(T_1 - T_2) \ [\mathrm{J}] \qquad \cdots (5.1.15)$$

[5] 열평형 온도

서로 다른 온도의 물체를 접촉시켜 놓으면 두 물체 사이에서 열 이동이 일어나고 긴 시간 후에 두 물체의 온도가 같아진다. 이 상태를 열평형 상태라 하며, 그때의 온도를 평형온도라 한다.

외부와 단열된 상태에서 질량 m_1, 비열 C_1, 온도 T_1인 물체와 질량 m_2, 비열 C_2, 온도 T_2의 물체를 접촉시켰을 때의 평형온도를 T_f라 하면 평형방정식과 평형온도(T_f)는 다음과 같다. (단, $T_1 < T_f < T_2$이다.)

$$m_1 C_1 (T_f - T_1) = m_2 C_2 (T_2 - T_f) \qquad \cdots (5.1.16)$$

$$T_f = \frac{m_1 C_1 T_1 + m_2 C_2 T_2}{m_1 C_1 + m_2 C_2} \qquad \cdots (5.1.17)$$

설명 외부와의 열전달이 없으므로 열량보존의 법칙에 의해 저온 물체가 얻은 열량

$$Q_1 = m_1 C_1 (T_f - T_1)$$

은 고온 물체가 잃은 열량

$$Q_2 = m_2 C_2 (T_2 - T_f)$$

와 같다. 따라서 다음과 같이 열평형상태의 온도(T_f)를 구할 수 있다.

$$m_1 C_1 (T_f - T_1) = m_2 C_2 (T_2 - T_f)$$

$$\therefore \quad T_f = \frac{m_1 C_1 T_1 + m_2 C_2 T_2}{m_1 C_1 + m_2 C_2}$$

예제 5.1.8 [비열] 외부와 단열된 상태에서 70℃, 10kg의 금속을 20℃, 6kg의 물속에 넣었을 때 평형온도가 40℃가 되었다. 금속의 비열을 구하여라. 단, 물의 비열은 1 kcal/kg·℃이다.

풀이 처음 온도가 높은 금속은 열을 방출하고 물은 금속으로부터 열을 흡수한다. 금속의 비열을 C_1이라고 하면 금속이 방출한 열량은

$$Q_1 = m_1 C_1 \Delta T = 10 \times C_1 \times (70 - 40) = 300\, C_1$$

이고, 물이 흡수한 열량

$$Q_2 = m_2 C_2 \Delta T = 6 \times 1 \times (40 - 20) = 120$$

이다. 따라서 $Q_1 = Q_2$이므로

$$300\, C_1 = 120$$

$$\therefore \quad C_1 = \frac{120}{300} = 0.4\,[\text{kcal/kg} \cdot ℃]$$

예제 5.1.9 [열평형 온도] 외부와 단열된 상태에서 온도 $T_1 = 20$℃인 50 kg의 금속과 온도 $T_2 = 80$℃인 30 kg의 같은 종류의 금속을 접촉시켰을 때 열 평형상태의 온도를 구하여라.

풀이 낮은 온도 T_1의 금속이 받은 열량은 높은 온도 T_2의 금속이 잃은 열량과 같다. 평형 온도를 T_f, 금속의 비열을 C라고 하면,

$$m_1 C(T_f - T_1) = m_2 C(T_2 - T_f)$$

양변을 C로 나누고 T_f를 구한다.

$$m_1(T_f - T_1) = m_2(T_2 - T_f)$$
$$(m_1 + m_2)T_f = m_1 T_1 + m_2 T_2$$
$$\therefore\ T_f = \frac{m_1 T_1 + m_2 T_2}{m_1 + m_2} = \frac{50\times 20 + 30\times 80}{50+30} = 42.5\,[℃]$$

예제 5.1.10 [열량] 단열된 물잔에 0℃ 얼음을 넣어서 50℃, 0.4 kg의 물을 20℃로 냉각하려 한다. 이때 필요한 얼음의 양을 구하여라. 단, 얼음의 융해잠열(latent heat of melting) $L_{ice} = 80$ kcal/kg이고, 물의 평균비열 $C_w = 1$ kcal/kg·℃이다.

풀이 필요한 얼음의 양을 m_{ice}[kg]이라 하면 0℃ 얼음이 녹아서 0℃ 물로 변하는데 소요된 열량은

$$m_{ice} L_{ice} = 80\, m_{ice}\,[\text{kcal}]$$

이고, 0℃ 물로 녹은 얼음을 $T_1 = 20$℃로 높이는 데 필요한 열량은

$$m_{ice} C_w (T_1 - 0) = m_{ice} C_w (20 - 0)\ \ [\text{kcal}]$$

이다. 따라서 50℃ 물이 20℃로 냉각될 때 잃은 열량은 얼음이 녹는데 소요된 열량과 녹은 얼음을 20℃로 높이는 데 필요한 열량의 합과 같으므로 다음과 같이 필요한 얼음의 양 m_{ice}[kg]이 구해진다. 물의 질량 $m_w = 0.4$ kg이다.

$$m_w C_w (50 - 20) = 80 m_{ice} + m_{ice} C_w (20 - 0)$$
$$\therefore\ m_{ice} = \frac{30 m_w C_w}{80 + 20 C_w} = \frac{30\times 0.4\times 1}{80 + 20\times 1} = 0.12\,[\text{kg}]$$

† 0℃ 얼음은 0℃ 물로 변한 후에 온도가 올라간다. 얼음이 물로 변하는데 소요되는 열을 융해잠열이라 한다. 잠열(潛熱)은 숨은열을 뜻하며 어떤 물체가 온도 변화 없이 상태가 변할 때 방출되거나 흡수되는 열이다.

5.1 연습문제

E·X·E·R·C·I·S·E·S

1. 크기가 $3\text{m} \times 4\text{m} \times 5\text{m}$ 인 용기 내에 있는 기체의 질량이 40 kg일 때 기체의 비체적을 구하여라.

2. 크기가 $2\text{m} \times 4\text{m} \times 5\text{m}$ 인 용기 내에 있는 밀도가 $1.2\ \text{kg/m}^3$ 인 기체의 질량을 구하여라.

3. 완전한 구형(sphere)의 에드벌룬에 10 kg의 기체가 가득 차 있다. 기체의 비체적이 $0.16\ \text{m}^3/\text{kg}$ 일 때 에드벌룬의 반지름을 구하여라.

   † 반지름 R 인 구의 부피는 $\dfrac{4\pi R^3}{3}$ 이다.

4. 다음 화씨온도를 섭씨온도로 환산하여라.

   (1) 50 °F　　　　(2) −58 °F

5. 다음 섭씨온도를 화씨온도로 환산하여라.

   (1) 70 ℃　　　　(2) −80 ℃

6. 섭씨온도 25 ℃를 Kelvin 온도(K)와 Rankine 온도(R)로 나타내어라.

7. 어떤 계를 냉각하여 계의 온도가 72 °F 떨어졌다. 이 온도강하를 K, R, ℃로 나타내어라.

8. 물 200 kg을 20 ℃에서 80℃로 가열하는데 필요한 열량(kJ)을 구하여라. 단, 물의 비열은 4.2 kJ/kg · ℃이다.

9. 온도 100 ℃인 300 kg의 금속을 20 ℃의 물 200 kg이 들어있는 단열된 용기에 넣었다. 금속과 물의 비열이 각각 0.45 kJ/kg · ℃, 4.2 kJ/kg · ℃일 때 열평형에 도달했을 때의 온도를 구하여라.

10. 냉동 창고에서 질량 0.2kg, 비열 3kJ/kg·℃인 과일을 20℃로부터 5℃로 냉각한다. 냉각 중에 과일로부터의 방출되는 열량을 구하여라.

11. 질량 2kg의 물체를 지상으로부터 40m 높이에서 자유 낙하시킨다. 강구가 지면에 떨어졌을 때 운동 에너지가 전부 강구의 온도를 높여 준다고 하면 강구의 온도 상승은 몇 ℃인가? 단, 강구의 비열은 0.4kJ/kg·℃이다.

12. 단열된 견고한 용기 내에 20℃, 0.5kg의 액체가 들어 있다. 0.02kW의 전열기를 사용하여 10분 동안 액체를 가열할 때 최종 온도를 구하여라. 단, 액체의 비열은 3kJ/kg·℃이다.

13. 단열된 용기 내에서 10℃ 물 35kg과 40℃ 물 65kg을 혼합하면 물의 최종 온도는 몇 ℃가 되는가?

14. 그림은 처음 온도가 20℃인 4kg의 물과 10kg의 어떤 액체를 똑같은 열원으로 가열하였을 때 시간(t)에 따른 온도변화를 나타낸 것이다. 물과 액체가 열원으로부터 공급받은 열량이 같다고 가정하고 액체의 평균비열을 구하여라. 단, 물의 평균비열은 1kcal/kg·℃이다.

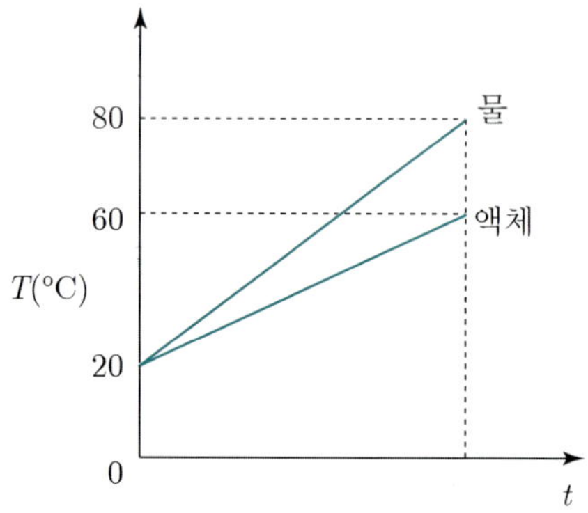

[문제 5.1.14]

15. 다음 중 가장 높은 온도는?

① 0℃　② 0°F

③ 250K　④ 350R

16. 섭씨온도와 화씨온도가 같을 때의 온도 값은?

① 0 ② − 24
③ − 40 ④ 48

17. 섭씨온도(T_C)와 화씨온도(T_F)의 관계를 표현한 것 중 옳은 것은?

[중등교사 임용시험(기계)]

① $T_F = \frac{5}{9} T_C + 32$ ② $T_F = \frac{5}{9} T_C - 32$
③ $T_F = \frac{9}{5} T_C + 32$ ④ $T_F = \frac{9}{5} T_C - 32$

18. 액체 산소의 끓는점은 90K이고, 액체 수소의 끓는점은 20K이다. 이 두 액체의 끓는점의 화씨온도 차이는? [공무원 임용시험]

① 70°F ② 94°F
③ 126°F ④ 158°F

19. 50℃의 에탄올 100g을 80℃의 물 200g과 혼합하면 이 혼합물의 최종온도(℃)는? 단, 용기를 통한 열손실과 혼합열은 무시하며, 에탄올과 물의 비열은 각각 0.5 cal/g · ℃, 1.0 cal/g · ℃이다. [공무원 임용시험]

① 65 ② 67.5
③ 70 ④ 74

20. 질량 5kg인 금속 덩어리를 200℃로 가열한 후 30℃, 20kg 물에 넣었다. 충분히 기다린 후 물과 금속 덩어리의 온도가 40℃로 같아졌다면 이 금속의 비열은? 단, 물의 비열은 c이다. [공무원 임용시험]

① $c/2$ ② $c/3$
③ $c/4$ ④ $c/6$

21. 100℃, 2kg의 금속을 20℃, 3kg의 물 속에 넣었을 때 열 평형온도가 40℃이었다. 금속의 비열[kcal/kg · ℃]을 구하여라. 단, 물의 비열은 1kcal/kg · ℃이고, 열은 외부와 차단되어 있다.

22. 단열 용기에 담긴 20°C의 물에 60°C의 구리 1kg을 넣었더니 물의 온도가 30°C에서 열평형 상태가 되었다. 구리 1kg이 담긴 이 30°C의 물에 100°C의 구리 1kg을 추가로 넣는다면, 열평형 상태에 도달했을 때 물의 온도[°C]는? (단, 단열 용기와 외부 사이의 열 출입은 없고, 단열 용기의 열용량은 무시한다) [공무원 임용시험]

① 38 ② 40 ③ 44 ④ 50

23. 물이 끓는점은 373K이고, 기화열은 2.3×10^6 J/kg이다. 373K를 유지하는 물 2kg에 4.6kW 일률로 에너지를 공급하여 이 물을 모두 증발시키는 데 필요한 시간[s]은? [공무원 임용시험]

① 2×10^2 ② 1×10^3 ③ 2×10^4 ④ 1×10^5

24. 외부로부터 단열된 용기에 온도 15°C, 질량 0.2kg인 어떤 용액이 담겨 있다. 여기에 온도 100°C, 질량 0.5kg인 쇠구슬을 넣었더니 시간이 지난 후 온도가 30°C로 열평형 상태가 되었다. 이 용액의 비열은? (단, 쇠구슬의 비열은 0.1kcal/kg · ℃, 용기의 열용량은 0.1kcal/℃ 이다) [공무원 임용시험]

① $\frac{1}{2}$kcal/kg · ℃ ② $\frac{2}{3}$kcal/kg · ℃

③ 1kcal/kg · ℃ ④ $\frac{4}{3}$kcal/kg · ℃

5.2 열역학 기본 법칙과 제1법칙 응용

1 열역학의 4가지 기본 법칙

다른 모든 과학과 마찬가지로 열역학의 기초도 실험적인 관찰이다. 열역학에서는 이러한 실험적 관찰을 통하여 발견된 것들을 법칙으로 만들었으며, 다음과 같은 4가지 기본 법칙(열역학 제1법칙, 열역학 제2법칙, 열역학 제3법칙, 열역학 제0법칙)이 있다.

[1] 열역학 제1법칙

열역학 제1법칙은 에너지 보존에 대한 표현이며, 열과 일이 모두 에너지의 한 형태라는 것을 나타낸다. 에너지 보존법칙에 따라 어떤 형태로도 계에 가해진 에너지보다 더 많은 에너지를 얻을 수는 없다.

[2] 열역학 제2법칙

온도가 서로 다른 두 물체가 접촉하고 있을 때, 온도가 높은 물체로부터 온도가 낮은 물체로의 열전달이 일어나며, 그 반대의 현상이 자연스럽게 일어나지는 않는다. 이러한 에너지 전달의 방향성으로 인하여 열역학 제1법칙을 만족하지만 실제 자연에서는 일어날 수 없는 현상이 많이 있으며 이러한 경험과 실험 결과 등을 일반화하여 열역학 제2법칙이라 부른다. 열역학 제2법칙을 정량적으로 설명하기 위해 엔트로피(entropy)라는 물리량이 정의되며, 엔트로피로써 열역학 제2법칙을 기술하면 "고립계에서 총 엔트로피는 항상 증가하거나 일정하며 절대로 감소하지 않는다."라고 할 수 있다. 엔트로피(S)는 물질의 상태량으로서 $dS=\left(\frac{\delta Q}{T}\right)_{rev}$ 로 정의한다. Q는 열량, T는 절대온도이고 엔트로피의 단위는 kJ/K다. 엔트로피는 시스템의 종량성질(extensive property)이며 때로는 총 엔트로피라고도 부른다. 단위 질량당 엔트로피(s)는 강성성질(intensive property)이고 단위는 kJ/kg · K이다.

[3] 열역학 제3법칙

미시적인 관점에서 볼 때 엔트로피는 분자의 무질서의 척도이고, 통계적인 관점(통계열역학)에서 볼 때 엔트로피는 어느 순간에서 분자의 위치에 대한 불확정성이 된다. 기체

상태에서 분자의 위치가 크게 변화하며 고체 상태에서도 물체의 분자는 계속 진동하여 그 위치에 대한 불확정성을 일으키고 있다. 그러나 온도가 낮아짐에 따라 진동의 크기가 작아지고 마침내 절대온도 0도에서 분자의 운동이 완전히 멈추게 된다. 이것은 분자의 에너지가 최소가 되는 궁극적 분자의 질서 상태를 나타낸다. 따라서 절대온도가 0인 순수 결정체는 분자의 상태에 대한 불확정성이 없으므로 **"절대온도 0도인 순수 결정체의 엔트로피는 0이다."** 이와 같은 서술을 열역학 제3법칙이라 한다. 열역학 제3법칙은 엔트로피의 값을 정하는 기준점을 제공한다.

[4] 열역학 제0법칙

두 물체가 제3의 물체와 열적 평형 상태에 있다면 세 물체는 서로 열적 평형 상태에 있다는 것을 서술하는 법칙이다. 이것은 명백한 사실로 보이는 아주 당연한 것으로 보이지만 열역학 제0법칙은 다른 열역학 법칙으로부터 유도될 수 없으며 온도 측정에 대한 근거를 제공한다. 제3의 물체를 온도계로 대체함으로써 두 물체가 접촉하고 있지 않다 하더라도 제0법칙에 의해 "온도 눈금이 같으면 두 물체가 열적 평형 상태에 있다"고 말할 수 있다.

열역학의 4가지 기본 법칙 중에서 공업 열역학에서 주로 이용되는 법칙은 열역학 제1법칙과 제2법칙이다. 열역학에서 중요한 여러 가지 기본적인 식들이 열역학 제1법칙에서 출발하여 유도되고, 각종 동력 사이클의 열효율과 냉동사이클의 성능계수들은 열역학 제1법칙에 근거를 두고 구해진다.

2 내부에너지

[1] 내부에너지(internal energy)

계(system)가 가지고 있는 모든 미시적 에너지의 합을 내부에너지라 한다. 내부에너지는 분자구조와 분자 운동의 정도에 관계되며, 물체를 구성하고 있는 원자나 분자들의 운동에너지와 위치에너지의 합으로 볼 수 있다. 일반적으로 내부에너지는 U로 나타내고 단위 질량당 내부에너지는 비내부에너지(specific internal energy)라 부르기도 하며 u로 나타낸다.

$$u = \frac{U}{m} \quad (m\text{은 질량}) \qquad \cdots (5.2.1)$$

[2] 단원자 분자의 내부에너지

입자의 운동을 여러 가지 성분으로 나누어 생각할 때 각각의 독립된 성분을 자유도라 한다. 단원자 분자는 하나의 점(질점)에 근접하므로 공간에서 x, y, z의 세 방향으로 운동할 수 있고 자유도는 3이 된다. 운동의 각 자유도에 대하여 분자의 평균운동 에너지는 $kT/2$이므로, 단원자 분자 한 개의 평균운동에너지는

$$E_k = \frac{1}{2}mv^2 = \frac{3}{2}kT \qquad \cdots (5.2.2)$$

이다. 여기에서 k는 볼쯔만(Boltzmann) 상수이고 T는 절대온도이다. 따라서 분자 수가 N인 단원자 분자들의 총 내부에너지는

$$U = \frac{3}{2}NkT \qquad \cdots (5.2.3)$$

가 된다. 이와 같이 단원자 분자로 된 이상기체의 내부에너지는 절대온도에 비례한다. 볼쯔만 상수의 값 $k = 1.380658 \times 10^{-23}\,\mathrm{J/K}$이다.

[3] 내부에너지의 성질

물체(또는 계)의 내부에너지는 다음과 같은 성질을 가진다.

① 물체의 온도가 높아지면 분자 운동이 활발해져서 분자의 운동에너지가 증가하므로 내부에너지가 증가한다.

② 물체가 일을 받거나 열을 얻으면 분자 운동이 활발해져서 내부에너지가 증가하고 온도가 올라간다.

③ 물체의 내부에너지 변화(ΔU)와 물체가 외부로부터 받은 열량(Q) 및 물체가 한 일(W)은 서로 밀접한 관계를 갖는데 이것이 열역학 제1법칙의 근간이 된다.[3]

---

3 내부에너지란 개념이 도입되어 에너지 보존법칙이 설명된다.

예제 5.2.1 어떤 이상기체 A 분자의 질량은 M이고 다른 이상 기체 B 분자의 질량은 $4M$이다. 두 기체의 온도가 같을 때 A 분자의 평균속도는 B 분자의 몇 배인가?

풀이 단원자 분자 한 개의 평균운동에너지는

$$E_k = \frac{1}{2}mv^2 = \frac{3}{2}kT$$

이므로 이 식에서 기체의 속도

$$v = \sqrt{\frac{3kT}{m}}$$

이다. 여기에서 k는 상수이므로 온도(T)가 같으면 기체 분자의 속도는 $\sqrt{\frac{1}{m}}$에 비례한다. 따라서 다음과 같이 A 분자의 평균속도는 B 분자의 평균속도의 2배이다.

$$v_B = \sqrt{\frac{3kT}{4M}} = \frac{1}{2}\sqrt{\frac{3kT}{M}} = \frac{1}{2}v_A$$

$$\therefore \ v_A = 2v_B$$

3 열역학 제1법칙[4]

[1] 밀폐계에서의 제1법칙

열역학 제1법칙은 열의 정의와 개념 및 에너지 함수의 존재를 분명하게 공식화하고 이로부터 에너지 보존법칙을 설명하는 법칙이다.

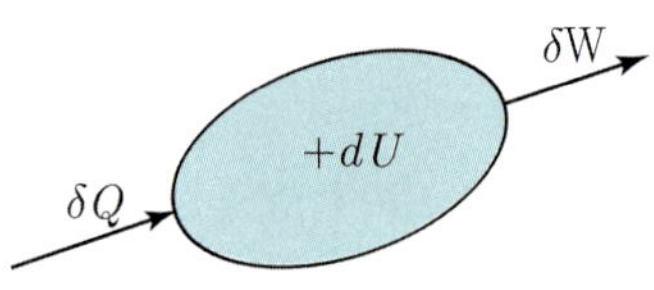

[그림 5.2.1]

[그림 5.2.1]과 같은 밀폐 계에서 계로 유입된 열량을 δQ, 계의 내부에너지 증가량을 dU, 계가 한 일을 δW라 하면 에너지 보존법칙은 다음과 같다.

4 열역학 제1법칙을 잘 이해하도록 한다. 열역학의 많은 개념들이 1법칙에서 출발한다.

$$\delta Q = dU + \delta W \quad \cdots (5.2.4)$$

$$dU = \delta Q - \delta W \quad \cdots (5.2.5)$$

그리고 단위 질량당 열량(q)과 내부에너지(u) 및 일(w)에 대한 에너지 보존법칙은 다음과 같이 표현된다.

$$\delta q = du + \delta w \quad \cdots (5.2.6)$$

$$du = \delta q - \delta w \quad \cdots (5.2.7)$$

여기에서 $q = Q/m$, $u = U/m$, $w = W/m$ (m은 계의 질량)이다.

설명 물체에 에너지를 주는 데에는 열을 가해 주거나 역학적으로 일을 해 주는 방법이 있다. 열도 에너지의 한 형태이므로 역학적 에너지 보존 법칙을 확장하여 '열에너지를 포함하는 에너지 보존법칙'을 열역학 제1법칙이라 한다.

물체의 온도가 높아지면 내부 에너지가 증가하고 부피가 팽창하면서 외부에 대해 일을 하게 된다. 외부에서 물체에 가한 열량을 Q, 물체가 외부에 해준 일의 양을 W라고 하면 물체의 내부에너지 증가량

$$\Delta U = Q - W \quad \cdots (5.2.8)$$

이다. 여기에서 $Q < 0$이면 그 절댓값만큼 열을 외부로 내 보낸 경우이고, $\Delta U < 0$이면 그 절댓값만큼 물체의 내부 에너지가 감소한 경우이다. 반면 $W < 0$이면 그 절댓값만큼 물체가 외부로부터 일을 얻는 경우가 된다. 열(Q)과 일(W)은 모두 에너지의 한 형태로서 일을 열로 변환시킬 수도 있고 열을 일로 변환시킬 수도 있다. 열량[cal]과 일[J]의 양은 다음 관계를 가진다.

$$1\,\text{cal} = 4.186\,\text{J}$$

[2] 제1종 영구기관

외부로부터 에너지를 공급받지 않고 계속해서 일을 할 수 있는 기관 또는 장치를 제1종 영구기관이라 한다. 즉, 계로 유입된 에너지 $Q = 0$이지만 일 $W = \infty$인 기관이다. 이 기

관이 열역학 1법칙 $Q = \Delta U + W$을 만족하려면 기관의 내부에너지 변화량 $\Delta U = -\infty$가 된다. 그런데 이와 같이 계의 내부 에너지가 무한히 감소할 수는 없으므로 이 기관은 실제로는 만들 수 없다. 기관의 내부 에너지가 무한히 감소할 수 있으려면 그 기관이 무한한 내부 에너지를 가지고 있어야 하는데 그런 기관은 있을 수 없기 때문이다.

예제 5.2.2 어떤 밀폐된 계가 700 kJ의 열을 받아서 500 kJ의 일을 하였다. 계의 내부에너지는 어떻게 변화하였는가?

풀이 열역학 제1법칙에 의해

$$Q = \Delta U + W$$
$$\therefore \ \Delta U = Q - W = 700 - 500 = 200\,[\mathrm{kJ}]$$

따라서 계의 내부에너지가 200 kJ 증가하였다.

예제 5.2.3 어떤 밀폐된 계가 200 kJ의 열을 받아서 600 kJ의 일을 하였다. 계의 내부에너지는 어떻게 변화하였는가?

풀이 열역학 제1법칙에 의해

$$Q = \Delta U + W$$
$$\therefore \ \Delta U = Q - W = 200 - 600 = -400\,[\mathrm{kJ}]$$

즉, 계의 내부에너지가 400 kJ 감소하였다.

예제 5.2.4 어떤 기체가 300 J의 일을 하고 내부 에너지가 540 J 증가하였다. 기체가 외부로부터 받은 열량은 몇 cal인가?

풀이 열역학 제1법칙에 의해 기체가 외부로부터 받은 열량(Q)은 다음과 같다.

$$Q = \Delta U + W = 540 + 300\,[\mathrm{J}] = 840\,[\mathrm{J}]$$
$$= 840 \times \frac{1}{4.2}\,[\mathrm{cal}] = 200\,[\mathrm{cal}]$$

예제 5.2.5 어떤 계가 외부로부터 800 J의 열량을 받은 후에 내부 에너지가 300 J 증가하였다. 계가 한 일은 몇 J인가?

풀이) 열역학 제1법칙에 의해

$$W = Q - \Delta U = 800 - 300\,[\mathrm{J}] = 500\,[\mathrm{J}]$$

즉, 계는 외부에 대해 500 J의 일을 하였다.

4 기체의 팽창과 압축에 의한 일[5]

기체가 팽창하면 외부에 일을 하게 된다. 기체의 압력이 P일 때 체적변화가 dV이면 기체가 한 일 δW는

$$\delta W = P\,dV \qquad \cdots (5.2.9)$$

이고, 상태 1과 2 사이의 일은 다음과 같다.

$$_1W_2 = \int_1^2 \delta W = \int_{V_1}^{V_2} P\,dV \qquad \cdots (5.2.10)$$

기호 $_1W_2$는 상태 1에서 상태 2까지 변하는 동안(상태변화 1→2) 기체가 한 일을 나타낸다.

설명 [그림 5.2.2]와 같은 피스톤과 실린더 사이의 기체가 팽창하여 피스톤이 상태 ①에서 ②로 이동하는 경우를 고려해 보자. 실린더 안에서의 압력 P에 의해 피스톤에 작용하는 힘

$$F = PA$$

이므로 피스톤이 dx만큼 이동하였을 때 한 일은

$$\delta W = F\,dx = PA\,dx = P\,dV \quad (\because\ A\,dx = dV)$$

가 된다. 상태변화를 $P-V$ 선도로 나타내면 그림과 같이

①－②－b－a－①

5 식 (5.2.10)을 잘 알아두도록 한다. 기체의 일에 대한 기본 식이다.

의 면적이 기체의 팽창에 의한 일 ${}_1W_2$가 된다. 따라서 기체의 상태가 ①에서 ②로 변할 때 한 일(${}_1W_2$)은 다음과 같다.

$$ {}_1W_2 = \int_{V_1}^{V_2} P\,dV $$

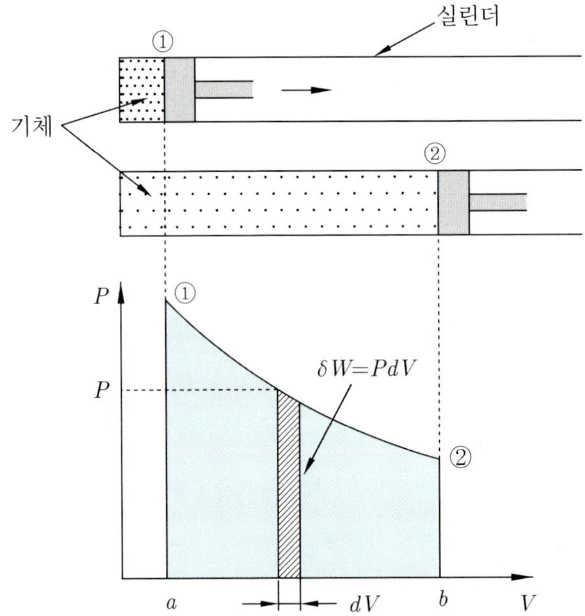

[그림 5.2.2]

압력 P가 일정한 상태에서 기체의 부피가 V_1에서 V_2로 변할 때 기체가 외부에 대해 한 일은

$$ W = P(V_2 - V_1) \quad \cdots (5.2.11) $$

이다. [그림 5.2.2]와 같이 체적의 압축과 팽창만이 관계되는 단순시스템인 경우

$$ \delta W = PdV \quad \cdots (5.2.12) $$

이므로 열역학 제1법칙은 다음과 같이 쓸 수 있다.

$$ \delta Q = dU + PdV \quad \cdots (5.2.13) $$

† [일의 부호] : 열역학에서는 편의상 시스템이 외부에 일을 수행하였을 때의 일을 양(+), 외부로부터 일을 받았을 때의 일의 양을 음(−)의 값으로 나타낸다. 기체가 압축된다면 기체가 한 일은 음(−)이 된다. 즉, 기체는 외부로부터 일을 받아서 압축된다. 열역학 제1법칙을 적용할 때는 일의 부호에 주의해야 한다.

예제 5.2.6 피스톤-실린더 장치 안에 압력 200 kPa, 부피 $0.01 m^3$의 기체가 들어 있다. 실린더를 가열하면 기체가 팽창하게 되는데 팽창 과정 중에 압력이 일정하게 유지된다고 가정한다. 이때 기체의 부피가 $0.03 m^3$으로 증가하였을 때 기체가 한 일을 구하여라.

풀이 압력이 일정하므로 기체가 한 일은 다음과 같다.

$$
\begin{aligned}
W &= \int_1^2 P\,dV = P(V_2 - V_1) \\
&= 200\mathrm{kPa} \times (0.03 - 0.01)\mathrm{m}^3 \\
&= 4\,\frac{\mathrm{kN}}{\mathrm{m}^2} \cdot \mathrm{m}^3 = 4\,\mathrm{kN} \cdot \mathrm{m} = 4\,[\mathrm{kJ}]
\end{aligned}
$$

예제 5.2.7 압력 200 kPa, 부피 $0.02 m^3$의 기체가 압력이 일정한 상태에서 부피가 $0.05 m^3$으로 팽창하였다. 팽창 과정에서 내부에너지가 8 kJ 증가하였다면 기체가 외부에 대하여 한 일과 흡수한 열량은 얼마인가?

풀이 ○ 압력이 일정하므로 기체가 외부에 대하여 한 일은 다음과 같다.

$$
\begin{aligned}
W &= P(V_2 - V_1) = 200\,\mathrm{kPa} \times (0.05 - 0.02)\mathrm{m}^3 \\
&= 6\,\mathrm{kPa} \times \mathrm{m}^3 = 6\,[\mathrm{kJ}]
\end{aligned}
$$

○ 열역학 제1법칙에 의해 기체가 흡수한 열량은 다음과 같다.

$$Q = \Delta U + W = 8\mathrm{kJ} + 6\,\mathrm{kJ} = 14\,[\mathrm{kJ}]$$

이 계는 14 kJ의 열을 외부로부터 받아서 6 kJ의 일을 하고, 나머지 8 kJ의 에너지는 내부에너지 에너지 형태로 계에 저장하였다. 이 경우는 기체가 외부로부터 가열되는 경우에 해당된다.

† $\mathrm{Pa} \times \mathrm{m}^3 = \frac{\mathrm{N}}{\mathrm{m}^2} \times \mathrm{m}^3 = \mathrm{N} \cdot \mathrm{m} = \mathrm{J}$이므로 $\mathrm{kPa} \times \mathrm{m}^3 = \mathrm{kJ}$이다.

예제 5.2.8 압력 200 kPa, 부피 0.08 m^3의 기체가 압력이 일정한 상태에서 부피가 0.03 m^3으로 수축하였다. 수축 과정에서 내부에너지가 5 kJ 감소하였을 때 기체가 한 일과 기체가 방출한 열량을 구하여라.

풀이 내부에너지가 5 kJ 감소하였으므로 계의 내부에너지 변화 $\Delta U = -5\,\text{kJ}$이다.

(1) 압력이 일정할 때 기체가 한 일(W)은 다음과 같다.

$$W = P(V_2 - V_1) = 200\,\text{kPa} \times (0.03 - 0.08)\text{m}^3$$
$$= -10\,\text{kPa} \times \text{m}^3 = -10\,[\text{kJ}]$$

즉, 기체는 10 kJ의 일을 외부로부터 받았다.

(2) 열역학 제1법칙에 의해 기체가 받은 열량(Q)은 다음과 같다.

$$Q = \Delta U + W = -5\text{kJ} - 10\,\text{kJ} = -15\,\text{kJ}$$

따라서 기체는 15 kJ의 열을 외부로 방출하였다.

† [예제 5.2.8]은 기체가 냉각되어 수축하는 경우에 해당된다. 열역학 제1법칙을 적용하고 해석할 때는 열(Q)과 내부에너지 변화(ΔU)의 부호를 잘 이해하도록 한다. $Q = \Delta U + W$는 계로 유입되는 열을 (+)로 할 때의 식이다. 계가 방출하는 열을 (+)로 하면 열역학 제1법칙은 $-Q = \Delta U + W$가 된다.

5 엔탈피[6]

[1] 엔탈피의 정의

다음과 같은 상태량(내부에너지 U, 압력 P, 부피 V)의 조합을 새로운 상태량인 엔탈피(H)로 정의한다.

$$H = U + PV \quad \cdots (5.2.14)$$

위 식을 질량 m으로 나누어주면 단위 질량당 엔탈피(h)는 다음과 같다.

6 엔탈피의 정의를 알아두도록 한다. 증기동력 사이클이나 냉동 사이클을 해석할 때 아주 많이 사용되는 물리량이다.

$$h = u + P\,v, \quad h = \frac{H}{m} \qquad \cdots (5.2.15)$$

여기에서, h는 비엔탈피(기체 1kg 당의 엔탈피, 단위는 J/kg), u는 비내부에너지(기체 1kg당의 내부에너지, 단위는 J/kg), v는 비체적(기체 1kg당의 체적, 단위는 m^3/kg)이다.

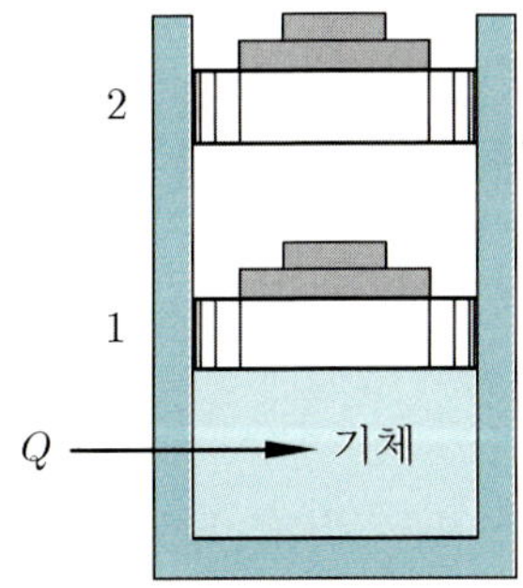

[그림 5.2.3]

설명 [그림 5.2.3]과 같이 외부로부터 열을 받아서 부피가 V_1에서 V_2로 변화하는 준평형 정압과정을 살펴보자. 실린더 속의 기체에 대하여 열역학 제1법칙을 적용하면 다음과 같다.

$$_1Q_2 = U_2 - U_1 + {}_1W_2$$

압력이 일정하므로 ($P_1 = P_2 = P$)

$$_1W_2 = \int_1^2 P\,dV = P\int_1^2 dV = P(V_2 - V_1) = P_2V_2 - P_1V_1$$

이다. 따라서

$$\begin{aligned} _1Q_2 &= U_2 - U_1 + P_2V_2 - P_1V_1 \\ &= (U_2 + P_2V_2) - (U_1 + P_1V_1) = H_2 - H_1 \end{aligned}$$

$$_1Q_2 = H_2 - H_1 \qquad \cdots (5.2.16)$$

이다. 이 식으로부터 이 과정에서 전달된 열량은 초기 상태와 최종 상태의

$U+PV$의 차이로 나타난다는 것을 알 수 있다. 여기에서 U, P, V가 모두 열역학 상태량이므로 이들의 조합인 $U+PV$도 하나의 상태량이다. 이 조합을 간단하고 편리하게 사용하기 위하여 새로운 종량적 상태량을 엔탈피(enthalpy)로 정의하고 H로 나타낸다. 압력과 부피의 곱 PV의 단위는 내부에너지와 마찬가지로 에너지의 단위이다. 단위 질량당 엔탈피 h를 비엔탈피(specific enthalpy)라고 하고 전체 질량의 엔탈피 H를 총 엔탈피(total enthalpy)라고 부르기도 한다.

일반적으로 수증기표에는 내부에너지(u)와 엔탈피(h)가 모두 제시된다. 그런데 과열증기 영역과 같이 열역학 상태량에 대한 표에서 엔탈피(h)가 있으면 내부에너지가 나타나지 않은 경우가 많이 있다. 이때는 표에 제시된 엔탈피 값과 식 (5.2.15)를 이용하여

$$u = h - Pv$$

로써 내부에너지를 계산해야 한다. 많은 학생들이 정압과정이 아닌 시스템을 해석할 때는 엔탈피가 의미를 잃는 것으로 생각하기도 한다. 그러나 엔탈피는 상태량으로서 상태함수, 즉 점 함수(point function)이므로 "진행 중인 과정과는 무관하게 엔탈피로써 같은 상태의 내부에너지를 계산할 수 있다."

엔탈피는 특히 [그림 5.2.4]와 같이 검사체적(control volume)을 통하여 질량의 출입이 있는 시스템을 해석할 때 자주 나타난다. 각종 동력 사이클이나 냉동 사이클에서는 작동유체가 순환하므로 이와 같은 시스템을 해석할 때는 엔탈피 사용이 필수적이다.

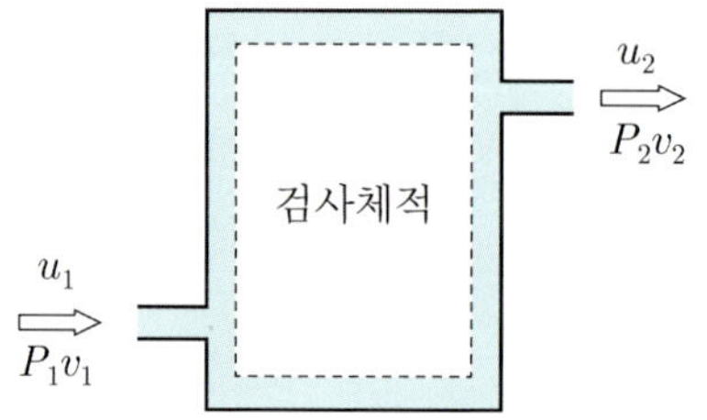

[그림 5.2.4] $u+Pv$는 질량의 출입이 있는 시스템을 해석할 때 자주 나타난다.

[2] 엔탈피와 에너지 보존 방정식

밀폐된 단순압축성 시스템에 대한 에너지 보존 법칙(열역학 제1법칙)을 엔탈피를 사용하여 나타내면 다음과 같다.

$$\delta Q = dH - VdP \quad \cdots (5.2.17)$$

$$\delta q = dh - v\,dP \quad \cdots (5.2.18)$$

설명 엔탈피의 정의 $H = U + PV$ 에서 양변을 미분하면

$$dH = dU + PdV + VdP$$

이다. 따라서

$$dU + PdV = dH - VdP$$

이므로 에너지 보존 식은 $\delta Q = dU + PdV = dH - VdP$ 가 된다.

예제 5.2.9 압력이 일정하게 유지되는 어떤 계를 가열하였을 때 계의 엔탈피가 50 kJ 증가하고, 내부에너지가 30 kJ 증가한다면 가열 과정에서 계가 한 일은 얼마인가?

풀이 초기 상태와 최종 상태를 각각 1, 2로 나타낸다. 압력이 일정한 과정에서($P_1 = P_2 = P$) 계가 한 일은

$$W = P(V_2 - V_1) = P_2V_2 - P_1V_1$$

이다. 따라서 엔탈피 변화는

$$\begin{aligned} \Delta H = H_2 - H_1 &= (U_2 + P_2V_2) - (U_1 + P_1V_1) \\ &= (U_2 - U_1) + (P_2V_2 - P_1V_1) \\ &= \Delta U + W \end{aligned}$$

이므로 계가 한 일(W)은 다음과 같다.

$$W = \Delta H - \Delta U = 50\,\text{kJ} - 30\,\text{kJ} = 20\,[\text{kJ}]$$

예제 5.2.10 어떤 기체가 가열되어 압력 100 kPa, 부피 0.1 m^3에서 압력 200 kPa, 부피 0.3 m^3으로 변화하였다. 이 과정에서 기체의 내부에너지가 25 kJ 증가하였다면 엔탈피 변화는 얼마인가?

풀이 초기 상태(1)와 최종 상태(2)의 엔탈피는

$$H_1 = U_1 + P_1 V_1.\ \ H_2 = U_2 + P_2 V_2$$

이고, 엔탈피 변화는

$$\begin{aligned} \Delta H = H_2 - H_1 &= (U_2 - U_1) + (P_2 V_2 - P_1 V_1) \\ &= 25\,\text{kJ} + (200 \times 0.3 - 100 \times 0.1)\text{kPa} \cdot \text{m}^3 \\ &= 25\,\text{kJ} + 50\,\text{kJ} = 75\,[\text{kJ}] \end{aligned}$$

이다. 즉, 엔탈피는 75 kJ 증가하였다. ◪

예제 5.2.11 피스톤-실린더 장치 내에 들어있는 일정량의 수증기가 있다. 압력을 일정하게 유지하면서 수증기의 엔탈피를 1500 J 증가시킬 때 수증기에 전달되는 열량은 몇 J 인가?

풀이 압력이 일정하므로 $dP = 0$이다. 에너지 보존 법칙에서

$$\delta Q = dH - V dP = dH$$

이므로, 수증기에 전달해야 할 열량(Q)은 다음과 같다.

$$Q = \Delta H = 1500\,[\text{J}]$$ ◪

예제 5.2.12 어떤 점의 온도(T), 압력(P), 비체적(v), 비엔탈피(h)가 다음과 같을 때 이 점에서의 비내부에너지(u)를 구하여라.

$$T = 500\,℃,\ \ P = 10\,\text{MPa},\ \ v = 0.0328\,\text{m}^3/\text{kg},\ \ h = 3375.1\,\text{kJ/kg}$$

풀이 엔탈피의 정의로부터 다음과 같이 비내부에너지(u)가 구해진다.

$$h = u + Pv$$

$$\begin{aligned} \therefore\ \ u = h - Pv &= 3375.1\,\text{kJ/kg} - (10 \times 10^3\text{kPa}) \cdot (0.0328\text{m}^3/\text{kg}) \\ &= 3047.1\ [\text{kJ/kg}] \end{aligned}$$

여기에서 $\text{kPa} \cdot (\text{m}^3/\text{kg}) = \dfrac{\text{kN}}{\text{m}^2} \cdot \dfrac{\text{m}^3}{\text{kg}} = \dfrac{\text{kN} \cdot \text{m}}{\text{kg}} = \text{kJ/kg}$이다. ◪

5.2 연습문제

EXERCISES

1. 단열된 밀폐 계(closed system)의 내부에너지가 500 kJ 감소하였다. 계가 한 일은 얼마인가?

2. 단열된 밀폐 계의 내부에너지가 400 kJ 증가하였다면 계가 한 일은 얼마인가?

3. 어떤 기체가 10 kcal의 열을 받아서 외부에 30 kJ의 일을 하였다. 기체의 내부에너지 변화는 몇 kJ 인가?

4. 압력 300 kPa, 부피 0.04 m^3의 기체가 일정한 압력 하에서 15 kJ의 열을 외부로 방출하고 수축하여 부피가 0.02 m^3이 되었다. 기체가 한 일[kJ]과 내부에너지 변화[kJ]를 구하여라.

5. 어떤 기체의 부피가 2×10^{-3} m^3에서 5×10^{-3} m^3으로 팽창하였다. 팽창 과정 중에 압력은 3×10^5 Pa로 일정하며 내부 에너지가 400J 증가하였다.
   (1) 기체가 외부에 대하여 한 일은 몇 J 인가?
   (2) 기체가 흡수한 열은 몇 cal 인가?

6. 기체의 압력을 100 kPa로 일정하게 유지하면서 2 kcal의 열이 기체에 유입되었을 때 부피가 0.03 m^3 증가하였다. 기체의 내부에너지 변화[kJ]를 구하여라.

7. 실린더 안의 기체에 10 kcal의 열량을 가하여 기체가 1500 kgf · m의 일을 하였다면 기체의 내부에너지 변화량은 몇 kcal 인가?

8. 기체의 상태가 압력 100 kPa, 부피 0.2 m^3에서 압력 300 kPa, 부피 0.5 m^3으로 변화하였다. 이 과정에서 기체의 내부에너지가 100 kJ 증가하였을 때 엔탈피 변화(kJ)를 구하여라.

9. 어떤 기체의 상태가 압력 $20\mathrm{N/cm^2}$, 부피 $0.4\mathrm{m^3}$ 에서 압력 $50\mathrm{N/cm^2}$, 부피 $1.2\mathrm{m^3}$으로 변화하였다. 이 과정에서 기체의 내부에너지 변화가 없다면 엔탈피 변화량은 몇 kcal인가?

10. 기체가 냉각되어 압력 150kPa, 부피 $0.4\mathrm{m^3}$에서 압력 100kPa, 부피 $0.2\mathrm{m^3}$으로 변화하였다. 내부에너지가 20kJ 감소하였다면 엔탈피 변화[kJ]는 얼마인가?

11. 압력 200kPa, 부피 $0.4\mathrm{m^3}$의 공기가 일정한 압력 하에서 팽창하여 부피가 $0.7\mathrm{m^3}$이 되었다. 팽창 과정에서 내부 에너지가 150kJ만큼 증가하였을 때 공기에 유입된 열량[kJ]을 구하여라.

12. 내부에너지 200kJ, 압력 3bar, 부피 $4\mathrm{m^3}$인 기체의 엔탈피는 몇 kJ인가?

13. 압력이 200kPa인 일정량의 공기가 일정한 압력에서 400kcal의 열을 받으면서 팽창하였다. 이 과정(정압과정)에서 공기의 내부에너지가 250kcal 증가하였을 때, 공기의 부피 변화[$\mathrm{m^3}$]를 구하여라.

14. 어떤 점의 상태량이 다음과 같을 때 이 점에서의 비엔탈피(h)를 구하여라.

$$T = 200℃,\quad P = 1.5547\,\mathrm{MPa},\quad v = 0.1272\,\mathrm{m^3/kg},\quad u = 2594.3\,\mathrm{kJ/kg}$$

15. 어떤 점의 상태량이 다음과 같을 때 이 점에서의 비내부에너지(u)를 구하여라.

$$T = 400℃,\quad P = 10\,\mathrm{MPa},\quad v = 0.0264\,\mathrm{m^3/kg},\quad h = 3097.4\,\mathrm{kJ/kg}$$

16. 어떤 계의 내부에너지가 200kJ 감소하고 외부에 대해 100kJ의 일을 하였다. 이에 대한 설명으로 옳은 것은?
① 계에서 주위로 100kJ의 열이 방출되었다.
② 계가 주위로부터 100kJ의 열을 흡수하였다.
③ 계에서 주위로 300kJ의 열이 방출되었다.
④ 계가 주위로부터 300kJ의 열을 흡수하였다.

17. 어떤 열역학적 계의 내부에너지가 500J 감소하는 동안에 외부에서 계에 200J의 일을 해주었다. 계에 유입된 열은? 단, 계가 잃은 열은 음(−)의 부호로 나타낸다. [공무원 임용시험]

① 700J ② 300J

③ −300J ④ −700J

18. 일정한 압력 10^5Pa 하에서 어떤 실린더 내부 기체의 부피가 $0.01m^3$에서 $0.03m^3$으로 3배 팽창하였다. 이 과정에서 1000J의 열이 이 기체에 전달되었다면 이 기체의 에너지는 어떻게 변화였는가? [공무원 임용시험]

① 2000J 만큼 감소 ② 1000J 만큼 감소

③ 1000J 만큼 증가 ④ 2000J 만큼 증가

19. 어떤 기체가 1atm에서 가역과정을 통해 $0.3m^3$에서 $0.5m^3$으로 등압팽창하였을 때 이 기체가 한 일의 양[kJ]은? [공무원 임용시험]

① 10.1 ② 20.3

③ 30.4 ④ 50.6

20. 강성적 상태량(intensive property)으로만 구성된 것은? [공무원 임용시험]

① 내부에너지, 비체적, 온도 ② 몰부피, 밀도, 압력

③ 온도, 몰부피, 엔탈피 ④ 온도, 압력, 부피

21. 종량적 상태량(extensive property)에 속하지 않는 것은? [공무원 임용시험]

① 표면장력[dyne/cm] ② 내부에너지[J]

③ 엔트로피[J/K] ④ 부피[m^3]

22. 에너지의 소비 없이 계속하여 동력을 발생시킬 수 있는 것은? [기사시험]

① 증기 원동기 ② 카르노 기관

③ 제1종 영구기관 ④ 제2종 영구기관

23. 다음 중 열역학 제1법칙과 가장 관계가 먼 것은? [기사시험]

① 밀폐계의 내부에너지 변화가 0일 때 경계를 통한 열전달의 합은 계의 일의 총합과 같다.

② 열은 일로 변환될 수 있고 그 역도 가능하다.

③ 열은 본질적으로 일과 같은 에너지의 일종이다.

④ 두 물체의 온도가 제3의 물체의 온도와 같을 때 두 물체의 온도는 서로 같다.

24. 열과 일 사이의 에너지 보존 원리를 표현하는 법칙은? [기사시험]

① 열역학 제0법칙 ② 열역학 제1법칙

③ 열역학 제2법칙 ④ 열역학 제3법칙

25. 밀폐된 실린더 내의 기체를 피스톤으로 압축하였을 때 100 kcal의 열이 발생하여 외부로 방출되었다. 피스톤을 압축하는데 소비된 일이 500 kJ 이면 기체의 내부에너지 증가는 약 몇 kJ 인가? [기사시험]

① 80 ② 400

③ 600 ④ 920

26. 내부에너지가 20 kJ 인 어떤 밀폐계에 열을 가하여 계의 내부에너지를 40 kJ 로 증가시켰다. 이 과정에서 계가 외부에 대해 한 일이 10kJ 이면 이 계에 가해진 열량[kJ]은? [기사시험]

① 20 ② 30

③ 50 ④ 60

27. 어떤 밀폐계가 압력 $P_1 = 400\text{kPa}$, 부피 $V_1 = 0.1\text{m}^3$에서 압력 $P_2 = 200\text{kPa}$, 부피 $V_1 = 0.3\text{m}^3$로 팽창하였다. 이 과정이 $P-V$ 선도에 직선으로 표시되었을 때 상태 변화 동안 계가 외부에 대해 한 일[kJ]은? [기사시험]

① 60 ② 70

③ 80 ④ 90

† $W = \int P dV$이므로 계가 한 일은 $P-V$ 선도에서 면적이 된다.

28. 그림과 같이 밀폐계인 실린더 내부에서 기체의 압력 P는 일정하게 유지되면서, 실린더의 체적은 $V_1 = 0.3[\text{m}^3]$에서 $V_2 = 0.6[\text{m}^3]$으로 팽창하였다. 실린더 안의 내부에너지가 40[kJ]만큼 증가하였다면, 이 과정 동안에 한 일[kJ]과 가해진 총 열량[kJ]을 각각 구하고, 풀이 과정과 함께 쓰시오. (단, 기체의 압력 $P = 2[\text{MPa}]$이며,

기체는 비유동과정의 정압변화이며, 모든 마찰과 중력은 무시한다)

[중등교사임용시험(기계·금속)]

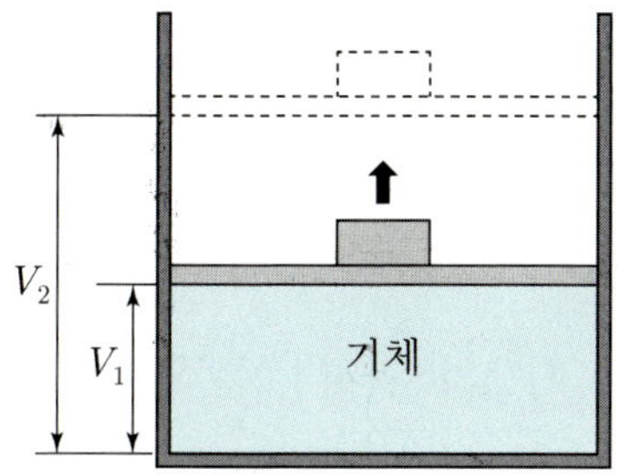

[문제 5.2.28]

5.3 이상기체

1 기체의 상태변화에 대한 기본법칙

[1] 보일의 법칙(Boyle's law)

온도가 일정할 때 일정량의 기체의 부피(V)는 압력(P)에 반비례한다.

$$PV = C \quad \cdots (5.3.1)$$

여기에서 C는 상수이고, 상태 1로부터 상태 2로 변화하였을 때 다음 관계식이 성립한다.

$$P_1 V_1 = P_2 V_2$$

[2] 샤를의 법칙(Charles law)

압력이 일정할 때 일정량의 기체의 부피(V)는 절대온도(T)에 비례한다.

$$\frac{V}{T} = C \quad \cdots (5.3.2)$$

C는 상수이고, 상태 1로부터 상태 2로 변화하였을 때 다음 식이 성립한다.

$$\frac{V_1}{T_1} = \frac{V_2}{T_2}$$

[3] 보일-샤를의 법칙(Boyle-Charles law)

일정량의 기체가 차지하는 부피(V)와 압력(P)의 곱은 절대온도(T)에 비례한다.

$$\frac{PV}{T} = C \quad \cdots (5.3.3)$$

C는 상수이고, 상태 1로부터 상태 2로 변화하였을 때 다음 식이 성립한다.

$$\frac{P_1 V_1}{T_1} = \frac{P_2 V_2}{T_2}$$

이상기체는 보일-샤를의 법칙을 따르는 기체를 말하며, 보일의 법칙과 샤를의 법칙은 각각 이상기체의 등온과정과 정압과정에 해당된다. 이들 법칙에서 T는 절대온도라는 것에 주의한다.

예제 5.3.1 온도 20℃, 압력 300kPa, 부피 0.4m^3인 일정량의 이상기체가 같은 압력 하에서 부피가 2배로 팽창하였다면 온도는 몇 ℃가 되는가?

풀이 압력이 일정하므로 $\frac{V}{T} = C$ 이다. 따라서 T_2는 다음과 같이 구해진다.

$$\frac{V_1}{T_1} = \frac{V_2}{T_2}, \quad \frac{V_2}{V_1} = 2$$

$$\therefore \; T_2 = T_1 \times \frac{V_2}{V_1} = (273.2 + 20) \times 2[\text{K}] = 586.4[\text{K}]$$

$$= 586.4 - 273.2\,[℃] = 313.2[℃]$$

† [예제 5.3.1]에서 $T_2 = 20℃ \times 2 = 40℃$로 하지 않도록 한다. 상태 방정식에서 사용하는 온도는 특별한 언급이 없는 한 절대온도이다.

2 이상기체 상태방정식

다음 상태방정식을 만족하는 기체를 이상기체(ideal gas) 또는 완전기체(perfect gas)라 한다.

$$P\overline{v} = \overline{R}\,T \quad \cdots (5.3.4)$$

여기에서 P는 절대압력, $\overline{v}$는 몰 비체적(molar specific volume), T는 절대온도이다. $\overline{R}$는 일반기체상수(universal gas constant)라 하며 모든 이상기체에 대하여 적용되는 값이다.[7]

7 일반기체상수 값 8.314J/mol·K와 이상기체 1몰의 부피 22.4L는 기억하도록 한다.

$$\overline{R} = 8.31441\ [\text{kJ/kmol} \cdot \text{K}]$$

이상기체 1몰[mol]의 부피($V_{1\text{mol}}$)는 다음과 같다.

$$V_{1\text{mol}} = 2.241 \times 10^{-2}[\text{m}^3/\text{mol}] = 22.41[\text{L/mol}]$$

기체 n 몰의 부피를 V라 하면 몰 비체적은

$$\overline{v} = \frac{V}{n} \qquad \cdots (5.3.5)$$

이므로 (5.3.4)의 상태방정식은 다음과 같이 표현된다.

$$PV = n\overline{R}\,T \qquad \cdots (5.3.6)$$

위 식 (5.3.6)에서 몰 비체적

$$n = \frac{m}{M} \quad (M\text{은 분자량}) \qquad \cdots (5.3.7)$$

을 대입하면 다음과 같은 질량(m)으로 표현되는 상태방정식이 얻어진다.

$$PV = mRT \qquad \cdots (5.3.8)$$

여기에서 기체상수(R)는 다음과 같이 정의된다.

$$R = \frac{\overline{R}}{M} = \frac{8.314}{M}[\text{kJ/kg} \cdot \text{K}] \qquad \cdots (5.3.9)$$

그리고 비체적 $v = \dfrac{V}{m}$와 밀도 $\rho = \dfrac{1}{v}$로 나타내면 이상기체의 상태방정식은 다음과 같다.

$$Pv = RT \qquad \cdots (5.3.10)$$

$$P = \rho RT \qquad \cdots (5.3.11)$$

이상에서 R은 기체상수(gas constant) 또는 특정기체상수라 부른다. 이 값은 기체의

종류마다 다르다.[8]

설명 이상기체는 실제로 존재하지 않는 기체이지만 밀도가 낮은 실제기체의 $P-V-T$ 거동은 이상기체의 상태방정식과 비슷한 거동을 보인다는 것을 실험적으로 관찰하였다. 압력이 낮거나 온도가 높아지면 기체의 밀도가 감소하며 이상기체와 유사한 거동을 나타낸다. 대개의 경우 공기, 산소, 수소, 질소, 헬륨, 이산화탄소 등을 이상기체로 취급할 수 있다. 기체상수를 구할 때 필요한 몇 가지 기초적인 기체에 대한 분자량(M)은 다음과 같다.

기체	수소(H_2)	질소(N_2)	산소(O_2)	일산화탄소(CO)
분자량(M)	2	28	32	28
기체	공기	수증기(H_2O)	메탄(CH_4)	이산화탄소(CO_2)
분자량(M)	28.97	18	16	44

○ 일반기체상수(universal gas constant, $\overline{R}$)의 값은 다음과 같이 여러 단위로 표현된다.

$$
\begin{aligned}
\overline{R} &= 8.31447\,\mathrm{kJ/kmol \cdot K} \\
&= 8.31447\,\mathrm{J/mol \cdot K} \\
&= 8.31447\,\mathrm{kPa \cdot m^3/kmol \cdot K} \\
&= 8.31447\,\mathrm{Pa \cdot m^3/mol \cdot K)} \\
&= 0.0831447\,\mathrm{bar \cdot m^3/kmol \cdot K} \\
&= 82.05\,\mathrm{L \cdot atm/kmol \cdot K} \\
&= 0.08205\,\mathrm{L \cdot atm/mol \cdot K}
\end{aligned}
$$

8 일반기체상수를 그냥 기체상수라고 부르는 분야도 있지만 기계공학에서는 일반적으로 두 상수를 분명하게 구분하여 사용한다.

| 참고 | 분자 수와 이상기체 상태방정식

분자의 개수를 N, 아보가드로수(Avogadro's number)를 N_A라 하면 몰수(n)는

$$n = \frac{N}{N_A} \qquad \cdots ①$$

이므로 다음과 같이 이상기체 상태방정식을 쓸 수 있다.

$$PV = n\overline{R}\,T = \left(\frac{N}{N_A}\right) \cdot \overline{R}\,T = N \cdot \left(\frac{\overline{R}}{N_A}\right) \cdot T$$

$$PV = NkT \qquad \cdots ②$$

여기에서 상수 k는 다음과 같은 값을 갖는다.

$$k = \frac{\overline{R}}{N_A} = \frac{8.314\,\text{kJ}/(\text{kmol} \cdot \text{K})}{6.022 \times 10^{26}\,(\text{molecules}/\text{kmol})}$$

$$= 1.3806 \times 10^{-23}\,\text{J}/(\text{molecule} \cdot \text{K})$$

k는 분자당 일반기체상수(universal gas constant per molecule)를 나타나며 볼쯔만(Boltzmann) 상수라고 한다. 이상기체의 운동학적 이론(kinetic theory of an ideal gas)에서는 ②의 상태방정식을 주로 사용한다.

예제 5.3.2 수소(H_2)와 일산화탄소(CO)의 기체상수[kJ/kg · K]를 각각 구하여라.[9]

풀이 수소의 분자량은 $2 \times 1 = 2$이고 일산화탄소의 분자량은 $12 + 16 = 28$이므로 기체상수는 다음과 같다.

(1) 수소 : $R = \dfrac{8.314}{M} = \dfrac{8.314}{2} = 4.157\,[\text{kJ/kg} \cdot \text{K}]$

(2) 일산화탄소 : $R = \dfrac{8.314}{M} = \dfrac{8.314}{28} = 0.297\,[\text{kJ/kg} \cdot \text{K}]$

예제 5.3.3 압력 2MPa, 온도 150℃, 부피 $0.2\,\text{m}^3$인 공기의 질량을 구하여라. 공기의 기체상수 $R = 0.287\,\text{kJ/kg} \cdot \text{K}$이며 이상기체라고 가정한다.

9 수소, 산소, 탄소, 질소 등의 기초적인 원소에 대한 원자량은 기억하도록 한다.

풀이 단위를 MKS 단위계로 통일하여 질량을 구한다. 이상기체의 상태방정식 $PV=mRT$로부터 질량 m은 다음과 같다.

$$m=\frac{PV}{RT}=\frac{(2\times10^6)\times(0.2)}{287\times(273.2+150)}=3.3\,[\text{kg}]$$

예제 5.3.4 기체상수 $R=0.1889\,\text{kJ/kg}\cdot\text{K}$인 이산화탄소의 25℃, 100kPa에서의 밀도를 구하여라. 단, 이산화탄소는 이상기체이다.

풀이 이상기체의 상태방정식 $P=\rho RT$ 로부터 밀도를 구한다.

$$\rho=\frac{P}{RT}=\frac{100\text{kPa}}{(0.1889\,\text{kJ/kg}\cdot\text{K})\times(273.2+25)\text{K}}=1.775\,[\text{kg/m}^3]$$

예제 5.3.5 25℃, 100kPa에서 10m×10m×10m의 직육면체 방에 가득 차 있는 어떤 기체의 질량이 1170kg일 때 기체상수를 구하여라. 단, 기체는 이상기체라고 가정한다.

풀이 이상기체의 상태방정식 $PV=mRT$ 로부터 기체상수는 다음과 같다.

$$R=\frac{PV}{mT}=\frac{(100\times10^3\text{N/m}^2)\times(10\times10\times10\text{m}^3)}{1170\text{kg}\times(273.2+25)\text{K}}=286.6\,[\text{J/kg}\cdot\text{K}]$$

예제 5.3.6 부피 5m³, 온도 20℃의 밀폐된 용기 내에 분자량 32의 이상기체 10kg이 들어있다. 기체의 압력[kPa]을 구하여라.

풀이 ○ 기체상수 $R=\frac{\overline{R}}{M}=\frac{8.314\,\text{kJ/kmol}\cdot\text{K}}{32\text{kg/kmol}}=0.2598\,[\text{kJ/kg}\cdot\text{K}]$

○ 절대온도 $T=273.2+20=293.2\,[\text{K}]$

압력 $P=\frac{mRT}{V}=\frac{(10\text{kg})\times(0.2598\text{kJ/kg}\cdot\text{K})(293.2\text{K})}{5\,\text{m}^3}$

$=152.3\,[\text{kPa}]$

3 이상기체의 상태변화와 일

[1] 정적과정

부피가 일정하게 유지되면서 변화하는 과정을 정적과정(constant volume process) 또는 등적과정(isometric process)이라 한다. 이상기체의 상태 방정식 $PV = mRT$에서 '$V=$ 일정'이므로 정적과정에서는 다음 관계식이 성립한다.

$$\frac{P}{T} = C \quad (C\text{는 상수}) \qquad \cdots (5.3.12)$$

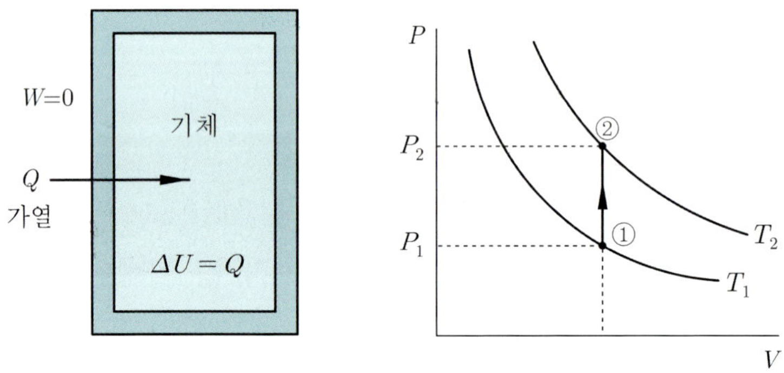

[그림 5.3.1]

[그림 5.3.1]과 같이 부피가 일정하게 유지되면서 상태 ①에서 ②로 변화하는 과정을 고려한다. 정적과정에서는 부피변화가 없기 때문에 $dV = 0$이다. 따라서

$$\delta W = PdV = 0$$

이므로 계가 외부에 대하여 하는 일은 다음과 같다.

$$W = 0 \qquad \cdots (5.3.13)$$

즉, 정적과정에서는 계가 한 일은 0이다.

[2] 정압과정

압력이 일정하게 유지되면서 변화하는 과정을 정압과정(constant pressure process) 또는 등압과정(isobaric process)이라 한다. 이상기체의 상태 방정식 $PV = mRT$에서

'$P=$ 일정'이므로 정압과정에서는 다음 관계식이 성립한다.

$$\frac{V}{T} = C \quad (C\text{는 상수}) \qquad \cdots (5.3.14)$$

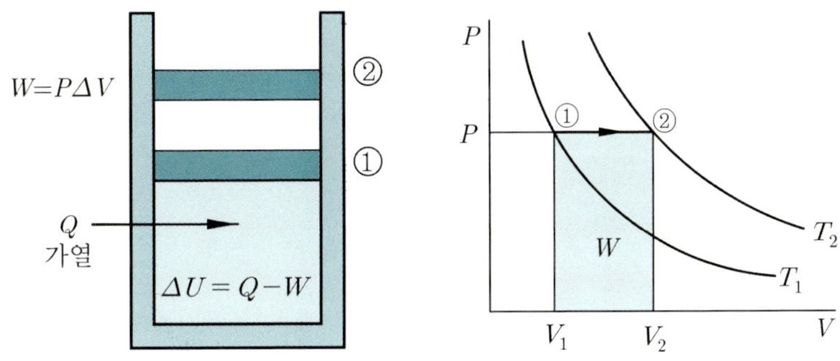

[그림 5.3.2]

[그림 5.3.2]와 같이 상태 ①에서 상태 ②로 압력이 일정하게 유지되면서 변화하는 과정을 고려한다. 계는 외부로부터 열량 Q를 받아서 W의 일을 수행하고, 이 과정에서 내부에너지 변화 ΔU가 발생한다. 압력이 일정하므로 $P_1 = P_2 = P$이고, (V_1, T_1)에서 (V_2, T_2)로의 상태변화가 있다고 한다. 이때 계가 한 일은 다음과 같다.

$$W = \int_1^2 P\,dV = P\int_1^2 dV = P(V_2 - V_1) \qquad \cdots (5.3.15)$$

예제 5.3.7 **[정압과정]** 압력이 200 kPa로 일정하게 유지되는 피스톤-실린더 장치 내에 부피 0.5m^3의 이상기체가 들어 있다. 장치에 열을 가하여 기체의 부피가 2.5m^3으로 팽창했을 때 기체가 외부에 한 일[kJ]을 구하여라.

풀이 일정 압력 $P = 200\,\text{kPa}$에서 기체의 부피가 $V_1 = 0.5\text{m}^3$에서 $V_2 = 2.5\text{m}^3$로 팽창하였다. 정압과정에서 기체가 외부에 한 일(W)은 다음과 같다.

$$W = P(V_2 - V_1) = 200 \times (2.5 - 0.5) = 400[\text{kJ}]$$

이상에서 $\text{kPa} \times \text{m}^3 = \frac{\text{kN}}{\text{m}^2} \times \text{m}^3 = \text{kN} \cdot \text{m} = \text{kJ}$이다.

[3] 등온과정

온도가 일정하게 유지되면서 변화하는 과정을 등온과정(isothermal process)이라 한다. 이상기체의 상태 방정식 $PV = mRT$에서 '$T=$ 일정'이므로 등온과정에서는 다음 관계식이 성립한다.

$$PV = C \quad (C\text{는 상수}) \qquad \cdots (5.3.16)$$

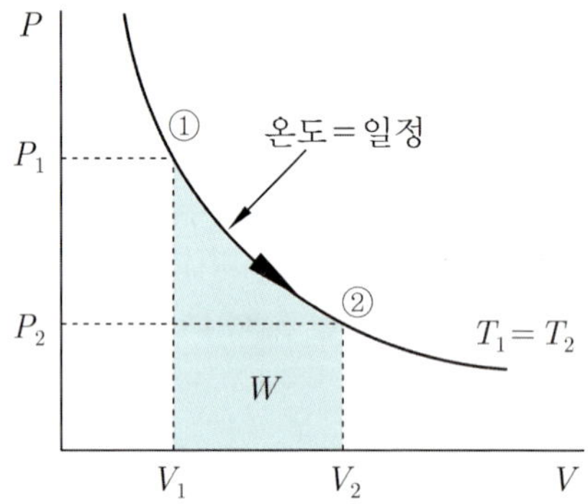

[그림 5.3.3]

[그림 5.3.3]과 같이 온도가 일정하게 유지되면서 상태 ①에서 상태 ②로 변화하는 과정을 고려한다. 온도가 일정할 때 $PV = C$이므로

$$PV = P_1V_1 = P_2V_2$$

$$\therefore \; P = \frac{P_1V_1}{V}$$

이다. 따라서 기체가 한 일 W는 다음과 같다.

$$W = \int_1^2 P\,dV = P_1V_1\int_1^2 \frac{1}{V}dV = P_1V_1\ln\left(\frac{V_2}{V_1}\right) = P_1V_1\ln\left(\frac{P_1}{P_2}\right)$$

등온과정에서 $PV = C$이므로 $P_1V_1 = P_2V_2$이고 $\dfrac{V_2}{V_1} = \dfrac{P_1}{P_2}$이다.

$$W = P_1V_1\ln\left(\frac{V_2}{V_1}\right) = mRT_1\ln\left(\frac{V_2}{V_1}\right) \qquad \cdots (5.3.17)$$

$$W = P_1 V_1 \ln\left(\frac{P_1}{P_2}\right) = mRT_1 \ln\left(\frac{P_1}{P_2}\right) \quad \cdots (5.3.18)$$

† $\int \frac{1}{x} dx = \ln x + C$($C$는 상수), $\int_a^b \frac{1}{x} dx = [\ln x]_a^b = \ln b - \ln a = \ln\left(\frac{b}{a}\right)$

예제 5.3.8 [등온과정] 압력 500 kPa, 부피 0.2 m^3의 이상기체가 등온과정으로 팽창하여 부피가 0.3 m^3이 되었을 때 기체가 한 일을 구하여라.

풀이 초기 상태 압력 $P_1 = 500\,\text{kPa}$, 부피 $V_1 = 0.2\,\text{m}^3$에서 최종 상태 부피 $V_2 = 0.3\,\text{m}^3$로 팽창하였다. 팽창과정에서 기체가 한 일 W는 다음과 같다.

$$W = P_1 V_1 \ln\left(\frac{V_2}{V_1}\right) = 500 \times 0.2 \times \ln\left(\frac{0.3}{0.2}\right) = 40.5\,[\text{kJ}]$$

이상에서 $\text{kPa} \times \text{m}^3 = \frac{\text{kN}}{\text{m}^2} \times \text{m}^3 = \text{kN} \cdot \text{m} = \text{kJ}$이다. ◪

5.3 연습문제

E·X·E·R·C·I·S·E·S

1. 온도 100℃, 압력 200kPa, 부피 $4m^3$인 일정량의 이상기체가 같은 압력하에서 부피가 $3m^3$으로 줄어들었다면 온도는 몇 ℃가 되는가?

2. 산소(O_2)와 이산화탄소(CO_2)의 기체상수를 각각 구하여라.

3. 압력 800kPa, 부피 $4m^3$, 온도 500K인 이상기체의 질량을 구하여라. 단, 기체상수 $R = 0.287\text{kJ/kg}\cdot\text{K}$이다.

4. 질량 0.32kg의 이상기체가 그림과 같이 부피가 일정한 과정(정적 과정)으로 상태 ①에서 ②로 변화할 때 다음을 구하여라. 단, 기체상수 $R = 2\text{kJ/kg}\cdot\text{K}$이다.

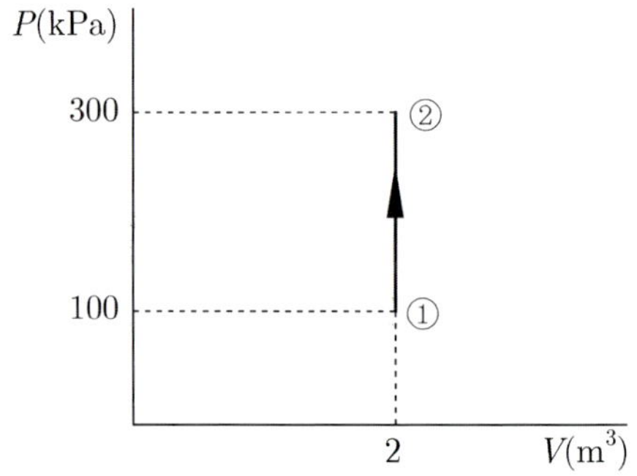

[문제 5.3.4]

(1) 점 ①, ②의 온도
(2) 과정 ①→②에서 기체가 외부에 한 일

5. 질량 1.3kg의 이상기체가 그림과 같이 상태 ①→②로 변화하고 있다. 기체상수 $R = 0.5\text{kJ/kg}\cdot\text{K}$일 때 다음을 구하여라.

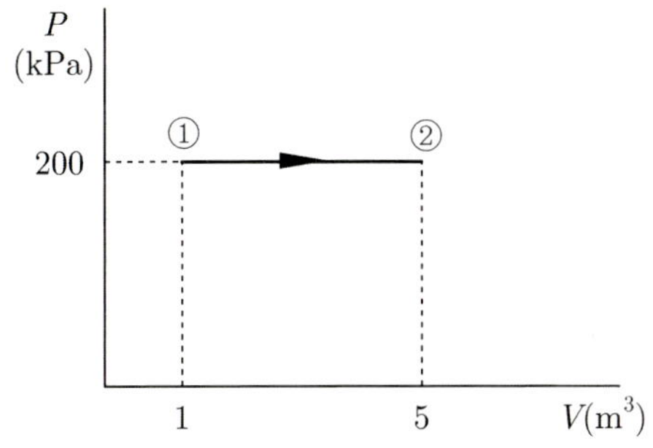

[문제 5.3.5]

(1) 과정 ①→②에서 기체가 외부에 한 일

(2) 점 ①, ②의 온도

6. 온도 400K, 부피 2m^3의 이상기체 10kg을 등온과정으로 팽창시켜 부피가 6m^3이 되었다. 기체가 한 일을 구하여라. 단, 기체상수는 0.3kJ/kg·K이다.

7. 일정량의 이상기체가 그림과 같이 일정 온도에서 ①→②로 상태변화하고 있을 때 다음을 구하여라.

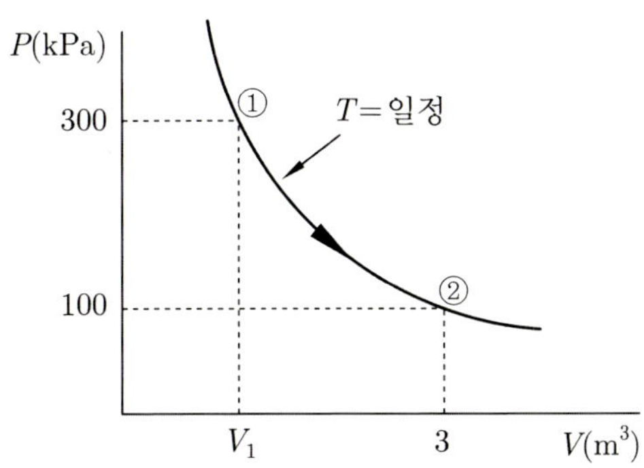

[문제 5.3.7]

(1) 점 ① 에서의 기체의 부피 V_1

(2) 과정 ①→②에서 기체가 한 일

8. Boyle-Charles의 법칙을 옳게 표현한 것은? [중등교사 임용시험(기계)]

① $P/V = CT$ ② $PV = C$

③ $TP = CV$ ④ $PV = CT$

9. 어떤 이상기체가 온도, 압력, 부피가 각각 27℃, 1기압, 100L인 상태에 있다. 이 기체를 온도, 부피가 각각 57℃, 22L인 상태로 만들었을 때, 기체의 압력과 가장 가까운 값은? [공무원 임용시험]

① 0.2기압 ② 5기압
③ 9.6기압 ④ 10기압

10. 밀폐된 실린더 속에 온도 300K, 압력 1.5atm인 이상기체 2mol이 있다. 압력을 4atm으로 증가시키고 부피를 반으로 줄였을 때, 이 기체의 절대온도[K]는? [공무원 임용시험]

① 225 ② 300
③ 325 ④ 400

11. 어떤 이상기체를 등온 압축하여 부피를 반으로 줄이는데 200J의 일이 필요했다고 한다. 부피를 $\frac{1}{8}$로 줄이려면 얼마의 일[J]이 필요한가? [공무원 임용시험]

① 25 ② 600
③ 800 ④ 1600

12. 이상기체를 가정한 2kg의 기체가 등온과정을 통하여 1bar, 300K에서 10bar, 300K로 등온 압축할 때 필요한 일의 절댓값은? 단, $\ln 10 = 2.3$, $\ln 0.1 = -2.3$, R은 기체상수이다. [공무원 임용시험]

① $690R$ ② $750R$
③ $1380R$ ④ $2070R$

13. 127℃에서 0.25mol의 이상 기체를 2.5ℓ에서 0.5ℓ로 압축할 때 요구되는 일[J]을 구하여라. 단, $R = 8.3\,\mathrm{J/mol \cdot K}$, $\ln 5 = 1.6$이다. [공무원 임용시험]

14. 마찰이 없는 피스톤-실린더 기구 내의 이상기체가 팽창하여 체적이 처음의 2배가 되었다. 이때 정압과정으로 발생한 일(W_1)과 등온과정으로 발생한 일(W_2)의 비(W_1/W_2)를 구하여라. [중등교사 임용시험(기계·금속)]

15. 초기상태에서 압력이 5 bar, 체적이 $2m^3$인 일정량의 이상기체가 일정한 온도하에서 서서히 팽창하여 체적이 $16m^3$이 되었다. 팽창 과정에서 기체가 외부에 한 일 [MJ]을 구하여라. [중등교사 임용시험(기계·금속)]

16. 기체의 성질에 대한 다음 물음에 답하시오. 단, 기체는 이상기체이며, 질량은 일정하다. [중등교사 임용시험(화공·섬유)]

(1) 온도가 일정할 때, 부피(V)와 압력(P)의 관계 그래프를 그리시오.

(2) 온도가 일정할 때, 압력(P)과 압력(P)×부피(V)와의 관계 그래프를 그리시오.

(3) 온도와 압력이 변할 때, 기체의 부피와 압력, 부피와 온도의 관계를 간단히 쓰시오.

(4) 이상기체 상태방정식을 이용하여 0℃, 1atm에서 어떤 기체 1mol의 일반기체상수 $\overline{R}$[atm · L/mol · K]의 값을 구하시오. 단, 소수점 넷째 자리에서 반올림할 것.

17. 그림과 같이 내부 반지름 $R_1 = 0.1$[m]인 밀폐된 구에 압력 $P_1 = 100$[kPa]인 이상기체가 들어 있다. 이 기체가 가열되어 내부 반지름 $R_2 = 0.2$[m]가 될 때까지 등온과정으로 팽창하였다. 〈조건〉을 고려하여 팽창 후의 기체 압력 P_2[kPa]와 이 과정에 의해 기체가 행한 일 W[J]를 각각 구하고, 풀이 과정과 함께 쓰시오.

[중등교사 임용시험(기계·금속)]

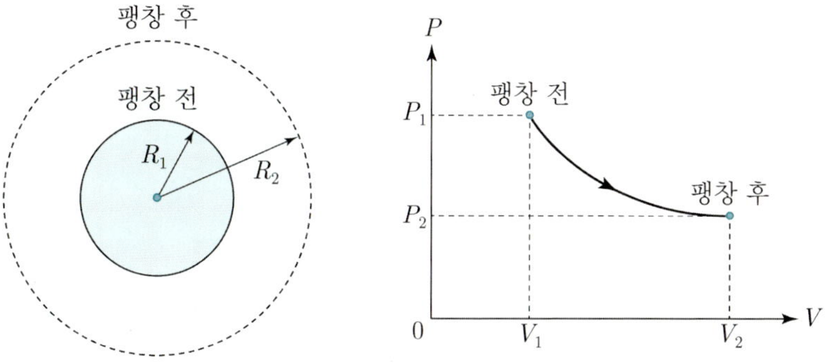

[문제 5.3.17]

〈조건〉

○ 기체는 준평형 과정(quasi-equilibrium process)으로 팽창하며, 과정 중에 구 모양을 유지한다.

- ○ 압력은 절대 압력 값이다.
- ○ $\pi=3$, $\ln 8=2$로 계산하며, 제시된 조건 이외에는 고려하지 않는다.

18. 그림은 1몰의 단원자 분자 이상 기체의 상태가 A→B→C→A를 따라 변할 때, 압력과 절대온도의 관계를 나타낸 그래프이다. A에서 기체의 압력, 절대온도, 부피는 각각 P_0, T_0, V_0이다. 이때 C와 B에서의 부피의 비 $\frac{V_C}{V_B}$는? [공무원 임용시험]

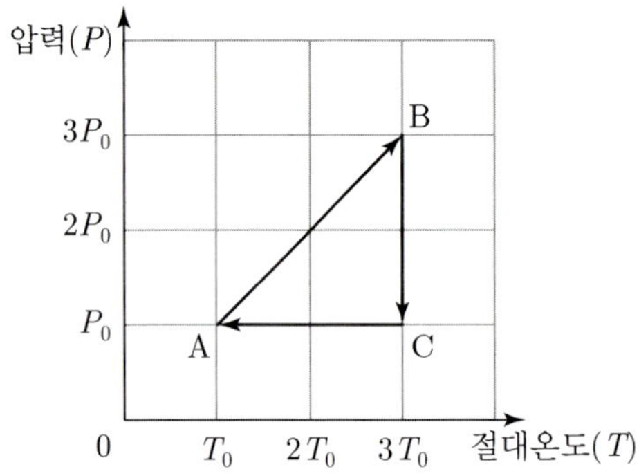

[문제 5.3.18]

① 1　　② 2　　③ 3　　④ 4

19. 그림은 일정량의 이상 기체 상태가 A→B→C를 따라 변화할 때 부피와 온도의 관계를 나타낸 것이다. 이에 대한 설명으로 옳은 것은? [공무원 임용시험]

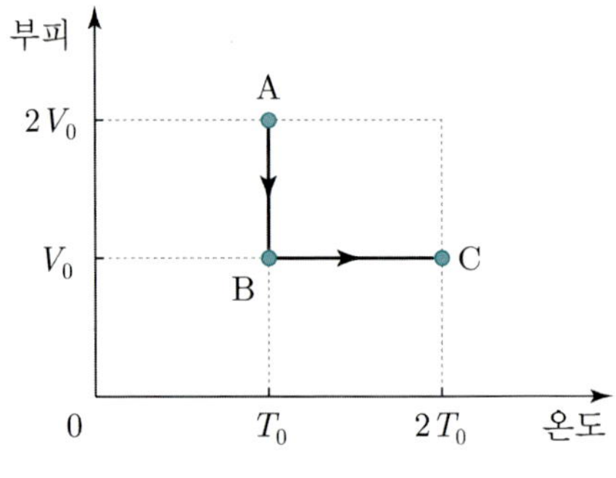

[문제 5.3.19]

① A→B 과정에서 기체가 한 일은 0이다.
② A→B 과정에서 기체의 압력은 2배가 된다.
③ B→C 과정에서 내부에너지는 일정하다.

④ A → B 과정에서는 열을 흡수하고 B → C 과정에서는 열을 방출한다.

20. 그림 (가)는 내부에 열원이 장치된 단열 실린더에 이상 기체를 넣고 P의 위치에 정지되어 있던 피스톤에 힘을 가하여 Q의 위치까지 이동시키는 모습을 나타내고, 그림 (나)는 (가)에서 Q의 위치에 피스톤을 고정시킨 상태로 기체에 열을 가하는 모습을 나타내며, 그림 (다)는 (나)에서 피스톤을 가만히 놓았더니 피스톤이 오른쪽으로 움직이고 있는 모습을 나타낸 것이다. 이에 대한 설명으로 옳은 것은? (단, 피스톤과 실린더 사이의 마찰은 무시한다) [공무원 임용시험]

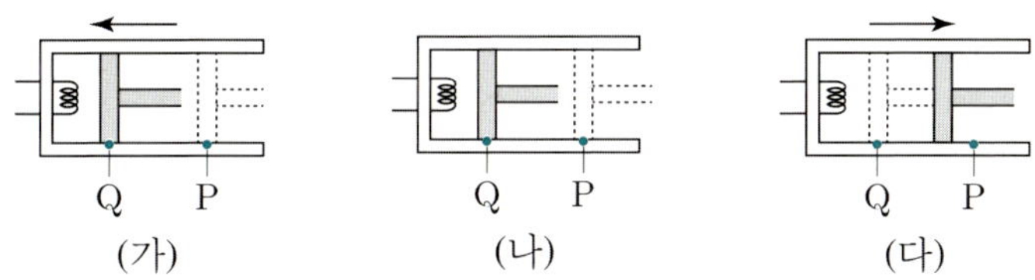

[문제 5.3.20]

① (가)에서 기체의 온도는 감소한다.
② (나)에서 기체가 흡수한 열량은 기체의 내부 에너지 증가량과 같다.
③ (나)에서 기체 분자가 피스톤 벽에 작용하는 압력은 변하지 않는다.
④ (다)에서 기체는 외부로부터 일을 받는다.

21. 어떤 질소 통에 15kg의 질소를 가득 채우면 압력이 30기압이 된다. 질소 통의 압력을 20기압으로 낮추려면 몇 kg의 질소를 빼내야 하는가? (단, 통 속에 있는 질소는 이상기체이고 온도는 일정하다고 가정한다) [공무원 임용시험]

① 2.5 ② 5.0 ③ 10 ④ 12

22. 그림은 일정량의 이상기체 상태를 A → B → C로 변화시키는 동안, 이상기체의 압력과 부피를 나타낸 것이다. 이에 대한 설명으로 옳은 것은? [공무원 임용시험]

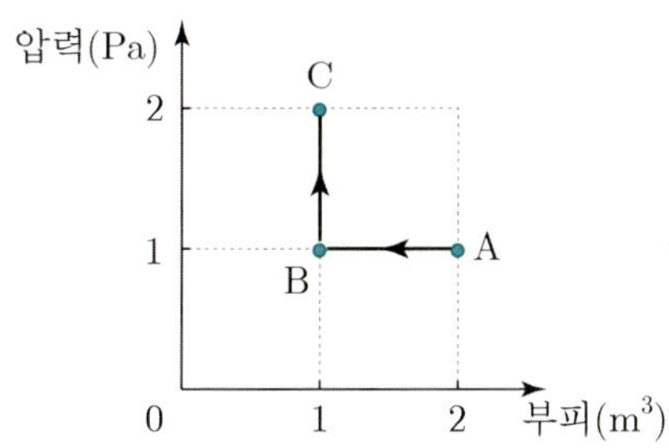

[문제 5.3.22]

① A → B 과정에서 기체가 외부에 일을 한다.
② 기체의 내부 에너지는 A보다 B에서 더 크다.
③ B → C 과정에서 기체가 외부에 열을 방출한다.
④ 기체의 온도는 B보다 A에서 더 높다.

23. 볼츠만 상수(k)의 단위는? [공무원 임용시험]

① $kg \cdot m^2 \cdot s^{-1} \cdot K^{-1}$ ② $kg \cdot m^2 \cdot s^{-2} \cdot K^{-1}$
③ $kg \cdot m^2 \cdot s^{-3} \cdot K^{-1}$ ④ $kg \cdot m^2 \cdot s^{-2} \cdot K^{-2}$

24. 일정량의 이상기체가 단열팽창하여 부피가 두 배가 되었다. 이에 대한 설명으로 옳은 것만을 모두 고르면? [공무원 임용시험]

ㄱ. 이 기체의 압력은 감소하였다.
ㄴ. 이 기체의 내부 에너지는 감소하였다.
ㄷ. 이 과정 동안 기체는 일을 하지 않았다.

① ㄱ ② ㄷ ③ ㄱ, ㄴ ④ ㄴ, ㄷ

25. 그림은 일정량의 이상 기체가 상태 A → B → C를 따라 변할 때, 이 이상 기체의 압력과 부피를 나타낸 것이다. 이에 대한 설명으로 옳은 것은? [공무원 임용시험]

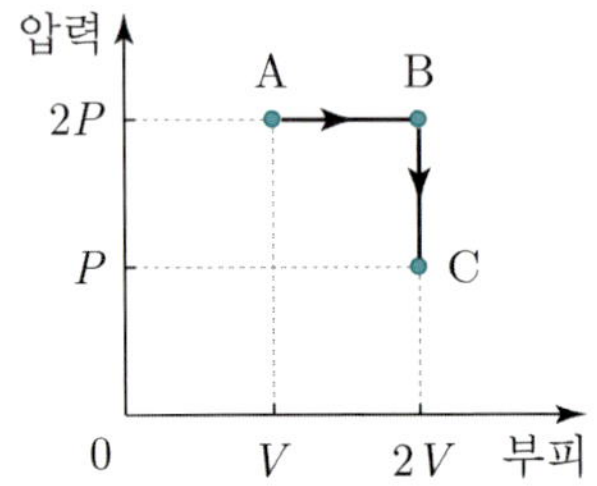

[문제 5.3.25]

① 기체의 온도는 A에서가 B에서보다 높다.
② A → B에서 기체가 외부에 한 일은 PV이다.
③ B → C에서 기체는 열을 방출한다.
④ B → C에서 기체가 외부에 한 일은 PV이다.

5.4 열역학 제2법칙과 카르노사이클

1 열역학 제2법칙 서술

열역학 제2법칙은 여러 사람들에 의해 여러 가지로 서술되었는데, 대표적인 것은 켈빈-플랑크(Kelvin-Plank) 서술과 클라시우스(Clausius)서술이다.

[1] Kelvin-Plank 서술

"하나의 열원(heat source)으로부터 열을 전달받아 사이클의 과정으로 열을 일로 변환시키는 열기관을 만들 수 없다."

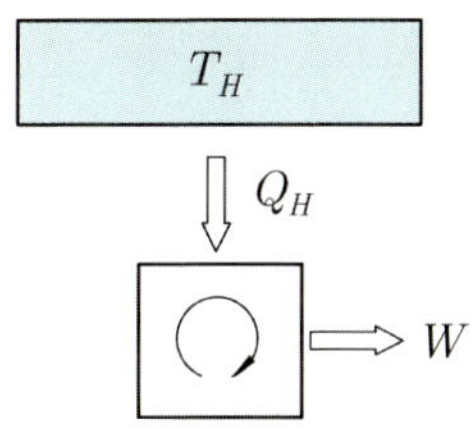

[그림 5.4.1] Kelvin-Planck 서술

이 말은 어떤 열원으로부터 전달받은 열의 일부가 일로 교환되고 나머지의 열은 다른 낮은 온도의 열원으로 방출해야 한다는 것을 의미한다. 즉, 열효율 100%의 열기관은 존재하지 않는다는 것을 뜻하고 있다.

열효율이 100%인 기관을 제2종 영구기관이라 한다. 이것은 공급된 열을 모두 일로 바꾸는 기관으로 열역학 제2법칙에 어긋나므로 만들 수 없다.

[2] Clausius 서술

"낮은 온도의 물체로부터 그보다 높은 온도의 물체로 열을 전달하는 것 외에 다른 어떠한 변화도 남기지 않고 사이클로 작동하는 장치를 만들 수 없다."

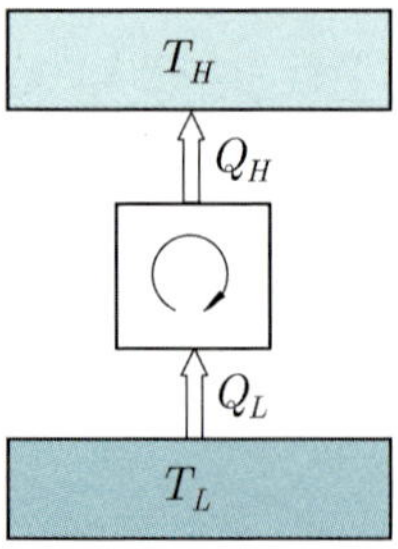

[그림 5.4.2] Clausius 서술

이 말은 냉동기나 열펌프와 관련이 있다. 즉, 열은 고온부로부터 저온부로 이동하지만 자연적으로 저온부에서 고온부로 흐르지 않는다. 따라서 주위로부터 냉동기로의 일의 전달이 있어야 냉동기를 사용하여 저온의 물체로부터 고온의 물체로 열을 전달할 수 있다는 것을 의미한다.

2 열기관

높은 온도의 열원으로부터 열을 공급받아 일부의 열을 상대적으로 낮은 온도의 열원으로 전달하고 일을 발생시키는 장치를 열기관(heat engine)이라 한다.

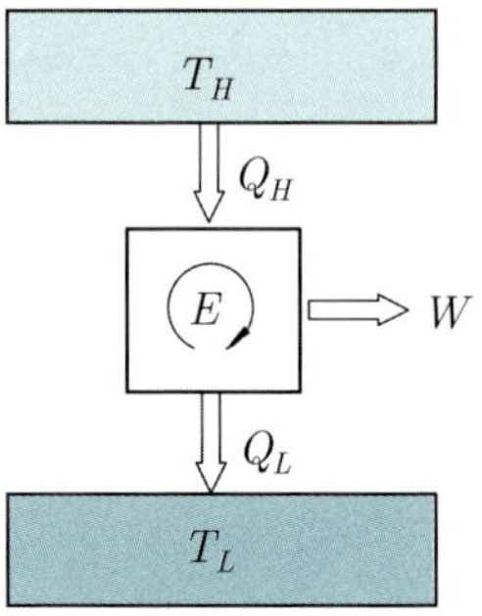

[그림 5.4.3] 두 열원 사이에서 작동하는 열기관

열기관은 일반적으로 다음과 같은 특징을 가진다.

(1) 사이클로 작동한다.

(2) 높은 온도의 열원(heat source; 연소, 태양에너지, 핵반응 등)으로부터 열을 받는다.

(3) 받은 열의 일부를 일로 변환한다.

(4) 낮은 온도의 열 침전원(heat sink; 강, 대기 등)에 남은 열을 방출한다.

하나의 열원과의 열 교환만으로 작동하는 열기관은 없으므로 열기관을 구성하기 위해서는 [그림 5.4.3]과 같이 최소한 두 개의 열원이 필요하다. [그림 5.4.3]의 열기관 E는 온도 T_H인 고온 열원으로부터 Q_H의 열을 공급받아서 W의 일을 하고, 온도 T_L의 저온 열원으로 Q_L의 열을 방출한다. 열역학 제1법칙에 의해

$$Q_H = W + Q_L \qquad \cdots (5.4.1)$$

$$W = Q_H - Q_L \qquad \cdots (5.4.2)$$

이다. 공급된 열량(Q_H)에 대하여 열기관이 하는 일(W)의 비를 열기관의 열효율(thermal efficiency)이라 한다. 열효율은

$$\eta = \frac{W}{Q_H} = \frac{Q_H - Q_L}{Q_H} = 1 - \frac{Q_L}{Q_H} \qquad \cdots (5.4.3)$$

이다. 열기관의 열효율은 1보다 작다($\eta < 1$).

예제 5.4.1 한 사이클 동안에 2000 cal의 열을 공급받아서 4000 J의 일을 하는 열기관의 열효율은 얼마인가? 단, 1cal = 4.2J이다.

풀이 한 사이클 동안 공급받은 열량 $Q_H = 2000\,\text{cal} = 2000 \times 4.2\text{J} = 8400\text{J}$이고, 기관이 한 일 $W = 4000\text{J}$이므로 열기관의 열효율(η)은 다음과 같다.

$$\eta = \frac{W}{Q_H} = \frac{4000}{8400} = 0.476 = 47.6\,[\%]$$

예제 5.4.2 한 사이클 동안에 고온 열원으로부터 5000cal의 열을 공급받아서 저온 열원으로 2000 cal의 열을 방출하는 열기관의 열효율을 구하여라.

풀이 공급받은 열량 $Q_H = 5000\,\text{cal}$, 방출한 $Q_L = 2000\,\text{cal}$이므로 열효율(η)은 다음과 같다.

$$\eta = \frac{W}{Q_H} = \frac{Q_H - Q_L}{Q_H} = 1 - \frac{Q_L}{Q_H} = 1 - \frac{2000}{5000} = 0.6 = 60\,[\%]$$

예제 5.4.3 한 사이클 동안에 5kJ의 일을 하고 저온 열원으로 2kcal의 열을 방출하는 열기관의 열효율을 구하여라. 단, 1cal = 4.2J이다.

풀이 한 사이클 동안 열기관이 한 일 $W = 5\text{kJ}$, 방출한 열량 $Q_L = 2\text{kcal}$이다. 열역학 제1법칙에 의해 한 사이클당 고온열원으로부터 공급받은 열량은

$$Q_H = W + Q_L$$

이므로 열기관의 열효율(η)은 다음과 같다.

$$\eta = \frac{W}{Q_H} = \frac{W}{W + Q_L} = \frac{5}{5 + 2 \times 4.2} = 0.373 = 37.3[\%]$$

3 가역과정과 비가역과정

주위에 아무런 변화(흔적)도 남기지 않고 원래의 상태(처음 상태)로 되돌아갈 수 있는 과정을 가역과정(reversible process)이라 하고, 그렇지 않은 과정을 비가역과정(irreversible process)이라 한다.

가역과정은 항상 역학적 및 열적으로 평형 상태를 유지하면서 이루어지는 변화이므로 어떠한 마찰도 수반되지 않는다. 공기 저항이 없는 진공 중의 단진자 운동이나 마찰이 없는 피스톤-실린더 장치에서의 기체의 준 평형 팽창과 압축 등은 가역 과정의 예이다. 가역과정은 실제로 자연계에서는 일어나지 않는 현상이며 실제 과정을 단순화시킨 이상적인 과정(ideal process)이다. 실제 장치로 가역과정에 매우 가깝게 만들 수는 있지만 결코 완전한 가역과정을 만들 수는 없다. 즉, 자연현상에서 일어나는 과정은 모두 비가역과정이다.

비가역 과정은 한쪽 방향으로는 저절로 일어나지만 반대 방향으로는 저절로 일어나지 않는 과정을 말한다. 다음은 알기 쉬운 비가역과정의 예이다.

① 온도가 다른 물체를 접촉시켜 놓을 때 고온의 물체로부터 저온의 물체로 열이 이동하는 현상
② 방의 한쪽에서 향수병을 열어 놓았을 때 향수 냄새가 방 전체로 퍼지는 현상
③ 잉크를 물에 떨어뜨렸을 때 잉크가 물속에서 확산되는 현상
④ 기체의 자유 팽창과정
⑤ 진동하던 추가 공기와의 마찰 저항으로 마침내 정지하는 현상

4 카르노 사이클과 카르노 열기관[10]

열기관은 사이클 장치이며, 열기관의 작업유체는 각 사이클의 끝에서 초기 상태로 되돌아간다. 열기관의 일은 사이클의 특정 부분에서 작업유체에 의해 발생하며, 사이클의 다른 부분에서는 작업유체에 일(열량)이 가해진다. 열기관의 효율은 사이클을 이루는 각 과정이 어떻게 수행되는가에 따라 결정된다. 어떠한 마찰도 수반되지 않는 가역과정에서 정미 일(net work)이 최대가 되므로 가장 효율이 좋은 사이클은 모든 과정이 가역과정으로 이루어진 가역사이클이다.

가역 열기관과 비가역(실제) 열기관의 열효율에 대한 것으로 다음과 같은 카르노원리(Carnot principle)가 있다.

(1) 두 개의 열원(열저장조) 사이에서 작동하는 비가역 열기관의 효율은 동일한 두 열저장조 사이에서 작동하는 가역 열기관의 효율보다 항상 낮다.

(2) 동일한 두 열저장조 사이에서 작동하는 모든 가역 열기관의 효율은 같다.

두 열원으로 구성되는 사이클 중에서 열효율이 최대인 사이클을 카르노 사이클(Carnot cycle)이라 하고, 이 사이클에서 작동하는 열기관을 카르노 기관(카르노 열기관)이라 한다. 고온 열원과 저온 열원의 절대온도를 각각 T_H, T_L이라 하면 카르노 기관의 열효율은

$$\eta_c = \frac{W}{Q_H} = 1 - \frac{Q_L}{Q_H} = 1 - \frac{T_L}{T_H} \quad \cdots (5.4.4)$$

이다. 가역 사이클인 경우 열전달의 비 $(Q_H/Q_L)_{rev} = T_H/T_L$이 된다. 이와 같은 온도 눈금을 Kelvin 눈금이라 부르며, 이 눈금에 의한 온도를 절대온도라 한다. 식 (5.4.4)는 카르노 효율(열효율)이라고 하며, 이 효율은 절대온도가 T_H와 T_L인 열에너지 저장조 사이에서 작동하는 열기관이 가질 수 있는 가장 높은 효율이다. 절대온도 T_H와 T_L 사이에서 작동하는 모든 실제(비가역) 열기관의 효율은 카르노 효율보다 낮다. 실제 열기관은 실제 사이클에 관련된 모든 비가역성을 완전히 제거할 수는 없으므로 최대 이론 효율(카르노 효율)에 도달할 수 없다.

카르노 사이클의 $P-V$ 선도는 [그림 5.4.4]와 같다.

10 카르노 사이클의 특성을 잘 알아두도록 한다.

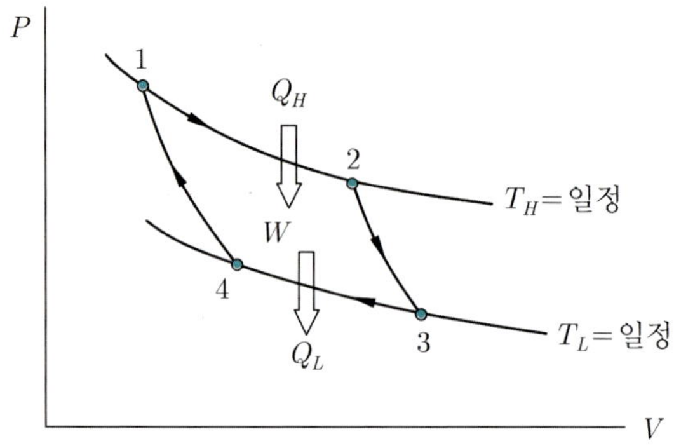

[그림 5.4.4] 카르노 사이클 $P-V$ 선도

카르노 사이클은 다음 네 과정으로 구성된다[그림 5.4.5].

(1) 가역 등온팽창 : 과정 1→2, 온도 $T_H =$ 일정. 고온열원과 접촉하여 기체가 서서히 팽창하는 과정이며 고온열원으로부터 Q_H의 열을 공급받는다.

(2) 가역 단열팽창 : 과정 2→3, 단열과정. 주위와 열 교환이 없이 기체는 주위에 일을 하면서 온도가 T_L로 낮아질 때까지 서서히 팽창한다.

(3) 가역 등온압축 : 과정 3→4, 온도 $T_L =$ 일정. 저온열원과 접촉하여 기체가 압축되면서 저온열원으로 Q_L의 열을 방출한다.

(4) 가역 단열압축 : 과정 4→1, 단열과정. 기체는 가역적인 방법으로 압축되어 초기 상태로 되돌아간다. 이 과정에서 온도가 T_L로부터 T_H로 높아지고 하나의 사이클

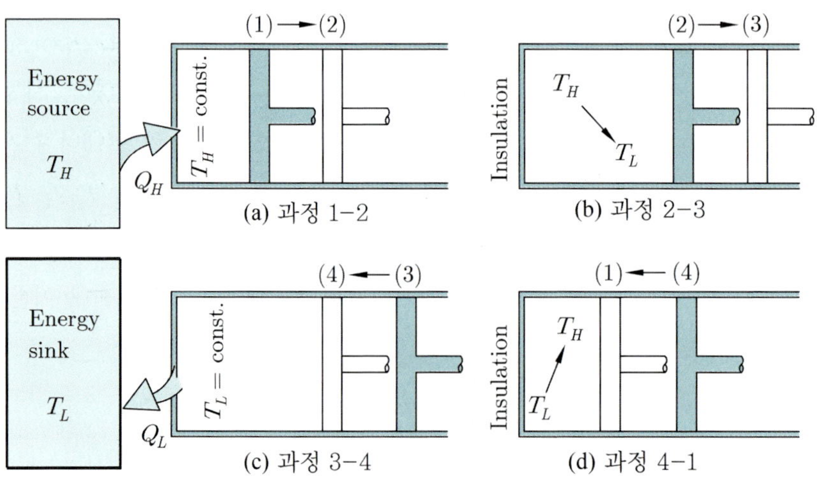

[그림 5.4.5] 카르노 사이클 과정

이 완성된다.

작업유체(working fluid)가 여러 가지 변화를 거쳐 다시 처음의 상태로 되돌아가는 일련의 과정을 사이클(cycle)이라 하고, 사이클을 구성하는 모든 과정이 가역인 사이클을 가역 사이클(reversible cycle)이라 한다. 카르노 사이클(Carnot cycle)은 주어진 두 열원 사이에서 존재하는 열기관 사이클 중 가장 효율이 좋은 이상적인 가역사이클이다. 카르노 기관은 1824년 프랑스의 물리학자 카르노(Sadi Carnot)가 제시하였는데 열기관의 작업유체로 이상기체를 사용한 이상적인 열기관이다.

카르노 기관의 열효율은 작업유체의 종류와는 무관하고 고온열원과 저온열원의 온도만으로 결정되며, 효율을 높이기 위해서는 두 열원의 온도 차이를 크게 해야 한다. 그러나 저온열원의 온도가 절대온도 0K는 될 수 없으므로 열효율 100%인 열기관은 존재하지 않는다. 실제 열기관의 효율은 마찰 등의 비가역적인 요인에 의한 손실 때문에 카르노 사이클의 효율보다 언제나 작다.

예제 5.4.4 고온열원 온도 $T_H = 250℃$, 저온열원 온도 $T_L = 30℃$ 사이에서 작동하는 카르노사이클의 열효율을 구하여라.

풀이 $T_H = 250 + 273.2 = 523.2\text{K}$, $T_L = 30 + 273.2 = 303.2\text{K}$이므로 카르노기관의 열효율($\eta$)은 다음과 같다.

$$\eta = 1 - \frac{T_L}{T_H} = 1 - \frac{303.2}{523.2} = 0.42 = 42[\%]$$

[Note] 카르노 기관의 열효율 식에서 온도(T_L, T_H)는 절대온도[K]라는 것에 주의한다. 섭씨온도[℃]를 그대로 대입하여

$$\eta = 1 - \frac{T_L}{T_H} = 1 - \frac{30}{250} = 0.88$$

로 하지 않도록 한다. 단, 절대온도 차이는 섭씨온도 차이와 같으므로 다음과 같이 온도 차이 $T_H - T_L$에는 섭씨온도를 그대로 사용해도 된다.

$$\eta = \frac{T_H - T_L}{T_H} = \frac{250 - 30}{250 + 273.2} = 0.42$$

예제 5.4.5 카르노 열기관이 500℃의 고온열원으로부터 열을 받아서 한 사이클당 400 kJ의 일을 하고 30℃의 저온열원으로 열을 방출한다. 한 사이클 당 방출하는 열량을 구하여라.

풀이 고온열원 온도 $T_H = 500℃$, 저온열원 온도 $T_L = 30℃$, 한 사이클 당 기관이 하는 일 $W = 400\text{kJ}$이다. 카르노기관의 열효율 식으로부터 고온열원으로부터 받은 열량(Q_H)은

$$\eta = \frac{W}{Q_H} = \frac{T_H - T_L}{T_H}$$

$$\therefore \quad Q_H = \left(\frac{T_H}{T_H - T_L}\right) W = \left(\frac{500 + 273.2}{500 - 30}\right) \times 400 = 658\,[\text{kJ}]$$

이다. 따라서 저온열원으로 방출한 열량(Q_L)은 다음과 같다.

$$Q_L = Q_H - W = 658 - 400 = 258\,[\text{kJ}]$$

예제 5.4.6 카르노 열기관이 500 K의 고온열원과 300 K의 저온열원 사이에서 작동하고 있다. 고온열원으로부터 400 kJ의 열을 공급받을 때 기관이 하는 일을 구하여라.

풀이 고온열원 온도 $T_H = 500\text{K}$, 저온열원 온도 $T_L = 300\text{K}$, 고온열원으로부터 공급받는 열량 $Q_H = 400\,\text{kJ}$이다. 카르노기관의 열효율 식으로부터 기관이 하는 일(W)은 다음과 같다.

$$\eta = \frac{W}{Q_H} = \frac{T_H - T_L}{T_H}$$

$$\therefore \quad W = \left(\frac{T_H - T_L}{T_H}\right) Q_H = \left(\frac{500 - 300}{500}\right) \times 400 = 160\,[\text{kJ}]$$

5.4 연습문제

EXERCISES

1. 1초당 고온열원으로부터 1000 J 의 열을 공급받아서 300 J 의 일을 하고 저온열원으로 700 J 의 열을 방출하는 열기관의 열효율은 얼마인가?

2. 1 kcal의 열을 흡수하여 1680 J 의 일을 하는 열기관의 열효율은 얼마인가?

3. 열효율이 30 % 인 열기관에 10 kcal의 열을 공급하면 열기관은 몇 kJ 의 일을 하는가?

4. 고온열원 227 ℃, 저온열원 27 ℃ 에서 작동하는 카르노사이클의 열효율은 얼마인가?

5. 127 ℃ 의 고온열원으로부터 에너지를 공급받고, 27 ℃ 의 저온열원으로 에너지를 방출하는 열기관의 최대 효율은 얼마인가?

6. 카르노 열기관이 250 ℃ 의 고온 열원으로부터 한 사이클당 50 kcal의 열을 공급받아서 20 ℃ 의 저온열원으로 열을 방출한다. 한 사이클당 기관이 하는 일과 사이클의 효율을 구하여라.

7. 이상적인 Carnot 사이클의 과정이 아닌 것은? [중등교사 임용시험(기계)]
   ① 등온 압축 ② 단열 팽창
   ③ 단열 압축 ④ 정압 팽창

8. 가역 과정에 대한 설명 중 옳은 것은? [중등교사 임용시험(기계)]
   ① 과정 간에 체적 또는 압력이 일정한 과정
   ② 과정 간에 온도 및 열의 변동이 없는 과정
   ③ 계가 경계를 통하여 이동할 때 주위에 어떠한 변화도 남기지 않는 과정
   ④ 계가 경계를 통하여 이동할 때 평형이 유지되지 않는 과정

9. 열역학 제2법칙을 옳게 설명한 것은? [중등교사 임용시험(기계)]
   ① 에너지 보존 법칙이다.
   ② 저온 물체에서 고온 물체로 열을 전달하는 장치를 만들 수 없다.

③ 제2종 영구기관은 실현될 수 없다.

④ 어떤 방법으로도 계를 절대온도 0K에 이르게 할 수 없다.

10. 높은 열원의 온도를 T_H, 낮은 열원의 온도를 T_L이라 하고, 이 두 열원 사이에서 가역적으로 작동하는 엔진(동력 사이클)이 있다. 이 엔진의 효율은 80%이다. $T_H =$ 2000K일 때 받은 에너지는 Q_H이며 순환 과정을 거쳐 한 일은 250kJ이다. Q_H와 T_L을 구하고 낮은 열원에 방출한 에너지 Q_L을 구하시오. [중등교사 임용시험(기계·금속)]

11. 카르노 열기관에서 사이클마다 213.5kgf·m의 일을 하기 위하여 열량 1kcal가 공급된다. 저열원의 온도가 27℃이면 고열원의 온도는 몇 도[℃]인지 계산식을 세우고 답을 구하시오. 열의 일당량은 1kcal = 427kgf·m로 한다.

[중등교사 임용시험(기계·금속)]

12. 800℃와 200℃ 사이에서 작동하는 열기관이 가질 수 있는 최대 효율에 가장 가까운 것은? [공무원 임용시험]

① 25% ② 33% ③ 56% ④ 76%

13. $T_H = 450$K의 고온 열원으로부터 10.0kJ을 흡수한 열기관이 열을 방출한 후 $T_C = 350$K가 되었다. 이 Carnot 순환기관에서 열이 일로 전환되는 효율(η)은? 단, 작동유체는 이상기체이다. [공무원 임용시험]

① 0.12 ② 0.22 ③ 0.32 ④ 0.42

14. 그림은 고열원에서 500kJ의 열을 흡수하여 W의 일을 하고 저열원으로 300kJ의 열을 방출하는 열기관을 도식적으로 나타낸 것이다. 이 열기관의 열효율[%]은?

[공무원 임용시험]

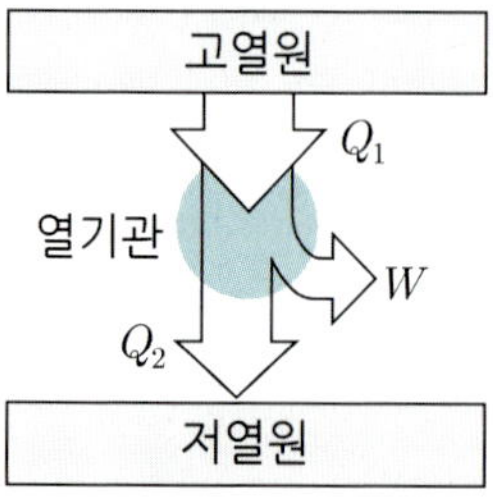

[문제 5.4.14]

① 20　　② 30

③ 40　　④ 50

15. 고열원에서 열을 흡수하여 외부에 일을 하고 저열원으로 열을 방출하는 열기관이 있다. 이 열기관의 열효율이 40%이고 저열원으로 방출한 열이 600J일 때 열기관이 외부에 한 일[J]은? [공무원 임용시험]

① 200　　② 240

③ 360　　④ 400

16. 열역학 제2법칙에 해당하는 설명을 보기에서 고른 것은? [중등교사임용시험(기계·금속)]

ㄱ. 열과 일은 모두 에너지이며 열과 일은 상호 전환이 가능하다. ㄴ. 외부에서 일이 가해지지 않으면 열은 저온에서 고온으로 흐를 수 없다. ㄷ. 효율 100%의 열기관을 만들기가 불가능하다는 것을 의미하는 법칙이다. ㄹ. 밀폐계가 임의의 사이클을 이룰 때 열전달의 총합은 이루어진 일의 총합과 같다.

① ㄱ, ㄴ　　② ㄱ, ㄹ

③ ㄴ, ㄷ　　④ ㄴ, ㄹ

17. 전기로 동작하는 카르노 열펌프를 난방기로 사용하여 건물 내부의 온도를 300K로 유지하고 있다. 건물 외부의 온도는 250K로 일정하고, 건물 내부에서 외부로 새어 나가는 열에너지가 초당 9kJ일 때, 카르노 열펌프에 공급하고 있는 전력의 크기는? [공무원 임용시험]

① 500W　　② 1,500W

③ 3,000W　　④ 6,000W

18. 카르노(Carnot) 기관이 두 온도 $T_H = 600\text{K}$, $T_L = 300\text{K}$ 사이에서 작동하고, 한 순환과정 당 1,200J의 일을 한다. 매 순환과정마다 고온과 저온의 열 저장고에서 뽑아내는 열에너지 Q_H와 Q_L 각각의 크기는? [공무원 임용시험]

① 1,200J, 800J　　② 2,400J, 1,200J

③ 3,000J, 1,600J　　④ 3,600J, 1,800J

19. 다음 현상 중, 열역학 제2법칙과 밀접한 관련이 있는 현상은? [공무원 임용시험]

① 잉크 방울을 물에 떨어뜨리면 결국 고르게 퍼지게 되지만, 고르게 퍼져있던 잉크 분자들이 모여서 잉크방울로 뭉치지는 않는다.

② 자전거 바퀴에 공기를 팽팽하게 주입하고 나면 바퀴가 따뜻해진다.

③ 주전자 속의 물을 가열하면 물의 온도가 올라간다.

④ 압축 공기가 들어 있는 스프레이를 사용하고 나면 스프레이 통이 차가워진다.

20. 찬 물과 뜨거운 물을 섞으면 미지근한 물이 되지만, 미지근한 물이 저절로 찬 물과 뜨거운 물로 나누어지지는 않는다. 이 현상을 설명하는 법칙은? [공무원 임용시험]

① 열역학 제0법칙 ② 열역학 제1법칙

③ 열역학 제2법칙 ④ 열역학 제3법칙

21. 온도와 열에 대한 설명으로 옳지 않은 것은? [공무원 임용시험]

① 온도는 물체의 차고 뜨거운 정도를 수량적으로 나타낸 것이다.

② 열기관은 열을 역학적인 일로 바꾸는 장치이다.

③ 열은 자발적으로 저온에서 고온으로 이동할 수 있다.

④ 절대온도에서 1K 차이는 섭씨온도에서 1°C 차이와 같다.

22. 열효율이 0.4인 어떤 열기관이 고온 열원에서 열을 흡수하여 한 순환과정 동안 일을 한 후 저온 열원으로 600J의 열을 방출한다. 이 과정에서 열기관이 수행한 일은? [공무원 임용시험]

① 200J ② 300J

③ 400J ④ 500J

23. 열효율이 25%인 열기관에서 저온의 열저장고로 방출하는 열량에 대한 열기관이 하는 일의 비율은? [공무원 임용시험]

① $\frac{1}{5}$ ② $\frac{1}{4}$

③ $\frac{1}{3}$ ④ $\frac{1}{2}$

24. $T_H = 500\text{K}$의 고온 저장고와 $T_C = 300\text{K}$의 저온 저장고 사이에서 작동하는 카르노 열기관이 있다. 이 열기관의 열효율을 1.1배로 향상시키기 위한 저온 저장고의 온도 변화량[K]은? [공무원 임용시험]

① -20 ② $+20$

③ -33 ④ $+33$

제6장

유체역학

6.1 유체의 기본 성질

1 유체의 특성

[1] 유체의 정의

'유체(fluid)는 아무리 작은 전단응력(shear stress, 접선응력)을 받아도 연속적으로 변형되는 물질'로 정의한다.

물질을 이루는 분자 사이의 거리와 인력의 크기에 따라 물질을 크게 고체와 유체로 나눈다. 유체는 액체와 기체를 포함한다. 분자 간 응집력은 고체에서 가장 크고 다음에 액체에서 크며, 기체에서는 아주 작다. 고체 분자들이 단단히 결합되어 있는 반면, 유체에서는 분자간의 응집력이 약하기 때문에 비교적 자유롭게 움직일 수 있다. 따라서 유체는 일정한 형태를 지니지 못하고 자유롭게 변형하는 특성이 있다. 즉 임의 형상의 그릇에 채울 수 있으며 아주 작은 전단 응력도 지탱하지 못하고 변형된다.

[2] 유체의 분류

점성이 있는 유체를 점성유체(viscous fluid), 점성이 없는 유체를 비점성유체(inviscid fluid)라 하고, 압축이 되는 유체를 압축성 유체(compressible fluid), 압축되지 않는 유체를 비압축성 유체(incompressible fluid)라 한다. 그리고 비점성·비압축성 유체를 이상유체(ideal fluid)라 한다.

실제유체는 모두 점성을 가지며 압축이 된다. 그런데 실제로는 점성·압축성유체이지만 그 영향이 매우 작게 나타나는 경우에는 일반적으로 비점성·비압축성유체로 가정하여 해석한다. 점성과 압축성이 모두 고려되는 실제유체의 이론적 해석은 매우 어렵다. 학부 과정의 기초 유체역학에서 취급하는 유체는 대부분 이상유체이다.

2 밀도, 비중량, 비중

[1] 밀도

물질의 단위 부피(V)당 질량(m)을 밀도(density)라 하고 일반적으로 기호 ρ로 나타내며 다음과 같이 정의한다.

$$\rho = \frac{m}{V} \quad [\mathrm{kg/m^3}] \qquad \cdots (6.1.1)$$

[2] 비중량

물질의 단위 부피(V)당 무게(W)를 비중량(specific weight)이라 한다. 밀도가 ρ인 물질의 비중량 γ는 다음과 같다. g는 중력가속도이다.

$$\gamma = \frac{W}{V} = \frac{mg}{V} = \frac{m}{V} \times g = \rho g \quad [\mathrm{N/m^3}] \qquad \cdots (6.1.2)$$

[3] 비중

순수한 물의 밀도를 기준으로 한 유체의 상대적 밀도를 비중이라 한다. 물의 밀도를 ρ_w라 하면 밀도 ρ인 물질의 비중 S는 다음과 같이 정의된다. 여기에서 γ와 γ_w는 각각 물질과 물의 비중량을 나타낸다.

$$S = \frac{\rho}{\rho_w} = \frac{\rho g}{\rho_w g} = \frac{\gamma}{\gamma_w} \qquad \cdots (6.1.3)$$

열역학에서는 밀도의 역수인 비체적($v = \frac{V}{m}$)을 많이 사용하지만 유체역학에서는 밀도와 비중량을 주로 사용한다. 고체 내부의 압력은 거의 일정하다. 그러나 유체에서는 온도가 상승하면 분자 운동이 활발해지고, 이에 따라 분자 사이의 거리가 멀어짐으로 인해 밀도가 작아지고 압력은 상승한다.

비중은 어떤 물질의 무게가 물보다 얼마나 더 가벼운지 또는 무거운지를 나타내는 척도가 된다. 비중이 큰 물질로는 수은($S \approx 13.6$)이 있으며 공기의 비중은 약 1/800이다. 보통 기름의 비중은 1보다 작으므로 물에 기름을 부으면 기름은 모두 물 위에 뜬다. 비중이 1보다 작다는 것은 물보다 더 가볍다는 것을 뜻한다.

비중량(γ)은 단위 부피당 무게를 나타내며 단위는 $[\gamma] = \mathrm{N/m^3}$이다. 그러나 비중은 물의 밀도에 대한 물질의 밀도 비를 나타내므로 차원이 없는 무차원 수(dimensionless number)이다.

4℃에서 순수한 물의 밀도는 $1000\,\mathrm{kg/m^3}$이고, 비중량은 $9.8\,\mathrm{kN/m^3}$이므로 비중 S인 물질의 밀도 ρ와 비중량 γ는 다음과 같다.

$$\rho = 1000\,S \ \ [\text{kg/m}^3]$$
$$\gamma = 9.8\,S\ [\text{kN/m}^3] = 9800\,S\ [\text{N/m}^3]$$

[표 6.1.1] 표준대기압과 25 ℃ 에서의 유체의 밀도

유체	밀도[kg/m³]	유체	밀도[kg/m³]
벤젠	879	등유	815
사염화탄소	1584	메탄올	787
에틸알코올	783	엔진오일	885
가솔린	750	물	997
글리세린	1260	수은	13580

예제 6.1.1 부피가 $4\,\text{m}^3$인 유체의 무게가 $30\,\text{kN}$일 때 유체의 비중량, 밀도, 비중을 구하여라.

풀이 유체의 부피 $V = 4\,\text{m}^3$, 무게 $W = 30\,\text{kN}$이고, 물의 비중량 $\gamma_w = 9.8\,\text{kN/m}^3$이다. 유체의 비중량($\gamma$), 밀도($\rho$), 비중($S$)은 다음과 같다.

(1) 비중량 $\gamma = \dfrac{W}{V} = \dfrac{30\,\text{kN}}{4\,\text{m}^3} = 7.5\,\text{kN/m}^3 = 7500\,[\text{N/m}^3]$

(2) 밀도 $\rho = \dfrac{\gamma}{g} = \dfrac{7500\text{N/m}^3}{9.8\text{m/s}^2} = 765.3\,[\text{kg/m}^3]$ $\left(\because\ \ \text{N} = \text{kg}\cdot\dfrac{\text{m}}{\text{s}^2}\right)$

(3) 비중 $S = \dfrac{\gamma}{\gamma_w} = \dfrac{7.5\,\text{kN/m}^3}{9.8\,\text{kN/m}^3} = 0.7653$

예제 6.1.2 밑면 지름 $50\,\text{cm}$, 높이 $100\,\text{cm}$인 실린더(cylinder)형 용기에 밀도가 $885\,\text{kg/m}^3$인 기름이 가득 채워져 있다. 기름의 질량과 무게를 구하여라.

풀이 밀도 $\rho = \dfrac{m}{V}$이므로 질량(m)과 무게(W)는 다음과 같다.

$$m = \rho\,V = \rho \times \left(\frac{\pi D^2 H}{4}\right) = 885 \times \left(\frac{\pi \times 0.5^2 \times 1}{4}\right) = 173.8\ [\text{kg}]$$
$$W = mg = 173.8 \times 9.8 = 1703\ [\text{N}]$$

3 점성

[1] 점성계수

[그림 6.1.1]과 같이 유체 유동이 속도분포 $u(y)$를 가질 때 유체 내부에서 발생하는 전단응력 τ가 속도기울기 $\frac{du}{dy}$에 비례하는 유체를 뉴턴유체라 하고, 다음과 같이 정의되는 비례상수(μ)를 절대점성계수(absolute viscosity), 역학적 점성계수(dynamic viscosity) 또는 간단히 점성계수(viscosity)라 한다.

$$\tau = \mu \frac{du}{dy} \qquad \cdots (6.1.4)$$

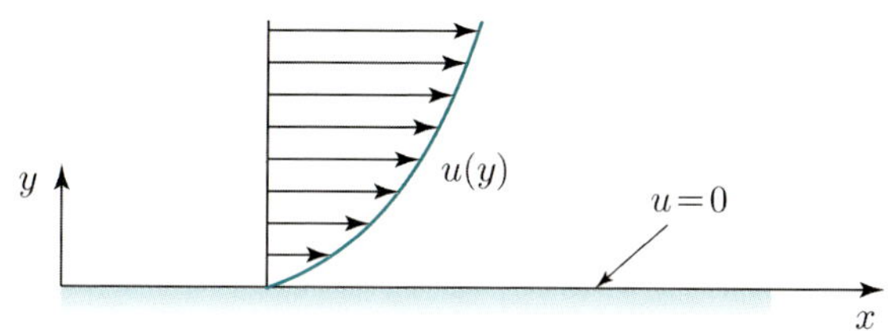

[그림 6.1.1]

[그림 6.1.2]와 같이 접촉된 두 판 사이에 속도 차이가 있으면 두 판 사이에 마찰력이 발생한다. 고체와 마찬가지로 유체 층 내에서도 속도 차이가 존재하면 마찰력(전단응력)이 발생하며 이러한 성질을 나타내는 물리량을 점성계수(점도)라 한다. 즉, 점성은 유체 층 사이에 상대 운동이 일어날 때 이 상대 운동을 방해하는 성질을 말한다. 이것을 유체 마찰(fluid friction)이라 하며 이러한 유체의 성질을 점성이라 하는 것이다. 예를 들어 기름은 물에 비하여 흐르기가 어렵다. 이것은 기름이 형태를 바꿀 때(흘러 갈 때) 큰 저항력(마찰력)을 받기 때문이다. 이때 기름은 물보다 큰 점성계수를 갖는다.

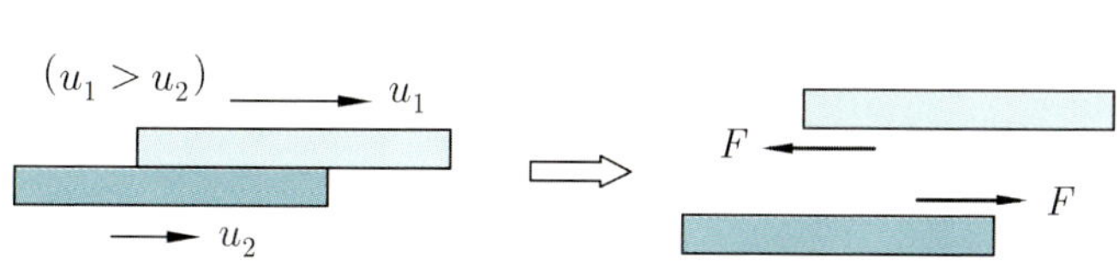

[그림 6.1.2]

[2] 벽 점착조건

유체가 고체 표면 위를 흐를 때 고체 표면에서 유체입자가 고체와 미끄럼이 없다는 조건, 즉 '벽에서 유체의 속도 $u=0$'이라는 조건을 벽 점착조건(no slip condition)이라 한다.

[3] 뉴턴의 점성법칙

점성계수를 정의하는 식 $\tau=\mu\dfrac{du}{dy}$ 를 뉴턴의 점성법칙이라 한다. 이 법칙을 따르는 유체를 뉴턴유체(Newtonian fluid), 따르지 않는 유체를 비뉴턴 유체(non-Newtonian fluid)라 한다.

[표 6.1.2] 표준대기압, 20℃에서의 유체의 점성계수와 동점성계수

유체	점성계수[Pa・s]	동점성계수[m^2/s]
수소	8.8×10^{-6}	1.05×10^{-4}
공기	1.81×10^{-5}	1.51×10^{-5}
가솔린	2.9×10^{-4}	4.26×10^{-7}
물	1.01×10^{-3}	1.01×10^{-6}
에틸알코올	1.2×10^{-3}	1.52×10^{-6}
수은	1.5×10^{-3}	1.1×10^{-7}
SAE 30 오일	0.29	3.25×10^{-4}
원유	7.18×10^{-3}	8.39×10^{-6}
글리세린	1.494	1.18×10^{-3}

[4] 동점성계수

다음과 같은 점성계수(μ)와 밀도(ρ)의 비를 동점성계수(ν)라 한다. 동점성계수(kinematic viscosity)의 SI 단위는 m^2/s이다.

$$\nu=\frac{\mu}{\rho} \qquad \cdots (6.1.5)$$

[5] 점성계수의 차원 및 단위

점성계수 μ의 차원은 $[\mu]=M/LT$, FT/L^2이고, 점성계수의 SI 단위는 kg/m・s,

Pa · s, N · s/m^{2}이다.

설명 점성계수의 정의 $\tau = \mu \frac{du}{dy}$로부터 μ의 차원을 FLT계로 나타내면

$$[\mu] = [\tau]\left[\frac{dy}{du}\right] = [\tau]\frac{[y]}{[u]} = \frac{F}{L^2} \times \frac{L}{L/T} = FT/L^2$$

이고, 주요 단위에는 Pa · s, N · s/m^2, dyne · s/cm^2 등이 있다.

MLT계에서 μ의 차원은 다음과 같다.

$$[\mu] = \frac{FT}{L^2} = \frac{(ML/T^2)T}{L^2} = M/LT$$

[6] 동점성계수의 차원 및 단위

동점성계수의 차원은 $[\nu] = L^2/T$이고, SI 단위는 m^2/s, cm^2/s이다.

설명 동점성계수의 정의로부터 동점성계수의 차원은 다음과 같다.

$$[\nu] = \frac{[\mu]}{[\rho]} = \frac{M/LT}{M/L^3} = L^2/T$$

예제 6.1.3 20℃에서 물의 점성계수는 약 10^{-3}Pa · s, 밀도는 998 kg/m^{3}이고, 공기의 점성계수는 약 1.8×10^{-5}N · s/m^2, 밀도는 1.2 kg/m^{3}이다. 물과 공기의 동점성계수를 각각 구하여 비교하여라.

풀이 동점성계수의 정의는 $\nu = \frac{\mu}{\rho}$이다.

(1) 물의 동점성계수 $\nu_w = \frac{\mu_w}{\rho_w} = \frac{10^{-3}}{998} = 1.002 \times 10^{-6}$ [m^2/s]

(2) 공기의 동점성계수 $\nu_a = \frac{\mu_a}{\rho_a} = \frac{1.8 \times 10^{-5}}{1.2} = 1.5 \times 10^{-5}$ [m^2/s]

점성계수는 물이 공기보다 크지만 공기의 밀도가 작기 때문에 동점성계수는 오히려 공기가 물보다 크다. ◩

4 평판 사이의 쿠에트 유동

거리가 H인 두 무한평판 사이의 유체에서, 아래 평판을 고정하고 위 평판을 V의 속도로 이동할 때 유체의 속도 분포가 다음과 같이 선형적인 분포를 갖는 유동을 쿠에트(Couette) 유동이라 한다[그림 6.1.3].

$$u(y) = \frac{Vy}{H} \quad \cdots (6.1.6)$$

이때 유체의 점성계수가 μ이면 유체의 속도분포와 점성에 의해 면적 A의 평판이 받는 힘 F는 다음과 같다.

$$F = \mu \frac{VA}{H} \quad \cdots (6.1.7)$$

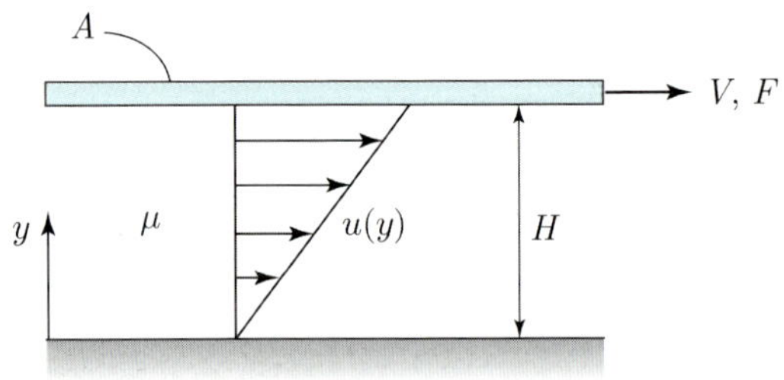

[그림 6.1.3]

증명) 선형적인 유체의 속도분포를

$$u(y) = ay + b$$

로 놓으면, 벽 점착조건에 의해 아래 평판의 속도는 0이므로

$$y = 0\text{일 때 } u = 0 \quad \therefore \ b = 0$$

이고, 위 평판의 속도는 V이므로

$$y = H\text{일 때 } u = V\text{에서}$$

$$V = aH \quad \therefore \ a = \frac{V}{H}$$

이다. 따라서 속도분포는 $u(y)=\frac{Vy}{H}$이다.

점성계수 μ인 유체에서의 전단응력은

$$\tau=\mu\frac{du}{dy}=\mu\frac{d}{dy}\left(\frac{Vy}{H}\right)=\frac{\mu V}{H}$$

이므로 평판이 받는 힘은 다음과 같이 표현된다.

$$F=\tau A=\frac{\mu VA}{H}$$

예제 6.1.4 간격이 0.4 [cm]인 평형 평판 사이에 점성계수 5 [N · s/m²]의 유체가 채워져 있다. 아래 평판을 고정하고 위 평판을 8 m/s의 속도로 당길 때 유체에서 발생하는 전단응력은 몇 kPa인가?

풀이 판 사이의 간격이 좁으므로 속도분포는 선형이라고 가정한다. 이때 전단응력은 다음과 같다.

$$\tau=\mu\frac{du}{dy}=\mu\frac{\Delta u}{\Delta y}=(5\mathrm{N}\cdot\mathrm{s/m^2})\times\frac{8\mathrm{m/s}}{0.004\,\mathrm{m}}$$
$$=10000\,[\mathrm{N/m^2}]=10000\,[\mathrm{Pa}]=10\,[\mathrm{kPa}]$$

예제 6.1.5 두께가 2 mm인 얇은 기름 막 위에서 면적 0.1m²의 평판을 5m/s의 일정속도로 이동하였을 때 평판에 걸리는 힘이 150 N이라면 기름의 점성계수는 얼마인가?

풀이 판 사이의 간격이 좁으므로 유체의 속도분포는 선형이라고 가정한다. 이때 평판이 받는 힘 $F=\tau A=\frac{\mu VA}{H}$이므로 점성계수($\mu$)는 다음과 같다.

$$\mu=\frac{FH}{VA}=\frac{150\mathrm{N}\times0.002\mathrm{m}}{(5\mathrm{m/s})\times0.1\mathrm{m^2}}=0.6\,[\mathrm{N}\cdot\mathrm{s/m^2}]$$

5 압력

[1] 압력의 정의

단위 면적에 수직으로 작용하는 힘을 압력이라 한다. 면적 A에 힘 F가 수직으로 작용할 때 압력 P는 다음과 같다.

$$P = \frac{F}{A} \quad \cdots (6.1.8)$$

국제단위계에서는 1N의 힘이 1m^2에 작용할 때의 압력을 1Pascal이라 하고, 기호 Pa로 나타낸다.

$$1\text{Pa} = 1\text{N/m}^2$$

편의상 많이 사용하는 압력의 단위에는 다음과 같이 정의되는 bar, 표준기압[atm] 등이 있다. 공학에서는 1kgf/cm^2을 1공학기압[at]이라 한다.

$$1\text{bar} = 10^5\text{Pa} = 100\text{kPa}$$

$$1\ \text{표준기압} = 1\text{atm} = 1.01325\text{bar} = 101.325\text{kPa}$$

$$1\ \text{공학기압} = 1\text{at} = 1.0\text{kgf/cm}^2$$

atm은 국제단위계 이전에 압력의 단위로 많이 사용된 단위이다. SI 단위계에서 표준상태에서의 대기압은 약 1bar이다.

[2] 절대압력

완전 진공(vacuum) 상태의 절대 0 기압을 기준으로 측정한 압력을 절대압력(absolute pressure)이라 한다.

설명 대기압은 여러 가지 조건에 따라 변하기 쉬우므로 압력을 나타낼 때는 이론적으로 완전한 진공 상태의 절대 0 기압을 기준으로 나타내는 것을 원칙으로 하는데 이와 같은 압력을 절대압력이라 한다. 특히 열역학 관계식에서 사용하는 압력은 특별한 언급이 없으면 모두 절대압력이다.

[3] 계기압력

절대압력(P_{abs})이 대기압(P_{atm})보다 높을 때 절대압력과 대기압의 차이를 계기압력(gage pressure, P_{gage})이라 한다.

$$P_{gage} = P_{abs} - P_{atm} \quad \cdots (6.1.9)$$

[4] 진공

절대압력이 대기압보다 낮을 때 대기압 이하의 압력을 진공(vacuum) 또는 진공압(vacuum pressure, P_{vac})이라 한다.

$$P_{vac} = P_{atm} - P_{abs} \quad \cdots (6.1.10)$$

일반적인 압력계는 실제압력인 절대압력과 대기압과의 차이를 측정하며 이때의 압력을 계기압력(게이지압력)이라 한다.

완전진공을 절대압력으로 나타내면 0 Pa이고, 진공도 100%가 된다. 표준대기압력은 절대압력으로 101.325 kPa이고, 진공도 0%가 된다.

절대압력은 대기압보다 높을 수도 있고 낮을 수도 있는데 그 차이를 각각 계기압력(게이지 압력)과 진공이라 한다. 대기압보다 높은 압력을 정압, 낮은 압력을 부압이라고도 한다. 압력의 관계는 [그림 6.1.4]와 같다.

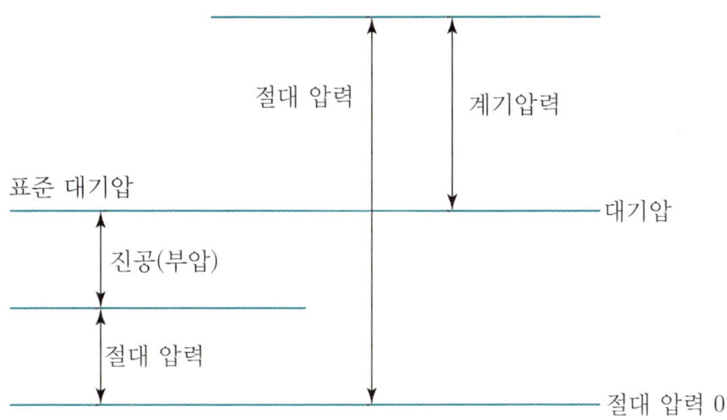

[그림 6.1.4]

예제 6.1.6 외부 대기 압력이 100 kPa일 때 용기의 계기압력이 20kPa이면 절대압력은 몇 kPa인가?

풀이 절대압력 $P_{abs} = P_{atm} + P_{gage} = 100 + 20 = 120\,[\mathrm{kPa}]$ ◪

❻ 압축성과 체적탄성계수

유체의 체적탄성계수(bulk modulus of elasticity, E)는 다음과 같이 정의된다. 체적탄성계수의 단위는 Pa 또는 $\mathrm{N/m^2}$이다.

$$E = -\frac{dP}{dv/v} = -v\frac{dP}{dv} = \rho\frac{dP}{d\rho} \quad \cdots (6.1.11)$$

압축률(β)은 다음과 같이 정의되며 체적탄성계수의 역수이다.

$$\beta = \frac{1}{E} = -\frac{1}{v}\frac{dv}{dP} = \frac{1}{\rho}\frac{d\rho}{dP} \quad \cdots (6.1.12)$$

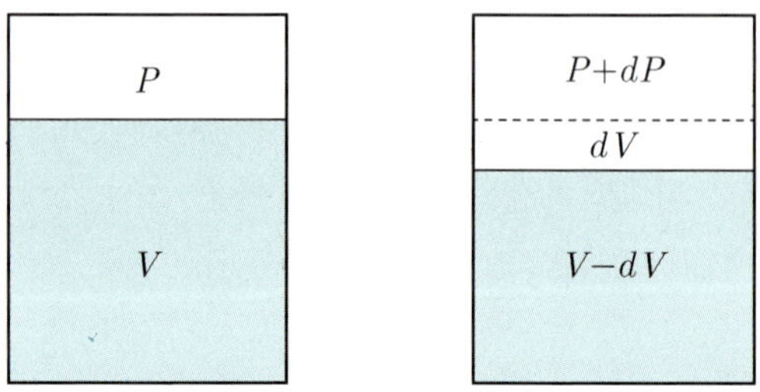

[그림 6.1.5]

고체에 비하여 유체 분자들은 멀리 떨어져 있으므로 유체는 압력에 따라서 부피가 감소하거나 증가한다. 유체가 압축될 때는 $\Delta P > 0$, $\Delta V < 0$이고, 팽창할 때는 $\Delta P < 0$, $\Delta V > 0$이다. 이와 같이 유체에 압력을 가하면 유체가 수축하는 성질을 유체의 압축성이라 한다. 유체에 가해진 압력 ΔP와 유체의 압축비율 $\frac{\Delta V}{V}$는 거의 비례하는데 다음과 같이 정의되는 E를 유체의 체적탄성계수(bulk modulus of elasticity)라 한다.

$$E = \lim_{\Delta V \to 0}\left[-\frac{\Delta P}{\Delta V/V}\right] = -\frac{dP}{dv/v} = -v\frac{dP}{dv} = \rho\frac{dP}{d\rho}$$

체적탄성계수 E의 단위는 압력의 단위와 같다. 음($-$)의 부호는 E 의 값을 양으로 만들기 위한 것이다.

한편 체적탄성계수의 역수 $\beta = 1/E$를 압축률(compressibility) 또는 체적압축계수라 한다. 압축률은 압력 증가에 따른 압축비를 나타낸다. 일반적으로 액체는 압축되지 않는 비압축성유체로 취급한다. 표준상태에서 물의 압축률은 약 $4.8 \times 10^{-10}\ \mathrm{m^2/N}$이므로 거의 압축되지 않는다고 하여도 무방하다. 압축률의 값이 작을수록 (또는 체적탄수계수 값이 클수록) 압축하기 어려운 유체를 나타낸다.

표준상태에서 물의 체적탄성계수는 약 2×10^9Pa$=$2GPa이다.

예제 6.1.7 피스톤-실린더 장치에 들어있는 $0.01\,m^3$의 액체에 120MPa의 압력을 가했을 때 액체의 부피가 $0.009\,m^3$이 되었다. 액체의 체적탄성계수는 몇 GPa인가?

풀이 체적탄성계수의 정의로부터

$$E=-\frac{\Delta P}{\Delta V/V}=-\frac{120\,\text{MPa}}{(0.009-0.01)/0.01}=1200\,[\text{MPa}]=1.2\,[\text{GPa}]$$

예제 6.1.8 0℃ 물을 압축하여 부피를 5% 줄이는 데 필요한 압력을 구하여라. 단, 0℃ 물의 체적탄성계수는 2040MPa이다.

풀이 부피를 5% 줄이므로 $\frac{\Delta V}{V}=-5\%=-0.05$이다.

$$\therefore\ E=-\frac{\Delta P}{\Delta V/V}$$

로부터 $\Delta P=-E\times\frac{\Delta V}{V}=-2040\,\text{MPa}\times(-0.05)=102\,[\text{MPa}]$의 압력을 가해야 한다.

7 표면장력과 모세관 현상

[1] 표면장력

액체는 액체분자의 응집력에 의해 표면을 작게 하려는 성질이 있는데 이 때문에 액체의 표면을 따라 발생하는 장력을 표면장력(surface tension, σ)이라 한다. 정량적으로 표면장력은 자유표면의 단위 길이당 분자간의 인력으로 정의되며, 표면장력에 의한 힘의 방향은 항상 접해 있는 표면의 접선방향이다. 표면장력의 단위는 [N/m]이다.

[2] 물방울의 표면장력

일반적으로 물방울(droplet)은 전체가 모두 물로 구성되어 있으므로 물방울을 반으로

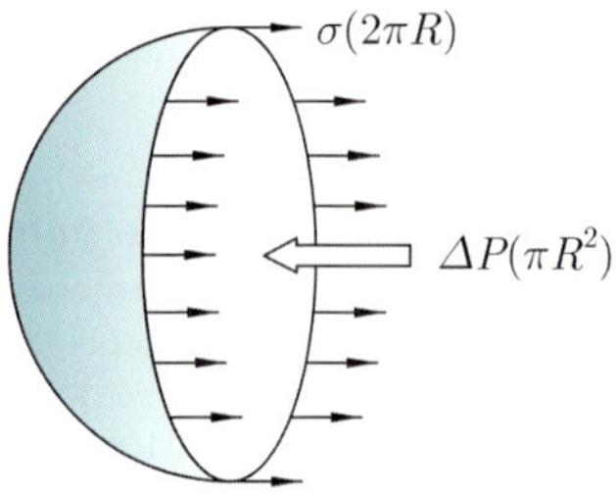

[그림 6.1.6]

잘라 보면 표면장력이 나타나는 테두리 선이 하나가 된다.

[그림 6.1.6]과 같이 물방울을 반으로 나누어 보면, 물방울 내부와 외부에 작용하는 압력에 의한 힘과 표면장력에 의해 물방울 막을 지탱하고 있는 힘이 평형을 이루고 있다는 것을 알 수 있다. 물방울의 안과 밖의 압력 차이를 ΔP라 하면 압력에 의한 힘(F_P)은

$$F_P = PA = \Delta P(\pi R^2)$$

이고, 물방울 테두리의 길이는 $2\pi R$이므로 표면장력에 의한 힘(F_S)은

$$F_S = \sigma L = \sigma(2\pi R)$$

이다. 따라서 $F_P = F_S$에서 다음과 같이 압력 차이 ΔP가 구해진다.

$$\Delta P(\pi R^2) = \sigma(2\pi R)$$

$$\Delta P = \frac{2\sigma}{R} \qquad \cdots (6.1.13)$$

물방울이나 비눗방울 같은 구의 표면에 작용하는 표면장력은 구의 안과 밖의 압력 차이를 지탱할 수 있다. 표면장력은 분자간의 인력에 의한 응집력 때문에 발생하는 힘이므로 구 내부의 압력은 항상 외부 압력보다 높다. 따라서 ΔP를 내부 초과 압력이라고도 한다. 공기 중에서 물방울 내부 압력을 P_i라 하면 외부 압력이 대기압 P_{atm}이므로 압력 차이 $\Delta P = P_i - P_{atm}$은 물방울 내부의 계기압력이 된다.

예제 6.1.9 물방울 내부 압력이 외부 압력보다 $20\,\text{Pa}$만큼 높을 때 물방울의 반지름을 구하여라. 단, 물의 표면장력은 $0.073\,\text{N/m}$이다.

풀이 물방울의 반지름(R)은 다음과 같다.

$$\Delta P = \frac{2\sigma}{R}$$

$$\therefore \quad R = \frac{2\sigma}{\Delta P} = \frac{2 \times 0.073}{20} = 0.0073\,[\mathrm{m}] = 7.3\,[\mathrm{mm}]$$

[3] 모세관 현상

작은 지름의 관(모세관, capillary tube)을 액체 속에 세웠을 때, 액체의 부착력이 응집력보다 큰 경우에는 관내의 액면이 올라가고, 그렇지 않은 경우에는 내려가는 현상을 모세관 현상(capillarity)이라 한다.

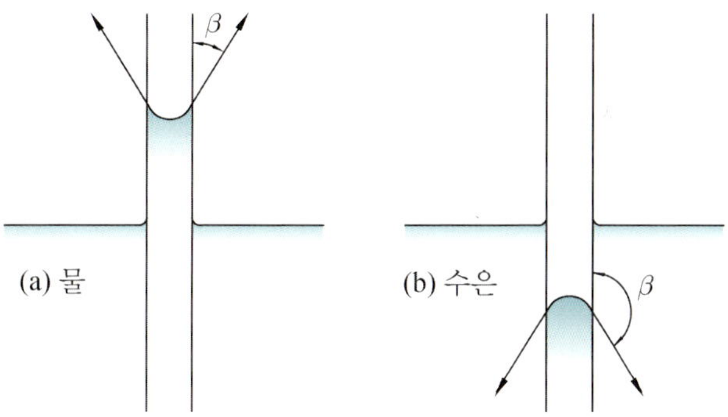

[그림 6.1.7]

설명 액체의 부착력이 응집력보다 크면 고체 면에 접촉한 액체 면이 올라가게 되고, 작을 때에는 내려가게 된다[그림 6.1.7]. 따라서 물과 같이 부착력이 큰 경우에는 그림 (a)와 같은 모양을 보이고, 수은과 같이 응집력이 큰 액체에서는 그림 (b)와 같은 현상을 나타낸다. 이때 표면장력에 의한 힘의 방향과 고체 면이 이루는 각을 접촉각(wetting angle, contact angle)이라 한다. 그림에서 β는 접촉각을 나타낸다. 공기 중에서 물과 깨끗한 유리의 접촉각은 거의 0°(0° ~ 9°)이고, 수은과 유리의 접촉각은 약 130° ~ 150°이다. 그리고 $\beta < 90°$이면 액체가 고체를 적신다, $\beta > 90°$이면 액체가 고체를 적시지 않는다고 말한다. 수은이 바닥에 떨어지면 마치 쇠구슬과 같은 모양을 하고 구르는데, 이것은 $\beta \approx 140°$인 액체 수은이 고체를 적시지 않기 때문이다.

예제 6.1.10 [그림 6.1.8]과 같이 지름 D의 유리관을 액체 속에 세울 때 액체의 표면장력 σ에 의해 관 벽을 따라 상승하는 액체의 높이 H를 구하여라. 단, 액체의 밀도는 ρ, 비중량은 γ, 중력가속도는 g, 접촉각은 β이다.

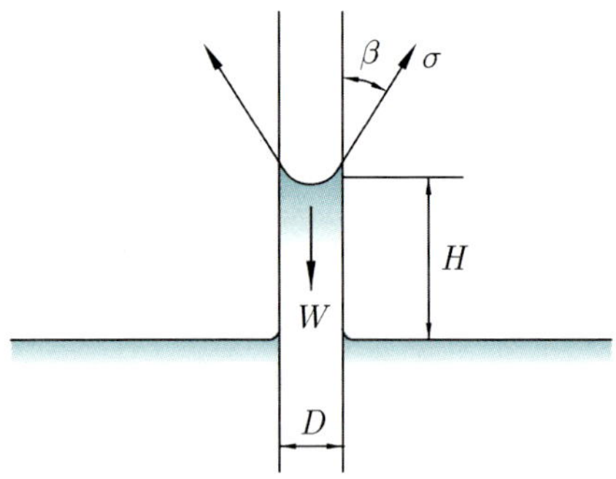

[그림 6.1.8]

풀이 모세관 속에서 올라간 높이 H의 액체 기둥의 무게는

$$W = mg = (\rho V)g = \rho\left(\frac{\pi D^2 H}{4}\right)g$$

이고, 이것은 표면장력에 의해 발생하는 힘의 수직 성분

$$F_y = \sigma(\pi D)\cos\beta$$

와 평형을 이룬다. 따라서

$$\rho\left(\frac{\pi D^2 H}{4}\right)g = \sigma(\pi D)\cos\beta$$

에서 다음과 같이 모세관 내부 액체의 상승 높이 H가 구해진다.

$$\boxed{H = \frac{4\sigma\cos\beta}{\rho g D} = \frac{4\sigma\cos\beta}{\gamma D}} \quad \cdots (6.1.14)$$

† 표면장력에 의한 힘이 액체 기둥을 H만큼 당겨 올린다.

6.1 연습문제

EXERCISES

1. 부피가 $0.1\,m^3$인 기름의 질량이 90kg일 때 기름의 밀도, 비중량, 비중을 구하여라.

2. 휘발유 50ℓ의 질량과 무게를 구하여라. 단, 휘발유의 밀도는 $750\,kg/m^3$이다.
   † $1\ell = 1000\,cm^3$이다.

3. 지름 50cm, 높이 90cm의 원통에 가득 채워진 유체의 질량을 구하여라. 단, 유체의 밀도는 $700\,kg/m^3$이다.

4. 그림과 같은 쿠에트 유동에서 $H = 3\,mm$, $V = 4\,m/s$일 때, 유체에 의해 면적 $A = 2\,m^2$의 판에 걸리는 수평 방향의 힘이 $F = 800\,N$이면 유체의 점성계수는 몇 $[Pa \cdot s]$인가?

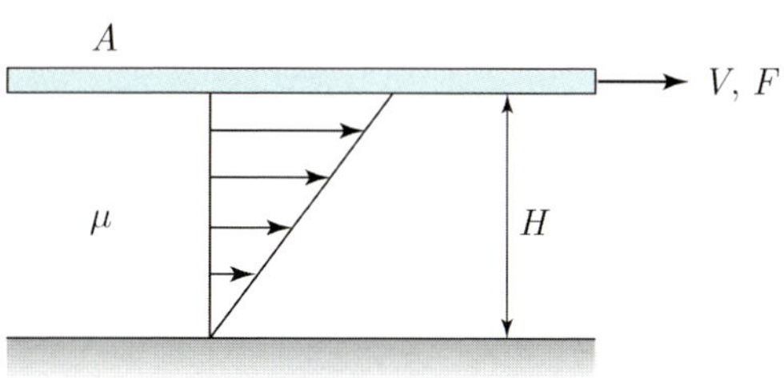

[문제 6.1.4]

5. 비중 0.86, 점성계수 $0.05\,[Pa \cdot s]$인 원유의 동점성계수$[m^2/s]$를 구하여라.

6. 동점성계수가 $5 \times 10^{-4}\,m^2/s$이고 비중 2.0인 유체의 점성계수$[N \cdot s/m^2]$를 구하여라.

7. 두 개의 큰 평판 사이에 두께 4mm의 액체가 채워져 있고, 어떠한 힘이 위 평판에 가해져 평판이 일정한 속도로 이동할 때 액체에서 30Pa의 전단응력이 발생하였다. 평판의 이동 속도를 구하여라. 단, 아래 평판은 고정되어 있고 액체의 점성계수는 $0.02\,[Pa \cdot s]$이다.

8. 그림과 같이 두께 $t = 2\,\mathrm{mm}$의 얇은 기름 막 위에서 40cm × 40cm 평판을 일정속도 $V = 30\,\mathrm{cm/s}$의 속도로 끌어당기는 데 걸리는 힘 F를 구하여라. 단, 기름의 점성계수는 1.5 [Pa · s]이다.

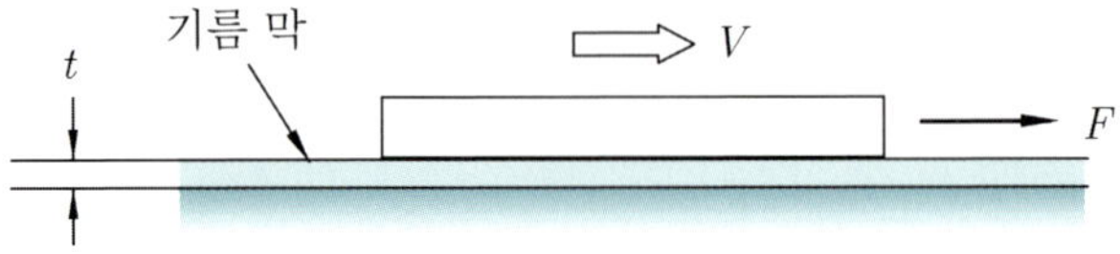

[문제 6.1.8]

9. 대기압이 1.01bar일 때, 압력계의 눈금이 1300kPa을 가리키고 있다면 절대압력은 몇 kPa인가?

10. 대기압이 102kPa일 때, 진공계의 눈금이 진공 30kPa을 가리키고 있다면 절대압력은 몇 kPa인가?

11. 진공도가 40%인 용기 안의 절대 압력은 몇 kPa인가? 단, 대기압은 100kPa이다.

12. 피스톤-실린더 장치에 들어있는 $0.01\,\mathrm{m}^3$의 액체에 52MPa의 압력을 가했을 때 액체의 부피가 $0.0095\,\mathrm{m}^3$이 되었다면 액체의 체적탄성계수는 얼마인가?

13. 체적탄성계수가 1.2GPa인 에틸알코올을 5% 압축하기 위해 필요한 압력을 구하여라.

14. 표면장력의 크기는 얇은 유체 막을 잡아당기는 힘을 측정하여 구할 수 있다. 그림과 같이 길이 L의 철사를 사용하여 표면장력(σ)에 의해 형성된 얇은 유체 막을 잡아당기는데 걸리는 힘이 0.007N일 때 표면장력을 구하여라. 단, $L = 10\,\mathrm{cm}$이다.

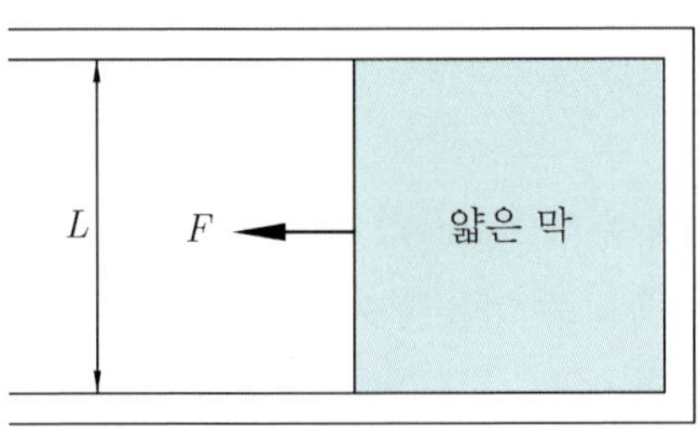

[문제 6.1.14]

15. 지름 0.02 mm인 물방울의 내부 초과 압력은 얼마인가? 물의 표면장력은 0.07 N/m이고, 내부 초과 압력은 물방울 내부 압력(P_i)과 바깥 압력(P_o)의 차이 ($P_i - P_o$)를 말한다.

16. 물방울 내부의 압력이 바깥 압력보다 140 Pa 높을 때 물방울의 지름을 구하여라. 단, 물의 표면장력은 0.07 N/m이다.

17. 지름 0.2 mm의 깨끗한 관에서 표면장력에 의해 상승한 물기둥의 높이가 15cm이면 물의 표면장력은 얼마인가? 단, 물의 밀도는 996 kg/m^3, 중력가속도는 9.81 m/s^2이고, 접촉각은 0°이다.

18. 그림과 같이 두 평판을 액체 속에 세웠을 때 모세관 현상에 의해 평판의 틈새로 끌어올려진 액체의 높이 h를 구하여라. 단, 액체의 표면장력은 σ, 비중량은 γ, 접촉각은 β, 틈새의 간격은 w이다.

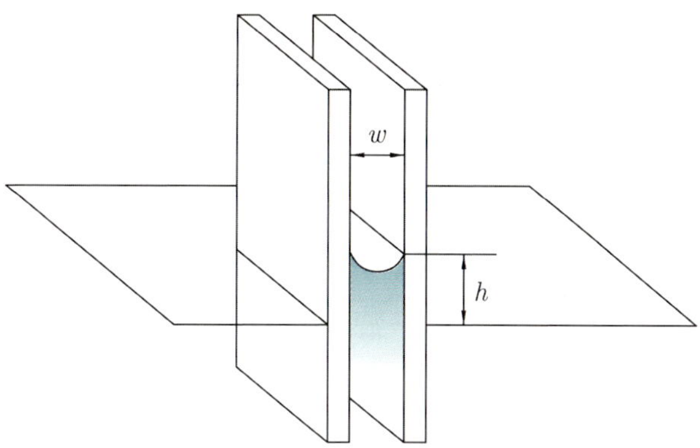

[문제 6.1.18]

19. 안지름 2 mm의 유리관을 표면장력이 30 dyne/cm인 액체 속에 세웠을 때 모세관 현상에 의해 올라간 액체의 높이를 구하여라. 단, 접촉각은 10°, 액체의 비중은 0.8이다.

20. 지름이 10 mm인 기름방울의 내부 초과 압력이 16Pa일 때 기름방울의 표면장력 [N/m]을 구하여라.

21. 안지름 $d = 2\text{mm}$의 유리관을 액체 속에 세웠을 모세관 현상에 의해 올라간 액주의 높이 $h = 5\,\text{mm}$이면 액체의 표면장력(σ)은 몇 N/m인가? 단, 접촉각 $\beta = 20°$, 액체의 비중량은 $8.5\,\text{kN/m}^3$이다.

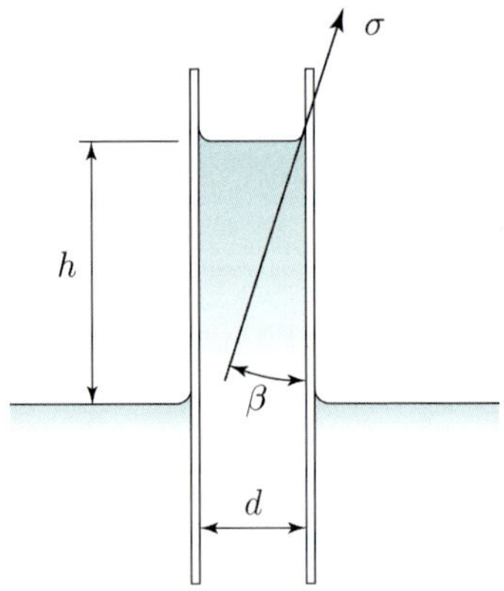

[문제 6.1.21]

22. 두 개의 무한 평판 사이에 비압축성 유체가 있고, 위쪽의 무한 평판 A가 0.4m/s로 그림과 같이 이동하고, 아래쪽 무한 평판은 정지되어 있다. 이들 평판 사이의 거리는 0.25mm로 작기 때문에 액체 간의 점성 마찰로 인한 속도 분포가 선형적이라고 가정된다. 액체의 점도는 $0.6 \times 10^{-3}\,\text{kg/(m} \cdot \text{s)}$이고, 액체의 밀도는 $800\,\text{kg/m}^3$이며, 점성계수 μ가 일정하다고 가정할 경우 다음 질문에 답하시오.

[중등교사 임용시험(기계)]

(1) 무한 평판 사이의 동점성계수를 m^2/s의 단위로 계산하시오.

(2) 아래의 정지된 무한 평판에 작용하는 전단응력을 Pa 단위로 계산하시오.

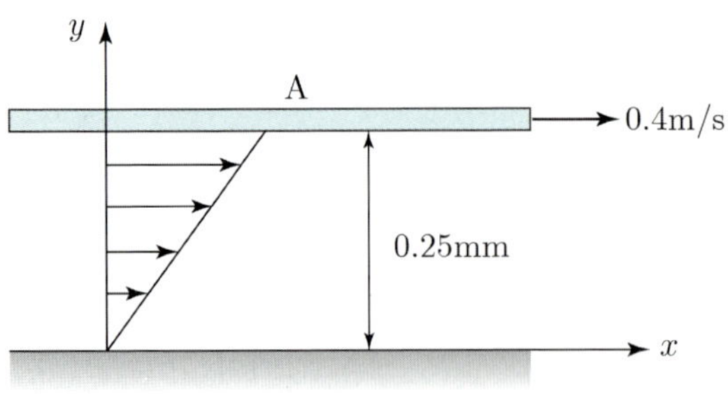

[문제 6.1.22]

23. 유체를 정의한 것으로 가장 옳은 것은? [공무원 임용시험]

① 전단응력이 발생하지 않는 물질

② 용기 안에 가득 찰 때까지 팽창하는 물질

③ 작은 전단응력을 가해도 변형되는 물질

④ 아무리 작은 압축 응력을 가해도 영구적으로 변형되는 물질

24. 이상유체의 정의로 옳은 것은? [공무원 임용시험]

① 점성이 있는 비압축성 유체이다.

② 점성이 있는 압축성 유체이다.

③ 점성이 없는 압축성 유체이다.

④ 점성이 없는 비압축성 유체이다.

25. 유체의 점성에 대한 설명으로 옳지 않은 것은? [공무원 임용시험]

① 점성계수(dynamic viscosity)의 차원은 $[ML^{-1}T^{-1}]$이다.

② 실무에서는 동점성계수(kinematic viscosity)를 많이 사용하며 차원은 $[L^2T^{-1}]$이다.

③ 뉴턴의 점성법칙은 유체에 작용하는 전단응력과 유속이 비례한다는 것으로, 이때 비례상수가 점성계수이다.

④ 물은 전단응력 변화에 따른 점성계수의 변화를 무시할 수 있는 뉴턴 유체이다.

26. 다음 물리량들을 $[MLT]$계의 차원으로 나타낸 것 중 옳지 않은 것은?

[공무원 임용시험]

① 표면장력 : $[MT^{-2}]$　　② 동점성계수 : $[L^2T^{-1}]$

③ 운동량 : $[MLT^{-2}]$　　④ 동력 : $[ML^2T^{-3}]$

27. 이상유체를 설명하기 위한 개념과 가장 관련이 있는 것은? [공무원 임용시험]

① 등류, 부등류　　② Reynolds 수, Froude 수

③ 체적탄성계수, 점성계수　　④ 정상류, 부정류

28. 물의 점성과 표면장력에 대한 설명으로 옳은 것은? [공무원 임용시험]

① 물에 전단응력이 작용할 때 분자의 확산속도가 점성을 유발한다.

② 물 분자 사이의 응집력이 감소하면 점성계수는 커진다.

③ 표면장력은 물 분자 간의 부착력 때문에 발생한다.

④ 표면장력은 물보다 밀도가 큰 물질을 뜨게 할 수 있다.

29. 물의 기본성질에 관한 설명으로 옳지 않은 것은? [공무원 임용시험]

① 물체의 단위체적당 질량의 비를 밀도라고 하며, 표준대기압하의 물의 밀도는 약 4℃에서 $1g/cm^3$ 최댓값을 가진다.

② 물체의 단위체적당 중량의 비를 단위중량이라고 하며, 표준 대기압 하에서 담수의 단위중량은 약 4℃에서 $9.8N/m^3$이다.

③ 물 분자가 상대적인 운동을 할 때 물 분자 사이에 마찰을 유발시키는 성질을 점성이라고 하며, 점성은 수온이 높을수록 작아진다.

④ 물 속에 가는 관을 세우면 표면장력과 부착력 때문에 관 속의 물이 상승 혹은 하강하는 현상을 모세관현상이라고 하며, 액체의 응집력이 부착력보다 작을 때 수면이 상승한다.

30. 유체의 성질에 대한 설명으로 옳지 않은 것은? [공무원 임용시험]

① 모세관 현상에서 부착력이 응집력보다 클 경우에는 세관 내의 액체는 아래로 내려간다.

② 압력변화에 따른 체적의 변화를 체적탄성계수라 하고, 체적탄성계수의 역수를 압축계수라 한다.

③ 점성은 유체에 전단응력이 작용할 때 변형에 저항하는 정도를 나타낸다.

④ 액체의 비중은 4℃에서의 물의 체적과 동일한 체적의 무게 비를 말한다.

31. 간격 1mm인 고정평판과 이동평판 사이에 윤활유를 채우고 넓이 $2m^2$인 이동평판의 속도를 0.3m/s로 유지하는 데 18N의 힘이 필요하였다. 이동평판 주변의 공기마찰은 무시할 때, 윤활유의 점성계수는? [공무원 임용시험]

① 0.02Pa · s　　② 0.03Pa · s

③ 0.06Pa · s　　④ 0.09Pa · s

32. 물로 동질의 연직 평판과 유리관을 동시에 세우고, 평판의 간격을 유리관 직경과 동일하게 한다면, 평판의 모관 상승높이는 유리관의 모관 상승높이의 몇 배인가? [공무원 임용시험]

① $\frac{1}{4}$ ② $\frac{1}{2}$ ③ 2 ④ 4

33. 직경이 0.4mm인 물방울의 표면장력이 70.0dyne/cm일 때 물방울 내부와 외부의 압력차[N/m^2]는? [공무원 임용시험]

① 35 ② 70 ③ 350 ④ 700

34. 체적이 $0.2m^3$, 중량이 2.72ton인 액체의 비중은? [공무원 임용시험]

① 0.20 ② 0.55 ③ 2.72 ④ 13.60

35. 부피가 $7m^3$이고, 중량이 8tonf인 어떤 액체의 밀도[$kgf \cdot s^2/m^4$]에 가장 가까운 것은? (단, 중력가속도는 $10m/s^2$이다) [공무원 임용시험]

① 95.6 ② 114.3 ③ 150.6 ④ 170.6

36. 체적탄성계수가 $2,000kgf/cm^2$인 실린더 속의 액체가 $100kgf/cm^2$의 압력을 받을 때 부피가 $5cm^3$이다. 실린더의 압력을 $200kgf/cm^2$으로 증가시켰을 때 액체의 부피는? [공무원 임용시험]

① $4.50cm^3$ ② $4.75cm^3$ ③ $5.25cm^3$ ④ $5.50cm^3$

37. 직경이 20cm이고 속이 비어있는 유리관 안에 속이 꽉 찬 직경 15cm의 유리봉을 끼워 물속에 세웠다. 물의 표면장력을 0.075gf/cm라 할 때 물이 상승한 모세관 높이는 얼마인가? (단, 물과 유리의 접촉각은 0°이고 물의 단위중량은 $1gf/cm^3$으로 가정한다) [공무원 임용시험]

① 0.0075cm ② 0.0150cm

③ 0.0300cm ④ 0.0600cm

38. 간격 20mm로 평행하게 놓여진 2장의 평판 사이에 점성을 알 수 없는 뉴턴유체(Newtonian fluid)가 채워져 있다. 아래 판을 고정시키고 면적이 $1,000cm^2$인 위 판을 5m/s의 속도로 움직일 때, 1N의 힘이 필요하였다. 이 경우 유체의 점성계수 [$N \cdot s/m^2$]는? [공무원 임용시험]

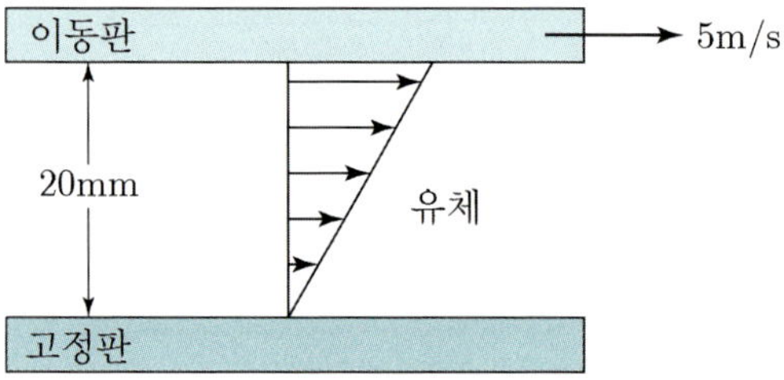

[문제 6.1.38]

① 0.025　　② 0.040
③ 0.100　　④ 0.500

39. 질량 10.0kg의 벽돌이 그림과 같이 경사면을 따라 미끄러지고 있다. 벽돌과 경계면 사이에 얇은 틈(0.2mm)은 기름으로 채워져 있다. 벽돌이 기름에 접하고 있는 면적은 $0.10\mathrm{m}^2$이다. 틈 사이에서 속도변화가 선형이라고 가정할 때 벽돌의 최종 속도는? (단, 기름의 온도는 15℃이고 점성계수는 $0.4\mathrm{N\cdot s/m^2}$, $\sqrt{3}=1.7$, 중력가속도(g)는 $10.0\mathrm{m/s^2}$, 물의 단위중량은 $1\mathrm{tonf/m^3}$이라 가정한다) [공무원 임용시험]

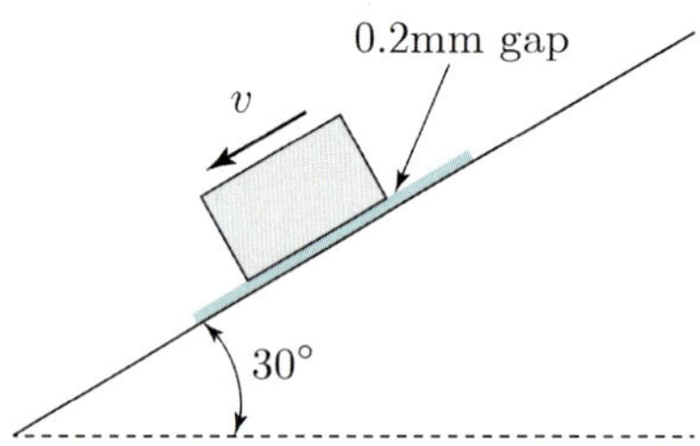

[문제 6.1.39]

① 0.025m/s　　② 0.043m/s
③ 0.250m/s　　④ 0.425m/s

40. 그림과 같이 길이가 각각 10cm×10cm인 금속판 A가 점성계수 $0.2\mathrm{N\cdot s/m^2}$인 기름 속에서 오른쪽으로 0.4m/s의 속도로 잡아 당겨지고 있다. 한편 위와 아래의 매우 넓은 금속판 B와 C도 왼쪽으로 0.2m/s의 속도로 움직인다면 힘 F는 얼마인가? [공무원 임용시험]

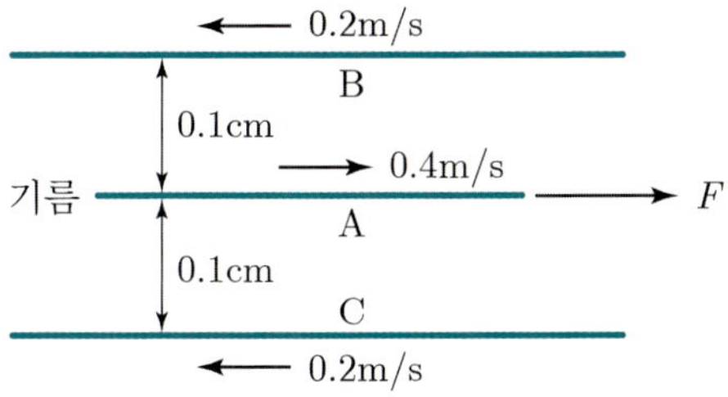

[문제 6.1.40]

① 0.8N ② 1.2N ③ 1.6N ④ 2.4N

6.2 유체 정역학

유체 정역학(Fluid statics, Hydrostatics)은 유체 요소들 사이에 상대운동이 없는 유체를 다루는 분야이다. 유체 내의 각 요소들 사이에 상대운동이 없으므로 모든 점에서 속도구배가 0이 된다. 따라서 유체의 점성계수와 무관하게 유체 내의 모든 점에서 전단응력이 존재하지 않는다. 즉, 유체가 정지해 있거나 용기에 들어있는 유체 전체가 같은 속도로 이동할 때에는 유체 입자들 사이에 상대 운동이 없으므로 전단력이 발생하지 않는다. 이때 고려해야 할 힘은 압력과 체적력(body force)인데 전기장이나 자기장 등이 존재하지 않으면 고려해야 할 힘은 압력과 중력뿐이다. 따라서 유체의 점성에 의한 힘을 고려해야 하는 유체 동역학(hydrodynamics)에 비하여 이론적 해석이 용이하다.

유체 정역학은 수학적으로 쉽게 접근할 수 있다. 유체 정역학 문제를 해석하기 위해서는 역학에서의 힘의 평형 원리(principle of equilibrium, $\sum \overrightarrow{F}=0$, $\sum \overrightarrow{M}=0$)만 적용하면 된다. 이와 같은 유체정역학의 수학적 해석 결과는 그대로 공학 문제에 적용할 수 있다. 유체 속에 잠겨있는 물체가 받는 힘, 댐이나 수문이 받는 힘, 유압 프레스, 자동차의 유압 브레이크 등을 해석할 때 유체정역학적 지식을 사용하여 필요한 물리량을 구할 수 있다.

1 압력의 성질

[1] 압력의 방향성

유체의 압력은 임의의 면에 수직으로 작용한다.

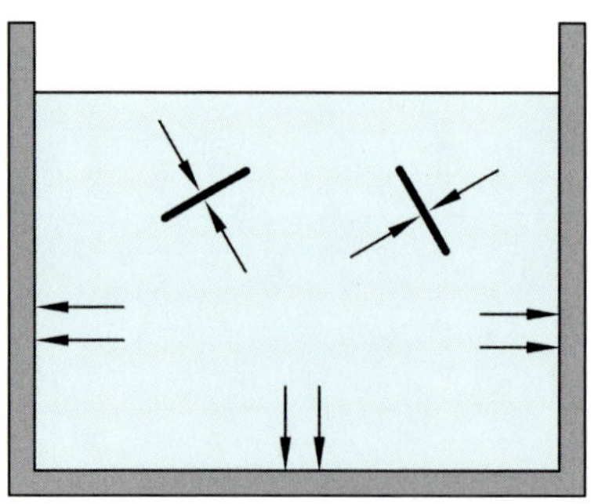

[그림 6.2.1]

설명 압력은 단위 면적에 수직으로 작용하는 힘($P=F/A$)으로 정의한다. 유체 내에서의 압력의 방향은 [그림 6.2.1]과 같다. 어떤 점에 놓인 면적 A가 압력 P에 의해 받는 힘 $F=PA$이다.

[2] 압력의 등방성

정지 유체 내부의 임의의 한 점에 작용하는 압력은 모든 방향으로 같은 크기를 갖는다.

[3] 파스칼의 원리

'밀폐된 용기 속에 갇혀 있는 유체에 압력을 가하면 가한 압력은 유체의 모든 부분에 동일한 세기로 전달된다.'는 것을 파스칼(Pascal)의 원리라 한다.

$$P=\frac{F_1}{A_1}=\frac{F_2}{A_2} \quad \cdots (6.2.1)$$

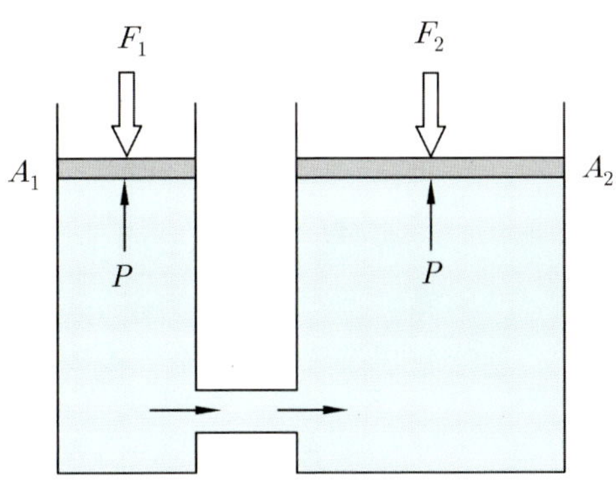

[그림 6.2.2]

설명 작은 힘으로 큰 힘을 얻는 수압기는 파스칼의 원리를 응용한 것이다. [그림 6.2.2]에서 면적 A_1의 피스톤에 F_1의 힘을 가하는 경우를 살펴보자. 중력의 영향을 무시하면 모든 점에서의 압력은 같으므로 압력의 정의 $P=F/A$에 의해 다음 관계식을 얻는다.

$$P=\frac{F_1}{A_1}=\frac{F_2}{A_2}$$

$$\therefore \quad F_2 = \frac{A_2}{A_1} \times F_1$$

따라서 면적 비 A_2/A_1을 크게 하면 작은 힘 F_1을 증폭시켜 큰 힘 F_2를 얻을 수 있다.

예제 6.2.1 [그림 6.2.3]과 같이 지름 $D_1 = 200\text{mm}$, $D_2 = 50\text{mm}$의 두 피스톤으로 구성된 유압프레스가 있다. 지름 D_2의 작은 피스톤에 $W = 100\,\text{N}$의 물체를 올려놓을 때 큰 피스톤에 전달되는 힘 F를 구하여라. 단, 실린더 내의 유체는 비압축성 유체이며, 실린더와 피스톤 사이의 마찰과 피스톤의 무게는 무시한다.

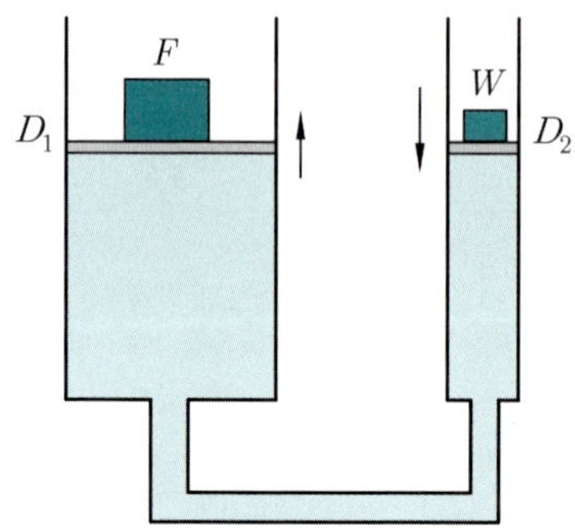

[그림 6.2.3]

풀이 큰 피스톤과 작은 피스톤의 단면적을 각각 A_1, A_2라 하면

$$A_1 = \frac{\pi D_1^2}{4}, \quad A_2 = \frac{\pi D_2^2}{4}$$

이고, 실린더 내부의 압력을 P라 하면

$$P = \frac{F}{A_1} = \frac{W}{A_2}$$

이다. 따라서 큰 피스톤에 전달되는 힘(F)은 다음과 같다.

$$F = \frac{A_1}{A_2} W = \frac{\pi D_1^2/4}{\pi D_2^2/4} \times W = \left(\frac{D_1}{D_2}\right)^2 W$$

$$= \left(\frac{200}{50}\right)^2 \times 100 = 1600\,[\mathrm{N}]$$

즉, 작은 피스톤에 가해준 힘 100 N이 1600 N으로 증폭되어 큰 피스톤으로 전달된다. ◪

예제 6.2.2 [그림 6.2.4]에서 왼쪽 실린더에 힘 F를 가하여 추의 무게(W)에 의한 압력과 평형을 이루고 있다. $W = 900\,\mathrm{N}$, 지름 $D_2 = 3D_1$일 때 힘 F를 구하여라. 단, 추와 벽 사이의 마찰과 유체의 무게에 의한 압력은 무시한다.

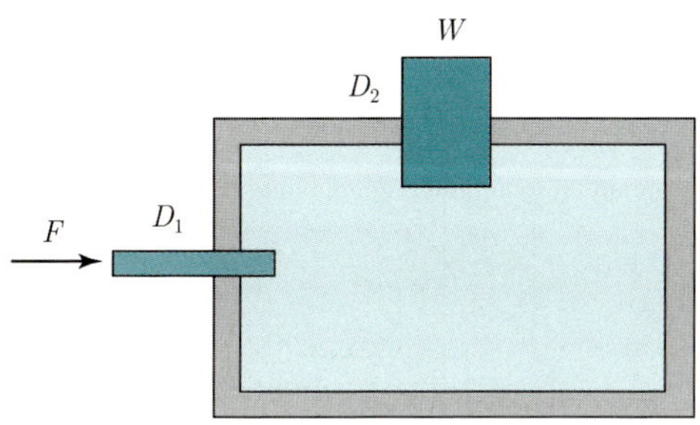

[그림 6.2.4]

풀이 파스칼의 원리에 의해 실린더와 추에 작용하는 압력이 같으므로 다음과 같이 왼쪽 실린더에 작용하는 힘 F가 구해진다.

$$P = \frac{F}{A_1} = \frac{W}{A_2}$$

$$\therefore\ F = \frac{A_1}{A_2} W = \left(\frac{D_1}{D_2}\right)^2 W = \left(\frac{D_1}{3D_1}\right)^2 W$$

$$= \left(\frac{1}{3}\right)^2 \times 900\,[\mathrm{N}] = 100\,[\mathrm{N}]$$ ◪

2 정지 유체 내의 압력 변화

[1] 수평 방향 압력 변화

유체가 정지해 있을 때 기준면으로부터 같은 깊이(또는 같은 높이)에 있는 점에서의 압력은 모든 점에서 같다. 즉, 정적인 유체에서 압력은 수평면에서 일정하다.

[2] 수직 방향 압력 변화

밀도(ρ)가 일정한 유체 속에서 높이 차이가 h인 두 지점이 있을 때 아래 지점의 압력을 P_L, 위 지점의 압력을 P_U이라 하면 두 지점의 압력 사이에는 다음과 같은 관계식이 성립한다[그림 6.2.5].

$$P_L = P_U + \rho g h = P_U + \gamma h \quad \cdots (6.2.2)$$

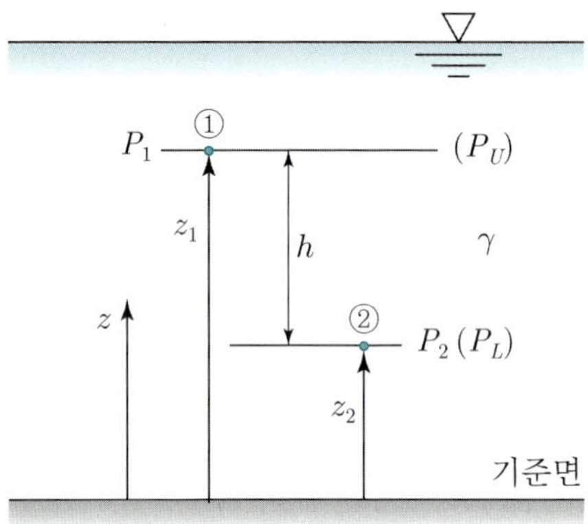

[그림 6.2.5]

예제 6.2.3 해수면에서 100m 아래에 있는 잠수함에 작용하는 절대압력은 몇 kPa인가? 대기압은 101kPa이고, 바다 물의 밀도는 1024kg/m^{3}이다.

풀이 잠수함은 대기압 $P_a = 101\text{kPa}$과 물에 의한 압력 ρgh를 모두 받으므로 절대압력(P)은 다음과 같다.

$$\begin{aligned} P &= P_a + \gamma h = P_a + \rho g h \\ &= 101 + (1024 \times 9.8 \times 100) \times \frac{1}{1000}\ [\text{kPa}] \\ &= 1104.52\ [\text{kPa}] \end{aligned}$$

이상에서 $[\rho gh] = \dfrac{\text{kg}}{\text{m}^3} \times \dfrac{\text{m}}{\text{s}^2} \times \text{m} = \left(\text{kg} \cdot \dfrac{\text{m}}{\text{s}^2}\right) \times \dfrac{1}{\text{m}^2} = \dfrac{\text{N}}{\text{m}^2} = \text{Pa}$이다.

예제 6.2.4 [그림 6.2.6]과 같이 수면으로부터 $h = 10\text{m}$ 아래에 $4\text{m} \times 5\text{m}$의 평판이 수평으로 놓여 있다. 물의 무게에 의해 평판이 받는 압력 힘을 구하여라.

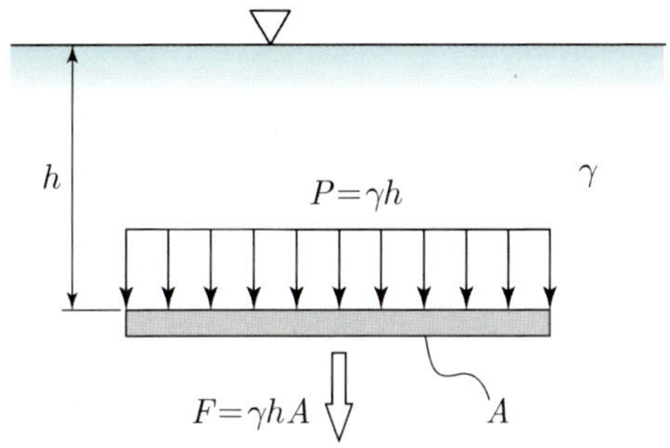

[그림 6.2.6]

풀이 깊이가 같은 지점에서의 압력은 같으므로 수평으로 놓여 있는 평판에는 물에 의해 균일한 압력

$$P=\gamma h$$

가 작용한다. 따라서 평판이 받는 물에 의한 압력 힘은

$$F=PA=\gamma hA=9.8\times 10\times(4\times 5)=1960\,[\mathrm{kN}]$$

이다.

† 평판에 작용하는 절대압력은 $P_a+\gamma h$이고 판이 받는 전체 압력 힘은 $(P_a+\gamma h)A$이다. 그런데 대기압에 의한 압력 힘 P_aA는 지구상의 어느 위치에서도 받는 힘이다. 일반적으로 수압이라고 하면 대기압을 제외하고 물의 무게에 의한 압력 γh를 의미한다. ◪

예제 6.2.5 [그림 6.2.7]과 같이 밀폐된 용기와 상부가 개방된 용기에 엔진 오일이 저장되어 있다. 오일의 밀도가 885 kg/m^{3}일 때 용기 바닥의 절대압력을 각각 구하여라. 단, 대기압은 1.013 bar이다.

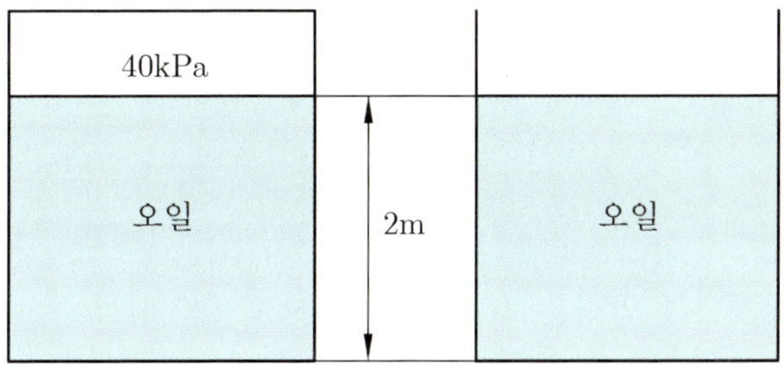

[그림 6.2.7]

풀이 (1) 밀폐된 용기의 바닥 압력 :

$$P_1 = 40\text{kPa} + \gamma h = 40000 + (885 \times 9.8) \times 2\ [\text{Pa}]$$
$$= 57346\ [\text{Pa}] = 57.346\ [\text{kPa}]$$

(2) 개방된 용기의 바닥 압력 :

$$P_2 = P_{atm} + \gamma h = 1.013 \times 10^5 + (885 \times 9.8) \times 2\ [\text{Pa}]$$
$$= 118646\ [\text{Pa}] = 118.646\ [\text{kPa}]$$

[3] 수은 기압계

수은 기압계는 한쪽이 막힌 관에 공기가 들어가지 않도록 수은을 채우고 관의 열린 부분을 저장조의 수은 표면 아래쪽에 오도록 뒤집어 놓은 장치로서 대기의 절대 압력을 측정할 때 사용한다.

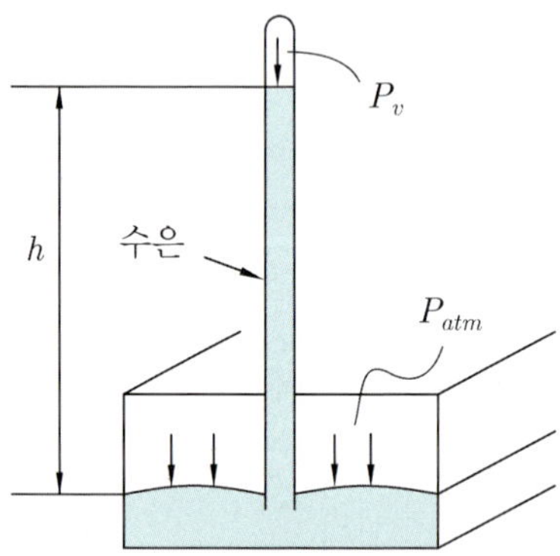

[그림 6.2.8]

설명 수은 기압계의 원리는 [그림 6.2.8]과 같다. 그림에서 대기압을 P_{atm}, 수은주의 높이를 h, 수은의 비중량을 γ_{Hg}, 수은의 증기압을 P_v라 하면 관 속에서의 증기압과 수은주의 무게에 의한 압력과 용기의 수은 면에 작용하는 압력이 평형을 이루고 있으므로

$$P_{atm} = P_v + \gamma_{Hg} h$$

가 된다. 여기에서 수은 증기의 작은 압력($P_v \approx 1.59 \times 10^{-4}$ kPa)을 무시하면 수은 위의 공간에서의 압력은 절대압력 0이므로 대기압

$$P_{atm} = \gamma_{Hg} h$$

이고, 이것은 대기의 절대압력을 나타낸다. 수은 기압계는 1643년에 Torricelli가 고안한 매우 기본적인 장치이지만 절대압력을 쉽게 측정할 수 있으므로 공업용으로도 사용된다.

1표준기압(atm)은 0℃ 수은기둥 높이 $h = 760\text{mm}$에 상당하는 압력으로 정의한다.

$$\begin{aligned} 1\text{ 표준기압}(1\text{atm}) &= 760\,\text{mmHg (수은기둥)} \\ &= 10.33\,\text{mAq(물기둥) 또는 } 10.33\text{mH}_2\text{O} \\ &= 1.01325\,\text{bar} = 101.325\,\text{kPa} \\ &= 1.033\text{kgf/cm} \end{aligned}$$

0℃ 수은의 밀도는 약 $13{,}600\,\text{kg/m}^3$, 중력가속도는 약 9.8m/s^2이므로 수은기둥 760mm에 상당하는 압력은

$$P = \rho g h \approx 13600 \times 9.8 \times 0.76\,[\text{N/m}^2] \approx 101.3\,[\text{kPa}] = 1.013\,[\text{bar}]$$

가 된다. 10mAq는 물기둥 10m의 높이에 상당하는 압력을 나타낸다. 여기에서 1기압은 약 100kPa이므로 수은 기압계로 절대 압력을 측정할 때 수은의 증기압 $P_v \approx 1.59 \times 10^{-4}\,\text{kPa}$은 무시할 수 있다는 것을 알 수 있다.

수은의 비중은 약 13.6이고 비중량(γ_{Hg})은 다음과 같다.

$$\gamma_{Hg} = 13.6\gamma_w = 13.6 \times 9{,}800\,[\text{N/m}^3] = 13.6 \times 9.8\,[\text{kN/m}^3]$$

예제 6.2.6 압력 850mmHg는 몇 bar인가?

풀이 수은(Hg)기둥의 높이 $h = 850\text{mm} = 0.85\text{m}$에 해당하는 압력은 다음과 같다.

$$\begin{aligned} P = \gamma_{Hg} h &= (13.6 \times 9.8)\frac{\text{kN}}{\text{m}^3} \times 0.85\,\text{m} \\ &= 113.3\frac{\text{kN}}{\text{m}^2} = 113.3\,[\text{kPa}] = 1.133\,[\text{bar}] \end{aligned}$$

또는 $760\,\text{mmHg} = 1.01325\,\text{bar}$이므로 비례식을 이용하면

$$P = 850\,[\text{mmHg}] = \frac{850}{760} \times 1.01325\,[\text{ba}]\text{r} = 1.133\,[\text{bar}]$$

예제 6.2.7 수은의 비중이 13.6이면 700 mmHg는 몇 kPa인가? 또 이 압력에 대응하는 물기둥의 높이는 몇 m인가?

풀이 비중이 13.6이므로 비중량 $\gamma_{Hg} = S\gamma_w = 13.6 \times 9800\,\mathrm{N/m^3}$이다.

$$P = \gamma_{Hg} h = (13.6 \times 9.8)\frac{\mathrm{kN}}{\mathrm{m^3}} \times 0.7\mathrm{m} = 93.3[\mathrm{kPa}]$$

또 이것을 물기둥의 높이로 환산하면 다음과 같다.

$$P = \gamma_{Hg} \times 0.7\,\mathrm{m} = \gamma_w h \;\rightarrow\; (13.6 \times \gamma_w) \times 0.7\,\mathrm{m} = \gamma_w h$$

$$\therefore \quad h = 9.52\,[\mathrm{m}]$$

여기에서 물기둥 높이 9.52 [m]에 대응하는 압력을 9.52 [mAq]로 나타낸다. 즉, 700 [mmHg] = 9.52 [m Aq] = 93.3 [kPa]이다.

3 액주계

수직으로 세운 유리관 속의 액체 기둥(액주)의 높이를 측정하여 압력을 측정하는 장치를 액주계라 한다. 압력 원과 같은 유체를 사용하는 액주계를 피에조미터(piezometer)라 하고, 다른 유체를 사용하는 것을 마노미터(manometer)라 한다.

설명 탱크 속의 수압을 측정하는 [그림 6.2.9]에서 왼쪽은 피에조미터, 오른쪽은 마노미터를 나타내며, 마노미터의 액체로는 비중이 큰 수은(Hg)을 주로 사용한다. 액주의 높이로써 압력을 나타낼 때 수은은 mmHg, 물은 mAq를 많이 사용한다.

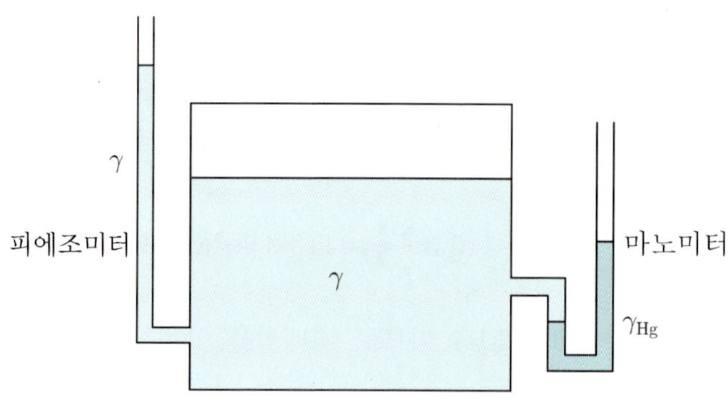

[그림 6.2.9]

[1] 액주계의 원리

(1) 같은 유체에서 같은 높이에 있는 두 지점의 압력은 같다.

(2) 비중량 γ인 유체 내에서 두 지점의 높이 차이가 h일 때 아래 지점의 압력(P_L)은 위 지점의 압력(P_U)보다 γh만큼 높다.

$$P_L = P_U + \gamma h \quad \cdots (6.2.3)$$

[2] 마노미터

[그림 6.2.10]은 용기의 압력 P_x를 측정하기 위해 설치한 U자관 액주계이다. 측정 유체의 비중량과 액주계 유체의 비중량은 각각 γ_1, γ_2이다.

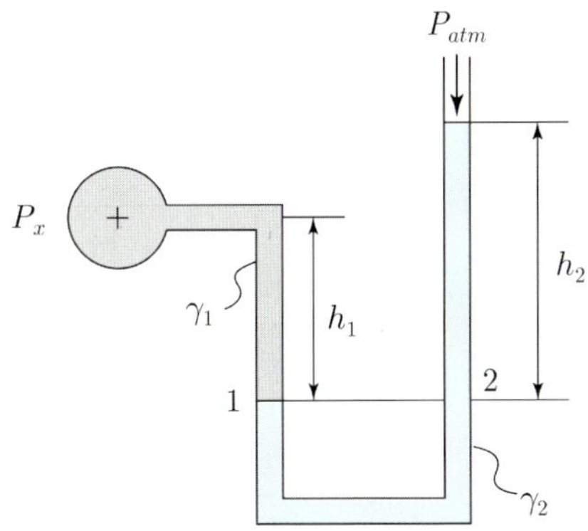

[그림 6.2.10]

먼저 액주계의 왼쪽을 고려하면 지점 1에서의 압력

$$P_1 = P_x + \gamma_1 h_1$$

이고, 오른쪽에서 지점 1과 같은 높이에 있는 단면 2에서의 압력은

$$P_2 = P_{atm} + \gamma_2 h_2$$

이다. 두 점 1, 2는 같은 유체(액주계 유체)에서 같은 높이에 있으므로 압력이 같다. 따라서

$$P_1 = P_2$$

$$P_x + \gamma_1 h_1 = P_{atm} + \gamma_2 h_2$$

$$P_x - P_{atm} = -\gamma_1 h_1 + \gamma_2 h_2 \qquad \cdots ①$$

$$P_x = P_{atm} - \gamma_1 h_1 + \gamma_2 h_2 \qquad \cdots ②$$

가 구해진다. 여기에서 식 ①은 용기 안의 계기압력을 나타내고, ②는 절대압력을 나타낸다. 따라서 액주계의 눈금 h_1, h_2를 읽으면 식 ①로부터 계기압력을 곧바로 측정할 수 있다는 것을 알 수 있다.

예제 6.2.8 관 내부를 흐르는 물의 압력을 구하기 위하여 그림과 같이 수은 액주계를 설치하였다. 액주계 읽음이 [그림 6.2.11]과 같을 때 관 중심의 계기압력을 구하여라. 수은의 비중은 13.6이다.

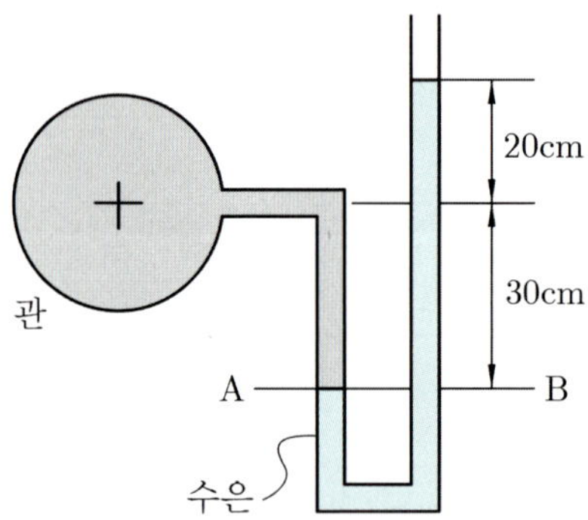

[그림 6.2.11]

풀이 관 중심의 압력을 P, 물의 비중량을 γ_w라 하면 단면 A에서의 압력

$$P_{\mathrm{A}} = P + \gamma_w \times 0.3\,\mathrm{m}$$

이고, 대기압을 P_0, 액주계의 수은의 비중량을 γ_{Hg}라 하면 A와 같은 높이에 있는 액주계의 단면 B에서의 압력은

$$P_{\mathrm{B}} = P_0 + \gamma_{\mathrm{Hg}} \times (0.2 + 0.3)\mathrm{m}$$

이다. 두 점 A, B는 같은 유체(수은) 내에서 같은 높이에 있으므로 압력이 같다. 따라서 관 중심의 계기압력($P - P_0$)은 다음과 같다.

$$P_{\mathrm{A}} = P_{\mathrm{B}}$$

$$P+\gamma_w \times 0.3\text{m} = P_0 + \gamma_{\text{Hg}} \times (0.2+0.3)\text{m}$$

$$\therefore \quad P - P_0 = \gamma_{\text{Hg}} \times (0.2+0.3)\text{m} - \gamma_{\text{w}} \times 0.3\text{m}$$

$$= (13.6 \times 9.8)(0.5) - 9.8 \times 0.3 = 63.7 \text{ [kPa]}$$

예제 6.2.9 [그림 6.2.12]에서 밀폐된 탱크의 바닥에 설치된 압력계가 40 kPa의 계기압력을 가리키고 있다. 탱크 내 공기의 계기압력을 구하여라.

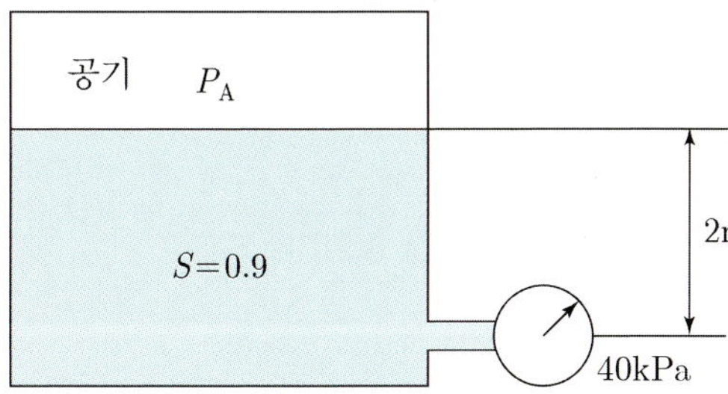

[그림 6.2.12]

풀이 대기압을 P_0라 하면 압력계에서의 절대압력은 $P_0 + 40\text{kPa}$이고, 이 압력은 탱크 내 공기 압력 P_A와 비중 $S = 0.9$인 액체의 무게에 의한 압력의 합과 같다.

$$P_0 + 40\,\text{kPa} = P_A + \gamma h$$

따라서 탱크 내 공기의 계기압력은 다음과 같다.

$$P_A - P_0 = 40\,\text{kPa} - \gamma h$$

$$= 40 - (0.9 \times 9.8) \times 2 \text{ [kPa]} = 22.36 \text{ [kPa]}$$

† 공기와 압력계의 계기압력을 각각 P_1, P_2이라 하면 $P_2 = P_1 + \gamma h$이다. 일반적으로 압력계에서 읽는 압력은 계기압력이다.

4 평면 표면에 작용하는 압력힘

일정한 밀도의 액체에서의 압력은 깊이에 따라 선형적으로 변화한다. [그림 6.2.13]에 나타낸 것과 같이 액체 표면이 대기에 접하고 있다면 압력은 0(액체 표면에서의 압력)에서 γH(탱크 바닥에서의 압력)까지 선형적으로 변한다는 것을 알 수 있다. 그림은 이와 같은 변화를 압력분포선도로 나타낸 것이다. 여기에서 대기압은 용기의 양면에 동등하게 영향을 미치고 있으므로 그 영향이 상쇄되기 때문에 대기압을 포함시키지 않았다는 것에 주의한다. 그러나 밀폐된 용기 안에 액체가 있고 액체의 자유표면에 작용하는 압력이 용기의 외부에 작용하는 압력과 같지 않을 때는 이 압력차를 고려해서 계산해야 한다.

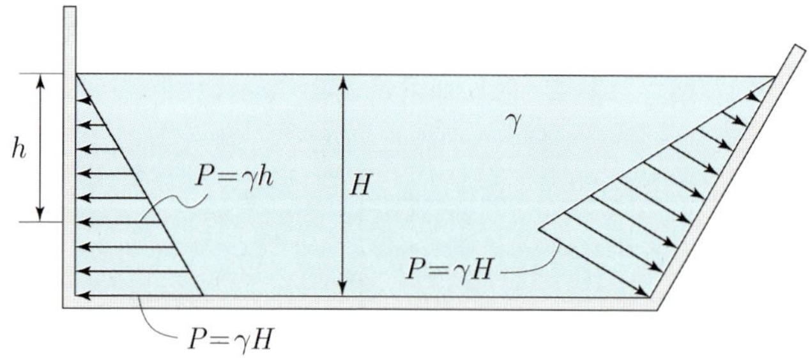

[그림 6.2.13]

[그림 6.2.14]와 같이 평면 수문이 수직으로 설치되었을 때 물에 의해 수문이 받는 전압력의 크기(F)는 다음과 같다.

$$F = \gamma h_c A \qquad \cdots (6.2.4)$$

여기에서 γ는 물의 비중량, A는 수문의 면적, h_c는 수면으로부터 수문의 도심(centroid)까지의 수직거리이다. 물의 압력은 아래로 내려갈수록 증가하기 때문에 전압력의 작용점(압력중심)은 언제나 도심 아래에 위치한다.

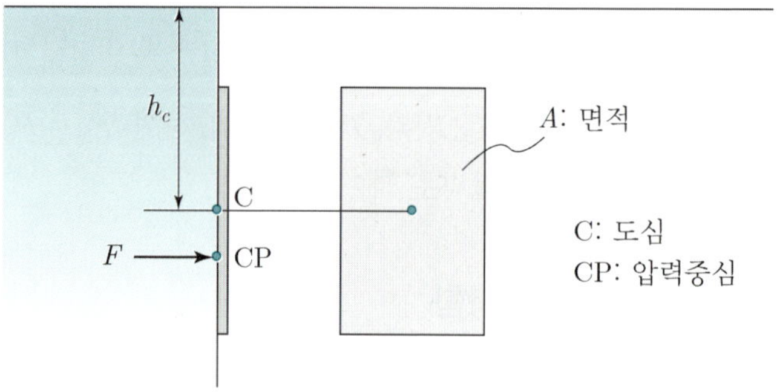

[그림 6.2.14]

[그림 6.2.15]와 같이 직사각형 판의 도심은 꼭짓점을 서로 연결한 대각선의 교점이고, 원판의 도심은 원의 중심이다.

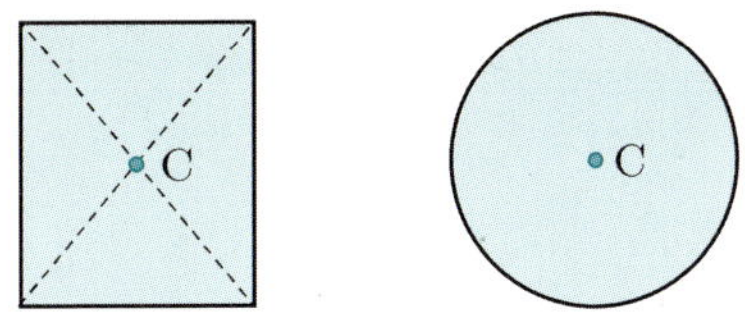

[그림 6.2.15] 평판의 도심

예제 6.2.10 그림과 같이 $4\,\mathrm{m} \times 6\,\mathrm{m}$의 직사각형 평판이 물속에 수직으로 서 있다. 평판의 한쪽 면에 작용하는 물에 의한 전압력을 구하여라.

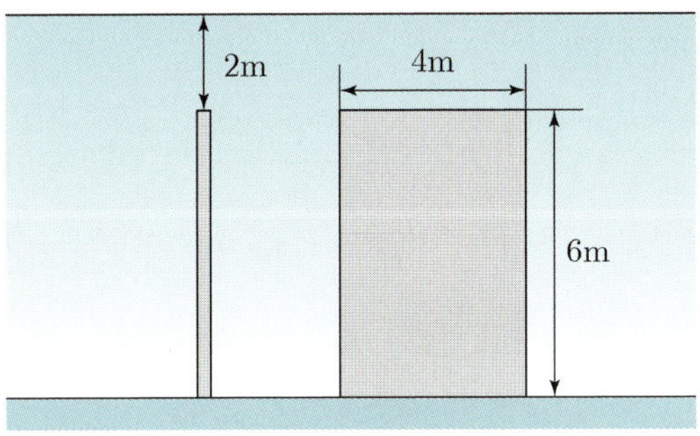

[그림 6.2.16]

풀이 직사각형의 도심은 평판 높이(6m)의 1/2에 위치하므로 수면으로부터 평판의 도심까지의 수직거리(h_c)는

$$h_c = 2 + \frac{6}{2} = 5\,[\mathrm{m}]$$

이고, 수문의 면적(A)은

$$A = 6\mathrm{m} \times 4\mathrm{m} = 24\,[\mathrm{m}^2]$$

이다. 따라서 평판에 작용하는 전압력(F)은 다음과 같다.

$$F = \gamma h_c A = 9800 \times 5 \times 24\,[\mathrm{N}] = 1176\,[\mathrm{kN}]$$

예제 6.2.11 [그림 6.2.17]과 같이 수직으로 설치된 반지름 R인 원형 수문에 작용하는 전압력의 크기를 구하여라. 수면으로부터 수문의 최상단까지의 거리는 H이고 물의 비중량은 γ_w이다.

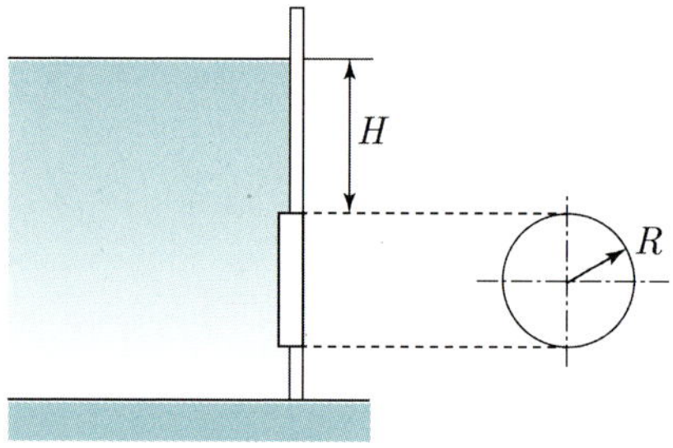

[그림 6.2.17]

풀이 수면으로부터 반지름 R인 원형 수문의 도심까지 수직거리(h_c)와 물에 접하고 있는 수문의 면적(A)은

$$h_c = H + R, \quad A = \pi R^2$$

이다. 따라서 평판에 작용하는 전압력(F)은 다음과 같다.

$$F = \gamma h_c A = \gamma_w (H + R) \times (\pi R^2) = \pi \gamma_w R^2 (H + R)$$

5 부력

[1] 아르키메데스의 원리

아르키메데스(Archimedes)의 원리는 다음과 같이 기술된다.

"유체 중에 잠겨있는 물체는 그 물체가 밀어낸 부피의 유체 무게와 같은 크기의 부력을 받는다."

즉, 유체의 비중량을 γ라 하면 물체가 받는 부력 F_B는 다음과 같다.

$$F_B = \gamma \times (\text{잠겨있는 물체의 부피}) \quad \cdots (6.2.5)$$

[2] 부력의 성질

압력은 깊이에 따라 증가하고 아래 면에 작용하는 압력 힘이 위에서 작용하는 힘보다 크기 때문에 부력은 언제나 연직 위 방향으로 작용한다.

[그림 6.2.18]과 같이 떠 있는 물체에서의 부력은 다음과 같다.

$$F_B = \gamma \times (\text{배제된 액체의 부피}) = \gamma V_1 \quad \cdots (6.2.6)$$

여기에서 γ는 액체의 비중량, V_1은 액체에 잠긴 부분의 물체의 부피이다.

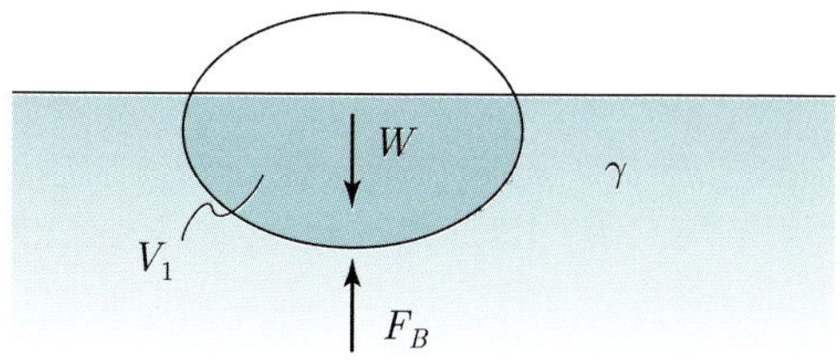

[그림 6.2.18]

물체가 떠 있을 때 정적 평형 조건으로부터 물체의 무게 $W(\downarrow)$는 부력 $F_B(\uparrow)$과 같아야 한다.

$$W = F_B \quad \cdots (6.2.7)$$

즉, 물체는 그것이 떠 있는 액체를 자신의 중량에 해당하는 액체의 부피만큼 배제한다. [그림 6.2.18]과 같이 액체 속에 잠긴 부분의 물체의 부피를 V_1이라고 하면 부력 $F_B = \gamma V_1$이므로 평형 조건은 다음과 같이 된다.

$$W = \gamma V_1 \quad \cdots (6.2.8)$$

공기 중에서 측정한 물체의 무게가 W이고, 액체 속에서 받는 부력이 F_B이면 액체 속에서 측정한 물체의 무게 W_L은 다음과 같다.

$$W_L = W - F_B \quad \cdots (6.2.9)$$

즉, 액체 속에서 물체의 무게는 부력만큼 가벼워진다.

예제 6.2.12 [그림 6.2.19]와 같이 한 변의 길이가 100 mm인 정육면체 금속 블록이 물속에 완전히 잠겨있다. 이때 블록의 무게가 50 N이면 공기 중에서 측정한 블록의 무게는 몇 N인가?

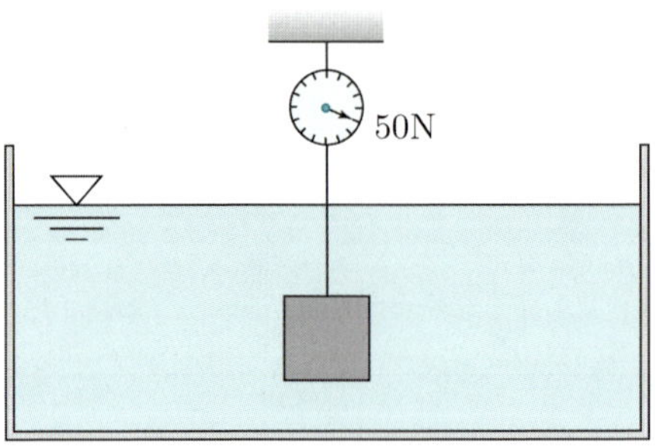

[그림 6.2.19]

풀이 물속에서 물체의 무게는 그 물체가 받는 부력만큼 가벼워진다. 여기에서 물체가 완전히 물속에 잠겨있으므로 부피 V인 물체가 받는 부력 $F_B = \gamma_w V$이다. 따라서 다음과 같이 공기 중에서 물체의 무게(W)가 구해진다. 물의 비중량 $\gamma_w = 9800\text{N/m}^3$ 이다.

$$W - F_B = 50\,[\text{N}]$$

$$\therefore \quad W = 50 + F_B = 50 + \gamma_w V = 50 + 9800 \times (0.1)^3 = 59.8\,[\text{N}]$$

예제 6.2.13 어떤 금속의 무게가 공기 중에서는 4900N이고 물속에 완전히 잠겼을 때는 2940N이다. 금속의 부피와 비중을 구하여라. 단, 물의 비중량은 9800N/m^3이다.

풀이 금속의 부피를 V, 물의 비중량을 γ_w라 하면 물속에서는 위 방향으로

$$F_B = \gamma_w V$$

의 부력을 받아서 물체의 무게는 부력만큼 가벼워진다. 따라서

$$4900 - \gamma_w V = 2940$$

$$4900 - 9800 \times V = 2940$$

$$\therefore \quad V = 0.2\,[\text{m}^3]$$

이다. 따라서 공기 중에서의 금속의 무게 $W = 4900\,[\text{N}]$이므로 금속의 비중량(γ_s)과 비중(S)은 다음과 같다.

$$\gamma_s = \frac{W}{V} = \frac{4900}{0.2} = 24500\,[\text{N/m}^3]$$

$$S = \frac{\gamma_s}{\gamma_w} = \frac{24500}{9800} = 2.5$$

6.2 연습문제

E·X·E·R·C·I·S·E·S

1. 그림과 같이 질량 m과 M의 두 피스톤이 평형을 이루고 있다. 지름 $D_1 = 10\,\text{cm}$, $D_2 = 20\,\text{cm}$이고, $m = 100\,\text{kg}$일 때 다음을 구하여라. 단, 피스톤과 실린더 사이의 마찰은 무시하며 대기압은 $100\,\text{kPa}$이다.
   (1) 큰 피스톤의 질량 M
   (2) 유체의 비중을 무시할 때 유체에 작용하는 계기압력과 절대압력

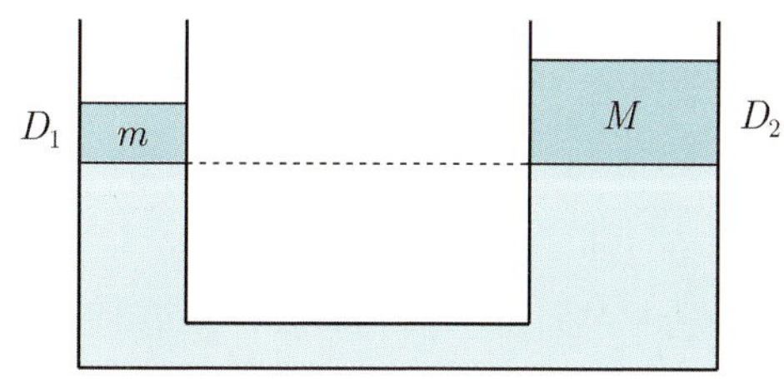

[문제 6.2.1]

2. 그림과 같은 피스톤-실린더 장치에서 실린더를 가열하여 실린더 내부의 절대압력이 $200\,\text{kPa}$로 상승하였다. 피스톤의 지름 $D = 20\,\text{cm}$일 때 평형을 유지하기 위해 피스톤에 가해야할 힘 F를 구하여라. 단, 대기압은 $100\,\text{kPa}$이고 피스톤과 실린더 사이의 마찰은 무시한다.

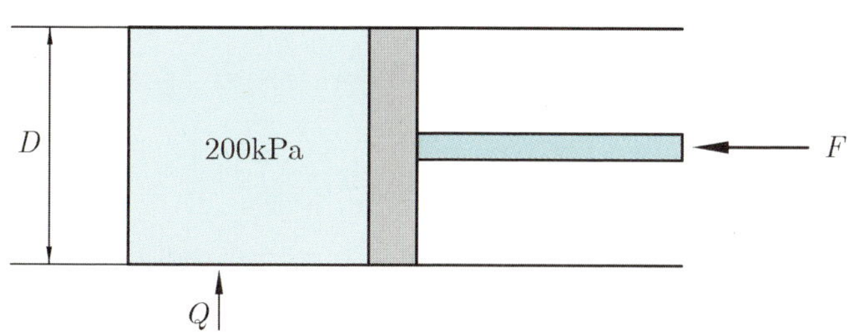

[문제 6.2.2]

3. 호수의 수면으로부터 $10\,\text{m}$ 아래에 있는 지름 $50\,\text{cm}$의 수평면에는 몇 kN의 압력 힘이 작용하는가? 단, 대기압은 $100\,\text{kPa}$이다.

4. 지름 2m의 원형 수문이 수면으로부터 3m 아래인 물탱크의 바닥에 수평으로 설치되어 있다. 다음을 구하여라.

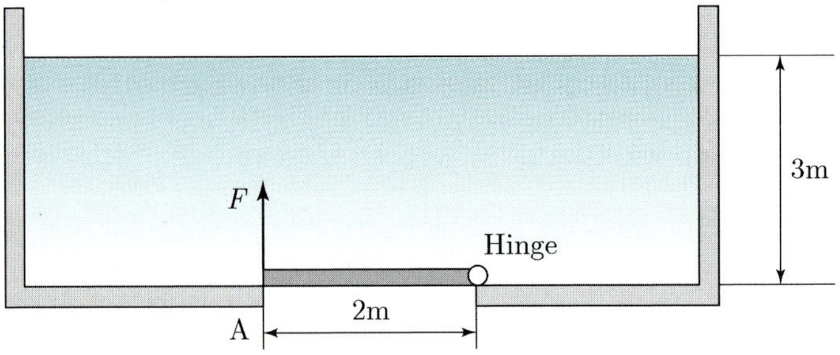

[문제 6.2.4]

(1) 물의 무게에 의한 압력에 의해 수문이 받는 힘(전압력)

(2) 수문을 열기 위해 점 A에 가해야할 최소한의 힘

5. 그림과 같이 밀폐된 탱크에 공기와 물이 채워져 있다. A, C는 공기와 위 벽의 접촉지점, B는 공기와 물의 표면을 나타낸다. 점 A의 절대압력이 100kPa일 때 점 B, C에서의 절대압력을 구하여라. 공기의 밀도는 1.2kg/m^{3}이다.

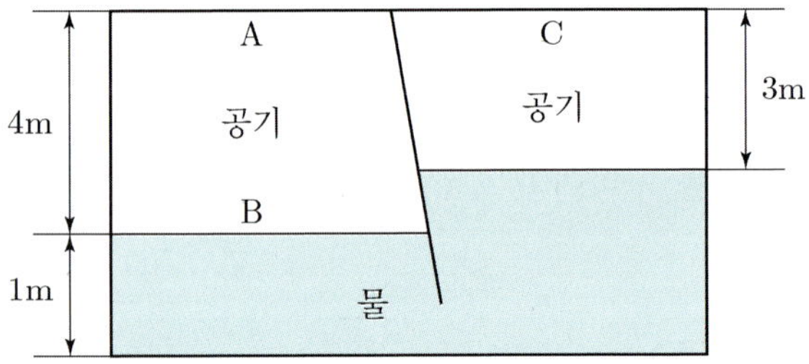

[문제 6.2.5]

6. 중력 가속도가 9.8m/s^{2}인 지역에서 수은 기압계의 눈금이 750mmHg, 진공계가 20kPa을 가리키고 있다. 절대압력은 몇 kPa인가? 수은의 밀도는 13,600kg/m^{3}이다.

7. 40mAq의 압력을 kPa로 환산하여라.

8. 40cmHg의 압력을 kPa로 환산하여라.

9. 수은 기압계의 눈금이 그림과 같을 때 대기압은 몇 kPa인가?

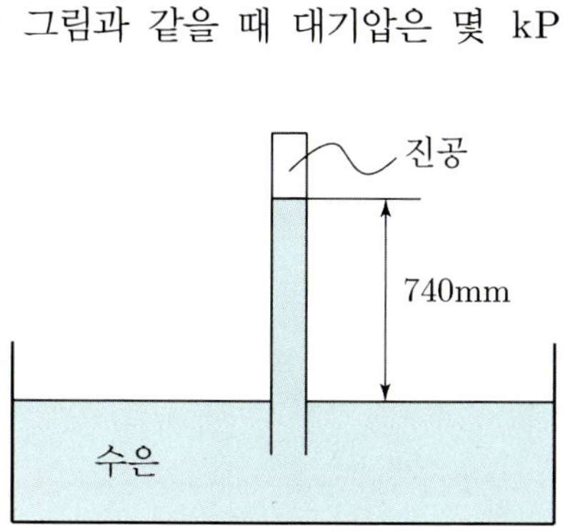

[문제 6.2.9]

10. 밀폐된 용기 안에 비중이 0.9인 오일이 들어있고, 그 위에 압력 70kPa의 공기가 차 있다. 탱크 바닥이 받는 압력을 구하여라.

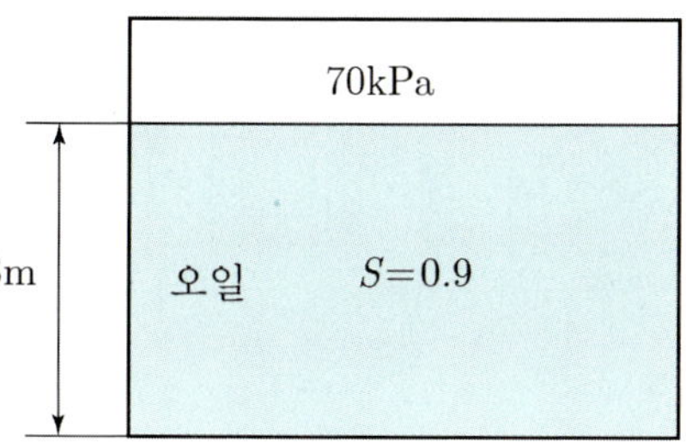

[문제 6.2.10]

11. 그림과 같이 압력용기에 연결된 피에조미터의 상승 높이가 20cm일 때 용기 중심(A)에서의 계기압력과 절대압력을 구하여라. 단, 용기 내 유체의 밀도는 1260 kg/m^3이고 대기압은 100 kPa이다.

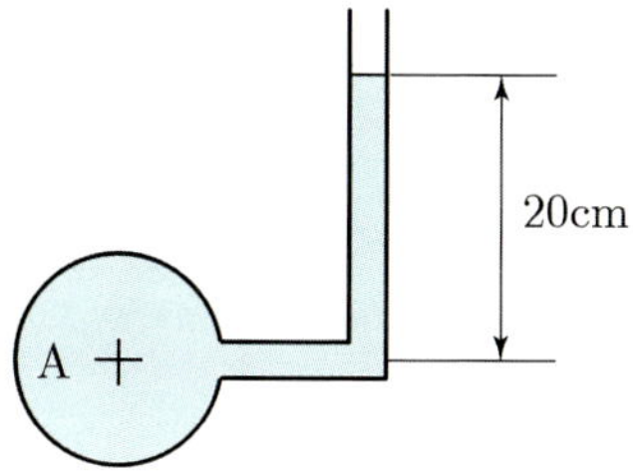

[문제 6.2.11]

12. 액주계의 읽음이 그림과 같을 때 관 중심에서의 계기압력(P_x)을 구하여라.

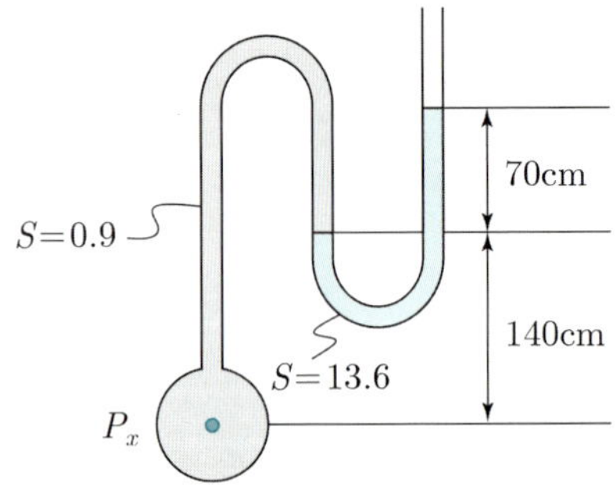

[문제 6.2.12]

13. 양 끝이 열린 U 자 관에 물과 기름이 들어있다. 그림과 같은 상태로 평형을 이루고 있을 때 오일의 비중을 구하여라.

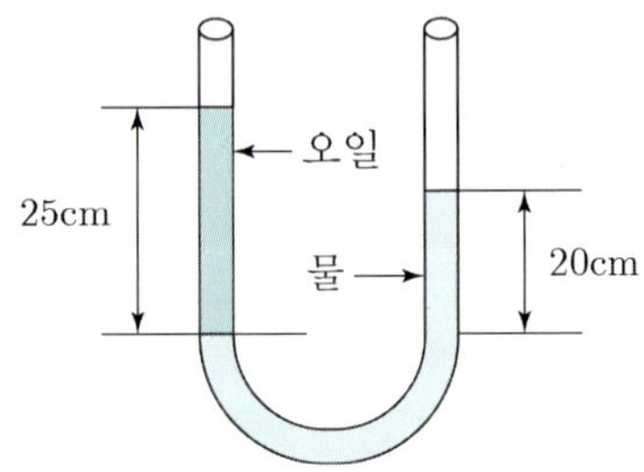

[문제 6.2.13]

14. 다음과 같은 역 U자관 액주계에서 압력 차이 $P_B - P_A$를 구하여라.

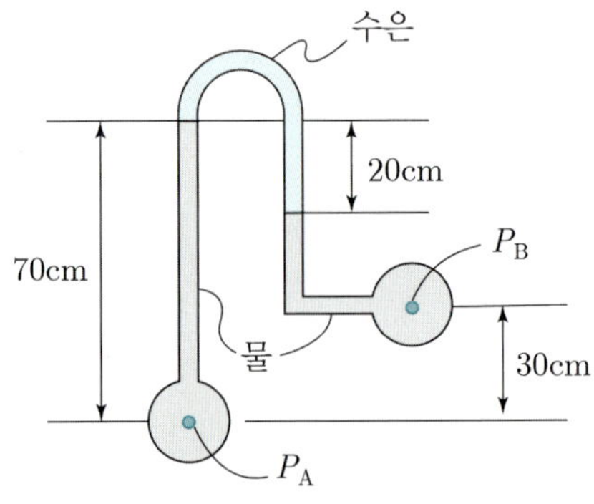

[문제 6.2.14]

15. 물이 흐르는 관에 설치한 액주계 읽음이 그림과 같을 때 관 중심부 A에서의 계기압력을 구하여라. 단, 액주계 유체의 비중은 13.6, $H = 20\text{cm}$, $h = 10\text{cm}$이다.

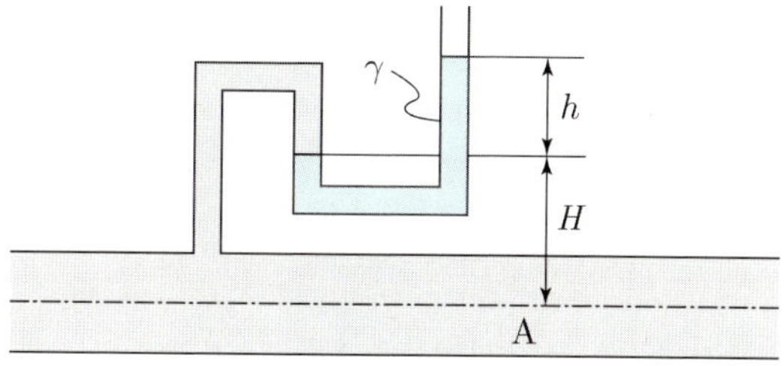

[문제 6.2.15]

16. 그림은 폭이 30cm인 수로의 수문이다. 물이 40cm 깊이까지 차 있을 때 수문이 받는 전압력을 구하여라.

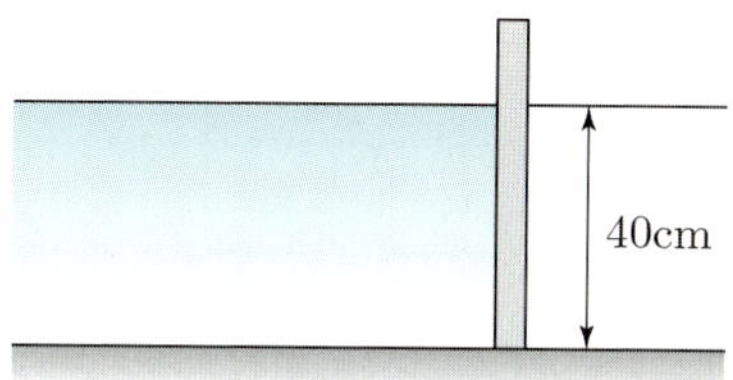

[문제 6.2.16]

17. 그림과 같이 수직으로 서 있는 수문을 경계로 하여 6m, 4m 깊이로 물이 차 있다. 수문의 폭이 2m이면 수문이 받는 전압력은 얼마인가?

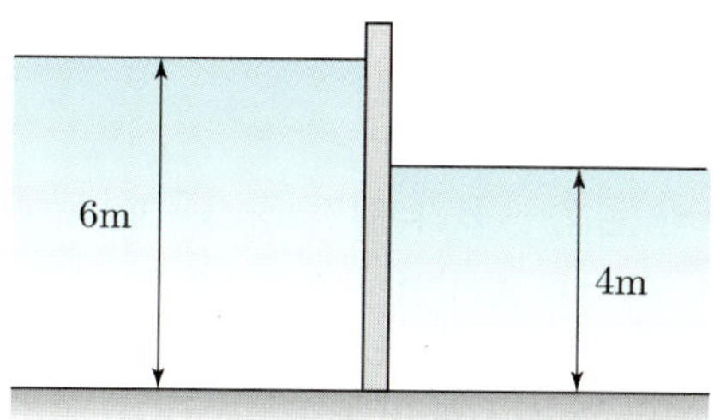

[문제 6.2.17]

18. 그림과 같이 한 변의 길이가 40cm이고 비중이 0.8인 정육면체 물체가 물에서 반듯하게 떠 있을 때 물속에 가라앉은 깊이를 구하여라.

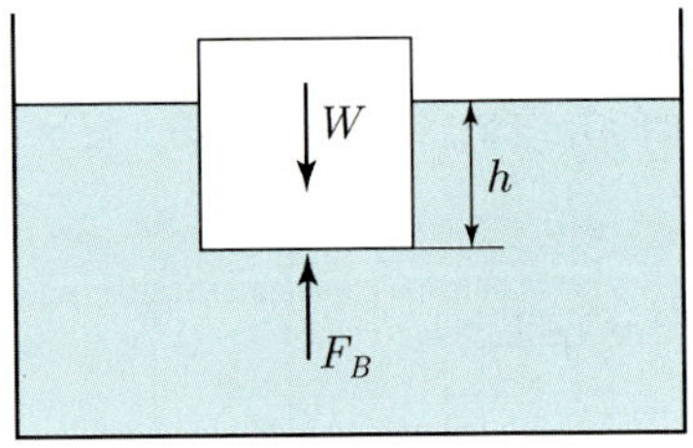

[문제 6.2.18]

19. 그림과 같이 물체 B가 물에 잠겨서 물체 A를 당기고 있을 때, 물체 A의 부피의 절반이 물에 잠긴 상태로 평형을 이루고 있다. 물체 A의 부피가 물체 B의 부피의 4배이고 물체 B의 밀도가 물 밀도의 2배라고 하면, 물체 A의 밀도는? [공무원 임용시험]

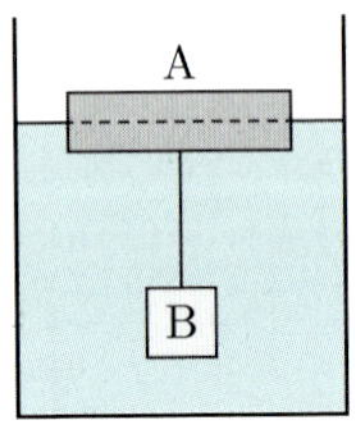

[문제 6.2.19]

① 물 밀도의 0.25배 ② 물 밀도의 0.5배
③ 물 밀도의 2배 ④ 물 밀도의 4배

20. 유압 기기는 어떤 원리 또는 법칙을 이용한 것인가? [공무원 임용시험]

① 아르키메데스의 원리 ② 베르누이의 원리
③ 파스칼의 원리 ④ 보일의 법칙

21. 부피가 같은 금속구 A와 금속구 B가 어떤 정지유체 속에 가라앉아 있다. A의 밀도는 2ρ이고 B의 밀도는 ρ이다. A가 B보다 2.5배 큰 알짜힘을 받을 때, 유체의 밀도는? (단, 두 구에 작용하는 알짜힘의 방향은 같다) [공무원 임용시험]

① $\frac{1}{3}\rho$ ② $\frac{1}{2}\rho$ ③ $\frac{2}{3}\rho$ ④ $\frac{9}{7}\rho$

22. 비중이 0.9인 빙산이, 비중이 1.1인 해수에 떠 있다. 빙산이 해수면 위로 노출된 부분의 부피가 1일 때, 해수면 아래에 잠긴 빙산의 부피는? [공무원 임용시험]

① 4.5 ② 5.0 ③ 5.5 ④ 6.0

23. 반지름이 10cm이고 밀도가 균일한 구를 물에 넣었더니 중심이 수면에 위치한 채 정지해 있다. 이 구의 질량[kg]에 가장 가까운 것은? (단, 물의 밀도는 $1g/cm^3$이고 물의 부력과 중력을 제외한 다른 효과는 무시한다) [공무원 임용시험]

① 1 ② 2 ③ 3 ④ 4

24. 그림은 물속에 완전히 잠긴 채 정지해 있는 직육면체 모양의 물체를 나타낸 것이다. 이 물체에 가해지는 압력의 방향 및 크기를 화살표로 가장 옳게 나타낸 것은? [공무원 임용시험]

[문제 6.2.24]

25. 다음 그림과 같이 밀도 $\rho = 900\text{kg/m}^3$인 직육면체 나무토막이 밀도 $\rho_1 = 1{,}100\text{kg/m}^3$인 유체에 떠 있다. 나무토막의 높이 $H = 6\text{cm}$라면 나무토막이 유체에 잠긴 깊이 h에 가장 가까운 값은? (단, 중력가속도 $g = 10\text{m/s}^2$이다) [공무원 임용시험]

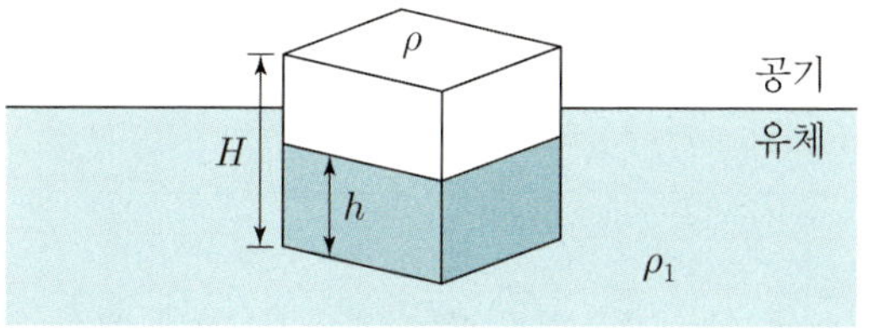

[문제 6.2.25]

① 3cm ② 4cm ③ 5cm ④ 6cm

26. 파스칼의 원리에 대한 설명으로 옳은 것은? [공무원 임용시험]

① 밀폐된 용기 내부의 압력은 용기의 체적에 비례한다.

② 밀폐된 이상유체에 가한 압력은 용기의 벽에 수평 방향으로 작용한다.

③ 밀폐된 이상유체에 가한 압력은 밀도에 따라 다른 크기로 전달된다.

④ 밀폐된 이상유체에 가한 압력은 유체의 모든 부분과 용기의 모든 벽에 같은 크기로 작용한다.

27. 다음은 파스칼(Pascal)의 원리를 이용한 유압잭에 대한 그림과 설명이다. 괄호 안의 ㉠, ㉡에 해당하는 값을 순서대로 쓰시오. [중등교사 임용시험(항해·기관)]

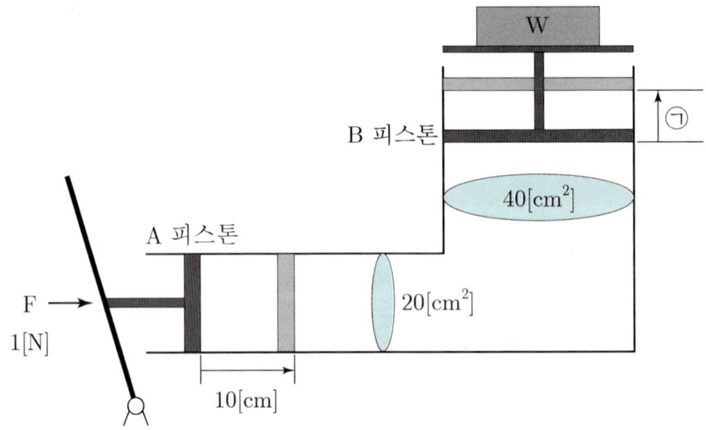

[문제 6.2.27]

유압잭에서 A 피스톤 및 B 피스톤의 면적은 각각 20[cm^2], 40[cm^2]이다. B 피스톤에 W의 무게가 누르고 있는 상황에서 레버에 의해 F 방향으로 A 피스톤에 1[N]의 힘을 가하니 10[cm] 전진하여 힘의 균형을 이루었다. 이때 B 피스톤은 (㉠)[cm] 상승하며, B 피스톤의 내면에는 (㉡)[Pa]의 압력이 가해진다. (단, 사용된 유압 작동유는 비압축성이며, 피스톤과 실린더 사이의 마찰손실은 무시하고, 유압 작동유의 누설은 없는 것으로 한다.)

28. 자동차 서비스 센터에서는 자동차를 들어올리기 위해 보통 유압을 이용한다. 한쪽 끝의 작은 원형 실린더의 반지름은 R이고 다른 쪽 원형 실린더의 반지름은 $10R$이다. $10R$의 반지름을 갖는 실린더 위에 있는 10,000N 무게의 물체를 들어올리기 위해 작은 반지름을 갖는 실린더에 가해야 할 힘의 최솟값은? (단, 유체 내의 압력은 일정하다) [공무원 임용시험]

① 100N ② 1,000N

③ 100,000N ④ 1,000,000N

29. 유체의 기본성질에 대한 설명으로 옳지 않은 것은? [공무원 임용시험]

① 단위중량은 밀도와 중력가속도의 곱이다.

② 수면에서 깊이가 $3h$인 지점의 수압은 깊이가 h인 지점의 수압보다 3배 크다.

③ 정수압은 수중물체의 표면에 항상 수직 방향으로 작용한다.

④ 어떤 유체의 비중은 물의 단위중량을 그 유체의 단위중량으로 나눈 값이다.

30. 정수역학에 대한 설명으로 옳지 않은 것은? [공무원 임용시험]

① 정수역학은 전단응력과 수직응력 중 전단응력만을 고려한다.

② 물속 한 점에서의 압력은 밀도, 중력가속도, 깊이에 의해 결정된다.

③ 정수압만 고려한다면 비압축성 액체의 압력은 수면으로부터 깊어질수록 선형적으로 증가한다.

④ 밀폐된 시스템 내 유체의 한 점에서 가해진 압력의 변화는 시스템 내 유체의 모든 곳에서 동일하게 나타나며, 이러한 원리를 파스칼의 원리라 한다.

31. 부력에 관한 설명으로 옳지 않은 것은? [공무원 임용시험]

① 부력은 유체 내 고체의 위, 아래 면에 작용하는 압력 차로 발생한다.

② 잠긴 부분의 형상과 체적은 같지만 밀도가 다른 나무와 쇠의 부력은 서로 다르다.

③ 부력의 크기는 유체 내 잠긴 물체의 체적에 해당하는 유체의 무게이다.

④ 물체의 경심이 중심보다 위에 있으면 안정적이다.

32. 그림과 같이 U자형 관에 두 가지 유체가 담겨 있다. 관내의 모든 지점에서 유속이 0인 평형상태일 때, 유체 A의 단위중량[kN/m^3]은? [공무원 임용시험]

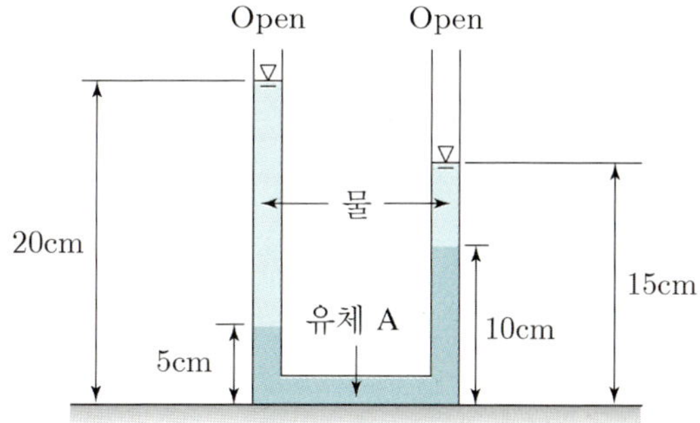

[문제 6.2.32]

① 5 ② 10 ③ 15 ④ 20

33. 어떤 물체의 공기 중 무게가 3kgf이고 수중에서의 무게가 1kgf일 때, 이 물체의 비중은? (단, 물의 단위중량은 10kN/m^3, 중력가속도는 10m/s^2이다) [공무원 임용시험]

① 1.25 ② 1.50 ③ 1.75 ④ 2.00

34. 그림과 같은 용기에 물을 넣고 $\alpha = 5\text{m/s}^2$의 등가속도로 연직상향으로 운동시킬 때, A점의 정수압 강도$[\text{kN/m}^2]$는? (단, 중력가속도는 10m/s^2로 가정한다)

[공무원 임용시험]

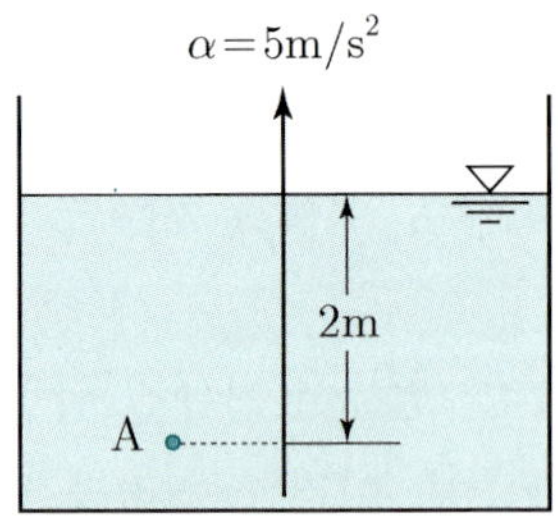

[문제 6.2.34]

① 10 ② 20 ③ 30 ④ 40

35. 원통 속에 1m 깊이로 물이 담겨져 있다. 연직하향으로 4.9m/s^2의 등가속도로 용기를 이동시킬 때, 원통바닥에 작용하는 정수압$[\text{kN/m}^2]$은? [공무원 임용시험]

① 4.9 ② 14.7 ③ 0.5 ④ 1.5

36. 그림과 같이 수조에 비중이 0.8인 기름과 물이 채워져 있을 때, 수조 내부 바닥에 작용하는 총 힘의 크기[kN]는? (단, 물의 단위 중량은 10kN/m^3이다) [공무원 임용시험]

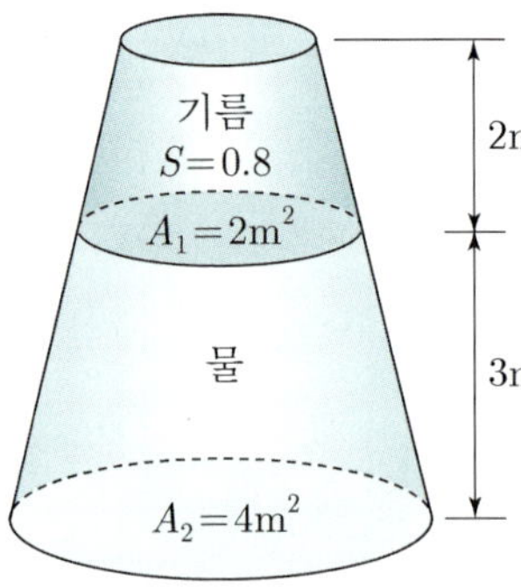

[문제 6.2.36]

① 46 ② 92 ③ 138 ④ 184

37. 그림에서 물탱크 바닥에 작용하는 수직압력에 대한 것으로 가장 옳은 것은? (단, 물탱크의 바닥 면적과 수위는 서로 같다) [공무원 임용시험]

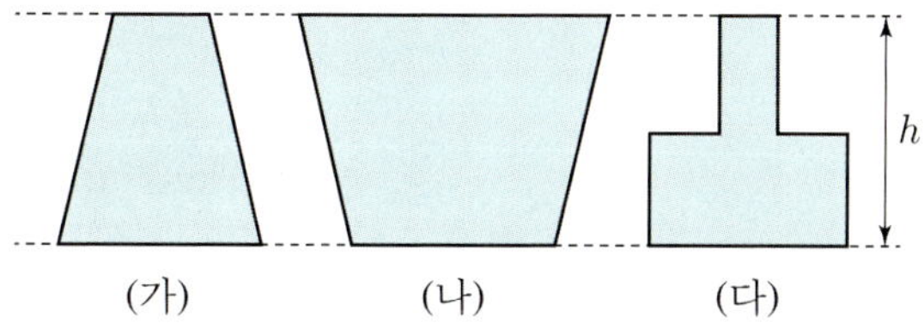

[문제 6.2.37]

① (가)<(나)　② (나)=(다)　③ (가)>(다)　④ (가)<(다)<(나)

38. 폭 3m인 수조에 깊이 4m로 물이 담겨 있을 경우 연직 평면에 작용하는 전수압(P)의 힘은? [공무원 임용시험]

① 12tonf　② 16tonf　③ 18tonf　④ 24tonf

39. 어떤 물체의 공기 중 무게는 50kgf이고, 물속에서의 무게가 20kgf이라면 이 물체의 단위중량[kgf/m^3]에 가장 가까운 것은? [공무원 임용시험]

① 1333　② 1552　③ 1667　④ 1782

40. 다음 중 정수압의 성질을 설명한 것으로 옳지 않은 것은? [공무원 임용시험]

① 유체 내 한 점에 작용하는 정수압은 모든 방향으로 그 크기가 같다.

② 정지유체 내에서 정수압과 전단응력이 함께 작용한다.

③ 정수압은 작용하는 면에 항상 수직으로 작용한다.

④ 정수압의 크기는 수심에 비례하며, 깊이가 같은 임의 점에서 정수압은 항상 같다.

41. 그림과 같은 폭이 3m, 길이가 12m, 그리고 높이가 2m인 배의 무게가 54ton이다. 이 배를 한강에서 운항하는데 필요한 최소수심은? [공무원 임용시험]

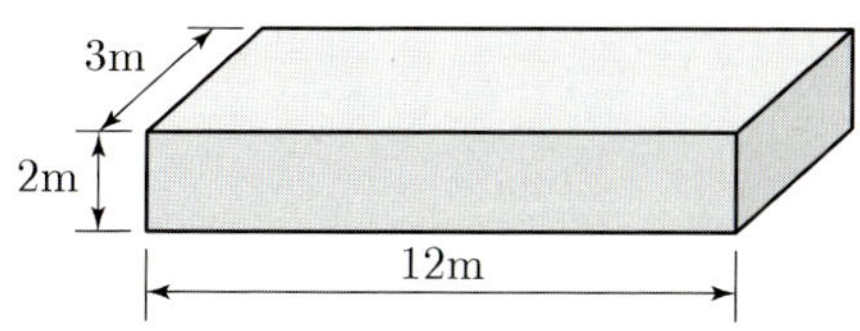

[문제 6.2.41]

① 0.8m　② 1.0m　③ 1.2m　④ 1.5m

42. 집중호우가 발생하여 주유소 기름 탱크에 물이 들어갔다. 물의 깊이가 1.5m이고, 그 위에 비중 0.8인 기름이 2m 깊이로 떠있을 때 기름 탱크 바닥에 작용하는 압력은?

[공무원 임용시험]

① 0.08kgf/cm^2　　② 0.15kgf/cm^2

③ 0.23kgf/cm^2　　④ 0.31kgf/cm^2

43. 그림과 같은 시차액주계에서 액체 1의 비중은 1, 액체 2의 비중은 10 그리고 액체 3의 비중은 0.8이다. $h_1 = 25\text{cm}$, $h_2 = 50\text{cm}$ 그리고 $h_3 = 30\text{cm}$일 때 A관과 B관 사이의 압력의 차이는? (단, 물의 단위중량은 1000kgf/m^3이다)

[공무원 임용시험]

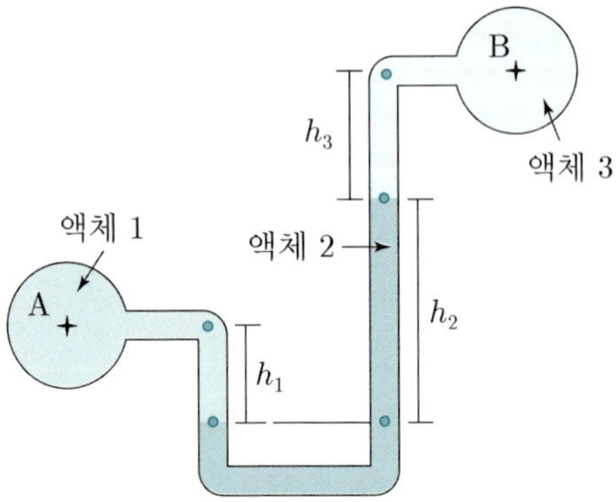

[문제 6.2.43]

① $2{,}990\text{kgf/m}^2$　　② $3{,}990\text{kgf/m}^2$

③ $4{,}990\text{kgf/m}^2$　　④ $5{,}990\text{kgf/m}^2$

6.3 연속방정식과 베르누이 방정식

1 연속방정식

[1] 1차원 정상류의 연속방정식

단위 시간에 각 유동단면을 통과하는 유체의 질량은 모든 단면에서 같다는 것을 1차원 정상류의 연속방정식이라 한다. 단면의 면적이 A인 곳에서 유체의 밀도를 ρ, 속도를 V라 하면 1차원 정상류의 연속방정식은 다음과 같이 표현된다.

$$\rho A V = C(\text{일정}) \quad \cdots (6.3.1)$$

† 속도, 압력, 밀도 등의 물리량이 시간이 지나도 일정하게 유지되는 유동을 정상류(정상유동, steady flow), 시간에 따라 변화하는 유동을 비정상류(비정상유동, unsteady flow)라 한다.

예 [그림 6.3.1]과 같이 단면 1에서의 면적, 밀도, 비중량, 속도를 각각 A_1, ρ_1, γ_1, V_1, 단면 2에서의 면적, 밀도, 비중량, 속도를 각각 A_2, ρ_2, γ_2, V_2라 하면 다음 관계식이 성립한다.

$$\begin{aligned} \rho_1 A_1 V_1 &= \rho_2 A_2 V_2 \\ \gamma_1 A_1 V_1 &= \gamma_2 A_2 V_2 \end{aligned} \quad \cdots (6.3.2)$$

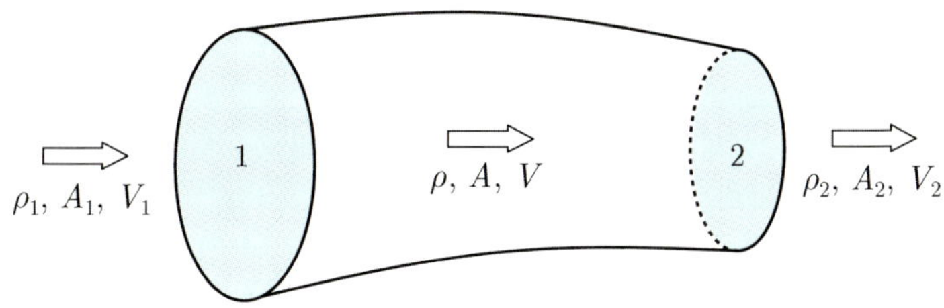

[그림 6.3.1]

설명 질량보존법칙을 적용하면 1차원 정상류의 연속방정식이 얻어진다. [그림 6.3.2]에서 평균 유출 속도가 V_2인 단면에서 Δt 동안에 유출되는 유체의 질량은 '출구면적 A_2와 Δt 동안에 이동한 거리 $V_2 \Delta t$로 이루어진 체적'에 포함된 유체의 질량과 같다.

$$m_2 = \rho_2 A_2 V_2 \Delta t$$

마찬가지로 Δt 동안에 단면 1에 유입되는 유체의 질량은

$$m_1 = \rho_1 A_1 V_1 \Delta t$$

이다. 여기에서 정상류이므로 질량보존법칙으로부터 유입되는 질량(m_1)과 유출되는 질량(m_2)은 같다. 따라서

$$\rho_1 A_1 V_1 \Delta t = \rho_2 A_2 V_2 \Delta t$$

$$\therefore \ \rho_1 A_1 V_1 = \rho_2 A_2 V_2$$

이고, 임의 단면에서 $\rho A V = C$ (C는 상수)가 성립된다.

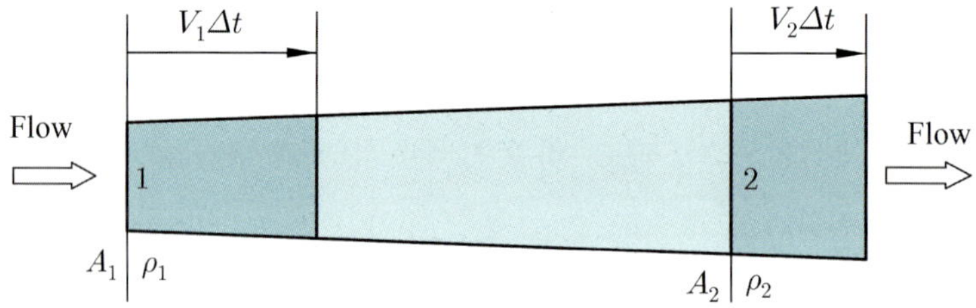

[그림 6.3.2]

[2] 체적유량, 질량유량, 중량유량

1차원 유동에서 단위 시간 동안에 흐르는 유체의 체적과 질량 및 중량은 다음과 같다.

○ 체적유량 : $Q = AV$ [m^3/s] … (6.3.3)

○ 질량유량 : $\dot{m} = \rho A V = \rho Q$ [kg/s] … (6.3.4)

○ 중량유량 : $G = \gamma A V = \gamma Q$ [N/s] … (6.3.5)

기초유체역학에서는 비압축성 유체를 주로 취급하므로 일반적으로 많이 사용하는 것은 체적유량(부피유량)이다. 따라서 대부분의 경우에 있어서 단순히 '유량'이라고 하면 '체적유량'을 의미한다.

예제 6.3.1 안지름 0.5 m의 송유관을 평균속도 2m/s로 기름이 흐를 때 다음을 구하여라. 기름의 밀도는 $900\,\text{kg/m}^3$이다.

(1) 체적유량 (2) 질량유량 (3) 중량유량

풀이 (1) $Q = AV = \dfrac{\pi D^2}{4} \times V = \dfrac{\pi \times 0.5^2}{4} \times 2 = 0.3927\ [\text{m}^3/\text{s}]$

(2) $\dot{m} = \rho A V = \rho Q = 900 \times 0.3927 = 353.4\ [\text{kg/s}]$

(3) $G = \gamma A V = \gamma Q = (900 \times 9.8) \times 0.3927 = 3463.6\ [\text{N/s}]$

[3] 1차원 정상류 – 비압축성유체

비압축성 유체에서는 밀도가 일정하므로 연속방정식은 다음과 같다.

$$Q = AV = C(\text{일정})$$
$$Q = A_1 V_1 = A_2 V_2 \qquad \cdots (6.3.6)$$

연속방정식에서 '$\rho = \rho_1 = \rho_2 =$ 일정'이므로 '$AV =$ 일정'이 된다. 압축성유체를 취급할 때는 질량유량이나 중량유량을 사용하지만 물과 같은 액체의 유동, 저속($M < 0.3$)의 공기 유동 등에서는 체적유량을 사용한다. 1차원 연속방정식으로부터 단면적이 작을 때는 유속이 빨라지고, 단면적이 커지면 유속이 느려진다는 것을 알 수 있다.

예제 6.3.2 그림과 같이 단면적이 변화하는 관을 비압축성 유체가 흐르고 있다. 안지름 D_1인 곳에서의 평균유속이 10 m/s이면 안지름 D_2인 곳에서의 평균유속은 얼마인가? 단, $D_2 = D_1/2$이다.

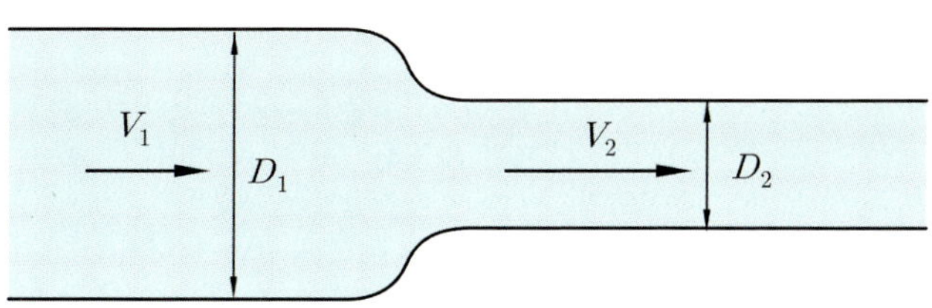

[그림 6.3.3]

풀이) 비압축성 유체이므로 밀도가 일정하다. 연속법칙에서

$$Q = A_1 V_1 = A_2 V_2$$

$$\therefore \quad V_2 = \frac{A_1}{A_2} \times V_1 = \frac{\pi D_1^2/4}{\pi D_2^2/4} \times V_1 = \left(\frac{D_1}{D_2}\right)^2 V_1$$

$$= \left(\frac{D_1}{D_1/2}\right)^2 V_1 = (2)^2 \times 10 = 40\,[\mathrm{m/s}]$$

예제 6.3.3 단면적이 변화하는 관을 일정한 유량 $120\,\mathrm{m^3/min}$으로 비압축성 유체가 흐르고 있다. 단면적이 $0.25\mathrm{m}^2$인 곳에서 유속[m/s]은 얼마인가?

풀이) 체적유량 $Q = AV$로부터 유속

$$V = \frac{Q}{A} = \frac{120/60}{0.25} = 8\,[\mathrm{m/s}]$$

2 레이놀즈수와 마하수

[1] 레이놀즈수 : 층류와 난류

[그림 6.3.4]의 (a)와 같이 유체가 층층이 쌓여있는 판의 이동처럼 잘 정돈되어 규칙적으로 매끄러운 선을 따라 흐르는 유동을 층류(laminar flow)라 하고, (b)와 같이 유체의 흐름이 불규칙적이고 유체 입자들이 서로 섞이는 유동을 난류(turbulent flow)라 한다.[1]

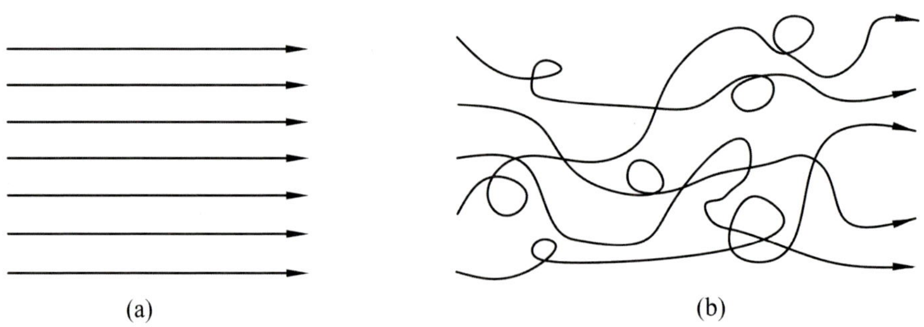

[그림 6.3.4]

1 난류를 수학적으로 엄밀하게 정의하기는 어렵다. 개략적으로 이와 같이 층류와 난류로 구분한다는 것을 이해하면 된다.

관(pipe) 내부 유동에서 층류와 난류는 다음과 같이 정의되는 레이놀즈수(Reynolds number)에 의해 결정된다.

$$Re = \frac{VD}{\nu} = \frac{\rho VD}{\mu} \quad \cdots (6.3.7)$$

여기에서 V는 평균유속[m/s], D는 관의 지름[m], ν는 동점성계수[m^2/s], ρ는 밀도 [kg/m^3], μ는 점성계수[kg/m · s]이고, Re는 무차원수(dimensionless number)이다. 레이놀즈수의 증가와 함께 층류에서 난류로의 천이(transition)가 일어나며 이때의 레이놀즈수를 임계레이놀즈수(Critical Reynolds number)라 한다. 실험에 의해 알려진 일반적인 관에서의 레이놀즈수에 따른 유동의 분류는 다음과 같다.

$Re \le 2100$: 층류

$2100 < Re < 4000$: 천이 영역

$Re \ge 4000$: 난류

일반적으로 이와 같이 분류하지만 유동 형태를 구분하는 임계레이놀즈수의 값은 유동 조건에 따라 다른 값을 나타낼 수 있다. $Re \le 2000$ 또는 $Re \le 2300$에서의 유동을 층류라고 하기도 한다.

설명 유체 입자의 속도에 일시적인 교란(disturbance)이 발생하여도 입자가 서로 섞이려 하는 관성력(inertia force)에 비해 이를 저지하려는 점성력(viscous force)이 커면 교란은 사라지고 곧 안정하게 된다. 그러나 관성력이 점점 더 커지면 교란이 증폭되어 유체 흐름은 불규칙하게 변한다. 레이놀즈수는 $\left(\frac{\text{관성력}}{\text{점성력}}\right)$을 나타내는 변수이다. 즉, 레이놀즈수가 커질수록 유체흐름은 점점 더 불안정하게 되며 어느 임계값을 넘어서면 층류에서 난류로 변화하게 된다. 임계레이놀즈수는 실험으로 찾아내는 수이며 관의 형태나 표면 거칠기 등의 상황에 따라 다른 값을 나타낸다. 임계레이놀즈수는 기하학적 형상(geometry)에 따라서도 다른 값을 나타낸다. 레이놀즈수 $Re = \frac{VL}{\nu}$에서 'V는 특성속도, L은 특성길이'이며, 관에서의 특성길이는 관 지름으로 정한다.

예제 6.3.4 안지름이 40 cm인 관 속을 평균 유속 10 m/s로 동점성계수가 $1.01 \times 10^{-6}\,\mathrm{m^2/s}$인 물이 흐를 때 레이놀즈수를 구하여라.

풀이 레이놀즈수 $Re = \dfrac{VD}{\nu} = \dfrac{10 \times 0.4}{1.01 \times 10^{-6}} = 3.96 \times 10^6$ ◪

예제 6.3.5 안지름이 20 cm인 관 속을 흐르는 공기의 임계속도를 구하여라. 공기의 동점성계수는 $1.5 \times 10^{-5}\,\mathrm{m^2/s}$이고 임계레이놀즈수는 2300이다.[2]

풀이 임계레이놀즈수 $Re_c = \dfrac{V_c D}{\nu}$로부터 임계속도

$$V_c = \frac{\nu Re_c}{D} = \frac{(1.5 \times 10^{-5}) \times 2300}{0.2} = 0.1725\,[\mathrm{m/s}] = 17.25\,[\mathrm{cm/s}]$$ ◪

예제 6.3.6 안지름 20 cm의 관을 초당 $0.2\mathrm{m^3}$의 물이 흐르고 있다. 물의 밀도는 $1000\,[\mathrm{kg/m^3}]$, 점성계수는 $1.01 \times 10^{-3}\,[\mathrm{Pa \cdot s}]$일 때 레이놀즈수를 구하여라.

풀이 관 단면적 $A = \dfrac{\pi}{4} D^2$이고, 체적유량 $Q = AV$에서 $V = Q/A$를 대입하면 다음과 같이 레이놀즈수(Re)가 구해진다.

$$Re = \frac{VD}{\nu} = \frac{(Q/A) \times D}{\mu/\rho} = \frac{\rho Q}{\mu} \times \frac{D}{A} = \frac{\rho Q}{\mu} \times \frac{D}{\pi D^2/4} = \frac{4\rho Q}{\pi \mu D}$$

$$= \frac{4 \times 1000 \times 0.2}{\pi \times (1.01 \times 10^{-3}) \times 0.2} = 1.26 \times 10^6$$ ◪

[2] 마하수 : 비압축성 유동과 압축성 유동

일반적으로 유체의 '비압축성(incompressibility)'은 일정한 밀도를 의미한다. 액체의 흐름은 대부분의 경우 비압축성 유동(incompressible flow)이며, 공기의 속도가 충분히 낮을 때도 비압축성 유동으로 간주할 수 있다. 비압축성 유동과 달리 유동 중에 유체의 밀도가 크게 변화하는 흐름을 압축성유동(compressible flow)이라 한다. 유동의 압축가능성을 결정하는 데는 다음과 같이 정의되는 마하수(Mach number)를 이용한다.

---

2 임계레이놀즈수는 책마다 2000, 2100, 2300 등으로 조금씩 다를 수 있다.

$$M = \frac{V}{a} \qquad \cdots (6.3.8)$$

여기에서 V는 특성속도이고 a는 음속(acoustic velocity)을 나타내며 $M < 0.3$이면 공기 흐름도 비압축성유동으로 취급할 수 있다.

유체에 부과된 압력교란은 파동에서 $a = \sqrt{\frac{dP}{d\rho}} = \sqrt{\frac{E}{\rho}}$ 의 속도로 이동하며 공기 중에서 음파의 속도(음속) a는 다음과 같다.

$$a = \sqrt{kRT} \qquad \cdots (6.3.9)$$

예를 들어 공기의 비열비 $k = 1.4$, 기체상수 $R = 287\,\mathrm{J/kg \cdot K}$이므로 15 ℃ 에서 소리의 속도는 $a = \sqrt{1.4(287)(273.2+15)} = 340\,[\mathrm{m/s}]$이다.

예제 6.3.7 영하 50℃ 의 공기 속에서 마하수 2로 비행하는 물체의 속도를 구하여라. 공기의 비열비는 1.4, 기체상수는 $0.287\,\mathrm{kJ/kg \cdot K}$이다.

풀이 마하수 $M = V/a$ 로부터 물체의 속도는 다음과 같다.

$$V = Ma = M\sqrt{kRT} = 2 \times \sqrt{1.4 \times 287 \times (273.2 - 50)} = 598.9\,[\mathrm{m/s}]$$

3 베르누이 방정식

[1] 베르누이 방정식

균일 밀도 유체의 비압축성 유동에 대하여 [그림 6.3.5]와 같이 동일 유선상의 임의의 두 점 ①, ② 사이에 다음 관계식이 성립한다.

$$\frac{P_1}{\gamma} + \frac{V_1^2}{2g} + z_1 = \frac{P_2}{\gamma} + \frac{V_2^2}{2g} + z_2 \qquad \cdots (6.3.10)$$

점 ①, ②는 동일 유선상의 임의의 점이므로 다음 식은 같은 유선상의 모든 점들에 대하여 성립한다.

$$\frac{P}{\gamma} + \frac{V^2}{2g} + z = H \ (\text{일정}) \qquad \cdots (6.3.11)$$

위 식은 베르누이 방정식(Bernoulli equation)으로 알려져 있고, 베르누이 상수 H는 전수두 또는 전 헤드(total head)라고 한다. 베르누이 방정식은 유체의 흐름에서 유속과 압력을 구할 때 가장 기초가 되는 식이다.

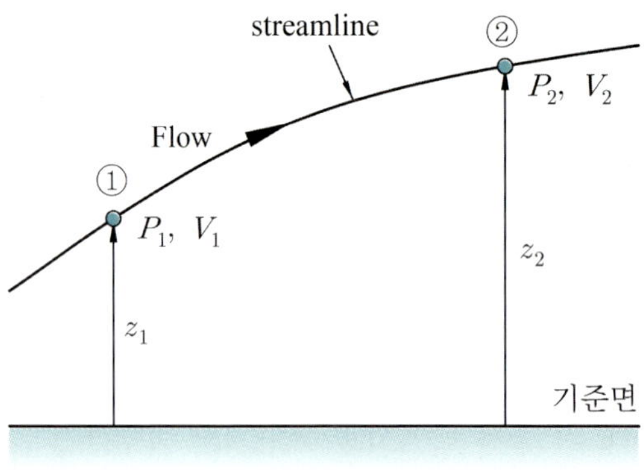

[그림 6.3.5]

[2] 수두

베르누이 방정식에 나타나는 항들은 유체의 단위 중량당 에너지를 나타내며 각 항들과 그들의 조합을 다음과 같이 부른다.

① $\frac{P}{\gamma}$: 압력수두 (pressure head).

② $\frac{V^2}{2g}$: 속도수두(velocity head).

③ z : 위치수두(potential head), 높이수두(elevation head).

④ $\frac{P}{\gamma} + z$: 피에조메트릭 수두(piezometric head)

⑤ $\frac{P}{\gamma} + \frac{V^2}{2g} + z$: 전수두(total head)

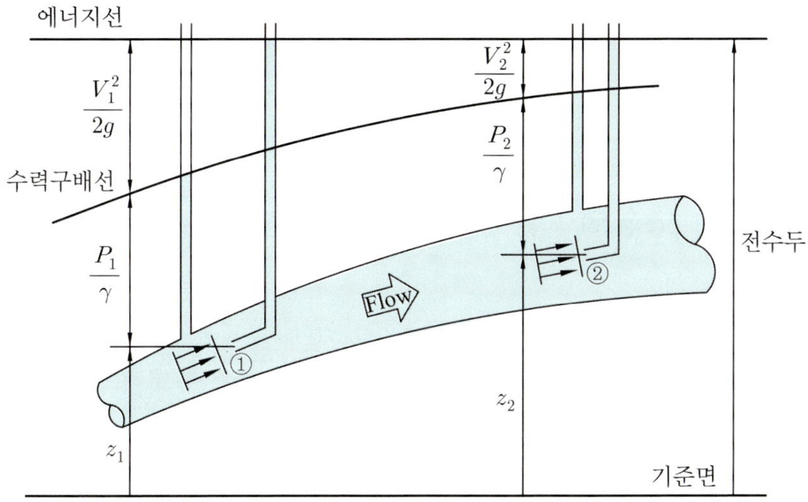

[그림 6.3.6] 에너지선과 수력구배선

설명 압력수두는 비중량 γ의 유체가 압력 P를 만들어내는 유체기둥의 높이 $h(P=\gamma h)$에 해당되고, 속도수두는 마찰이 없을 때 정지 상태로부터 자유낙하하여 속도가 V가 될 때까지의 낙하 거리 $h(mV^2/2=mgh)$가 된다. 단위 중량당 에너지는

$$\frac{(\text{에너지})}{(\text{무게})}=\frac{\text{J}}{\text{N}}=\frac{\text{N}\cdot\text{m}}{\text{N}}=\text{m}$$

이므로 길이의 차원을 갖는다. 다음과 같이 압력수두, 속도수두, 위치수두의 차원은 모두 길이이다.

$$\left[\frac{P}{\gamma}\right]=\frac{\text{N/m}^2}{\text{N/m}^3}=\text{m},\quad \left[\frac{V^2}{g}\right]=\frac{(\text{m/s})^2}{\text{m/s}^2}=\text{m},\quad [z]=\text{m}$$

펌프나 터빈을 해석할 때 일반적으로 수두를 이용한다. 관 내부를 흐르는 마찰이 없는 유동에 대하여 시각적으로 수두를 나타내면 [그림 6.3.6]과 같다. 그림에서 피에조메트릭 수두 $\frac{P}{\gamma}+z$를 연결한 선을 수력구배선(수력기울기선, hydraulic gradient line; H.G.L.)이라 하고, 전수두 $\frac{P}{\gamma}+\frac{V^2}{2g}+z$를 나타내는 선을 에너지선(energy line; E.L.)이라 한다.

[3] 정압, 동압, 전체압력(정체압력)

운동에너지와 위치에너지를 압력으로 환산하여 베르누이 방정식을 쓰면 다음과 같다.

$$P+\frac{\rho V^2}{2}+\gamma z=(\text{일정}) \quad \cdots (6.3.12)$$

수두를 압력으로 환산하였을 때 압력 P를 정압, $\frac{\rho V^2}{2}$을 동압이라 하고, $P+\frac{\rho V^2}{2}=P_T$를 전압(total pressure) 또는 정체압력(stagnation pressure)이라 한다.

예제 6.3.8 동일한 유선 위에 두 점 ①, ②가 있다. ①에서 압력이 150kPa이고, ②에서 압력이 100kPa, 유속이 10m/s일 때 점 ①에서 유속을 구하여라. 단, 점 ②는 ①보다 2m 높은 곳에 있고, 유체의 밀도는 $1000\,\text{kg/m}^3$이며, 손실은 무시한다.

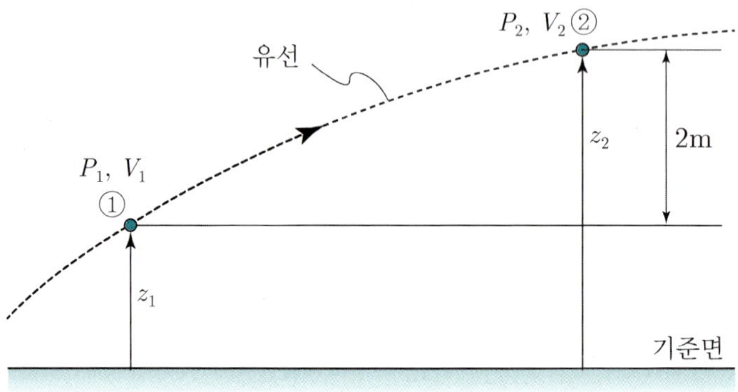

[그림 6.3.7]

풀이 두 점 ①, ② 사이에 베르누이 방정식을 적용하여 유속 V_1을 구한다. 기준면으로부터의 거리를 각각 z_1, z_2라 하면 $z_2-z_1=2\,\text{m}$이다.

$$\frac{P_1}{\gamma}+\frac{V_1^2}{2g}+z_1=\frac{P_2}{\gamma}+\frac{V_2^2}{2g}+z_2$$

$$\frac{V_1^2}{2g}=\frac{V_2^2}{2g}+\frac{P_2-P_1}{\gamma}+(z_2-z_1)$$

$$\therefore\ V_1=\sqrt{V_2^2+\frac{2(P_2-P_1)}{\rho}+2g(z_2-z_1)}$$

$$=\sqrt{10^2+\frac{2(100-150)\times 10^3}{1000}+2\times 9.8\times 2}\ [\text{m/s}]$$

$$=6.26\ [\text{m/s}]$$

예제 6.3.9 [그림 6.3.8]과 같이 기울어진 관 내부를 유체가 흐르고 있다. 점 ①에서의 압력이 120 kPa, 유속이 3 m/s이고, 점 ②에서의 유속은 5m/s이다. 두 지점의 높이 차이 $h = 2\text{m}$일 때 점 ②에서의 압력을 구하여라. 단, 유체의 밀도는 1000 kg/m^3, 중력 가속도는 9.8m/s^{2}이며 손실은 무시한다.

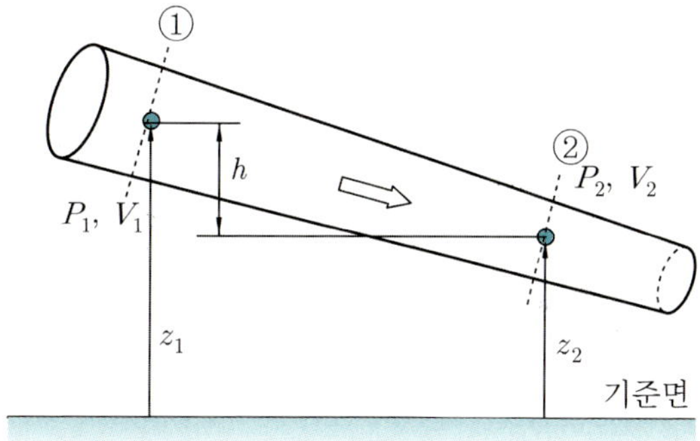

[그림 6.3.8]

풀이 두 점 ①, ② 사이에 베르누이 방정식을 적용하여 압력 P_2를 구한다. 기준면으로부터의 거리를 각각 z_1, z_2라 하면 $z_1 - z_2 = h$이다.

$$\frac{P_1}{\gamma} + \frac{V_1^2}{2g} + z_1 = \frac{P_2}{\gamma} + \frac{V_2^2}{2g} + z_2$$

$$\begin{aligned}
\therefore\ P_2 &= P_1 + \frac{\gamma(V_1^2 - V_2^2)}{2g} + \gamma(z_1 - z_2) \\
&= P_1 + \frac{\rho(V_1^2 - V_2^2)}{2} + \rho g(z_1 - z_2) \\
&= 120 + \frac{1000(3^2 - 5^2)}{2} \times \frac{1}{1000} + (1000 \times 9.8 \times 2) \times \frac{1}{1000}\ [\text{kPa}] \\
&= 131.6\ [\text{kPa}]
\end{aligned}$$

예제 6.3.10 [연속방정식과 베르누이 방정식] 수평으로 놓인 단면적이 변화하는 관 내부를 비압축성유체가 흐르고 있다. 단면적 400cm^{2}인 곳에서의 유속이 2m/s, 압력이 150 kPa일 때 단면적 100cm^{2}인 곳에서의 압력을 구하여라. 단, 유체의 밀도는 1000 kg/m^{3}이며, 손실은 없는 것으로 가정한다.

풀이 단면적 400cm^2, 100cm^2인 면을 각각 1, 2라 한다. 먼저 연속방정식으로부터 2에서의 유속을 구한다.

$$Q = A_1 V_1 = A_2 V_2$$

$$\therefore \quad V_2 = \frac{A_1}{A_2} V_1 = \frac{400}{100} \times 2 = 8\,[\text{m/s}]$$

다음에 1, 2 사이에 베르누이 방정식을 적용하여 2에서의 압력을 구한다.

$$\frac{P_1}{\gamma} + \frac{V_1^2}{2g} + z_1 = \frac{P_2}{\gamma} + \frac{V_2^2}{2g} + z_2$$

$$(\leftarrow \text{ 수평관이므로 } z_1 = z_2)$$

$$\frac{P_2}{\gamma} = \frac{P_1}{\gamma} + \frac{V_1^2 - V_2^2}{2g}$$

$$\therefore \quad P_2 = P_1 + \frac{\gamma(V_1^2 - V_2^2)}{2g} = P_1 + \frac{\rho(V_1^2 - V_2^2)}{2}$$

$$= 150 + \frac{1000 \times (2^2 - 8^2)}{2} \times \frac{1}{1000}\ [\text{kPa}] = 120\,[\text{kPa}]$$

예제 6.3.11 [개수로 유동] 그림과 같이 댐을 지나 유체가 흐르고 있을 때 상류와 하류 수심 h_1과 h_2에서 유속 V_1과 V_2를 구하여라. 단, 유체는 마찰이 없는 이상유체이다.

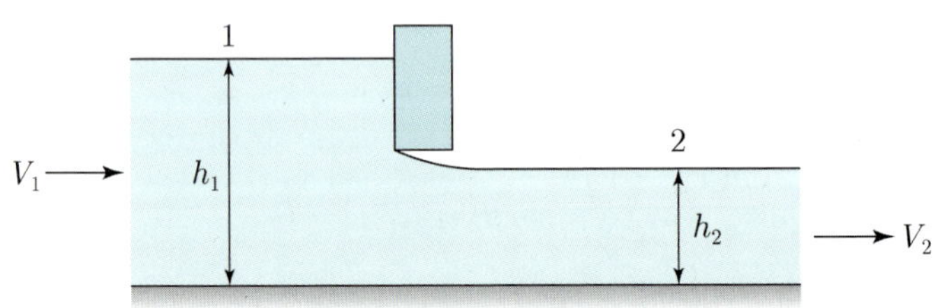

[그림 6.3.9] 개수로 유동

풀이 댐의 폭을 b라 하면 연속방정식으로부터

$$Q = bh_1 V_1 = bh_2 V_2$$

$$\therefore \quad V_1 = \frac{h_2}{h_1} V_2 \qquad \cdots ①$$

이고, 수면 압력은 모두 대기압 $P_1 = P_2 = P_{atm}$ 이므로 베르누이 방정식은

$$\frac{V_1^2}{2g} + h_1 = \frac{V_2^2}{2g} + h_2 \qquad \cdots ②$$

가 된다. 식 ①을 식 ②에 대입하여 풀면 다음과 같이 유속이 구해진다.

$$V_1 = \sqrt{\frac{2gh_2^2}{h_1 + h_2}}, \quad V_2 = \sqrt{\frac{2gh_1^2}{h_1 + h_2}} \qquad \cdots ③$$

4 베르누이 방정식 응용

[1] 오리피스 유량계

[그림 6.3.10]과 같은 저장탱크의 유체 출구에 오리피스(orifice)를 설치하여 탱크로부터 유출되는 유량을 구해본다. 수면으로부터 출구까지의 깊이는 h이고, 오리피스 단면적은 A이다.

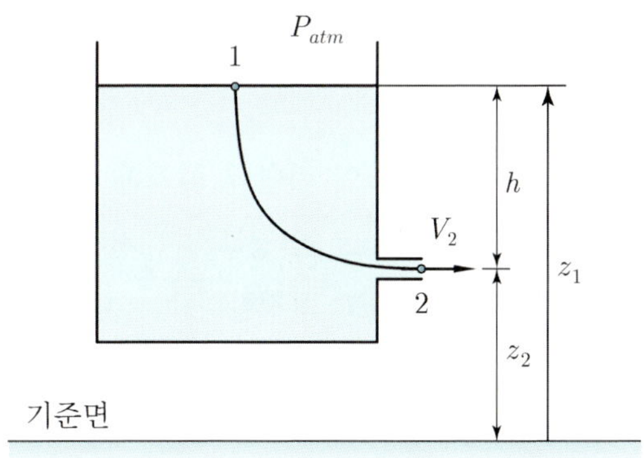

[그림 6.3.10]

탱크의 수면을 1, 오리피스의 출구를 2로 하여 점 1과 2를 잇는 유선에서 베르누이 방정식을 적용한다.

$$\frac{P_1}{\gamma} + \frac{V_1^2}{2g} + z_1 = \frac{P_2}{\gamma} + \frac{V_2^2}{2g} + z_2 \qquad \cdots ①$$

탱크의 단면적이 오리피스 단면적보다 아주 클 때 수면의 하강 속도 $V_1 \approx 0$이고, 공기

의 무게를 무시하면 수면과 오리피스의 출구는 모두 같은 대기압 상태($P_1 = P_2 = P_{atm}$)에 있다. 따라서 식 ①은

$$\frac{P_{atm}}{\gamma} + 0 + z_1 = \frac{P_{atm}}{\gamma} + \frac{V_2^2}{2g} + z_2$$

$$\frac{V_2^2}{2g} = z_1 - z_2 \qquad \cdots ②$$

가 된다. 여기에서 $z_1 - z_2 = h$이므로 오리피스 출구에서의 분출 속도

$$V_2 = \sqrt{2gh} \qquad \cdots ③$$

이다. 식 ③은 토리첼리(E. Torricelli)에 의해 발견되었으므로 토리첼리의 정리라고 한다.

이상에서 살펴본 결과에 의하면 수면 아래 h에 설치한 단면적 A인 오리피스에서 유출되는 이론적인 유체의 속도 V와 유량 Q는 다음과 같다.

$$V = \sqrt{2gh} \qquad \cdots (6.3.13)$$

$$Q = A\,V = A\sqrt{2gh} \qquad \cdots (6.3.14)$$

예제 6.3.12 [그림 6.3.11]과 같이 탱크의 바닥에 설치한 지름 $d = 20\text{cm}$의 구멍을 통하여 물이 유출되고 있다. 수위를 $h = 4\text{m}$로 일정하게 유지하기 위하여 탱크에 공급해야 할 유량 Q를 구하여라. 단, 손실은 없다고 가정한다.

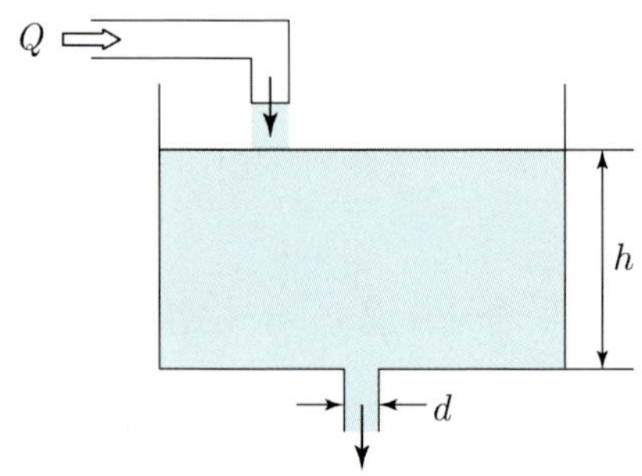

[그림 6.3.11]

풀이 연속 법칙에 의해 바닥으로부터 유출되는 물의 양만큼 상부를 통하여 물을 공급해

야 수위가 일정하게 유지된다. 따라서 공급해야할 유량은 다음과 같다.

$$Q = A\sqrt{2gh} = \frac{\pi d^2}{4}\sqrt{2gh} = \frac{\pi(0.2)^2}{4} \times \sqrt{2 \times 9.8 \times 4} = 0.278\,[\mathrm{m^3/s}]$$ ◪

예제 6.3.13 [기화기의 원리] 가솔린 기관의 기화기(carburetor)는 공기와 연료의 혼합 기체를 만들어서 연소실 안으로 보내는 역할을 하는 장치로서, 기본 구조는 [그림 6.3.12]와 같다. 베르누이 방정식을 이용하여 흡입된 공기와 연료실의 연료가 혼합되어 연소실로 보내지는 원리를 설명하여라.

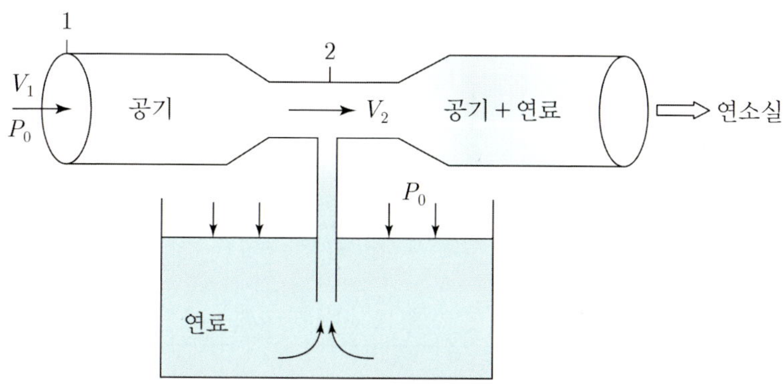

[그림 6.3.12]

풀이 공기 흡입구(1)와 기화기의 목 부분(2) 사이에 베르누이 방정식을 적용한다. 기화기는 수평으로 놓여 있으므로 $z_1 = z_2$이다.

$$\frac{P_1}{\gamma} + \frac{V_1^2}{2g} = \frac{P_2}{\gamma} + \frac{V_2^2}{2g}$$

여기에서 $A_1 > A_2$이므로 연속방정식 $A_1 V_1 = A_2 V_2$에 의해 $V_1 < V_2$이다. 따라서 위의 베르누이 방정식에 의하여 압력은 $P_1 > P_2$가 된다. $P_1 = P_0$(대기압)이면 $P_0 > P_2$이므로 목 부분의 압력(P_2)이 대기압 이하로 낮아져서 연료가 빨려 올라가게 된다. 이렇게 하여 흡입된 공기는 공기와 혼합되어 연소실로 보내진다. ◪

[2] 피토관

흐르는 유체 속에 직각으로 굽은 관을 [그림 6.3.13]과 같이 설치하면 정상 상태에서 관 내부 압력과 외부 압력이 평형을 이루어 관 내부 유체는 정지하게 되므로 관 입구의 점에서는 유속이 0이 된다. 이 점을 정체점(stagnation point)이라 하고 이 점의 압력을 정체압력(stagnation pressure)이라 한다. 피토관(Pitot tube)은 직각으로 굽은 관의 한 구멍을 통하여 전달된 정체압력을 측정하여 유속을 구하는 장치이다.

[그림 6.3.13]과 같이 수평으로 놓인 관의 벽에 설치한 액주계 A와 액주계의 끝 단면이 흐름의 방향에 수직하게 설치한 액주계 B에서 두 액주계의 높이 차이가 h일 때 관을 흐르는 유체의 속도 V는 다음과 같다.

$$V = \sqrt{2gh} \quad \cdots (6.3.15)$$

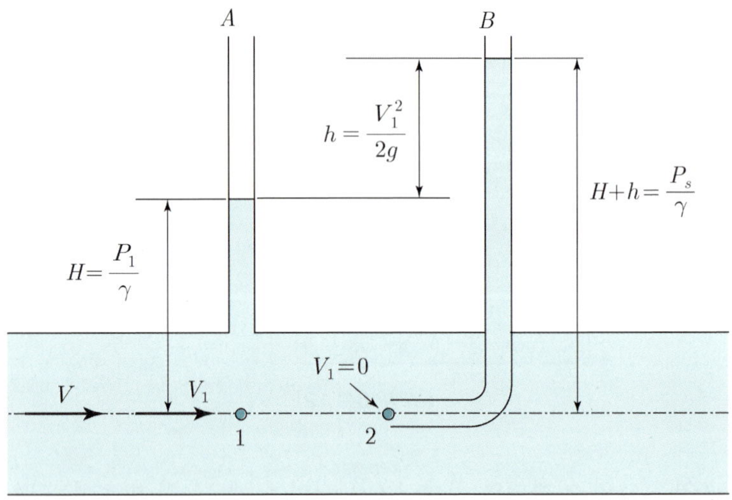

[그림 6.3.13]

설명 피토관의 원리는 다음과 같다. 그림의 점 1, 2 사이에 베르누이 방정식을 적용하면

$$\frac{P_1}{\gamma}+\frac{V_1^2}{2g}+z_1=\frac{P_2}{\gamma}+\frac{V_2^2}{2g}+z_2 \quad \cdots ①$$

이다. 여기에서 수평으로 놓인 관이므로 $z_1 = z_2$이고, 평형 상태에서 B의 입구 에 2서는 유체가 액주계 속으로 유입되지 않고 정체되어 있으므로 유속 $V_2 = 0$이다. 그리고 액주계 A, B에서 점 1, 2의 압력(계기압력)은

$$P_1 = \gamma H \quad \cdots ②$$

$$P_2 = \gamma(h+H) \quad \cdots ③$$

이다. 따라서 식 ①은 다음과 같이 된다.

$$\frac{\gamma H}{\gamma}+\frac{V_1^2}{2g}=\frac{\gamma(H+h)}{\gamma} \rightarrow \frac{V_1^2}{2g}=h$$

$$\therefore \ V_1=\sqrt{2gh} \qquad \cdots ④$$

그림에서 H는 압력수두, h는 속도수두, $H+h$는 전 수두를 나타낸다.

[3] 자유 표면을 갖는 유동에서 유속

[그림 6.3.14]와 같이 자유표면을 갖는 유동에 피토관을 설치하였을 때, 피토관 입구로부터 충분히 떨어진 지점 1과 피토관 바로 입구의 점 2 사이에 베르누이 방정식을 적용하면 유속이 구해진다. h는 수면으로부터 액주 표면까지의 거리이고, 유속에 의해 상승한 액주의 높이 $h=\dfrac{V^2}{2g}$이다.

$$V=\sqrt{2gh} \qquad \cdots (6.3.16)$$

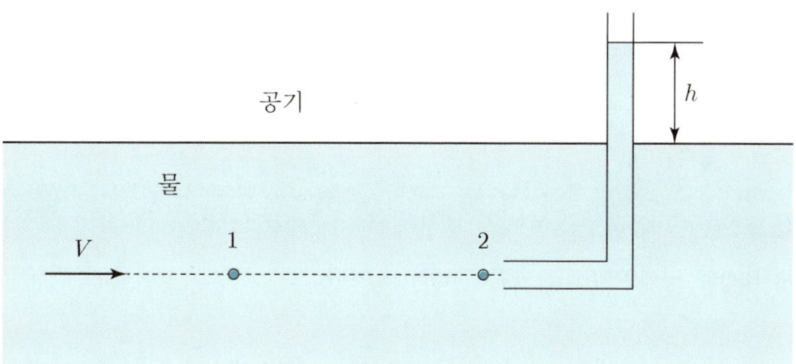

[그림 6.3.14]

6.3 연습문제

E·X·E·R·C·I·S·E·S

1. 레이놀즈수 $Re = \dfrac{VD}{\nu}$가 무차원수(dimensionless number)임을 보여라.

2. 안지름 50 cm인 관 속을 평균 유속 12 m/s로 동점성계수 $1.5 \times 10^{-5}\,\text{m}^2/\text{s}$의 공기가 흐를 때 레이놀즈수를 구하여라.

3. 안쪽 반지름이 50 cm인 관을 평균 유속 20 cm/s로 물이 흐를 때 레이놀즈수를 구하여라. 물의 동점성계수는 $1.01 \times 10^{-6}\,\text{m}^2/\text{s}$이다.

4. 안지름 20 cm의 관 속을 흐르는 기름의 레이놀즈수가 2000일 때 평균 유속을 구하여라. 기름의 동점성계수는 $3 \times 10^{-4}\,\text{m}^2/\text{s}$이다.

5. 안지름 60 cm인 관 속을 평균 유속 10 m/s로 흐르는 유체의 레이놀즈수를 구하여라. 단, 유체의 밀도는 $1.2\,\text{kg/m}^3$, 점성계수는 $1.8 \times 10^{-5}\,[\text{Pa} \cdot \text{s}]$이다.

6. 음속이 340 m/s일 때 시속 300 km로 달리는 고속 열차의 마하수는 얼마인가?

7. 마하수 0.2로 달리는 고속열차가 부산에서 서울까지 450 km의 거리를 가는 데 걸리는 시간[hr]을 구하여라. 음속은 340 m/s이다.

8. 안지름 20 cm의 관 속을 평균속도 5 m/s로 기름이 흐를 때 다음을 구하여라. 기름의 비중은 0.8이다.

   (1) 체적유량　　(2) 질량유량　　(3) 중량유량

9. 관의 안지름 D, 유체의 밀도 ρ, 점성계수 μ, 체적유량 Q일 때 레이놀즈수를 구하여라.

10. 관의 안지름 D, 유체의 밀도 ρ, 점성계수 μ, 중량유량 G일 때 레이놀즈수를 구하여라.

11. 단면적이 변화하는 관 속을 물이 흐르고 있다. 안지름 5cm인 부분에서의 평균유속이 8m/s일 때 안지름이 8cm인 부분에서의 유속과 체적유량을 구하여라.

12. 그림과 같은 관 속을 일정한 유량의 비압축성 유체가 흐르고 있다. 안지름 비가 $D_1 : D_2 = 2 : 3$일 때 속도 비 $V_1 : V_2$를 구하여라.

[문제 6.3.12]

13. 체적유량 $0.05\,m^3/s$으로 안지름 40cm인 관 속을 흘러가는 도중에 관의 안지름이 20cm로 축소된다. 두 관에서의 평균유속을 각각 구하여라.

14. 초당 50kg의 물이 안지름 30cm의 관 속을 흐를 때 평균유속을 구하여라.

15. 그림과 같이 안지름 5cm의 파이프가 안지름 15cm인 두 개의 파이프에 연결되어 있다. 파이프를 통하여 흘려보내는 유량이 $0.01m^3/s$일 때 각 파이프에서의 평균유속을 구하여라. 유체의 밀도는 일정하고, 안지름 15cm인 두 파이프에서의 유량은 같다.

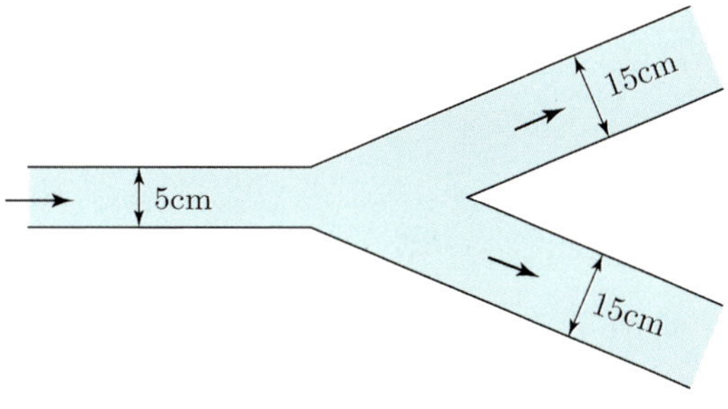

[문제 6.3.15]

16. 단면적이 변화하는 관을 유량 $180\,m^3/min$으로 비압축성 유체가 흐르고 있다. 단면적이 $0.04m^2$인 곳에서의 평균유속은 몇 m/s인가?

17. 지름이 다른 두 관이 연결된 관 내부를 물이 흐르고 있다. 관은 수평으로 놓여있고 지름이 D_1인 관에서 유속이 8m/s, 압력이 P_1이고, 지름이 D_2인 관에서 압력을 P_2라 할 때 압력 차이 $P_2 - P_1$을 구하여라. 단, $D_2 = 2D_1$이다.

18. 그림과 같은 관 내부를 비압축성유체가 흐르고 있다. 점 ①에서의 압력이 120kPa, 유속이 6m/s이고, 점 ②에서의 압력이 110kPa일 때 점 ②에서의 유속을 구하여라. 단, 유체의 밀도는 1000kg/m^3, 두 지점의 높이 차이 $h = 2$m이고, 손실은 무시한다.

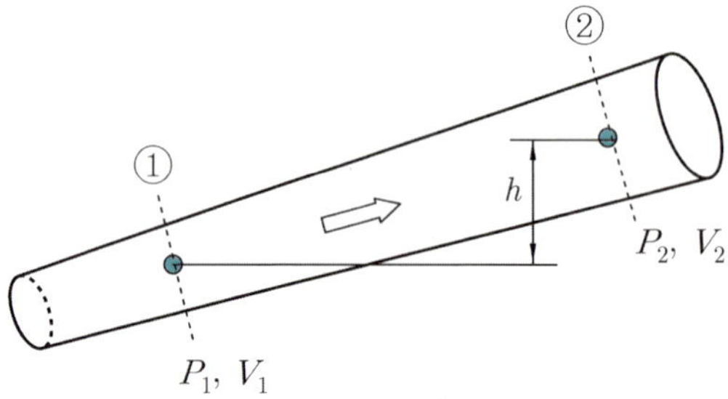

[문제 6.3.18]

19. 수평으로 놓인 관 내부를 비압축성유체가 흐르고 있다. 단면적 50cm^{2}인 곳에서의 유속이 9m/s, 압력이 110kPa일 때, 단면적 150cm^{2}인 곳에서의 압력을 구하여라. 유체의 밀도는 1000kg/m^{3}이며, 손실은 없다고 가정한다.

20. 수평으로 놓인 확대관 속을 기름이 흐르고 있다. 지름이 10cm인 곳에서의 속도와 압력이 8m/s, 150kPa일 때 지름이 40cm인 곳에서의 속도와 압력을 구하여라. 단, 기름의 밀도는 800kg/m^{3}이고, 손실은 무시한다.

21. 물의 유속을 측정하기 위하여 그림과 같이 피에조미터 A와 피토관 B를 설치하였다. A와 B의 눈금이 각각 20kPa, 80kPa을 가리킬 때 유속을 구하여라.

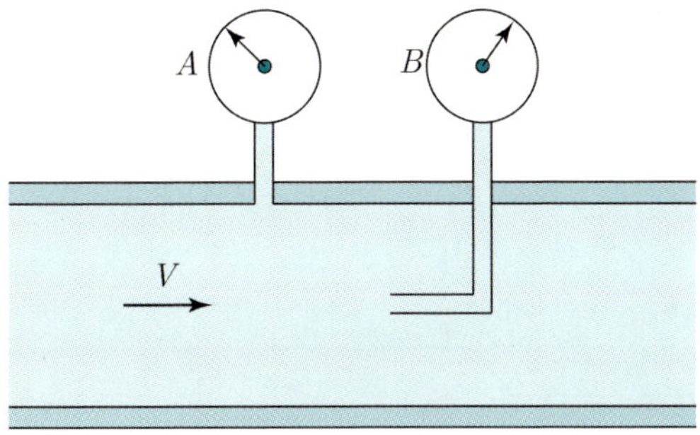

[문제 6.3.21]

22. 그림과 같은 물탱크에 부착된 안지름 5cm의 노즐에서 분출되는 물의 속도와 체적 유량을 구하여라. 단, 물은 이상유체이고 탱크는 아주 크다고 가정한다.

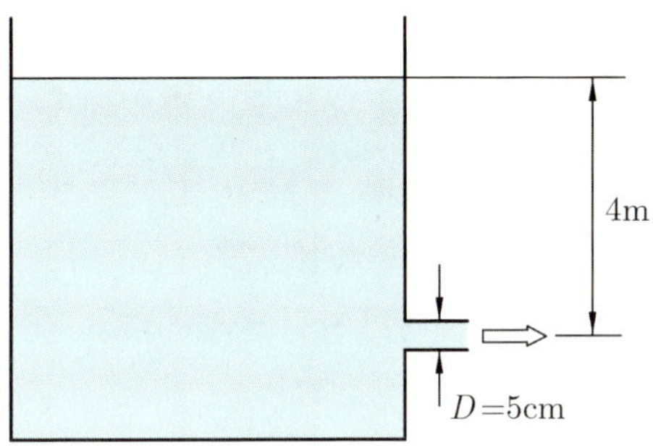

[문제 6.3.22]

23. 그림과 같이 높이 차이가 2m인 송유관 속을 비중량 $9\,kN/m^3$의 오일이 흐르고 있다. 송유관의 지름이 일정하고, 점 1에서의 압력이 150kPa, 유속이 2m/s일 때 점 2에서의 압력과 유속을 구하여라. 단, 손실은 무시한다.

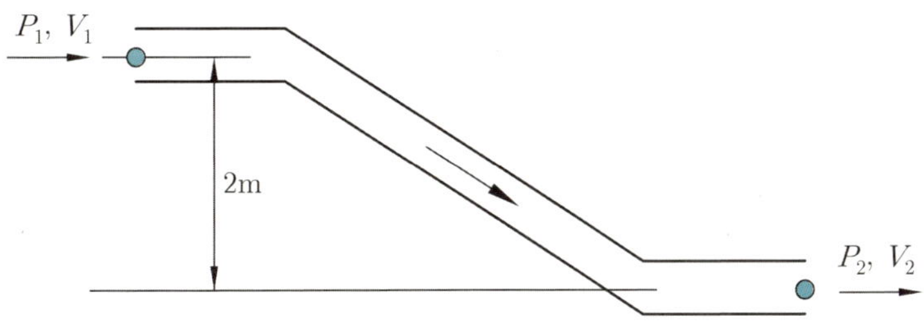

[문제 6.3.23]

24. 수평 관로에서 단면 1의 유속이 2m/s, 압력이 30kPa이다. 두 단면의 면적비 (A_1/A_2)가 0.5일 때, 단면 2의 압력[kPa]은? (단, 물은 비압축성이며, 관로에서의 에너지 손실은 무시하고, 중력가속도는 10m/s^2, 물의 단위중량은 10kN/m^3로 한다) [공무원 임용시험]

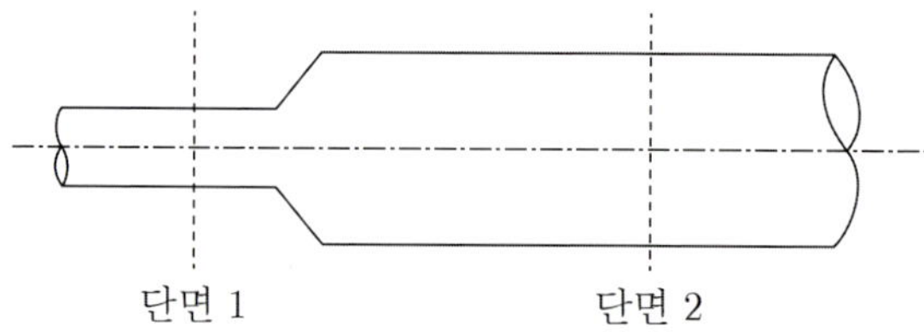

[문제 6.3.24]

① 3.05 ② 3.15 ③ 30.5 ④ 31.5

25. 그림과 같이 단면적이 변하는 수평관 내부를 유체가 가득 차서 흐르고 있다. 단면 1에서의 압력은 P_1, 지름은 D_1이고, 단면 2에서의 압력은 P_2, 지름은 D_2이다. $D_1 = 2D_2$일 때 단면 1에서의 유속(V_1)은? (단. 유체의 밀도는 $1,000\text{kg/m}^3$, $P_1 - P_2 = 30\text{kPa}$이며, 이상유체의 1차원 흐름이라고 가정한다)

[중등교사 임용시험(기계·금속)]

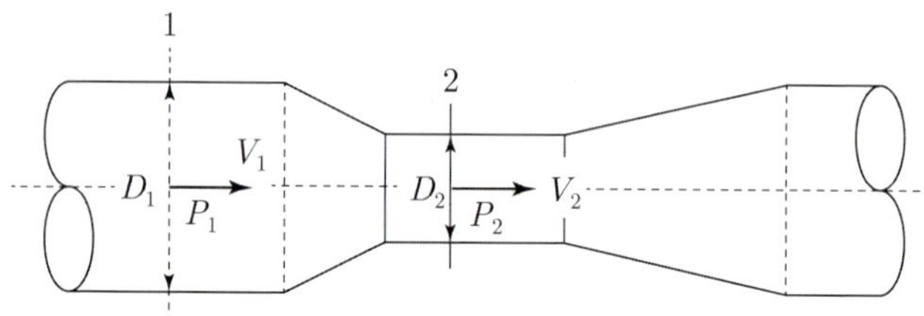

[문제 6.3.25]

① 2m/s ② 3m/s ③ 4m/s ④ 5m/s

26. 그림과 같이 단면이 작아지는 원형 관을 통하여 공기가 흐르고 있을 때, A 지점과 B 지점 사이의 압력차를 측정하고자 밀도 ρ_f인 액체가 들어 있는 경사 마노메타를 설치하였다. 〈조건〉을 고려하여 B 지점에서의 속도 v_B(m/s), A 지점과 B 지점 사이의 압력차 $P_A - P_B$(Pa)를 각각 구하고, 풀이 과정과 함께 쓰시오.

[중등교사 임용시험(기계·금속)]

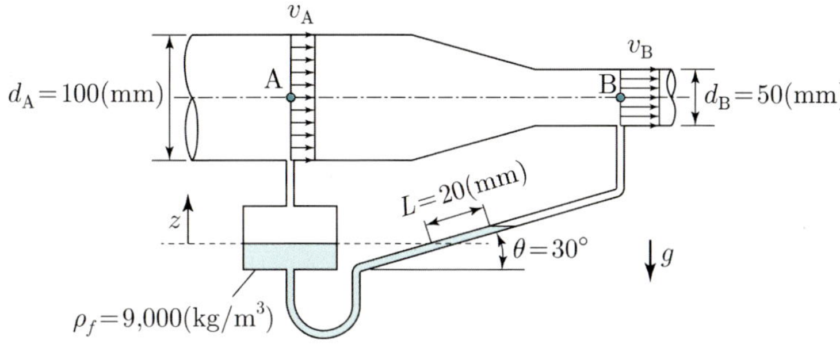

[문제 6.3.26]

〈조건〉

○ $d_A = 100$[mm], $d_B = 50$[mm], $v_A = 10$[m/s]이다.

○ $\rho_f = 9{,}000$[kg/m³], $\theta = 30°$, $L = 20$[mm]이며, 중력가속도 $g = 10$[m/s²]으로 계산한다.

○ 공기의 압축성과 점성, 마노메타 안의 액체 표면장력은 고려하지 않는다.

○ 제시된 조건 이외에는 고려하지 않는다.

27. 그림과 같이 직경이 일정한 관에 농업용 노즐을 설치한 후 U자관 액주계를 이용하여 압력차를 측정하고 있다. 〈조건〉을 이용하여 〈작성 방법〉에 따라 서술하시오.

[중등교사 임용시험(농공)]

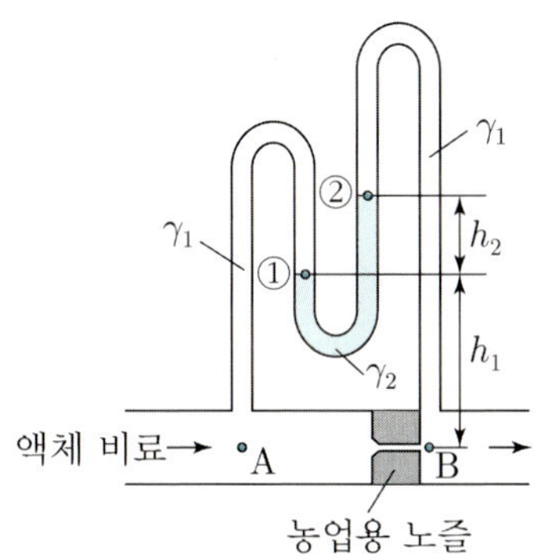

[문제 6.3.27]

〈조건〉

○ 점 A와 점 B의 높이는 같다.

○ 점 ①과 점 ②의 높이차 h_2는 0.7m이다.

○ 액체 비료의 비중량 γ_1은 10kN/m^{3}이고, 액주계 내부 유체의 비중량 γ_2는 15 kN/m^{3}이다.

〈작성 방법〉

○ 점 A의 압력 P_A와 점 B의 압력 P_B의 차[kPa]를 구할 것.
(단, 풀이 과정을 쓸 것.)

○ 점 A와 점 B 사이에 압력차가 발생하는 이유를 서술할 것.

28. 레이놀즈수를 계산할 때 사용되지 않는 변수는? [공무원 임용시험]

① 유체의 속도 ② 유체의 밀도

③ 유체의 점도 ④ 유체의 열전도도

29. 마찰이 없는 관속 유동에서 베르누이(Bernoulli) 방정식에 대한 설명으로 옳은 것은? [공무원 임용시험]

① 압력수두, 속도수두, 온도수두로 구성된다.

② 벤추리미터(Venturimeter)를 이용한 유량 측정에 사용되는 식이다.

③ 가열부 또는 냉각부 등 온도 변화가 큰 압축성 유체에도 적용할 수 있다.

④ 각 항은 무차원 수이다.

30. 그림과 같이 단면적이 변하는 관을 통하여 기체가 지나가고 있다. 굵은 관의 단면적은 $2S$, 가는 관의 단면적은 S이며, 두 관 아래에는 물이 채워진 가느다란 유리관이 연결되어 있고, 물의 높이 차이는 h이다. 이에 대한 설명으로 옳은 것만을 모두 고른 것은? (단, 중력가속도는 g, 물의 밀도는 ρ이며, 기체는 압축되지 않는다고 가정한다) [공무원 임용시험]

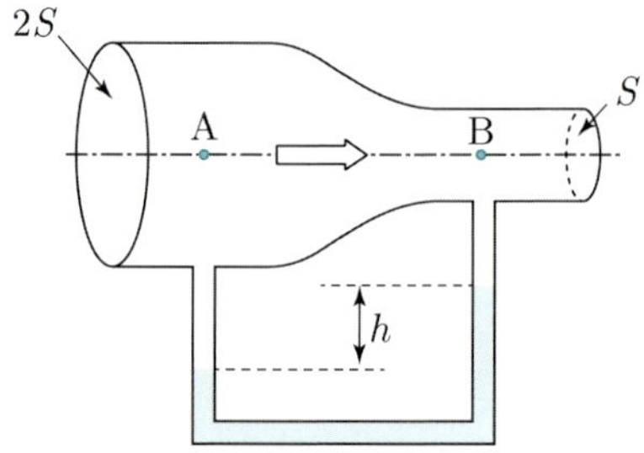

[문제 6.3.30]

ㄱ. 기체의 속도는 A지점이 B지점보다 빠르다. ㄴ. 기체의 압력은 B지점이 A지점보다 크다. ㄷ. A지점과 B지점의 압력 차는 ρgh이다.

① ㄱ　　② ㄴ
③ ㄷ　　④ ㄱ, ㄴ

31. 대기 중에 개방되어 있는 넓은 수조에서 수면 아래 1.8m인 지점의 작은 구멍에서 물이 빠져 나간다면, 이때 빠져나가는 물의 속력[m/s]은? (단, 중력가속도 $g = 10$ [m/s^2]이고 수조 안의 물은 같은 높이로 유지되고 있다) [공무원 임용시험]

① 2　　② 6
③ 10　　④ 18

32. 그림과 같이 단면적이 A_1에서 A_2로 변하는 수평으로 놓인 긴 관에 일정한 양의 물이 유입되고 있다. 물의 속력과 압력이 단면적이 큰 영역에서 각각 v_1, P_1, 단면적이 작은 영역에서 각각 v_2, P_2라면 각 영역에서 물의 속력과 압력의 크기 관계로 옳은 것은? [공무원 임용시험]

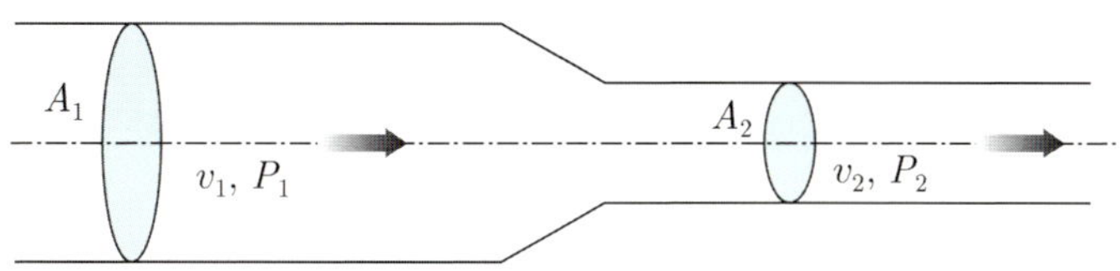

[문제 6.3.32]

① $v_1 > v_2$, $P_1 > P_2$　　② $v_1 > v_2$, $P_1 < P_2$
③ $v_1 < v_2$, $P_1 < P_2$　　④ $v_1 < v_2$, $P_1 > P_2$

33. 그림과 같이 큰 수조와 작은 수조 사이에 물을 채웠다. 이때 작은 수조의 바닥에 작은 구멍이 생겼다면 구멍을 통해 들어오는 물줄기의 속력은? (단, 중력가속도 $g = 10m/s^2$이다) [공무원 임용시험]

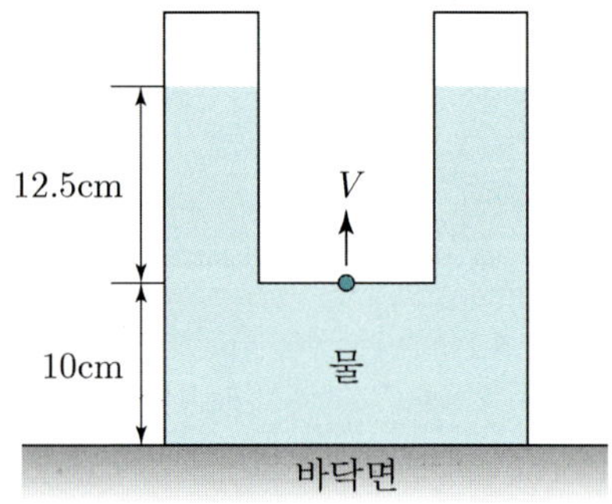

[문제 6.3.33]

① $10\sqrt{5}$ m/s ② $5\sqrt{10}$ m/s ③ $\frac{\sqrt{10}}{2}$ m/s ④ $\frac{\sqrt{10}}{4}$ m/s

34. 수평관 내를 흐르는 기체의 유속을 측정하기 위하여 피토관을 설치하였다. 피토관에 연결된 압력계에서 측정된 압력차가 5kPa일 때, 이 기체의 유속[m/s]은? (단, 기체의 밀도는 1kg/m^3이다) [공무원 임용시험]

① 1 ② 10 ③ 100 ④ 1,000

35. 그림과 같이 벤투리관에 밀도가 ρ인 비점성, 비압축성 유체가 1지점에서 속력 V_1으로 유입되어 2지점을 향해 흐르고 있다. 1, 2 각 지점에서 관의 단면적을 각각 A_1, A_2, 압력을 각각 P_1, P_2라 할 때, 2지점에서 유체의 속력 V_2를 A_1, A_2, P_1, P_2, ρ를 사용하여 표현하여라.

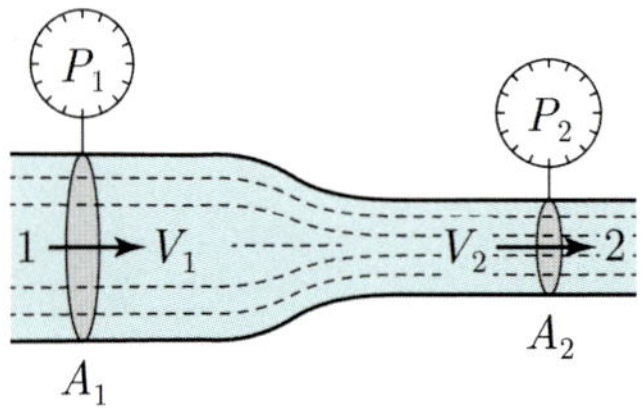

[문제 6.3.35]

36. 반경이 0.25m인 원형관에서 피토관(pitot tube)과 수압관(piezometer)의 수두차가 0.2m일 때, 관내 흐름의 유속[m/s]은? (단, 관내의 유체는 비압축성 이상유체이며, 중력가속도는 10m/s^2로 계산한다) [공무원 임용시험]

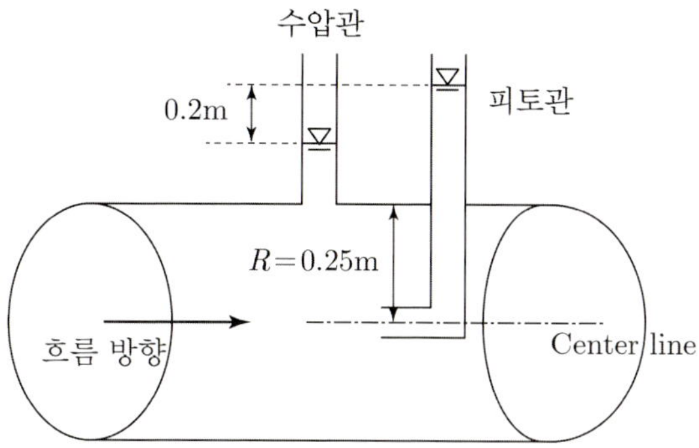

[문제 6.3.36]

① 1.5　　② 2.0　　③ 2.5　　④ 3.0

37. 동일 유선 상에 있는 A와 B 두 지점에 동압 및 정압을 측정하는 피토관을 설치하였다. 동압관과 정압관의 수두차가 A점이 B점보다 2배 클 때, 다음 설명으로 옳은 것은? [공무원 임용시험]

① A점의 속도수두가 B점보다 2배 크다.

② A점의 유속이 B점보다 2배 빠르다.

③ B점의 속도수두가 A점보다 $\sqrt{2}$배 크다.

④ B점의 유속이 A점보다 $\sqrt{2}$배 빠르다.

38. 동점성계수(ν)가 0.01cm/s인 유체가 지름이 5cm인 관수로 속을 통과할 때, 레이놀즈(Reynolds) 수 2,300을 유지하여 흐를 수 있는 속도[cm/s]는? [공무원 임용시험]

① 4.0　　② 4.6　　③ 9.2　　④ 18.4

39. 물리량의 차원 중 옳지 않은 것은? [공무원 임용시험]

① 유량 : $[L^2T^{-1}]$　　② 압력 : $[ML^{-1}T^{-2}]$

③ 표면장력 : $[MT^{-1}]$　　④ 운동량 : $[MLT^{-1}]$

40. 원형관 내 유속 u의 분포가 다음과 같을 때, 유량은? (단, R은 관의 반경, U_C는 관 중심에서의 유속, r은 관 중심축으로 부터 방사 방향의 좌표이다) [공무원 임용시험]

$$u = U_C\left(1 - \frac{r}{R}\right)$$

① $\frac{1}{4}\pi U_C R^2$　　② $\frac{1}{3}\pi U_C R^2$　　③ $\frac{1}{2}\pi U_C R^2$　　④ $\frac{2}{3}\pi U_C R^2$

41. 수평관 내를 흐르는 기체의 유속을 측정하기 위하여 피토관을 설치하였다. 피토관에 연결된 압력계에서 측정된 압력차가 5kPa일 때, 이 기체의 유속[m/s]은? (단, 기체의 밀도는 1kg/m^3이다) [공무원 임용시험]

① 1　　② 10　　③ 100　　④ 1,000

42. 그림과 같이 관 내부의 유속을 구하기 위해 B 지점에 Pitot 관을 삽입하였다. 관 내부의 유속이 3m/s일 경우, A와 B 지점에서의 관 내 수면 차 H[m]는? (단, 관로 내 점성에 의한 에너지 손실은 없는 것으로 가정하고, 중력가속도 $g = 10\text{m/s}^2$이다) [공무원 임용시험]

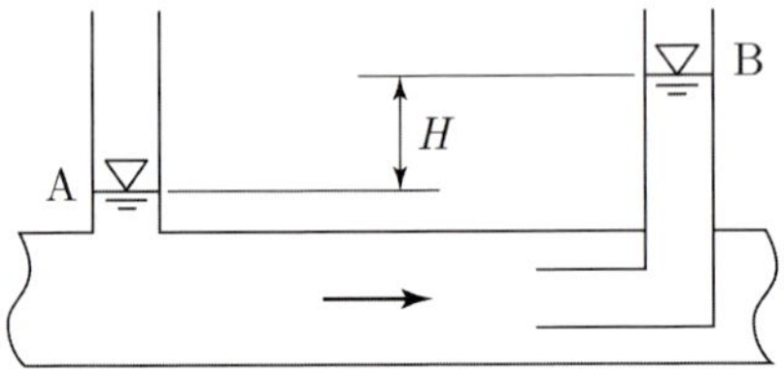

[문제 6.3.42]

① 0.25　　② 0.45　　③ 0.65　　④ 0.85

43. 지름이 20cm인 관의 중심에서 물의 유속을 측정하기 위해 U자관을 설치하였다. $h_1 = 20\text{cm}$, $h_2 = 30\text{cm}$, $h_3 = 10\text{cm}$일 때, 관 중앙(A점)의 유속[m/s]은? (단, 관속을 흐르는 유체는 물이며, $g = 10\text{m/s}^2$이다) [공무원 임용시험]

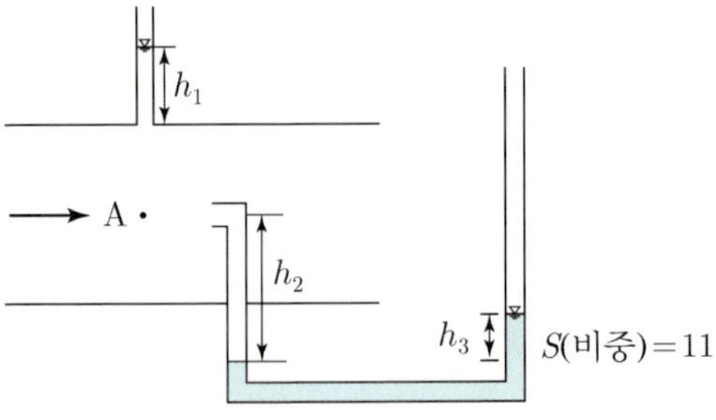

[문제 6.3.43]

① $\sqrt{10}$　　② $\sqrt{12}$　　③ $\sqrt{14}$　　④ $\sqrt{16}$

44. 그림과 같이 관로를 통해 물이 단면 ㉠으로부터 단면 ㉡으로 흐르고 있다. 단면 ㉠에서 직경 $D_1 = 5\text{cm}$, 유속 $V_1 = 4\text{m/s}$, 압력 $P_1 = 0.1\text{kgf/cm}^2$이고, 단면 ㉡에서는 직경 $D_2 = 10\text{cm}$이며, 단면 ㉠보다 1m 높이 위에 위치하고 있다. 단면 ㉡에서의 압력 $P_2[\text{kN/m}^2]$는? (단, 물의 밀도는 $1{,}000\text{kg/m}^3$, 중력가속도 $g = 10\text{m/s}^2$이고, 에너지 손실은 무시한다고 가정한다) [공무원 임용시험]

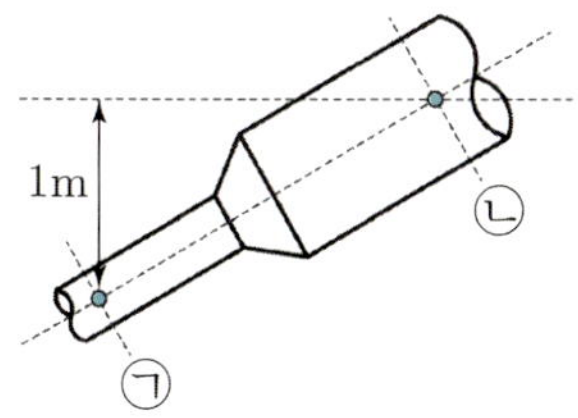

[문제 6.3.44]

① 7.5 ② 10.0 ③ 12.5 ④ 15.0

45. 베르누이(Bernoulli)의 정리에 관한 설명 중 가장 옳지 않은 것은? [공무원 임용시험]

① 외력은 중력만 작용한다.
② 다른 유선에 대하여 성립한다.
③ 정상류라고 가정하여 얻은 결과이다.
④ 마찰에 의한 에너지 손실이 없는 이상유체인 동시에 비압축성 유체의 흐름이어야 한다.

46. Bernoulli 방정식이 적용되기 위한 조건 중 가장 옳지 않은 것은? [공무원 임용시험]

① 마찰에 의한 에너지 손실이 없는 이상유체인 동시에 압축성 유체의 흐름이어야 한다.
② 임의의 두 점은 같은 유선 상에 있어야 한다.
③ 흐름은 정상류이다.
④ 하나의 유선에 대해서는 총에너지가 일정하다.

차원과 SI 단위

M, L, T, Θ는 각각 질량, 길이, 시간, 절대온도를 나타낸다.

물리량	차원	SI 단위
면적 A	L^2	m^2
부피 V	L^3	m^3
속도 v	L/T	m/s
가속도 a	L/T^2	m/s^2
각속도 ω	$1/T$	1/s
각가속도 α	$1/T^2$	$1/s^2$
운동량 p	ML/T	kg · m/s
각운동량 H	ML^2/T	kg · m^2/s
힘 F	ML/T^2	kg · m/s^2 또는 N(Newton)
밀도 ρ	M/L^3	kg/m^3
비중량 γ	M/L^2T^2	N/m^3
주파수 f	$1/T$	1/s 또는 Hz
압력(P), 응력(σ, τ) 탄성계수(E)	M/LT^2	N/m^2 또는 Pa(Pascal)
표면장력 σ	M/T^2	N/m, kg/s^2
일(W), 에너지(E)	ML^2/T^2	N · m 또는 J(Joule)
열전달률 $\dot{Q}$	ML^2/T^3	J/s
토크(모멘트) T	ML^2/T^2	N · m
동력 P, H	ML^2/T^3	J/s 또는 W(Watt)
질량관성모멘트 J	ML^2	kg · m^2
단면2차모멘트 I	L^4	m^4
체적유량 Q	L^3/T	m^3/s
질량유량 $\dot{m}$	M/T	kg/s
중량유량 G	ML/T^3	N/s
비열(c), 기체상수(R)	$L^2/T^2\Theta$	J/kg · K
점성계수 μ	M/LT	kg/m · s, N · s/m^2, Pa · s
동점성계수 ν	L^2/T	m^2/s

단위 변환

- 길이 : 1mm = 0.0394 inch ; 1m = 3.281ft ; 1 km = 0.622mile ; 1 mile = 5280ft
  1 inch = 2.54 cm ; 1 ft = 12 inch = 0.3048 m ; 1yard = 0.9144 m
- 면적 : $1m^2 = 10.76ft^2$; $1mm^2 = 0.00155 inch^2$
- 체적 : $1m^3 = 10^3 \ell = 35.31 ft^3$; $1 \ell = 10^3 cm^3 = 10^{-3} m^3$
- 질량 : 1kg = 0.0685 slug ; 1 slug = 14.59 kg ; 1 ton = 1000 kg
- 중력가속도 : $g = 9.80665 m/s^2 = 32.174 ft/s^2$
- 힘 : $1N = 10^5 dyne$; 1 N = 0.2248 lb ; 1kgf = 9.80665 N ; 1 lb = 4.448 N
- 점성계수 : $1 Pa \cdot s = 1 N \cdot s/m^2 = 10 poise = 0.02089 lb \cdot s/ft^2$
  $1 poise = 1g/cm \cdot s = 1 dyne \cdot s/cm^2 = 0.1 kg/m \cdot s$
  $1 poise = 0.1 N \cdot s/m^2 = 0.1 Pa \cdot s = 100 cP$
- 밀도 : $1 kg/m^3 = 0.00194 slug/ft^3$
- 에너지 : $1J = 1N \cdot m = 0.7375 ft \cdot lb$; $1J = 10^7 erg$; 1cal = 4.1860 J (exactly)
- 유량 : $1 m^3/s = 10^6 cm^3/s = 1000 \ell/s = 35.31 ft^3/s$; $1 \ell/s = 10^{-3} m^3/s$
- 동점성계수 : $1 m^2/s = 10^4 stoke = 10.76 ft^2/s$
  $1 stoke = 1cm^2/s = 10^{-4} m^2/s = 100 cSt$
- 동력 : $1W = 1J/s = 0.7375 ft \cdot lb/s$; $1kW = 1.341 hp = 737.5 ft \cdot lb/s$
  $1 PS = 75 kgf \cdot m/s = 735.5 W$; 1 hp = 746 W ; $1hp = 550 lb \cdot ft/s$
- 압력 : $1 bar = 10^5 Pa = 100kPa = 0.987 atm$; $1kN/m^2 = 1 kPa = 0.145 psi$
  $1mm H_2O = 9.807 Pa$; 1mmHg = 0.0394 inch Hg = 133.3 Pa
  1 atm = 760 mmHg = 101.325 kPa = 1.01325 bar = 14.70 psi
- 비열, 기체상수 : $1 J/kg \cdot K = 5.98 ft \cdot lb/slug \cdot R$
- 비체적 : $1 m^3/kg = 515.5 ft^3/slug$
- 비중량 : $1 N/m^3 = 0.006365 lb/ft^3$
- 온도 차이(ΔT) : 1℃ = 1 K = 1.8°F = 1.8 R
- 속도 : 1 m/s = 3.281 ft/s = 3.60 km/h = 2.28mile/h ; 1knot = 0.5155 m/s
  [ℓ = liter = 1000 cc = $1000 cm^3$; ft = foot ; lb = pound force ; psi = $lb/inch^2$]

연습문제 풀이 및 정답

⋊ 제1장 연습문제

1. $[P] = \frac{[W]}{[t]} = \frac{[Fs]}{[t]} = \frac{(ML/T^2)L}{T} = \frac{ML^2}{T^3}$

2. $\frac{\mathrm{J}}{\mathrm{kg \cdot K}} = \frac{\mathrm{N \cdot m}}{\mathrm{kg \cdot K}} = \frac{(\mathrm{kg \cdot m/s^2})\mathrm{m}}{\mathrm{kg \cdot K}} = \frac{\mathrm{m^2}}{\mathrm{s^2 \cdot K}}$ $\quad \therefore \ [R] = L^2/T^2\Theta$

3. $[\sigma] = \frac{[F]}{[L]} = \frac{ML/T^2}{L} = \frac{M}{T^2}$

4. $[E] = \left[\frac{\Delta P}{\Delta V/V}\right] = [P] = F/L^2$ (FLT 계) ; $[E] = M/LT^2$ (MLT 계)

5. $40\frac{\mathrm{g}}{\mathrm{cm^3}} = 40\frac{10^{-3}\mathrm{kg}}{(10^{-2}\mathrm{m})^3} = 40 \times 10^3 \frac{\mathrm{kg}}{\mathrm{m^3}}$

6. $W = mg = 100\,\mathrm{kg} \times 9.8\mathrm{m/s^2} = 980\,\mathrm{N}$

7. $20\,\mathrm{kgf/cm^2} = 20 \times 9.8\,\mathrm{N}/(10^{-2}\mathrm{m})^2 = 196 \times 10^4\,\mathrm{N/m^2} = 1960\,\mathrm{kPa}$

8. $V = \frac{Q}{A} = \frac{500\mathrm{cm^3/s}}{50\mathrm{cm^2}} = 10\,\mathrm{cm/s} = 0.1\mathrm{m/s}$

9. $a = \sqrt{kRT} = \sqrt{1.4 \times 287 \times (273 - 40)} = 305.97\,[\mathrm{m/s}]$

10. $T = \frac{PV}{mR} = \frac{500 \times (4 \times 10^4 \times 10^{-6})}{0.2 \times 0.287} = 348.43\,[\mathrm{K}] = 75.43\,[℃]$

11. $Re = \frac{\rho VD}{\mu} = \frac{1000 \times 0.2 \times 0.3}{1.01 \times 10^{-3}} = 5.94 \times 10^4$

12. $\frac{100}{4.1868}\,\mathrm{kcal} = 23.88\,\mathrm{kcal}$

13. (1) 빗면 방향 힘 $F = W\sin\theta = mg\sin\theta$

    $\therefore \ P = Fv = mg\sin\theta \times v = 400 \times 9.8 \times \sin 30° \times 0.1 = 196\,[\mathrm{W}]$

    (2) 2분 동안 기중기가 한 일

    $W = Pt = 196 \times (2 \times 60) = 23520\,[\mathrm{J}] = 23.52\,[\mathrm{kJ}]$

    $\therefore$ 물체의 위치 에너지 증가량$= W = 23.52\,\mathrm{kJ}$

14. $P = \frac{\rho v^2}{2} = \frac{1.23 \times \left(\frac{0.6 \times 1000}{60}\right)^2}{2} = 61.5\,[\mathrm{Pa}]$

15. $W = Fs = mgs = 20 \times 9.8 \times 1800\,[\mathrm{J}] = 352.8\,[\mathrm{kJ}]$

16. 힘(중력에 의한 무게)의 방향과 이동 방향이 직각이므로 한 일$= 0$

17. $E = \dfrac{PL}{A\Delta L} = \dfrac{(16)\times(1000)}{(20\times 40)\times(1)}\left(\dfrac{\text{kgf}}{\text{mm}^2}\right) = 20\left(\dfrac{\text{kgf}}{\text{mm}^2}\right) = 20\left(\dfrac{10\text{N}}{\text{mm}^2}\right) = 200[\text{MPa}]$

여기에서 1kgf = 10N, $\dfrac{\text{N}}{\text{mm}^2} = \dfrac{\text{N}}{(10^{-3}\text{m})^2} = 10^6\text{Pa} = 1\text{MPa}$이다.

18. $P = \dfrac{W}{t} = \dfrac{Fs}{t} = \dfrac{40\times 12}{10} = 48\,[\text{W}]$

19. $P = Fv = (5000\times 9.8)\times 0.2 = 9800[\text{W}] = 9.8\,[\text{kW}]$

20. (1) $W = (F\cos\theta)s = 40\times\cos 60°\times 20 = 400\,[\text{J}]$

(2) 등속운동이므로 수평방향으로 물체에 작용하는 전체 힘

$\sum F_x = F\cos 60° - f = 0$

∴ 마찰력 $f = F\cos 60° = 40\cos 60° = 20\,[\text{N}]$

21. $W = Pt = 2\times(40\times 60) = 4800\,[\text{kJ}]$

22. $E_k = \dfrac{mv^2}{2} = \dfrac{2\times 10^2}{2} = 100\,[\text{J}]$

23. $E_k = \dfrac{1}{2}mv^2 = \dfrac{1}{2}\times 400\times\left(\dfrac{72\times 1000}{3600}\right)^2\times\dfrac{1}{1000} = 80\,[\text{kJ}]$

24. $E_p = 3E_k = \dfrac{3}{2}mv^2$이므로 역학적 에너지보존법칙을 적용하면

$E_k + E_p = \dfrac{1}{2}mv^2 + \dfrac{3}{2}mv^2 = \dfrac{1}{2}mv_0^2 \rightarrow 4mv^2 = mv_0^2 \quad \therefore\ v = \dfrac{1}{2}v_0$

25. $E_{loss} = mgh - \dfrac{1}{2}mv^2 = 40\times 10\times 100 - \dfrac{1}{2}\times 40\times 10^2 = 38{,}000 = 38[\text{kJ}]$

26. 기준면을 지면으로 잡고 역학적 에너지보존법칙을 적용한다.

$\dfrac{1}{2}mv_B^2 = \dfrac{1}{2}mv^2 + mgh \quad \therefore\ v_B = \sqrt{v^2 + 2gh}$

27. A가 L만큼 수평으로 이동하면 B는 L만큼 아래로 내려간다. 이때 A의 위치에너지는 변화가 없고 B의 위치에너지는 MgL만큼 감소하며 이것은 두 물체의 운동에너지 증가 $\dfrac{1}{2}(m+M)v^2$와 같다.

$$\frac{1}{2}(m+M)v^2 = MgL \quad \therefore\ v = \sqrt{\frac{2MgL}{m+M}}$$

28. (나)에서 힘이 한 일 $W = \dfrac{1}{2}\times 3\times 4 + 3\times 4 = 18[\text{J}]$이고 이것은 물체의 운동에너지와 같다.

$$\frac{1}{2}mv^2 = W \quad \therefore\ v = \sqrt{\frac{2W}{m}} = \sqrt{\frac{2\times 18}{4}} = 3[\text{m/s}]$$

29. 단위를 N, mm로 통일하여 계산한다.

$T = 100\text{N}\cdot\text{m} = 100\times 10^3\text{N}\cdot\text{mm}$

$\tau = 400\text{MPa} = 400\times 10^6\dfrac{\text{N}}{\text{m}^2} = 400\times 10^6\dfrac{\text{N}}{(10^3\text{mm})^2} = 400\dfrac{\text{N}}{\text{mm}^2}$

$$d = \sqrt[3]{\frac{16T}{\pi\tau_a}} = \sqrt[3]{\frac{16T}{\pi(\tau/S)}} = \sqrt[3]{\frac{16ST}{\pi\tau}} = \sqrt[3]{\frac{16(2)(100\times 10^3)}{\pi(400)}}$$

$$= \sqrt[3]{\frac{8\times 10^3}{\pi}} = \sqrt[3]{\frac{2^3\times 10^3}{\pi}} = \sqrt[3]{\frac{(2\times 10)^3}{\pi}} = \frac{20}{\sqrt[3]{\pi}}\ [\text{mm}]$$

30. 주어진 조건에서 $l = 1.5d$, $t = \dfrac{1}{2}h$를 주어진 식에 대입하면 다음과 같이 키의 최소 높이(h)가 구해진다. $1\text{MPa} = \dfrac{1\text{N}}{\text{mm}^2}$이다.

$$\sigma_a = \frac{\pi d^2\tau_a}{8\times\left(\frac{1}{2}h\right)\times(1.5d)} \quad \therefore\ h = \frac{\pi d\tau_a}{6\sigma_a} = \frac{\pi(100)\times(30)}{6\times(80)} = \frac{25\pi}{4}\ [\text{mm}]$$

이상에서 $\tau_a = 30\text{N/mm}^2$, $\sigma_a = 80\text{N/mm}^2$, $d = 100\text{mm}$이다.

31. 유량 $Q = 0.3\text{m}^3/\text{s}$, 평균유속 $V = 10\text{m/s}$이므로 강관의 안지름(D_1)은 다음과 같다.

$$Q = AV = \left(\frac{\pi}{4}D_1^2\right)V \quad \therefore\ D_1 = \sqrt{\frac{4Q}{\pi V}} = \sqrt{\frac{4\times 0.3}{3\times 10}} = 0.2\,[\text{m}] = 200\,[\text{mm}]$$

여기에서 내부압력 $p = 0.3\text{MPa}$, 강관의 허용응력 $\sigma_a = 6\text{MPa}$이므로 강관의 최소 두께(t)는 다음과 같이 구해진다.

$$\sigma_a = \frac{pD_1}{2t} \quad \therefore\ t = \frac{pD_1}{2\sigma_a} = \frac{0.3\times 200}{2\times 6} = 5\,[\text{mm}]$$

32. $T = f\cdot\dfrac{D_m}{2} = \dfrac{\mu Q}{2}\cdot\dfrac{(D_1+D_2)}{2}$

$$= \frac{0.2\times(4000)\times(150+250)}{2\times 2} = 80{,}000\,[\text{N}\cdot\text{mm}] = 80\,[\text{N}\cdot\text{m}]$$

33. $H = T\omega = \left(F\times\dfrac{D}{2}\right)\omega = \left(\mu Q\times\dfrac{D}{2}\right)\times\dfrac{2\pi N}{60} = \dfrac{\pi\mu QDN}{60}$

$$= \frac{3\times 0.3\times 200\times 0.75\times 200}{60}\times\frac{1}{75}\,[\text{PS}] = 6\,[\text{PS}]$$

이상에서 $D = 750\text{mm} = 0.75\text{m}$, $1\text{PS} = 75\dfrac{\text{kgf}\cdot\text{m}}{\text{s}}$

34. $H = T\omega = T\times\dfrac{2\pi N}{60}$으로부터

$$T = \frac{60H}{2\pi N} = \frac{60 \times 10\pi}{2\pi \times 300} = 1[\mathrm{N \cdot m}] = 1000[\mathrm{N \cdot mm}]$$

이상에서 $1\mathrm{J} = 1\mathrm{N \cdot m}$

35. $T = f \times \frac{D_m}{2} = \mu p \times \frac{\pi}{4}(D_2^2 - D_1^2) \times \frac{(D_1 + D_2)}{4}$

$$= 0.2 \times 0.2 \times \frac{\pi}{4} \times (80^2 - 40^2) \times \frac{(40 + 80)}{4}[\mathrm{N \cdot mm}] = 1{,}440\pi[\mathrm{N \cdot mm}]$$

이상에서 $1\mathrm{MPa} = \frac{1\mathrm{N}}{\mathrm{mm}^2}$

36. 유효장력 $F_e = 2[\mathrm{kN}]$일 때

$$H = F_e v_m = F_e \times \frac{pZN}{1000 \times 60}[\mathrm{kW}]$$

$$\therefore \ Z = \frac{1000 \times 60H}{F_e pN} = \frac{1000 \times 60 \times 5}{2 \times 20 \times 250} = 30$$

이상에서 F_e의 단위가 kN이므로 H의 단위가 kW가 되었다.

37. 단위를 N, mm로 통일하여 계산한다. $1\frac{\mathrm{N}}{\mathrm{mm}^2} = 1\mathrm{MPa}$이다.

$$\sigma_{\max} = \frac{M_b}{I}y_{\max} = \frac{M_b}{(bh^3/12)} \times \frac{h}{2} = \frac{6M_b}{bh^2} = \frac{6 \times (480 \times 10^3)}{20 \times (60)^2} = 40[\mathrm{MPa}]$$

38. SI 단위[kg, m, s]로 통일하여 계산한다. $\mathrm{cm}^2 = (10^{-2}\mathrm{m})^2 = 10^{-4}\mathrm{m}^2$이다.

$F = \rho QV\sin\theta = \rho(AV)V\sin\theta = \rho AV^2\sin\theta$

$$= 900 \times (40 \times 10^{-4}) \times (20)^2 \times \sin 30° = 720[\mathrm{N}]$$

39. [정답 : ③]

40. [정답 : ④] 관성모멘트 $J = \int r^2 dm$으로 정의되며 SI 단위는 $\mathrm{kg \cdot m^2}$

41. [정답 : ②] 에너지의 차원은 $MT^{-2}L^2$

42. [정답 : ②] R점에서 속도=0이므로 $mgh_P + \frac{1}{2}mv_P^2 = mgH + 0$

$$H = h_P + \frac{1}{2g}v_P^2 = 2 + \frac{1}{2(10)} \times 10^2 = 7[\mathrm{m}]$$

43. [정답 : ①] 초기에 두 물체가 같은 고도에 있다고 가정하고 위치에너지 기준점을 이 높이로 하면 초기의 총 역학적 에너지는 0이다. 하나의 줄에 연결된 물체 A, B의 속도는 같고 이 속도를 v라 하고 역학적 에너지 보존법칙을 적용한다.

$$E = 0 = E_A + E_B = \left(\frac{1}{2}mv^2 - mgh\right) + \left(\frac{1}{2}mv^2 + mgh_1\right) \quad \cdots ①$$

A의 감소한 위치 에너지가 A의 증가한 운동 에너지의 3배일 때

$$mgh = \left(\frac{1}{2}mv^2\right)\times 3 \qquad \cdots ②$$

식 ②를 ①에 대입하면

$$\left(\frac{1}{3}mgh - mgh\right) + \left(\frac{1}{3}mgh + mgh_1\right) = 0 \rightarrow h_1 = \frac{1}{3}h$$

44. [정답 : ④] 역학적 에너지 보존 법칙 : $mgh + \frac{1}{2}mv_0^2 = \frac{1}{2}mv_{지면}^2$

45. [정답 : ①] $E_A = mgh = mg\times 1 = mg$

$$E_A = E_B : mg = mg\times 0.4 + \frac{1}{2}mv_B^2 \rightarrow v_B^2 = 2\times 0.6g = 1.2g$$

$$E_A = E_C : mg = mg\times 0.6 + \frac{1}{2}mv_C^2 \rightarrow v_C^2 = 2\times 0.4g = 0.8g$$

$$\therefore \frac{v_B^2}{v_C^2} = \frac{1.2g}{0.8g} = \frac{3}{2}$$

46. [정답 : ③] 에너지 보존법칙 적용 : $\frac{1}{2}k\delta^2 = \frac{1}{2}mv^2$

$$\delta = v\sqrt{\frac{m}{k}} = 100\sqrt{\frac{80\times 10^3}{2\times 10^{12}}} = 100\times(2\times 10^{-4}) = 2\times 10^{-2}[\text{m}]$$

1t(ton)=1000kg, 1tf=1000kgf

2.1 연습문제

1. (a) $\overrightarrow{R} = 100 + 40 = 140\,[\text{N}]\,(\rightarrow)$ (b) $\overrightarrow{R} = 80 - 30 = 50\,[\text{N}]\,(\rightarrow)$

2. (a) $R = \sqrt{6^2 + 8^2} = 10\,[\text{N}]$, $\beta = \tan^{-1}\left(\frac{6}{8}\right) = 36.87°$

(b) $R = \sqrt{P^2 + Q^2 + 2PQ\cos\alpha} = \sqrt{10^2 + 6^2 + 2\times 10\times 6\cos 60°} = 14\,[\text{N}]$

$$\beta = \sin^{-1}\left[\frac{Q\sin\alpha}{R}\right] = \sin^{-1}\left[\frac{6\times\sin 60°}{14}\right] = 21.79°$$

3. (a) $R = \sqrt{P^2 + Q^2 + 2PQ\cos\alpha}$

$$= \sqrt{8^2 + 5^2 + 2\times 8\times 5\cos(50° + 60°)} = 7.85\,[\text{N}]$$

$$\beta = 30° + \sin^{-1}\left[\frac{Q\sin\alpha}{R}\right] = 30° + \sin^{-1}\left[\frac{5\times\sin 110°}{7.85}\right] = 66.76°$$

(b) $R = \sqrt{P^2 + Q^2 + 2PQ\cos\alpha}$

$= \sqrt{5^2 + 10^2 + 2 \times 5 \times 10\cos(90° - 20° - 30°)} = 14.2$ [N]

$\beta = 30° + \sin^{-1}\left[\dfrac{Q\sin\alpha}{R}\right] = 30° + \sin^{-1}\left[\dfrac{10 \times \sin 40°}{14.2}\right] = 56.91°$

4. (a) 두 힘의 시작점을 일치시키면 두 힘이 이루는 각

$\alpha = (90° - 50°) + 30° = 70°$

$R = \sqrt{P^2 + Q^2 + 2PQ\cos\alpha} = \sqrt{10^2 + 5^2 + 2 \times 10 \times 5\cos(70°)} = 12.62$ [N]

(b) 두 힘의 시작점을 일치시키면 두 힘이 이루는 각

$\alpha = 40° + (90° - 40°) = 90°$

$R = \sqrt{P^2 + Q^2} = \sqrt{15^2 + 8^2} = 17$ [N]

5. (a) $\vec{F} = F(\cos\theta\,\vec{i} + \sin\theta\,\vec{j}) = 10(\cos 30°\,\vec{i} + \sin 30°\,\vec{j}) = 8.66\vec{i} + 5\vec{j}$ [N]

(b) $\vec{F} = F(\cos\theta\,\vec{i} + \sin\theta\,\vec{j}) = 10(\cos 130°\,\vec{i} + \sin 130°\,\vec{j}) = -6.43\vec{i} + 7.66\vec{j}$ [N]

6. 세 변의 길이가 3, 4, 5인 직각삼각형과의 닮음과 힘의 방향을 고려한다.

(a) $\vec{F} = 20\left(-\dfrac{3}{5}\vec{i} - \dfrac{4}{5}\vec{j}\right) = -12\vec{i} - 16\vec{j}$ [N]

(b) $\vec{F} = 20\left(-\dfrac{4}{5}\vec{i} + \dfrac{3}{5}\vec{j}\right) = -16\vec{i} + 12\vec{j}$ [N]

7. $\vec{F_1} = 8(\cos 60°\,\vec{i} + \sin 60°\,\vec{j}) = 4\vec{i} + 4\sqrt{3}\,\vec{j}$ [N], $\vec{F_2} = -5\vec{i}$ [N]

$\vec{R} = \vec{F_1} + \vec{F_2} = (4 - 5)\vec{i} + 4\sqrt{3}\,\vec{j} = -\vec{i} + 4\sqrt{3}\,\vec{j}$ [N]

합력의 크기 $R = \sqrt{(-1)^2 + (4\sqrt{3})^2} = 7$ [N]

8. $\vec{F_1} = 20(\cos 60°\,\vec{i} + \sin 60°\,\vec{j}) = 10\vec{i} + 10\sqrt{3}\,\vec{j}$ [N], $\vec{F_2} = 20\vec{i}$ [N]

$\vec{R} = \vec{F_1} + \vec{F_2} = (10 + 20)\vec{i} + 10\sqrt{3}\,\vec{j} = 30\vec{i} + 10\sqrt{3}\,\vec{j}$ [N]

9. (a) $\vec{F_1} = 12(\cos 30°\,\vec{i} + \sin 30°\,\vec{j}) = 10.39\vec{i} + 6\vec{j}$ [N], $\vec{F_2} = 10\vec{j}$ [N]

$\vec{F_3} = 6(-\cos 40°\,\vec{i} + \sin 40°\,\vec{j}) = -4.60\vec{i} + 3.86\vec{j}$ [N]

$\vec{R} = \vec{F_1} + \vec{F_2} + \vec{F_3} = (10.39 - 4.6)\vec{i} + (6 + 10 + 3.86)\vec{j} = 5.79\vec{i} + 19.86\vec{j}$ [N]

합력의 크기 $R = \sqrt{(5.79)^2 + (19.86)^2} = 20.69$ [N]

(b) $\vec{F_1} = 10\vec{i}$ [N], $\vec{F_2} = 12(\cos 60°\,\vec{i} + \sin 60°\,\vec{j}) = 6\vec{i} + 10.39\vec{j}$ [N]

$\vec{F_3} = 6(-\cos 50°\,\vec{i} + \sin 50°\,\vec{j}) = -3.86\vec{i} + 4.60\vec{j}$ [N]

$\vec{R} = \vec{F_1} + \vec{F_2} + \vec{F_3} = (10 + 6 - 3.86)\vec{i} + (10.39 + 4.6)\vec{j} = 12.14\vec{i} + 14.99\vec{j}$ [N]

합력의 크기 $R = \sqrt{(12.14)^2 + (14.99)^2} = 19.29$ [N]

10. (a) $\overrightarrow{F_1} = 13\left(\frac{12}{13}\vec{i} + \frac{5}{13}\vec{j}\right) = 12\vec{i} + 5\vec{j}$ [N]

$$\overrightarrow{F_2} = 14\left(\frac{1}{\sqrt{5}}\vec{i} + \frac{2}{\sqrt{5}}\vec{j}\right) = 6.26\vec{i} + 12.52\vec{j} \text{ [N]}$$

$$\overrightarrow{F_3} = 10\left(-\frac{4}{5}\vec{i} + \frac{3}{5}\vec{j}\right) = -8\vec{i} + 6\vec{j} \text{ [N]}$$

$$\vec{R} = \overrightarrow{F_1} + \overrightarrow{F_2} + \overrightarrow{F_3} = (12 + 6.26 - 8)\vec{i} + (5 + 12.52 + 6)\vec{j} = 10.26\vec{i} + 23.52\vec{j} \text{ [N]}$$

합력의 크기 $R = \sqrt{(10.26)^2 + (23.52)^2} = 25.66$ [N]

(b) $\overrightarrow{F_1} = 20\left(\frac{4}{5}\vec{i} + \frac{3}{5}\vec{j}\right) = 16\vec{i} + 12\vec{j}$ [N]

$$\overrightarrow{F_2} = 22\left(-\frac{1}{\sqrt{5}}\vec{i} + \frac{2}{\sqrt{5}}\vec{j}\right) = -9.84\vec{i} + 19.68\vec{j} \text{ [N]}$$

$$\overrightarrow{F_3} = 13\left(-\frac{12}{13}\vec{i} + \frac{5}{13}\vec{j}\right) = -12\vec{i} + 5\vec{j} \text{ [N]}$$

$$\vec{R} = \overrightarrow{F_1} + \overrightarrow{F_2} + \overrightarrow{F_3} = (16 - 9.84 - 12)\vec{i} + (12 + 19.68 + 5)\vec{j}$$

$$= -5.84\vec{i} + 36.68\vec{j} \text{ [N]}$$

합력의 크기 $R = \sqrt{(-5.84)^2 + (36.68)^2} = 37.14$ [N]

11. $\overrightarrow{F_1} = F\left(\frac{30\vec{i} + 10\vec{j}}{\sqrt{30^2 + 10^2}}\right) = 0.949F\vec{i} + 0.316F\vec{j}$

$$\overrightarrow{F_2} = 2 \times \left(\frac{30\vec{i} - 15\vec{j}}{\sqrt{30^2 + 15^2}}\right) = 1.789\,\vec{i} - 0.894\,\vec{j} \text{ [kN]}$$

$$\vec{R} = \overrightarrow{F_1} + \overrightarrow{F_2} = (0.949F + 1.789)\vec{i} + (0.316F - 0.894)\vec{j}$$

합력의 방향이 수평이므로 합력의 y 성분에서

$0.316F - 0.894 = 0 \quad \therefore \quad F = 2.829$ [kN]

이때 합력의 크기는 $0.949F + 1.789 = 4.474$ [kN]

12. $R_x = -400 + 300\cos 45° - 200 \times \frac{4}{5} = -347.9$ [N]

$$R_y = 0 + 300\sin 45° + 200 \times \frac{3}{5} = 332.1 \text{ [N]}$$

합력 $\vec{R} = -347.9\,\vec{i} + 332.1\,\vec{j}$ [N]

합력의 크기 $R = \sqrt{(-347.9)^2 + (332.1)^2} = 481$ [N]

합력의 방향이 x축의 음의 방향과 이루는 각은 $\tan^{-1}\left(\frac{332.1}{347.9}\right) = 43.67°$(↖)

13. $R_x = 250\cos30° + 370\cos40° = 499.9$ [N]

$R_y = -250\sin30° + 370\sin40° = 112.8$ [N]

합력 $\vec{R} = 499.9\vec{i} + 112.8\vec{j}$ [N]

합력의 크기 $R = \sqrt{(499.9)^2 + (112.8)^2} = 512.5$ [N]

합력의 방향이 x축의 양의 방향과 이루는 각은 $\tan^{-1}\left(\dfrac{112.8}{499.9}\right) = 12.72°(\nearrow)$

14. $R = \sqrt{P^2 + Q^2 + 2PQ\cos\alpha} = \sqrt{5^2 + 10^2 + 2 \times 5 \times 10\cos60°} = 5\sqrt{7}$ [N]

2.2 연습문제

1. $M_O = Fr\sin60° = 200 \times 0.8\sin60° = 138.6$ [N · m] (↶)

2. $M_O = \sum Fr = 400 \times (0.5 + 0.3 + 0.4) - 200 \times (0.5 + 0.3) - 300 \times 0.5$

$= 170$ [N · m] (↶)

3. $M_O = \sum Fr\sin\theta = 300 \times 1.2\sin30° - 200 \times 1.2\sin60°$

$= -27.85$ [N · m] (↶) $= 27.85$ [N · m] (↷)

4. $M_A = \sum Fr\sin\theta = 200 \times 0.8\sin30° + 300 \times 0.8\sin70°$

$= 305.5$ [N · m] (↷)

5. $M_O = \sum Fr\sin\theta = 300 \times (0.5 + 0.3 + 0.4)\sin30° - 100 \times (0.5 + 0.3)\sin90°$

$- 200 \times 0.5\sin60° = 13.4$ [N · m] (↶)

6. $\vec{F} = 80(-\sin60°\vec{i} + \cos60°\vec{j}) = -69.28\vec{i} + 40\vec{j}$ [N]

$M_O = 69.28 \times 2 + 40 \times 6 = 378.56$ [N · m] (↶)

7. $\vec{F} = 130\left(\dfrac{12}{13}\vec{i} - \dfrac{5}{13}\vec{j}\right) = 120\vec{i} - 50\vec{j}$ [N]

$M_O = 120 \times 3 + 50 \times 4 = 560$ [N · m] (↷)

8. $\vec{F} = 60\left(\dfrac{3\vec{i} - 5\vec{j}}{\sqrt{3^2 + 5^2}}\right) = 30.87\vec{i} - 51.45\vec{j}$ [N]

$M_B = 30.87 \times 5 + 51.45 \times 3 = 308.7$ [N · m] (↷)

$M_C = 30.87 \times 0 + 51.45 \times 3 = 154.35$ [N · m] (↶)

9. (1) $\vec{F} = 80(-\sin\theta\vec{i} + \cos\theta\vec{j}) = 80(-\sin30°\vec{i} + \cos30°\vec{j})$

$= -40\vec{i} + 69.28\vec{j}$ [N]

$M_O = -40 \times 2 + 69.28 \times 3 = 127.84\,[\text{N} \cdot \text{m}]$ (↶)

(2) 힘 F의 작용선이 점 O를 지날 때 팔의 길이가 0이 되어 모멘트가 0이 된다.

따라서 $\tan\theta = \dfrac{3}{2}$에서 $\theta = 56.31°$.

힘 F의 작용선이 직선 OA와 수직일 때 팔의 길이가 최대가 되어 모멘트가 최대가 된다. 따라서 $\tan\theta = \dfrac{2}{3}$에서 $\theta = 33.69°$.

10. $M_A = Fl\sin\alpha = 2 \times 5 \times \sin 45° = 5\sqrt{2}\,[\text{kN} \cdot \text{m}]$

11. $M_O = (2\cos 45° \cdot 3 - 2\sin 45° \cdot 6) - (3\cos 30° \cdot 12 + 3\sin 30° \cdot 5)$

$= -42.9\,[\text{kN} \cdot \text{m}] = 42.9\,[\text{kN} \cdot \text{m}]$ (↷)

12. 점 A에 대한 모멘트가 최대일 때와 최소일 때 힘(F)의 방향을 도시하면 그림과 같다. 그림에서 $\beta = \tan\left(\dfrac{1}{4}\right) \approx 14°$이다. $M = Fl\sin\alpha$이므로 $\alpha = 90°$일 때 모멘트가 최대가 되고 $\alpha = 0$ 또는 $\alpha = 180°$일 때 최소가 된다.

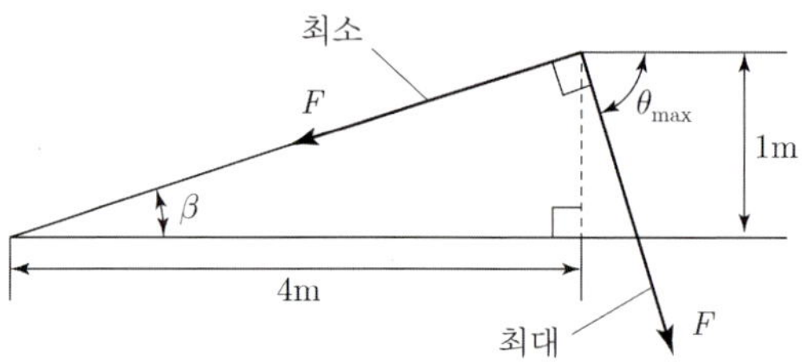

그림에서 $(0 \leq \theta \leq 180°)$이므로

(1) 최대 모멘트 : $\theta_{max} = 90° - \beta = 90° - 14° = 76°$

$M_{max} = Fl\sin 90° = 300 \times \sqrt{4^2 + 1^2} \times 1 \approx 1236.9[\text{N} \cdot \text{m}]$

(2) 최소 모멘트 : $\theta_{min} = 90° + (90° - \beta) = 90° + (90° - 14°) = 166°$

$M_{min} = Fl\sin 0° = 0[\text{N} \cdot \text{m}]$

2.3 연습문제

1. $\dfrac{T_{OA}}{\sin 135°} = \dfrac{T_{OB}}{\sin 120°} = \dfrac{200\,\text{N}}{\sin 105°}$ $\quad\therefore\ T_{OA} = 146.41\,\text{N},\ T_{OB} = 179.32\,\text{N}$

2. $\dfrac{F_2}{\sin 110°} = \dfrac{F_3}{\sin 130°} = \dfrac{100\,\text{N}}{\sin 120°}$ $\quad\therefore\ F_2 = 108.51\,\text{N},\ F_3 = 88.46\,\text{N}$

3. $\overrightarrow{F_1}+\overrightarrow{F_2}+\overrightarrow{F_3}=0 \quad \therefore F_{1x}=-3-6=-9\,(\mathrm{N}),\ F_{2y}=-4+7=3\,[\mathrm{N}]$

$F_{3z}=-5+9=4\,[\mathrm{N}]$

4. $\dfrac{200}{\sin\beta}=\dfrac{100}{\sin 150°} \quad \therefore \quad \beta=\sin^{-1}[2\sin(150°)]=90°$

$\alpha=360°-\beta-150°=120°$

$\dfrac{F}{\sin\alpha}=\dfrac{100\mathrm{N}}{\sin 150°}$에서 $F=173.2\,\mathrm{N}$

5. $\dfrac{T_{\mathrm{AC}}}{\sin 100°}=\dfrac{F_{\mathrm{BC}}}{\sin 155°}=\dfrac{200\,\mathrm{N}}{\sin 105°} \quad \therefore \quad T_{\mathrm{AC}}=203.9\,\mathrm{N},\ F_{\mathrm{BC}}=87.51\,\mathrm{N}$

6. $\overrightarrow{F_1}+\overrightarrow{F_2}+\overrightarrow{F_3}+\overrightarrow{F_4}=0$에서

$200\vec{i}-100\vec{j}+250(-\cos 30°\,\vec{i}-\sin 30°\,\vec{j})+\overrightarrow{F_4}=0$

$\therefore \quad \overrightarrow{F_4}=16.51\vec{i}+225\vec{j}\ [\mathrm{N}]$

$F_x=16.51\,\mathrm{N},\ F_y=225\,\mathrm{N},\ |\vec{F}|=\sqrt{F_x^2+F_y^2}=225.6\,[\mathrm{N}]$

$\theta=\tan^{-1}(F_y/F_x)=85.8°$

7. $\overrightarrow{F_1}+\overrightarrow{F_2}+\overrightarrow{F_3}+\overrightarrow{F_4}+\overrightarrow{F_5}=0$

$100\vec{i}+120(\cos 60°\,\vec{i}+\sin 60°\,\vec{j})+130(\cos 130°\,\vec{i}+\sin 130°\,\vec{j})$

$\qquad +140(\cos 210°\,\vec{i}+\sin 210°\,\vec{j})+\overrightarrow{F_5}=0$

$\therefore \quad \overrightarrow{F_5}=44.8\vec{i}-133.5\vec{j}\ [\mathrm{N}]$

$F_5=|\overrightarrow{F_5}|=\sqrt{44.8^2+(-133.5)^2}=140.8\,[\mathrm{N}]$

$\theta=\tan^{-1}(133.5/44.8)=71.45°$

8. 고정점 A에 작용하는 반력을 $R_{\mathrm{A}}(\uparrow)$, 모멘트를 $M_{\mathrm{A}}(\curvearrowleft)$로 한다.

A에 작용하는 반력의 수평성분은 0이다.

$R_{\mathrm{A}}=5+4=9\,(\mathrm{kN})\,(\uparrow),\quad M_{\mathrm{A}}=5\times 1+4\times 2=13\,[\mathrm{kN\cdot m}]\,(\curvearrowleft)$

† 자유물체도를 그릴 때 구해야 할 힘과 모멘트의 방향은 임의로 가정할 수 있다. 계산 결과 구한 값이 양(+)이면 가정한 것과 같은 방향이고, 음(−)의 값이면 가정한 것과 반대방향이 된다.

9. $\sum M_{\mathrm{A}}=0$에서 $R_B\times 50-10\times 20-(10+20)\times 30=0 \quad \therefore \quad R_{\mathrm{B}}=22\,[\mathrm{N}]$

$\sum F_y=0$에서 $R_A+R_B-20-30=0 \quad \therefore \quad R_{\mathrm{A}}=28\,[\mathrm{N}]$

10. 분포하중을 B에서 1m 위치에 작용하는 집중하중 $P=(4\mathrm{kN/m})\times 2\mathrm{m}=8\mathrm{kN}$으로 대체한다.

$\sum M_B = 0$에서 $R_A \times (3+2)\text{m} - 8\text{kN} \times 1\text{m} = 0 \quad \therefore \quad R_A = \frac{8}{5}\text{kN}$

$\sum F_y = 0$에서 $R_A + R_B - 8\text{kN} = 0 \quad \therefore \quad R_B = 8 - \frac{8}{5} = \frac{32}{5}\text{kN}$

11. 분포하중을 B에서 1m 위치에 작용하는 집중하중 $P = \frac{1}{2} \times 2\frac{\text{kN}}{\text{m}} \times 3\text{m} = 3\text{kN}$으로 대체한다.

$\sum M_B = 0$에서 $R_A \times 3\text{m} - 3\text{kN} \times 1\text{m} = 0 \quad \therefore \quad R_A = 1\text{kN}$

$\sum F_y = 0$에서 $R_A + R_B - 3\text{kN} = 0 \quad \therefore \quad R_B = 3 - 1 = 2\text{kN}$

12. 분포하중을 B에서 2m 위치에 작용하는 집중하중 $P = \frac{1}{2} \times 4\frac{\text{kN}}{\text{m}} \times 3\text{m} = 6\text{kN}$으로 대체한다.

$\sum M_B = 0$에서 $R_A \times (3+3)\text{m} - 6\text{kN} \times 2\text{m} = 0 \quad \therefore \quad R_A = 2\text{kN}$

$\sum F_y = 0$에서 $R_A + R_B - 6\text{kN} = 0 \quad \therefore \quad R_B = 6 - 2 = 4\text{kN}$

13. 분포하중을 B에서 2m 위치에 작용하는 집중하중 $Q = 4\frac{\text{kN}}{\text{m}} \times 2\text{m} = 8\text{kN}$으로 대체하여 자유물체도를 그린다. 점 A에 작용하는 반력의 x, y 성분을 각각 $A_x(\leftarrow)$, $A_y(\uparrow)$, 모멘트를 $M_A(\curvearrowleft)$라 하면,

$\sum F_x = 0$에서 $-A_x + 5\text{kN}\sin 30° = 0 \quad \therefore \quad A_x = 2.5\text{kN}(\leftarrow)$

$\sum F_y = 0$에서 $A_y - 8\text{kN} - 5\text{kN}\cos 30° = 0 \quad \therefore \quad A_y = 12.33\text{kN}(\uparrow)$

이므로 점 A에 작용하는 반력의 크기 $A = \sqrt{A_x^2 + A_y^2} = 12.58\text{kN}$이다.

점 A에 대한 모멘트 합은 0에서

$M_A - 8\text{kN} \times 3\text{m} - 5\text{kN}\cos 30° \times 4\text{m} = 0 \quad \therefore \quad M_A = 41.32\text{kN} \cdot \text{m}(\curvearrowleft)$

14. 핀 A에 작용하는 반력의 x, y 성분을 각각 $A_x(\leftarrow)$, $A_y(\uparrow)$, 롤러 B에 작용하는 반력을 $B(\rightarrow)$로 한다. 점 A에 대한 모멘트 합은 0에서

$B \times 50 - 400\text{N}\cos 30° \times 40 - 400\text{N}\sin 30° \times 50 = 0 \quad \therefore \quad B = 477.1\text{N}(\rightarrow)$

$\sum F_x = 0$에서 $-A_x + B - 400\text{N}\sin 30° = 0 \quad \therefore \quad A_x = 277.1\text{N}(\leftarrow)$

$\sum F_y = 0$에서 $A_y - 400\text{N}\cos 30° = 0 \quad \therefore \quad A_y = 346.4\text{N}(\uparrow)$

이므로 점 A에 작용하는 반력의 크기 $A = \sqrt{A_x^2 + A_y^2} = 443.6\text{N}$이다.

15. 핀 A에 작용하는 반력의 x, y 성분을 각각 $A_x(\leftarrow)$, $A_y(\uparrow)$, 롤러 B에 작용하는 반력을 $B(\rightarrow)$로 한다. 점 A에 대한 모멘트 합은 0에서

$B \times 1 - 100\text{N} \times \sqrt{1^2 - 0.5^2} = 0 \quad \therefore \quad B = 86.6\text{N}(\rightarrow)$

$\sum F_x = 0$에서 $-A_x + B = 0$ $\therefore$ $A_x = 86.6\,\mathrm{N}\,(\leftarrow)$

$\sum F_y = 0$에서 $A_y - 100\mathrm{N} = 0$ $\therefore$ $A_y = 100\,\mathrm{N}\,(\uparrow)$

이므로 점 A에 작용하는 반력의 크기 $A = \sqrt{A_x^2 + A_y^2} = 132.3\,\mathrm{N}$이다.

16. 로커 A에 작용하는 반력을 $A(\uparrow)$, 핀 B에 작용하는 반력의 x, y 성분을 각각 $B_x(\rightarrow)$, $B_y(\downarrow)$로 한다. 점 B에 대한 모멘트 합은 0에서

$A \times (1+1)\mathrm{m} - 200\,\mathrm{N} \times 1\mathrm{m} = 0$ $\therefore$ $A = 100\,\mathrm{N}\,(\uparrow)$이다.

$\sum F_x = 0$에서 $B_x - 200\mathrm{N} = 0$ $\therefore$ $B_x = 200\,\mathrm{N}\,(\rightarrow)$

$\sum F_y = 0$에서 $A - B_y = 0$ $\therefore$ $B_y = 100\,\mathrm{N}\,(\downarrow)$

이므로 점 B에 작용하는 반력의 크기 $B = \sqrt{B_x^2 + B_y^2} = 223.6\,\mathrm{N}$이다.

17. 케이블에 의한 인장력은 $\overrightarrow{\mathrm{BC}}$ 방향으로 작용하며, 이 힘을 성분으로 분해하면 $30\left(\frac{1}{\sqrt{2}}\vec{i} - \frac{1}{\sqrt{2}}\vec{j}\right)\mathrm{kN}$이다. 점 A에 작용하는 반력의 x, y 성분을 각각 $A_x(\leftarrow)$, $A_y(\uparrow)$, 모멘트를 $M_\mathrm{A}(\curvearrowleft)$라 한다.

$\sum F_x = 0$에서 $-A_x + \frac{30}{\sqrt{2}}\mathrm{kN} = 0$ $\therefore$ $A_x = 21.21\,\mathrm{kN}\,(\leftarrow)$

$\sum F_y = 0$에서 $A_y - 10\,\mathrm{kN} - 10\mathrm{kN} - \frac{30}{\sqrt{2}}\mathrm{kN} = 0$ $\therefore$ $A_y = 41.21\,\mathrm{kN}\,(\uparrow)$

이므로 점 A에 작용하는 반력의 크기 $A = \sqrt{A_x^2 + A_y^2} = 46.35\,\mathrm{kN}$이다.

점 A에 대한 모멘트 합은 0에서

$M_\mathrm{A} + 10\mathrm{kN} \times 4\mathrm{m} + 10\,\mathrm{kN} \times 2\mathrm{m} - \frac{30}{\sqrt{2}}\mathrm{kN} \times 3\mathrm{m} = 0$

$\therefore$ $M_\mathrm{A} = 3.64\,\mathrm{kN \cdot m}\,(\curvearrowleft)$

18. (a) 점 A에 작용하는 반력을 $A(\leftarrow)$, 점 B에 작용하는 반력의 x, y 성분을 각각 $B_x(\rightarrow)$, $B_y(\uparrow)$라 한다.

점 B에 대한 모멘트 합은 0에서 $-A \times 2a + P \times a = 0$ $\therefore$ $A = \frac{P}{2}$

$\sum F_x = 0$에서 $B_x - A = 0$ $\therefore$ $B_x = \frac{P}{2}(\rightarrow)$

$\sum F_y = 0$에서 $B_y - P = 0$ $\therefore$ $B_y = P(\uparrow)$

이므로 점 B에 작용하는 반력의 크기 $B = \sqrt{B_x^2 + B_y^2} = \frac{\sqrt{5}}{2}P$이다.

(b) 점 A에 작용하는 반력을 A라 하면 x 성분은 $\frac{3}{5}A$, y 성분은 $\frac{4}{5}A$이다.

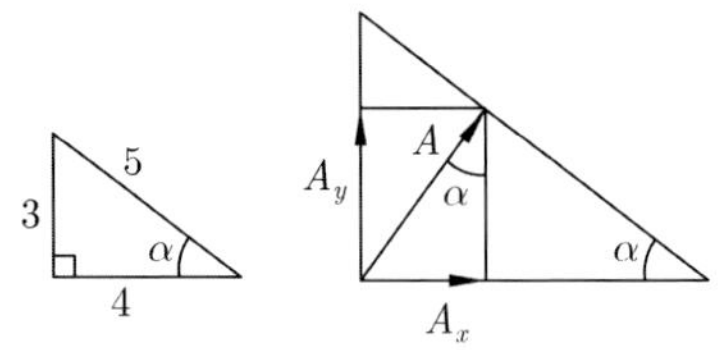

점 B에 작용하는 반력의 x, y 성분을 각각 $B_x(\leftarrow)$, $B_y(\downarrow)$라 한다.

점 B에 대한 모멘트 합은 0에서

$$P\times a+\frac{3}{5}A\times 2a-\frac{4}{5}A\times 2a=0 \quad \therefore \quad A=\frac{5}{2}P$$

$\sum F_x=0$에서 $-B_x+\frac{3}{5}A=0 \quad \therefore \quad B_x=\frac{3P}{2}(\leftarrow)$

$\sum F_y=0$에서 $-B_y-P+\frac{4}{5}A=0 \quad \therefore \quad B_y=P(\downarrow)$

이므로 점 B에 작용하는 반력의 크기 $B=\sqrt{B_x^2+B_y^2}=\frac{\sqrt{13}}{2}P$이다.

19. 분포하중을 A에서 $\frac{2h}{3}=\frac{2\times 3\text{m}}{3}=2\text{m}$ 위치에 작용하는 집중하중

$$F_R=\frac{1}{2}\times 2\frac{\text{kN}}{\text{m}}\times 3\text{m}=3\text{kN}$$

으로 대체한다.

$$\sum M_{\text{A}}=0 : R_{\text{B}}\cdot(3+2+2)\text{m}-3\text{kN}\cdot 2\text{m}-1.6\text{kN}\cdot(3+2)\text{m}=0$$

$$\therefore \quad R_{\text{B}}=2\text{kN}$$

$$\sum F_y=0 : R_{\text{A}}+R_{\text{B}}-3\text{kN}-1.6\text{kN}=0$$

$$\therefore \quad R_{\text{A}}=3\text{kN}+1.6\text{kN}-2\text{kN}=2.6\text{kN}$$

20. 분포하중을 사각형(1)과 삼각형(2)으로 분리한다.

$$F_1=4\text{kN/m}\cdot 10\text{m}=40\text{kN}$$

$$F_2=\frac{1}{2}\cdot(7-4)\text{kN/m}\cdot 6\text{m}=9\text{kN}$$

$$\sum M_{\text{B}}=0 : R_{\text{A}}\cdot 10\text{m}-9\text{kN}\cdot 2\text{m}-40\text{kN}\cdot 5\text{m}=0$$

$$\therefore \quad R_{\text{A}}=21.8\text{kN}$$

$$\sum F_y=0 : R_{\text{A}}+R_{\text{B}}-40\text{kN}-9\text{kN}=0$$

$$\therefore \quad R_B = 40\text{kN} + 9\text{kN} - 21.8\text{kN} = 27.2\text{kN}$$

21. 분포하중을 두 개의 삼각형으로 분리한다.

$$F_1 = \frac{1}{2} \cdot 1200\text{N/m} \cdot 1.2\text{m} = 720\text{N}$$

$$F_2 = \frac{1}{2} \cdot 1200\text{N/m} \cdot 1.8\text{m} = 1080\text{N}$$

$$\sum M_A = 0 : R_B \cdot 5\text{m} - 720\text{N} \cdot (2.8\text{m}) - 1080\text{N} \cdot (3.8\text{m}) = 0$$

$$\therefore \quad R_B = 1224\text{N}$$

$$\sum F_y = 0 : R_A + R_B - 720\text{N} - 1080\text{N} = 0$$

$$\therefore \quad R_A = 720\text{N} + 1080\text{N} - 1224\text{N} = 576\text{N}$$

22. 그림의 자유물체도에서 점 B에 대한 세 힘의 평형을 고려한다.

$$F_{AB} = \frac{\sqrt{3}P}{3}, \quad F_{BC} = \frac{2\sqrt{3}P}{3}$$

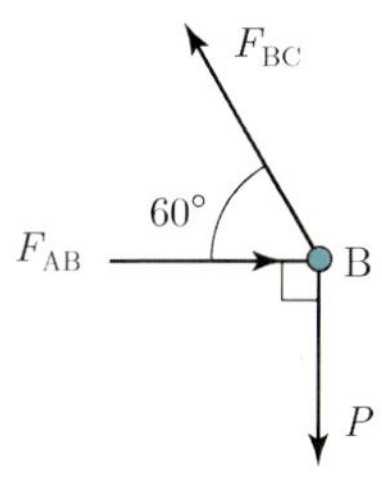

자유물체도

23. ○ $F_{AC} = 100\sqrt{2} = 141\,[\text{kN}]$ (인장력)

○ $F_{BC} = \dfrac{F_{AC}}{\sqrt{2}} = \dfrac{100\sqrt{2}}{\sqrt{2}} = 100\,[\text{kN}]$ (압축력)

24. $\sum F_y = 0$에서 $P + 6 - 3 - 6 = 0 \quad \therefore \; P = 3\,[\text{t}]$

$\sum M_A = 0$에서 $Px + 6 \times 8 - 6 \times 10 = 0$

$$3x - 12 = 0 \quad \therefore \; x = 4\,[\text{m}]$$

25. (1) ① 물체에 작용하는 모든 힘의 합이 0이다. $\sum \overrightarrow{F} = 0$

② 물체에 작용하는 모든 모멘트 합이 0이다. $\sum \overrightarrow{M} = 0$

(2) 보의 무게를 무시하고 자유물체도를 그리면 다음과 같다. 보의 무게를 고려하면 조건에 따라 무게를 표시하면 된다. 예를 들어 균일 보인 경우 반력만을 구하기 위해서는 보 중앙에 연직 아래 방향의 무게 W를 표시한다.

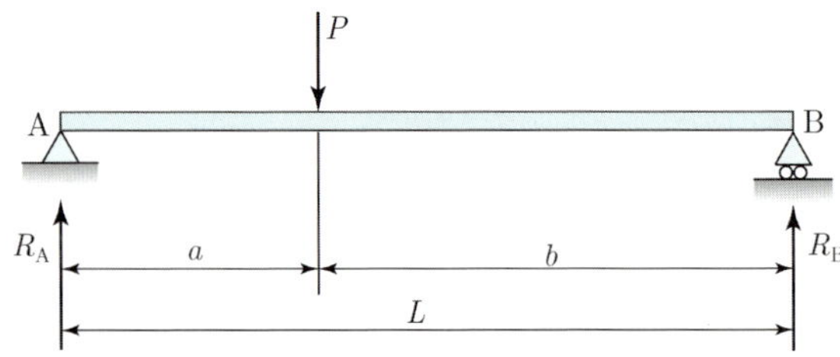

(3) 연직방향 힘의 합이 0이라는 조건($\sum F_y = 0$)에서

$$R_A + R_B - P = 0 \quad \cdots ①$$

이고, 점 B에 대한 모멘트 합이 0이라는 조건($\sum M_B = 0$)에서

$$R_A \cdot L - P \cdot b + R_B \cdot 0 = 0$$

$$\therefore \ R_A L - Pb = 0 \quad \cdots ②$$

이다. 식 ①, ②로부터 받침점에서의 반력은 다음과 같이 구해진다.

$$R_A = \frac{b}{L}P, \ R_B = \frac{a}{L}P \quad \cdots ③$$

26. 분포하중을 사각형(F_1)과 삼각형(F_2)으로 나눈다.

$$F_1 = 2 \times 9 = 18[\text{kN}], \ F_2 = \frac{1}{2} \times 2 \times 9 = 9[\text{kN}]$$

F_1의 작용점은 보의 중앙이고, F_2의 작용점은 B점으로부터 3m에 있다.

$$\sum M_B = 0 : R_A \times 9 - F_1 \times \frac{9}{2} - F_2 \times 3 = 0 \ \rightarrow \ R_A \times 9 - 18 \times \frac{9}{2} - 9 \times 3 = 0$$

$$\therefore \ R_A = 9 + 3 = 12[\text{kN}], \ R_B = F_1 + F_2 - R_A = 18 + 9 - 12 = 15[\text{kN}]$$

27. [정답 : ③]　　28. [정답 : ②]　　29. [정답 : ②]

30. [정답 : ③] 강체 구 무게 $W = mg = 10[\text{N}]$

$$\sum F_x = 0 : P - \frac{4}{5}R_B = 0 \ \therefore \ R_B = \frac{5}{4}P = \frac{5}{4}(20) = 25[\text{N}]$$

$$\sum F_y = 0 : R_A - \frac{3}{5}R_B - W = 0 \ \therefore \ R_A = \frac{3}{5}R_B + W = \frac{3}{5}(25) + 10 = 25[\text{N}]$$

31. [정답 : ①]

32. [정답 : ④] 물체의 무게는 $W = mg = 3 \times 10 = 30[\text{N}]$이고 아래 방향으로 작용한다.
라미의 정리를 적용하면

$$\frac{F}{\sin(90° + 60°)} = \frac{W}{\sin(90° + 30°)} = \frac{T}{\sin(90°)}$$

$$\therefore \ F = \frac{\sin 150°}{\sin 120°} W = \frac{\sqrt{3}}{3} \times 30 = 10\sqrt{3}[\text{N}]$$

$$T = \frac{1}{\sin 120°} W = \frac{2\sqrt{3}}{3} \times 30 = 20\sqrt{3}\,[\mathrm{N}]$$

33. [정답 : ①] 막대의 무게 $W = mg = 5 \times 10 = 50[\mathrm{N}]$이고 밀도가 균일하므로 막대의 무게 중심은 막대 중앙에 있다. 그리고 물체의 무게 $W_1 = m_1 g = 2 \times 10 = 20[\mathrm{N}]$이다. 점 B에 대한 모멘트 평형을 적용하면

$$\sum M_B = 0 : R_A \times (3+1) - W \times \frac{4}{2} - W_1 \times 1 = 0$$

$$\therefore\ R_A = \frac{1}{4} \times (50 \times 2 + 20 \times 1) = 30[\mathrm{N}]$$

34. [정답 : ②] 점 B에 대한 모멘트 평형조건을 적용한다.

35. [정답 : ②] 3차원 공간에서 물체에 대한 평형조건은 6개

36. [정답 : ③] 받침점에 대한 모멘트 평형조건으로부터

$$F_1 \times 40 - F_2 \times 80 = 0 \ \rightarrow\ F_2 = \frac{1}{2} F_1 = 150[\mathrm{N}]$$

37. [정답 : ②] 지렛대 지점에 대한 모멘트 평형 조건을 적용한다.

$$1 \times \frac{1}{8} = W \times \left(\frac{1}{2} - \frac{1}{8}\right) = \frac{3}{8} W \ \rightarrow\ W = \frac{1}{3}[\mathrm{kg}]$$

38. [정답 : ④]

$$\sum M_A = 0 : 6 \times 10 + 10 \times \left(\frac{10+50}{2}\right) - F_B \times (10+50) = 0 \ \rightarrow\ F_B = 6[\mathrm{kgf}]$$

$$\sum F_y = 0 : F_A - 6 - 10 + F_B = 0 \ \rightarrow\ F_A = 10$$

39. [정답 : ④] 문턱 모서리에 대한 모멘트 평형 방정식 적용

$$mg\sqrt{r^2 - (r-h)^2} - F(r-h) = 0$$

$$F = \frac{mg\sqrt{r^2 - (r-h)^2}}{r-h} = \frac{0.6(10)\sqrt{5^2 - (5-2)^2}}{5-2} = 8[\mathrm{N}]$$

40. [정답 : ④] 구에는 3개의 힘(물체 무게와 두 벽면에서 반력)이 평형을 이루고 있다. 구에 대한 자유물체도에서 라미의 정리를 적용하면

$$\frac{R}{\sin 120°} = \frac{W}{\sin 120°} \qquad \therefore\ R = W$$

41. [정답 : ④] 도르래를 감고 있는 줄 BD에는 100N의 장력이 작용한다.

$$\sum F_x = 0 : -F_{AB}\cos 30° + F_{BC}\cos 30° - 100\cos 30° = 0$$

$$\therefore\ -F_{AB} + F_{BC} = 100 \qquad \cdots ①$$

$$\sum F_y = 0 : F_{AB}\sin 30° + F_{BC}\sin 30° - 100\sin 30° - 100 = 0$$

$$\therefore \quad F_{AB} + F_{BC} = 300 \qquad \cdots ②$$

①+② $F_{BC} = 200[\text{N}],\ F_{AB} = 100[\text{N}]$

42. [정답 : ②] 질점 A에 대한 자유물체도에서 라미의 정리를 적용한다.

$\overline{AB} = \sqrt{4^2+3^2} = 5[\text{m}]$

$F_{AB} = k_{AB} \times (\overline{AB} - 4) = 40 \times (5-4) = 40[\text{N}]$

$\angle BAC = \tan^{-1}\left(\frac{3}{3}\right) + \tan^{-1}\left(\frac{4}{3}\right) = 45° + 53.1° = 98.1°$

$\angle CAD = 45° + 90° = 135°$

$$\frac{mg}{\sin(98.1°)} = \frac{F_{AB}}{\sin(135°)}$$

$$\therefore \quad m = \frac{F_{AB}}{g} \times \frac{\sin(98.1°)}{\sin(135°)} = \frac{40}{10} \times \frac{\sin(98.1°)}{\sin(135°)} = 5.6[\text{N}]$$

43. [정답 : ④] 분포하중을 사각형과 삼각형으로 나누어 집중하중으로 대체하여 자유물체도를 그린다.

$$\sum M_A = 0 : R_B \times 12 - (2\times 6) \times \frac{6}{2} - \left(\frac{1}{2} \times 1 \times 6\right) \times \left(\frac{2}{3} \times 6\right) = 0$$

$$\rightarrow R_B = 4[\text{kN}]$$

$$\sum F_y = 0 : F_A - 12 - 3 + F_B = 0 \ \rightarrow \ F_A = 11[\text{kN}]$$

44. [정답 : ①]

합력의 크기 : $\frac{1}{2} \times 12 \times 100 - 50a = 200 \quad \therefore \ a = 8[\text{m}]$

작용점 : $200 \times 2 = \left(\frac{1}{2} \times 12 \times 100\right) \times \left(\frac{1}{3} \times 12\right) - (50 \times a) \times \left(b + \frac{a}{2}\right) \quad \therefore \ b = 1[\text{m}]$

45. [정답 : ③] x방향 힘 평형조건으로부터 $A_x = 0$

$$\sum M_A = 0 : B_y \times 2L - P \times (2L + L) = 0 \ \rightarrow \ B_y = \frac{3}{2}P$$

$$\sum F_y = 0 : A_y + B_y - P = 0 \ \rightarrow \ A_y = -\frac{1}{2}P$$

46. [정답 : ④] 분포하중이 보의 오른쪽 끝에 위치할 때 B점에서 최대 반력

$$\sum M_A = 0 : R_B \times 5L - (wL) \times \left(5L + 2L - \frac{L}{2}\right) = 0 \ \rightarrow \ R_B = \frac{13}{10}wL$$

47. [정답 : ②] 자유물체도에서 y방향 힘 평형조건을 적용하면 수직반력 $N = W$이고 마찰력 $f = \mu N = \mu W$이다.

$$\sum M_A = 0 : N \times L\cos\theta - W \times \left(\frac{L}{2}\cos\theta\right) - f \times L\sin\theta = 0$$

$$\rightarrow \; W \times L\cos\theta - W \times \left(\frac{L}{2}\cos\theta\right) - (\mu W) \times L\sin\theta = 0$$

위 식에서 $WL\cos\theta$를 나눠주면

$$1 - \frac{1}{2} - \mu\left(\frac{\sin\theta}{\cos\theta}\right) = 0 \;\rightarrow\; \frac{1}{2} - \mu\tan\theta = 0 \quad \therefore \; \mu = \frac{1}{2\tan\theta} = \frac{1}{2 \times (5/3)} = \frac{3}{10}$$

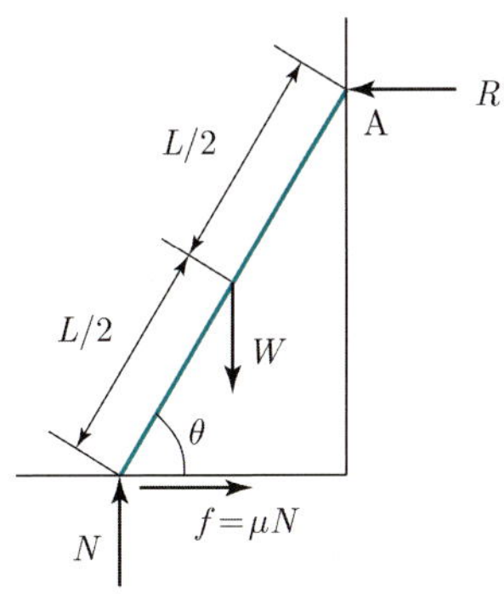

자유물체도

3.1 연습문제

1. $v = \frac{s}{t} = \frac{42.195 \times 1000}{2 \times 3600 + 10 \times 60} = 5.41\,[\mathrm{m/s}]$

2. $t = \frac{s}{v} = \frac{20}{120 \times 1000/3600} = 0.6\,[\mathrm{s}]$

3. $s = vt = 1.4 \times (5 \times 3600) \times \frac{1}{1000} = 25.2\,[\mathrm{km}]$

4. 평균 가속도 $a_{avg} = \frac{v_2 - v_1}{\Delta t} = \frac{(72 \times 1000/3600) - 0}{4} = 5\,[\mathrm{m/s^2}]$

5. $a = \frac{v^2 - v_0^2}{2s} = \frac{10^2 - 4^2}{2 \times 20} = 2.1\,[\mathrm{m/s^2}]$

6. 속도 $v = \frac{ds}{dt} = \frac{d}{dt}(t^3 - 4t^2 + 5t) = 3t^2 - 8t + 5 \;\; [\mathrm{m/s}]$

   가속도 $a = \frac{dv}{dt} = \frac{d}{dt}(3t^2 - 8t + 5) = 6t - 8 \;\; [\mathrm{m/s^2}]$

   $\therefore$ $t = 3$일 때 속도 $v = 8\,[\mathrm{m/s}]$, 가속도 $a = 10\,[\mathrm{m/s^2}]$

7. 위치 $s = v_0 t + \frac{1}{2}at^2 = 0 + \frac{1}{2} \times 2 \times 7^2 = 49\,[\mathrm{m}]$

속도 $v = v_0 + at = 0 + 2 \times 7 = 14\,[\mathrm{m/s}]$

8. 정지 상태에서 출발하므로 처음 속도 $v_0 = 0$이다.

$s = v_0 t + \frac{1}{2}at^2$에서 $s = 500\mathrm{m}$, $t = 10\mathrm{s}$를 대입하면

$500 = 0 + \frac{1}{2}a \times 10^2 \quad \therefore\ a = 10\,\mathrm{m/s^2}$

이고, 10초 후의 속도 $v = v_0 + at = 0 + 10 \times 10 = 100\,[\mathrm{m/s}]$이다.

9. 처음속도 $v_0 = 72\mathrm{km/h} = \frac{72 \times 1000\mathrm{m}}{3600\mathrm{s}} = 20\mathrm{m/s}$, 최종속도 $v_1 = 0$ ($\because$ 정지)

$\therefore$ 가속도 $a = \frac{v_1 - v_0}{\Delta t} = \frac{0 - 20}{2} = -10\,[\mathrm{m/s^2}]$

$v_1^2 - v_0^2 = 2as$에서 $0 - 20^2 = 2 \times (-10) \times s \quad \therefore\ s = 20\,[\mathrm{m}]$

10. $v^2 - v_0^2 = 2as$에서 $40^2 - 0 = 2a \times 200 \quad \therefore\ a = 4\,\mathrm{m/s^2}$

$v = v_0 + at$에서 $t = \frac{v - v_0}{a} = \frac{40 - 0}{4} = 10\,[\mathrm{s}]$

11. $v - t$ 그래프에서 이동거리는 넓이이다.

(1) $2 < t < 4$에서 $s = 2 \times 6 = 12\,[\mathrm{m}]$

(2) $s = \frac{1}{2} \times 2 \times 6 + 2 \times 6 + \frac{1}{2} \times 4 \times 6 = 30\,[\mathrm{m}]$

$\therefore$ 평균 속력 $v = \frac{s}{t} = \frac{30}{8} = 3.75\,[\mathrm{m/s}]$

(3) $0 < t < 2$에서 $a = \frac{\Delta v}{\Delta t} = \frac{6}{2} = 3\,[\mathrm{m/s^2}]$

(4) $4 < t < 8$에서 $a = \frac{\Delta v}{\Delta t} = \frac{-6}{4} = -1.5\,[\mathrm{m/s^2}]$

12. [정답 : ④]

13. $v_{avg} = \frac{\Delta x}{\Delta t} = \frac{x(3) - x(1)}{3 - 1} = \frac{24}{2} = 12[\mathrm{m/s}]$

14. [정답 : ④] 15. [정답 : ④] 16. [정답 : ②]

17. [정답 : ③] 초기속도 $v_0 = 0$이다.

○ $0 \le t \le 10$: $v_0 = 0$, $a = 2\mathrm{m/s^2}$의 등가속도운동

$$s_1 = \frac{1}{2}at^2 = \frac{1}{2}(2)(10)^2 = 100\,[\mathrm{m}]$$

○ $10 \le t \le 15$: $t=10$일 때 $v=at=2\times10=20\text{m/s}$. 5초 동안 v의 등속운동

$$s_2 = vt = 20(5) = 100[\text{m}]$$

○ $15 \le t \le 20$: 5초 동안 $v_0 = 20\text{m/s}$, 가속도 $a=-2\text{m/s}^2$ 등가속도 운동

$$s_3 = v_0 t + \frac{1}{2}at^2 = 20(5) + \frac{1}{2}(-2)(5)^2 = 75[\text{m}]$$

○ 총 이동거리$= s_1 + s_2 + s_3 = 100 + 100 + 75 = 275[\text{m}]$

18. [정답 : ②] 평균속력 $v_{avg} = \dfrac{\Delta x}{\Delta t}$, 순간속력은 그 시간에서 그래프의 기울기.

$$x(3)_A = x(3)_B,\ v_{avg,} = \frac{x(5)_A}{5} = \frac{x(5)_B}{5},\ v(3)_A < v(3)_B$$

19. [정답 : ④] 그래프의 기울기가 속력을 나타낸다.
20. [정답 : ③] 가속도 a가 일정하다.

① $v=at$. $t=10$초에서 $a = \dfrac{v}{t} = \dfrac{10}{10} = 1[\text{m/s}^2]$

② $v^2 - v_0^2 = 2as \ \rightarrow\ \overline{PQ} = s = \dfrac{v^2-0}{2a} = \dfrac{10^2}{2(1)} = 50[\text{m}]$

③ $t=5$초에서 $v=at=1(5)=5[\text{m/s}]$

④ $t=5$초까지 $s = \dfrac{1}{2}at^2 = \dfrac{1}{2}\times1\times5^2 = \dfrac{25}{2}[\text{m}]$

3.2 연습문제

1. $H = \dfrac{1}{2}gt^2 = \dfrac{1}{2}\times9.8\times10^2 = 490\ [\text{m}]$
2. $h = \dfrac{1}{2}gt^2 \quad \therefore\ t = \sqrt{\dfrac{2h}{g}} = \sqrt{\dfrac{2\times100}{9.8}} = 4.52\ [\text{s}]$

   $v = gt = 9.8\times4.52 = 44.3\ [\text{m/s}]$
3. 처음 4초 동안 낙하한 거리

$$h_1 = \frac{1}{2}gt^2 = \frac{1}{2}\times9.8\times4^2 = 78.4\ [\text{m}]$$

처음부터 $4+3=7$초 동안 낙하한 거리

$$h_2 = \frac{1}{2}gt^2 = \frac{1}{2}\times9.8\times7^2 = 240.1\ [\text{m}]$$

따라서 4초 이후 3초 동안 낙하한 거리는

$$h_2 - h_1 = 240.1 - 78.4 = 161.7\,[\mathrm{m}]$$

4. $v^2 - v_0^2 = -2gh$에 최고점에서 $v=0$, $h = h_{\max}$를 대입하면

처음 속도 $v_0 = \sqrt{2gh_{\max}} = \sqrt{2 \times 9.8 \times 50} = 31.3\,[\mathrm{m/s}]$

5. $h_{\max} = \dfrac{v_0^2}{2g} = \dfrac{49^2}{2 \times 9.8} = 122.5\ (\mathrm{m})\quad (\because\ v^2 - v_0^2 = -2gh_{\max},\ v=0)$

최고점에서 속도는 0에서 $v = v_0 - gt = 0\quad \therefore\ t = \dfrac{v_0}{g} = \dfrac{49}{9.8} = 5\,[\mathrm{s}]$

6. 자유낙하 거리 $s = \dfrac{1}{2}gt^2$이므로 물체의 높이 $y = H - s = H - \dfrac{1}{2}gt^2$

7. 처음 속도 $v_0 = 20\,\mathrm{m/s}$의 방향인 위쪽을 양(+)으로 잡고 물체를 던진 지점으로부터의 고도를 h라 하면 시간 t에서 물체의 높이 $h = v_0 t - \dfrac{1}{2}gt^2$이다. 이때 지면은 $h = -40\,[\mathrm{m}]$이므로

$$20t - \frac{1}{2} \times 9.8t^2 = -40 \ \rightarrow\ 4.9t^2 - 20t - 40 = 0$$

$$\therefore\ t = \frac{10 + \sqrt{10^2 + 4.9 \times 40}}{4.9} = 5.55\,[\mathrm{s}]\quad (\because\ t > 0)$$

8. 연직방향으로는 자유낙하 운동이므로 시간은 같다. 수평 방향으로는 등속운동이므로 V의 속도일 때 R이면, $4V$의 속도일 때는 $4R$이 된다. 즉, 바다에 떨어질 때까지 날아가는 시간은 T이고, 수평 도달 거리는 $4R$이다.

9. 낙하 시간 : $h = \dfrac{1}{2}gt^2$에서 $t = \sqrt{\dfrac{2h}{g}} = \sqrt{\dfrac{2 \times 1400}{9.8}} = 16.9\,[\mathrm{s}]$

수평 방향 이동 거리 : $R = v_0 t = \dfrac{500 \times 1000}{3600} \times 16.9 = 2347\,[\mathrm{m}]$

10. 수평 성분 $v_x = 30\,[\mathrm{m/s}]$ (등속도 운동)

수직 성분 $v_y = gt = 9.8 \times 4 = 39.2\,[\mathrm{m/s}]$ (자유낙하, 등가속도 운동)

속도의 크기 $v = \sqrt{v_x^2 + v_y^2} = \sqrt{30^2 + 39.2^2} = 49.36\,[\mathrm{m/s}]$

각도 $\theta = \tan^{-1}\left(\dfrac{v_y}{v_x}\right) = \tan^{-1}\left(\dfrac{39.2}{30}\right) = 52.57°$

11. 수평 방향으로는 등속운동이므로 $R = v_0 t\quad \therefore\ t = \dfrac{R}{v_0} = \dfrac{40}{10} = 4\,[\mathrm{s}]$

연직방향으로는 자유낙하운동이므로 $H = \dfrac{1}{2}gt^2 = \dfrac{1}{2} \times 9.8 \times 4^2 = 78.4\,[\mathrm{m}]$

12. $v_{0x} = v_0 \cos\alpha = 48 \times \cos 60° = 24\,[\text{m/s}]$

$v_{0y} = v_0 \sin\alpha = 48 \times \sin 60° = 41.57\,[\text{m/s}]$

(1) 2초 후의 높이 : $h = v_{0y}t - \frac{1}{2}gt^2 = 41.57 \times 2 - \frac{1}{2} \times 9.8 \times 2^2 = 63.54\,[\text{m}]$

수평방향 속도 성분 : $v_x = v_{0x} = 24\,[\text{m/s}]$

수직방향 속도 성분 : $v_y = v_{0y} - gt = 41.57 - 9.8 \times 2 = 21.97\,[\text{m/s}]$

(2) 6초 후의 높이 : $h = v_{0y}t - \frac{1}{2}gt^2 = 41.57 \times 6 - \frac{1}{2} \times 9.8 \times 6^2 = 73.02\,[\text{m}]$

수평방향 속도 성분 : $v_x = v_{0x} = 24\,[\text{m/s}]$

수직방향 속도 성분 : $v_y = v_{0y} - gt = 41.57 - 9.8 \times 6 = -17.23\,[\text{m/s}]$

† 2초 후에는 $v_y > 0$이므로 위로 올라가고, 6초 후에는 $v_y < 0$이므로 아래로 떨어진다.

13. $H = \dfrac{v_0^2 \sin^2\alpha}{2g} = \dfrac{80^2 \times (\sin 30°)^2}{2 \times 9.8} = 81.63\,[\text{m}]$

$R = \dfrac{v_0^2 \sin 2\alpha}{g} = \dfrac{80^2 \times \sin(60°)}{9.8} = 565.6\,[\text{m}]$

14. 물체 A가 자유 낙하한 거리 $h_{\text{A}} = \frac{1}{2}gt^2$

물체 B가 올라간 거리 $h_{\text{B}} = v_0 t - \frac{1}{2}gt^2$

이고, 두 물체가 만날 때 $h_{\text{A}} + h_{\text{B}} = 80\,[\text{m}]$이므로

$$v_0 t = 80\,[\text{m}] \quad \therefore\ t = \frac{80}{v_0} = \frac{80}{40} = 2\,[\text{s}]$$

충돌 지점의 높이는 물체 B가 올라간 거리와 같으므로

$$h_{\text{B}} = v_0 t - \frac{1}{2}gt^2 = 40 \times 2 - \frac{1}{2} \times 9.8 \times 2^2 = 60.4\,[\text{m}]$$

15. 수평면과 α의 각도로 초기속도 v_0로 쏘아올린 물체는 수평방향으로는 $v_x = v_0 \cos\alpha$의 등속 운동을 하고 연직 방향으로는 $v_y = v_0 \sin\alpha - gt$의 등가속도 운동을 한다.

(1) 시간 t에서의 연직 방향 속도성분 $v_y = v_0 \sin\alpha - gt$이므로 높이는

$$y = (v_0 \sin\alpha)t - \frac{1}{2}gt^2$$

이다. 따라서 $y = 0$일 때 시간 t는 다음과 같다.

$$y = (v_0 \sin\alpha)t - \frac{1}{2}gt^2 = 0 \ \rightarrow\ t(2v_0 \sin\alpha - gt) = 0$$

$$\therefore \quad t = 0, \ \frac{2v_0 \sin\alpha}{g}$$

즉, $t = 0$에서 골프공을 쏘아 올린 후 떨어질 때까지 걸린 시간

$$t_1 = \frac{2v_0 \sin\alpha}{g} = \frac{2 \times 50 \times \sin 30°}{9.8} = 5.1\ [\mathrm{s}]$$

(2) 수평 도달 거리 : 수평 방향으로 일정속도 $v_x = v_0 \cos\alpha$의 등속 운동을 하므로 수평 도달 거리는 다음과 같다.

$$R = (v_0 \cos\alpha) \cdot (t_1) = v_0 \cos\alpha \times \frac{2v_0 \sin\alpha}{g} = \frac{2v_0^2 \cos\alpha \sin\alpha}{g}$$

$$= \frac{2 \times 50^2 \times \cos 30° \times \sin 30°}{9.8} = 221\ [\mathrm{m}]$$

(3) 최고 높이 $y_{\max}$: $v_{0y} = v_0 \sin\alpha$이므로 $v_y^2 - (v_0 \sin\alpha)^2 = -2gy$ 이고, 최고점에서의 $v_y = 0$이므로

$$0 - (v_0 \sin\alpha)^2 = -2gy_{\max} \quad \therefore \quad y_{\max} = \frac{(v_0 \sin\alpha)^2}{2g} = \frac{(50 \times \sin 30°)^2}{2 \times 9.8} = 31.9\ [\mathrm{m}]$$

16. [정답 : ④]

17. [정답 : ②]

$v^2 - v_0^2 = 2gh$에서 초기속도 $v_0 = 0$, 낙하거리 $h = H - \frac{3}{4}H = \frac{1}{4}H$

$$\therefore \quad v = \sqrt{2gh} = \sqrt{2g \times \frac{H}{4}} = \sqrt{\frac{gH}{2}}$$

18. [정답 : ②]

19. [정답 : ①]

20. [정답 : ④] $W = ma$에서 물체 무게 $W = mg$이므로 가속도 $a = g$로 일정

21. [정답 : ④]

22. [정답 : ③] 경사각을 θ라 하면 경사면 방향 가속도 $a = g\sin\theta(\searrow)$이다. t_0 초 후 같은 속력이므로

$$v_A = g\sin\theta\, t_0 = v_B = v - g\sin\theta\, t_0 \ \rightarrow \ g\sin\theta\, t_0 = \frac{1}{2}v$$

이고, t_0초 동안 이동한 거리는

$$L_A = \frac{1}{2}g\sin\theta\, t_0^2 = \frac{1}{4}vt_0 \ ; \ L_B = vt_0 - \frac{1}{2}g\sin\theta\, t_0^2 = vt_0 - \frac{1}{4}vt_0 = \frac{3}{4}vt_0$$

$$\therefore \ L_A : L_B = \frac{1}{4}vt_0 : \frac{3}{4}vt_0 = 1 : 3$$

3.3 연습문제

1. $a = \frac{F}{m} = \frac{200}{4} = 50\ [\text{m/s}^2]$

2. $m = \frac{F}{a} = \frac{8}{0.2} = 40\ [\text{kg}]$; $20\text{cm/s}^2 = 0.2\text{m/s}^2$

3. (1) 수직 방향으로는 운동이 없으므로 $a_y = 0$에서

$$\sum F_y = 0 \ \rightarrow \ N - mg - 5 = 0$$

$$\therefore \ N = mg + 5 = 2 \cdot 9.8 + 5 = 24.6\ [\text{N}]\ (\uparrow)$$

(2) 수평 방향으로 받는 순 힘 $F = 8 - 4 = 4[\text{N}]$이므로

$$a_x = \frac{F}{m} = \frac{4}{2} = 2\ [\text{m/s}^2]\ (\rightarrow)$$

(3) 이동거리 $s = \frac{1}{2}a_x t^2 = \frac{1}{2} \times 2 \times 5^2 = 25\ [\text{m}]$

4. $T = m_{\text{A}}a$, $F - T = m_{\text{B}}a$

$\therefore \ a = \frac{F}{m_A + m_B} = \frac{70}{4+6} = 7\ [\text{m/s}^2]$, $\quad T = m_A a = 4 \times 7 = 28\ [\text{N}]$

5. 처음 속도 $v_0 = 0$, 나중 속도 $v_1 = 108\text{km/h} = 108 \times 1000\text{m}/3600\text{s} = 30\text{m/s}$

$\therefore \ a = \frac{v_1 - v_0}{\Delta t} = \frac{30-0}{5} = 6\ [\text{m/s}^2]$

$F = ma = 400\text{kg} \times 6\text{m/s}^2 = 2400\ [\text{N}]$

6. $F = ma = m\frac{v_1 - v_0}{\Delta t} = 3 \times \frac{0-40}{6} = -20\ [\text{N}]$

물체의 운동 방향과 반대 방향으로 20N의 힘을 가해야 한다.

7. $mg - T = ma \quad \therefore \ T = mg - ma = 4 \times (9.8 - 6.8) = 12\ [\text{N}]$

8. $a = \frac{F_x}{m} = \frac{8\cos 30°}{2} = 2\sqrt{3}\ [\text{m/s}^2]\ (\rightarrow)$

9. $\sum F = ma$에서 $mg\sin\theta = ma \ \therefore \ a = g\sin\theta = 9.8 \times \sin 30° = 4.9\ [\text{m/s}^2]$

10. M의 물체가 내려가는 방향을 $+a$로 한다.

장력을 T로 하여 각 물체에 대해 2법칙($\sum F = ma$)을 적용하면

$$T - mg - P = ma \ ; \ Mg - T = Ma$$

$$\therefore \ a = \frac{Mg - mg - P}{M + m} = \frac{8 \times 9.8 - 2 \times 9.8 - 20}{8+2} = 3.88\ [\text{m/s}^2]$$

$$T = M(g-a) = 8 \times (9.8 - 3.88) = 47.36\,[\text{N}]$$

$Mg > mg + P$ 이므로 물체는 오른쪽 아래로 내려간다.

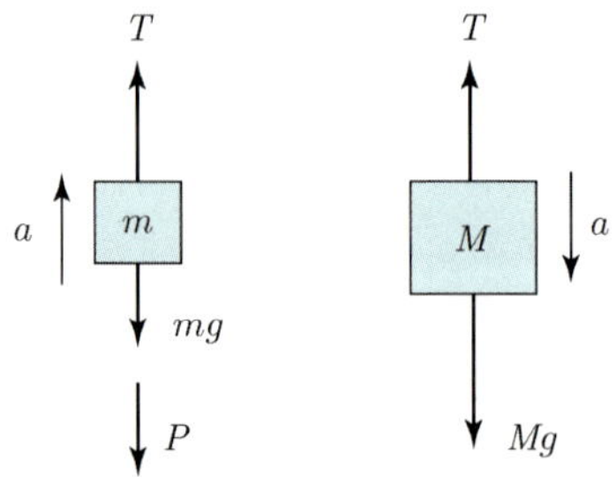

11. 그림의 각 물체에 2법칙($\sum F = ma$)을 적용한다.

$$T = Ma \;;\; mg - T = ma$$

$$\therefore\; a = \frac{mg}{M+m} = \frac{3 \times 9.8}{7+3} = 2.94\,[\text{m/s}^2], \quad T = Ma = 7 \times 2.94 = 20.58\,[\text{N}]$$

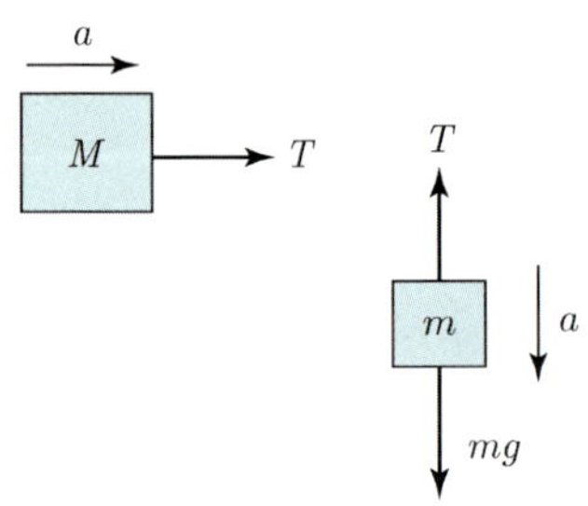

자유물체도

12. ○ 가속도 $a = \dfrac{F}{m_A + m_B} = \dfrac{20}{2+3} = 4\,[\text{m/s}^2]$

○ 물체 A가 B에 작용하는 힘 $F_{AB} = m_B a = 3 \times 4 = 12\,[\text{N}]$

13. [정답 : ②]

14. [정답 : ③] 반력 $N = mg$ 이고 마찰력 $f = \mu N = \mu mg$ 이다.

$$P = f = \mu mg \quad \therefore\; m = \frac{P}{\mu g} = \frac{15}{0.5 \times 10} = 3[\text{kg}]$$

15. [정답 : ④] 운동에너지 $E_k = \dfrac{1}{2}mv^2$ 로부터 처음속력과 b에서의 속력은

$$v_0 = \sqrt{\frac{2E_k}{m}} = \sqrt{\frac{2 \times 32}{4}} = 4[\text{m/s}], \quad v_b = \sqrt{\frac{2E_k}{m}} = \sqrt{\frac{2 \times 72}{4}} = 6[\text{m/s}]$$

$v_b^2 - v_0^2 = 2as$에서 $a = \dfrac{v_b^2 - v_0^2}{2s} = \dfrac{6^2 - 4^2}{2 \times 10} = 1[\mathrm{m/s^2}]$

$$\therefore \ F = ma = 4 \times 1 = 4[\mathrm{N}]$$

$v_b = v_0 + at$에서 $t = \dfrac{v_b - v_0}{a} = \dfrac{6-4}{1} = 2[\mathrm{s}]$

즉, 0에서 b까지 물체의 이동시간은 2초이다.

16. [정답 : ②] 물체는 일정한 힘 $F = 10\mathrm{N}$을 받고 등가속도 직선운동을 한다.

① 가속도 $a = \dfrac{F}{m} = \dfrac{10}{1} = 10[\mathrm{m/s^2}]$

② 일 $W = Fs = F \times \dfrac{1}{2}at^2 = 10 \times \dfrac{1}{2} \times 10 \times 2^2 = 200[\mathrm{J}]$

③ 속력 $v(t) = at \ \therefore \ v(1) = 10 \times 1 = 10[\mathrm{m/s}]$

④ 운동량 $mv = m(at)$는 일정하지 않고 시간에 따라 변화한다.

17. [정답 : ①]

18. [정답 : ④] 줄에 걸리는 장력을 T라고 하면

$$Mg - T = M \times \frac{1}{2}g \qquad \cdots ①$$

$$T - mg = m \times \frac{1}{2}g \qquad \cdots ②$$

두 식을 연립하면 $M = 3m$, $T = \dfrac{3}{2}mg$이므로 A, B에 작용하는 알짜힘은 다음과 같다.

$$F_A = Mg - T = 3mg - \frac{3}{2}mg = \frac{3}{2}mg$$

$$F_B = T - mg = \frac{3}{2}mg - mg = \frac{1}{2}mg$$

19. [정답 : ①] 경사면 방향으로 운동 제2법칙을 적용한다.

$$mg\sin\theta - \mu mg\cos\theta = ma \ \therefore \ a = (\sin\theta - \mu\cos\theta)g$$

20. [정답 : ③] 수평면이 B를 떠받치는 반력의 크기는 $3mg$이다.

21. [정답 : ②]

22. [정답 : ③] 가속도 $a = \dfrac{F}{m} = \dfrac{4}{2} = 2[\mathrm{m/s^2}]$ 속도 $v = at = 2(2) = 4[\mathrm{m/s}]$

$mgh = \dfrac{1}{2}mv^2 \ \rightarrow \ h = \dfrac{v^2}{2g} = \dfrac{4^2}{2(10)} = 0.8[\mathrm{m}]$

4.1 연습문제

1. $\sigma_t = \dfrac{P}{A} = \dfrac{P}{\pi D^2/4} = \dfrac{4 \times 4000}{\pi \cdot (20)^2} = 12.73 \dfrac{\mathrm{N}}{\mathrm{mm}^2} = 12.73\mathrm{MPa}$

2. $\sigma_c = \dfrac{P}{A} = \dfrac{4P}{\pi D^2}$ 이므로 $\sigma_c \propto 1/D^2 \quad \therefore \quad \sigma_A/\sigma_B = 4$

3. $\tau = \dfrac{P}{A} = \dfrac{P}{\pi dh} = \dfrac{4000}{\pi \cdot (20) \cdot (25)} = 2.546\,[\mathrm{MPa}]$

4. $\sigma = \dfrac{P}{A} = \dfrac{P}{L^2} \quad \therefore \quad L = \sqrt{\dfrac{P}{\sigma}} = \sqrt{\dfrac{40 \times 1000}{50}} = 28.28\,[\mathrm{mm}]$

5. $\sigma_c = \dfrac{P}{A} = \dfrac{P}{(\pi D_o^2 - \pi D_i^2)/4} = \dfrac{4 \cdot (60 \times 1000)}{\pi \cdot (80^2 - 50^2)} = 19.59\,[\mathrm{MPa}]$

6. $\tau = \dfrac{4P}{\pi D^2} \quad \therefore \quad D = \sqrt{\dfrac{4P}{\pi\tau}} = \sqrt{\dfrac{4 \cdot (8000)}{\pi \cdot 25}} = 20.19\,[\mathrm{mm}]$

7. 핀의 위와 아래에 전단하중이 작용하므로 전단면이 2개이다.

$$\tau = \frac{F}{A} = \frac{F}{2(\pi d^2/4)} = \frac{2F}{\pi d^2}$$

$$\therefore \quad d = \sqrt{\frac{2F}{\pi\tau}} = \sqrt{\frac{2 \cdot (15 \times 10^3)}{\pi \cdot (30 \times 10^6)}} = 0.0178\,(\mathrm{m}) = 17.8\,[\mathrm{mm}]$$

8. $\epsilon = \dfrac{\Delta l}{l_0} = \dfrac{2\,\mathrm{mm}}{500\,\mathrm{mm}} = 0.004$

9. $\epsilon = \dfrac{l - l_0}{l_0} = \dfrac{l}{l_0} - 1 \quad \therefore \quad l_0 = \dfrac{l}{1+\epsilon} = \dfrac{300}{1+0.005} = 298.507\,[\mathrm{mm}]$

10. $\epsilon = \dfrac{\Delta l}{l_0} \quad \therefore \quad l_0 = \dfrac{\Delta l}{\epsilon} = \dfrac{0.8}{0.002} = 400\,[\mathrm{mm}]$

11. $\epsilon' = \dfrac{\Delta d}{d_0} = \dfrac{0.008}{20} = 4 \times 10^{-4}$

12. 전단변형률 $\gamma = \dfrac{\lambda}{l} = \dfrac{0.4\,\mathrm{mm}}{100\,\mathrm{mm}} = 0.004$, 전단각 $\phi \approx \gamma = 0.004\,\mathrm{rad}$

13. $\sigma = E\epsilon = E \times \dfrac{\Delta l}{l_0} = (200\,\mathrm{GPa}) \cdot \dfrac{(200.3 - 200)\mathrm{mm}}{200\mathrm{mm}} = 0.3\mathrm{GPa} = 300\mathrm{MPa}$

14. $\Delta L = \dfrac{PL_1}{A_1 E} + \dfrac{PL_2}{A_2 E} = \dfrac{(200 \times 10^3) \cdot (5 \times 10^{-2})}{(5 \times 10^{-4}) \cdot (200 \times 10^9)} + \dfrac{(200 \times 10^3) \cdot (2 \times 10^{-2})}{(2 \times 10^{-4}) \cdot (200 \times 10^9)}$

$$= 10^{-4} + 10^{-4}\,[\mathrm{m}] = 0.2\,[\mathrm{mm}]$$

15. $\Delta l = \dfrac{\sigma l_0}{E} = \dfrac{(100 \times 10^6 \text{Pa}) \cdot (500\text{mm})}{200 \times 10^9 \text{Pa}} = 0.25\,[\text{mm}]$

16. $\Delta L = \dfrac{PL}{AE}$에서

$$E = \frac{PL}{A\Delta L} = \frac{4PL}{\pi d^2 \Delta L} = \frac{4 \cdot (140 \times 10^3 \text{N}) \cdot 500\text{mm}}{\pi (0.01)^2 \text{m}^2 \cdot (505 - 500)\text{mm}} = 178.25\,\text{GPa}$$

17. $\gamma = \dfrac{\tau}{G} = \dfrac{F/A}{G} = \dfrac{F}{AG} = \dfrac{100 \times 10^3}{(1000 \times 10^{-6}) \cdot (80 \times 10^9)} = 1.25 \times 10^{-3}$

18. $G = \dfrac{\tau}{\gamma} = \dfrac{F/A}{\gamma} = \dfrac{4F}{\pi d^2 \gamma} = \dfrac{4 \cdot (25 \times 10^3)}{\pi (20 \times 10^{-3})^2 \cdot 10^{-3}}$

$$= 7.958 \times 10^{10}\,[\text{Pa}] = 79.58\,[\text{GPa}]$$

19. $\tau = G\gamma$이고 $\tau = F/A$이므로 $\dfrac{F}{A} = G\gamma$

$\therefore\ F = GA\gamma = (80 \times 10^9) \cdot (10 \times 10^{-4}) \cdot 10^{-3} = 80 \times 10^3\,[\text{N}] = 80\,[\text{kN}]$

20. $\nu = \dfrac{\epsilon'}{\epsilon}\ \ \therefore\ \epsilon = \dfrac{\epsilon'}{\nu} = \dfrac{0.001}{0.4} = 0.0025$

21. $\nu = \dfrac{\epsilon'}{\epsilon} = \dfrac{\Delta d/d_0}{\Delta l/l_0} = \dfrac{0.01/40}{0.5/500} = 0.25$

22. $\nu = \dfrac{\epsilon'}{\epsilon} = \dfrac{\Delta a/a_0}{F/AE} = \dfrac{\Delta a}{a_0} \cdot \dfrac{AE}{F} = \dfrac{4 \times 10^{-3}}{20} \cdot \dfrac{(0.02)^2 \cdot (200 \times 10^9)}{50 \times 10^3} = 0.32$

23. (1) 구리 튜브와 강철 실린더에 걸리는 하중을 각각 P_1, P_2라 하면 힘의 평형에 의해

$$P_1 + P_2 = P \qquad \cdots ①$$

이다. 구리튜브는 P_1에 의해 P_1L/A_1E_1 만큼 줄어들고, 강철 실린더는 P_2에 의해 P_2L/A_2E_2만큼 줄어든다. 따라서 두 재료의 줄어든 길이는 서로 같으므로

$$\frac{P_1L}{A_1E_1} = \frac{P_2L}{A_2E_2} \quad \therefore\ \frac{P_1}{A_1E_1} = \frac{P_2}{A_2E_2} \qquad \cdots ②$$

이다. ②에서 $P_2 = (A_2E_2/A_1E_1)P_1$을 구하여 ①에 대입하면

$$P_1 + \left(\frac{A_2E_2}{A_1E_1}\right)P_1 = P \quad \therefore\ P_1 = \frac{A_1E_1}{A_1E_1 + A_2E_2}P \qquad \cdots ③$$

이고,

$$P_2 = \frac{A_2E_2}{A_1E_1}P_1 = \frac{A_2E_2}{A_1E_1 + A_2E_2}P \qquad \cdots ④$$

이다. 따라서 두 재료에 발생하는 응력은 다음과 같다.

$$\sigma_1 = \frac{P_1}{A_1} = \frac{E_1}{A_1E_1 + A_2E_2}P \qquad \cdots ⑤$$

$$\sigma_2 = \frac{P_2}{A_2} = \frac{E_2}{A_1E_1 + A_2E_2}P \qquad \cdots ⑥$$

(2) 두 재료의 변형률(ϵ)은 같고 훅의 법칙에 의해

$$\epsilon = \frac{\sigma}{E} = \frac{P_1}{A_1E_1} = \frac{P}{A_1E_1 + A_2E_2} \qquad \cdots ⑦$$

(3) 복합재료의 줄어든 길이(Δ)는 다음과 같다.

$$\Delta = \frac{P_1L}{A_1E_1} = \frac{PL}{A_1E_1 + A_2E_2} \qquad \cdots ⑧$$

† (2)에서 $\epsilon = P_2/A_2E_2$, (3)에서 $\Delta = P_2L/A_2E_2$을 구해도 같은 값이 얻어진다.

24. $\sigma = \frac{P}{A} = \frac{4P}{\pi d^2} = \frac{4 \cdot (40 \times 10^3)}{\pi (0.01)^2} = 5.093 \times 10^8 \text{ [Pa]} = 509.3 \text{ [MPa]}$

25. (1) 허용응력 $\sigma_a = \frac{\sigma}{S} = \frac{49\,\text{MPa}}{7} = 7\,\text{MPa}$

(2) 최대 압축하중 $W = \sigma_a A = 7(20)(50) = 7000\text{N} = 7\text{kN}$

26. 허용전단응력 $\tau_a = \tau_w = \frac{F}{\pi d^2/4} = \frac{4F}{\pi d^2} = \frac{4(5000\text{N})}{\pi (8\text{mm})^2} = 99.47\,\text{MPa}$

$\therefore$ 안전율 $S = \frac{\tau}{\tau_a} = \frac{340}{99.47} = 3.42$

27. [정답 : ③]　　28. [정답 : ③]　　29. [정답 : ④]

30. [정답 : ①]

31. [정답 : ②] : 푸아송 비 $\nu = \frac{1}{2}$, 가로변형률 $\epsilon' = 0.001$이므로 세로변형률(ϵ)은 다음과 같다.

$$\nu = \frac{\epsilon'}{\epsilon} \quad \therefore \ \epsilon = \frac{\epsilon'}{\nu} = \frac{0.001}{1/2} = 0.002$$

32. [정답 : ①] : 후크의 법칙 $\sigma = E\epsilon$을 만족하는 구간은 σ가 ϵ에 비례하는 구간이므로 OA 구간이 된다. 그리고 직선 OA의 기울기는 탄성계수(E)가 된다.

33. [정답 : ③] : 처음 지름 $D_0 = 20\text{mm}$, 변형 후 지름 $D_1 = 10\text{mm}$이다.

$$\eta = \frac{A_0 - A_1}{A_0} \times 100\% = \left(1 - \frac{A_1}{A_0}\right) \times 100\% = \left[1 - \left(\frac{D_1}{D_0}\right)^2\right] \times 100\%$$

$$= \left[1 - \left(\frac{10}{20}\right)^2\right] \times 100\% = 75\%$$

34. [정답 : ②]　35. [정답 : ③]

36. [정답 : ④] 푸아송 비 $\nu = \epsilon_h / \epsilon_v$

37. [정답 : ①] 강철봉의 단면적 $A = \frac{\pi}{4} d^2$이므로

$$\sigma_{\max} = \frac{1}{A}(W + \gamma V) = \frac{1}{A}(W + \gamma A L) = \frac{W}{A} + \gamma L$$

38. [정답 : ②]　39. [정답 : ②]　40. [정답 : ②]

41. [정답 : ④] $\varepsilon = \frac{L_1 - L_0}{L_0} = \frac{120 - 100}{100} = 0.2 = 20[\%]$

42. [정답 : ③] 길이방향 변형률 ϵ을 구한 후 푸아송비로부터 Δd를 구한다.

$$\epsilon = \frac{\sigma}{E} = \frac{P/(\pi d^2/4)}{E} = \frac{4P}{\pi d^2 E} = \frac{4(15 \times 1000)}{3(10)^2(50 \times 1000)} = \frac{1}{250}$$

$$\nu = \frac{\epsilon'}{\epsilon} = \frac{\Delta d/d}{\epsilon} \rightarrow \Delta d = \nu d \epsilon = 0.3(10) \times \frac{1}{250} = 0.012[\text{mm}]$$

43. [정답 : ②] B점은 탄성한도

44. [정답 : ②] 교각의 단면적을 A라 하면 교각의 자중은 $20A\gamma$

$$\sigma_a = \frac{(\text{총 하중})}{A} = \frac{P + 20A\gamma}{A} = \frac{P}{A} + 20\gamma$$

$$\therefore A = \frac{P}{\sigma_a - 20\gamma} = \frac{11}{5.5 - 20 \times (25 \times 10^{-3})} = 2.2[\text{m}^2]$$

45. [정답 : ①] $\nu = \left|\frac{\epsilon'}{\epsilon}\right| = \left|\frac{\Delta d/d}{\Delta l/l}\right| = \frac{0.0003/0.1}{0.02/2} = 0.3$

46. [정답 : ①] $\sigma = E\epsilon \rightarrow \frac{P}{A} = E \times \frac{\Delta L}{L}$

$$E = \frac{PL}{A\Delta L} = \frac{(60 \times 10^3)(200)}{(20 \times 20)(0.15)} = 2 \times 10^5[\text{MPa}]$$

4.2 연습문제

1. $V_{\max} = 2\text{kN}$, $M_{\max} = 4\,\text{kN} \cdot \text{m}$

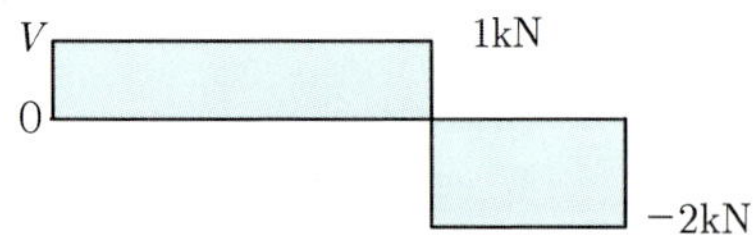

[전단력 선도]

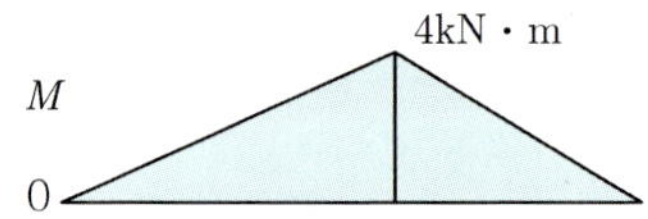

[굽힘 모멘트 선도]

2. $V_{\max} = 2\text{kN}$, $M_{\max} = 2\,\text{kN} \cdot \text{m}$

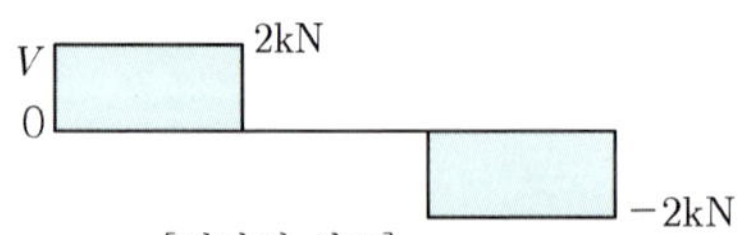

[전단력 선도]

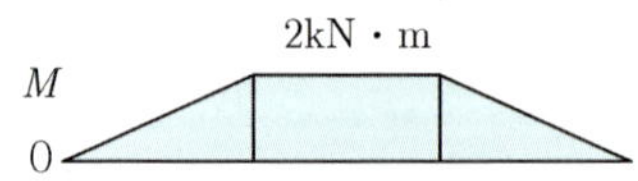

[굽힘 모멘트 선도]

3. $V_{\max} = P + Q$, $M_{\max} = PL + Qb$

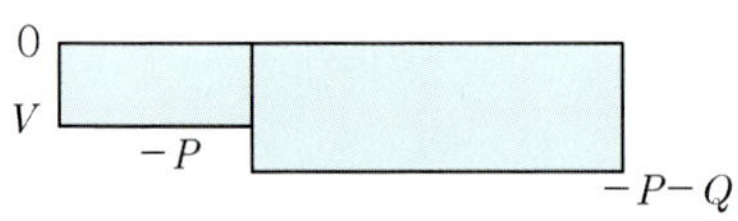

[전단력 선도]

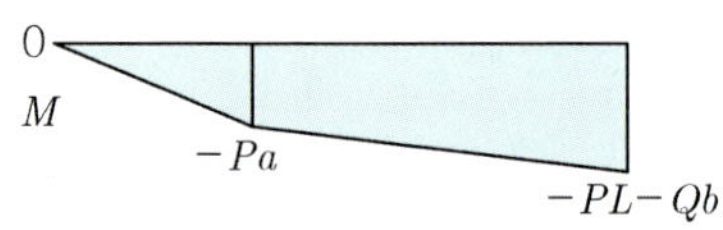

[굽힘 모멘트 선도]

4. $\sum M_{\text{B}} = 0 : -R_{\text{A}}(100) + (3)(80) + (4)(60) + (6)(30) = 0 \quad \therefore\ R_A = 6.6\,[\text{kN}]$

30cm와 60cm지점에서 보를 절단하고 A지점으로부터 절단면까지의 보에 대한 자유물체도를 각각 그려서 전단력과 굽힘 모멘트를 구한다.

30cm지점 : $\sum F_y = 0$에서 $R_{\text{A}} - 3 - V = 0 \quad \therefore\ V = 3.6\,[\text{kN}]$

$\sum M_{\text{C}} = 0$에서 $M + (3)(0.1) - R_{\text{A}}(0.3) = 0 \quad \therefore\ M = 1.68\,[\text{kN} \cdot \text{m}]$

60cm지점 : $\sum F_y = 0$에서 $6.6 - 3 - 4 - V = 0 \quad \therefore\ V = -0.4\,[\text{kN}]$

$\sum M_{\text{D}} = 0$에서 $M + (4)(0.2) + (3)(0.4) - (6.6)(0.6) = 0$

$\therefore\ M = 1.96\,[\text{kN} \cdot \text{m}]$

5. 분포하중을 지점 B로부터 $L/3$만큼 떨어진 곳에 작용하는 하나의 집중하중 $W = q_0 L/2$으로 대체하여 전체 자유물체도를 그리고 반력을 구한다. 임의 지점 x에서의 분포하중 $q(x) = q_0 x/L$이고, 자유물체도 (b)에서 $P = q_0 x^2/2L$이다.

(1) 전체 자유물체도에 $\sum M_{\text{B}} = 0$을 적용하면

$$R_A L - \left(\frac{q_0 L}{2}\right)\left(\frac{L}{3}\right) = 0 \quad \therefore \; R_A = \frac{q_0 L}{6}$$

$\sum F_y = 0$에서 $R_A + R_B - \dfrac{q_0 L}{2} = 0 \quad \therefore \; R_B = \dfrac{q_0 L}{3}$

(2) $\sum F_y = 0$에서 $R_A - \dfrac{q_0 x^2}{2L} - V = 0 \quad \therefore \; V = \dfrac{q_0 L}{6} - \dfrac{q_0 x^2}{2L}$

$\sum M_C = 0$에서 $M + \dfrac{q_0 x^2}{2L}\left(\dfrac{x}{3}\right) - R_A(x) = 0 \quad \therefore \; M = \dfrac{q_0 L x}{6} - \dfrac{q_0 x^3}{6L}$

(3) M은 x에 대한 3차 함수이고, $\dfrac{dM}{dx} = \dfrac{q_0 L}{6} - \dfrac{3 q_0 x^2}{6L} = 0$인 $x = \dfrac{L}{\sqrt{3}}$에서 최대 굽힘 모멘트가 발생한다. 이 값을 대입하면 $M_{\max} = \dfrac{q_0 L^2}{9\sqrt{3}}$이다.

6. 전체 자유물체도에서 반력 $R_A = R_B = \dfrac{P}{2}$이고, 최대 굽힘 모멘트는 보의 중앙에서 발생하며 $M_{\max} = \left(\dfrac{P}{2}\right)\left(\dfrac{L}{2}\right) = \dfrac{PL}{4}$이다.

7. (1) 임의 지점 x에서 $q(x) = q_0 x / L$이다. (b)와 같이 거리 x에 걸쳐 작용하는 분포하중 $\dfrac{1}{2}\left(\dfrac{q_0 x}{L}\right) \times (x)$을 집중하중 P로 대체하여 자유물체도를 그린다.

$\sum F_y = 0$에서 $V = -P = -\dfrac{q_0 x^2}{2L}$

$\sum M_C = 0$에서 $M = -P\left(\dfrac{x}{3}\right) = -\dfrac{q_0 x^3}{6L}$

(2) 최대 전단력과 최대 굽힘 모멘트는 고정단 B에서 발생하므로 $x = L$을 대입하면 $V_{\max} = \dfrac{q_0 L}{2}$, $M_{\max} = \dfrac{q_0 L^2}{6}$이다.

8. (1) 반력 : 분포하중을 보의 중앙에 작용하는 하나의 집중하중

$$P = (100\text{kN/m}) \times 6\text{m} = 600\text{kN}$$

으로 대체하여 전체 물체의 자유물체도를 그린다. 여기에서 B점에 대한 모멘트 평형조건을 적용하면

$$R_A(4) - 200(2) - 600(1) = 0 \quad \therefore \; R_A = 250\,[\text{kN}]$$

(2) 다음에 3m 길이의 보에 작용하는 분포하중을 3m보의 중앙에 작용하는 집중하중 $(100\text{kN/m}) \times 3\text{m} = 300\text{kN}$으로 대체하여 그림과 같이 지점 A로부터 절단면까지의 물체에 대한 자유물체도를 그린다.

$\sum F_y = 0$에서 $R_A - 300 - 200 - V = 0 \quad \therefore \; V = -250\,[\text{kN}]$

$$\sum M_C = 0\text{에서} \quad M + 200(1) + 300(1.5) - R_A(3) = 0 \quad \therefore \quad M = 100[\text{kN}\cdot\text{m}]$$

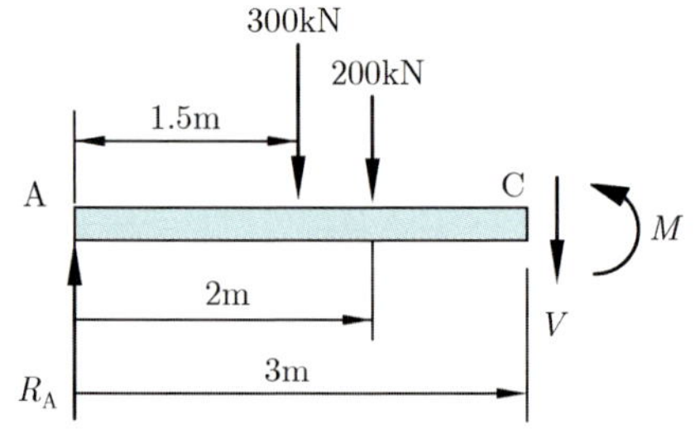

9. (1) 최대 휨 모멘트는 벽면 지점 A에서 발생한다. 문제의 기하학적 구조로부터 분포하중을 보의 중앙에 작용하는 하나의 집중하중

$$P = (10\text{kN/m}) \times (4\text{m}) = 40\text{kN}$$

으로 대체할 수 있다. 이때 모멘트 평형 조건($\sum \overrightarrow{M} = 0$)으로부터 다음과 같이 최대 휨 모멘트가 구해진다.

$$M_A - 40\text{kN} \times (2+2)\text{m} - 100\text{kN} \times 8\text{m} = 0$$

$$\therefore \quad M_{\max} = M_A = 960\,\text{kN}\cdot\text{m}$$

(2) 힘 평형 조건($\sum \overrightarrow{F} = 0$)을 연직 방향으로 적용하면 다음과 같이 반력이 구해진다.

$$R_A - 40\text{kN} - 100\text{kN} = 0 \quad \therefore \quad R_A = 140\,\text{kN}$$

10. (a)의 전체 자유물체도에서 점 B에 대한 모멘트 평형 조건을 적용하여 반력을 구한다.

$$R_A \times 120 - 15 \times 80 - 30 \times 40 = 0 \quad \therefore \quad R_A = 20[\text{N}]$$

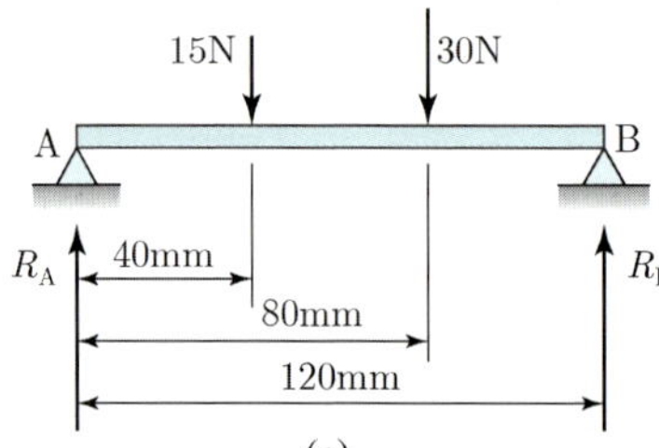

(a)

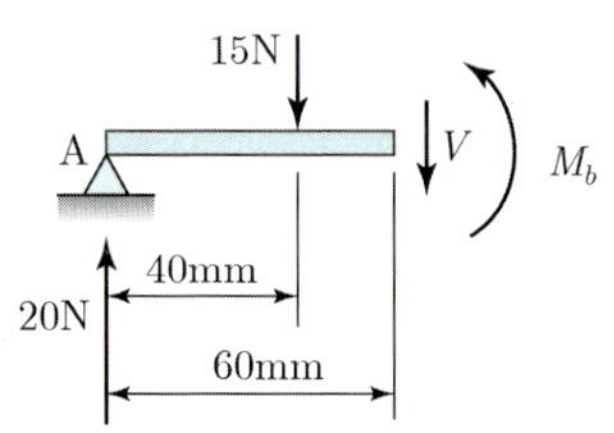

(b)

다음에 보의 중앙을 자르고 (b)와 같이 자유물체도를 그린 후 모멘트 평형 조건을 적용하면 굽힘 모멘트가 구해진다.

$$M_b = 20 \times 60 - 15 \times 20 = 900[\text{N}\cdot\text{mm}]$$

11. (1) ○ 전단력 : 왼쪽 단면 값 <u>300kgf</u>

중앙 단면 값 0

오른쪽 단면 값 −300kgf

○ 굽힘 모멘트 : 왼쪽 단면 값 0

중앙 단면 값 15000kgf · cm

오른쪽 단면 값 0

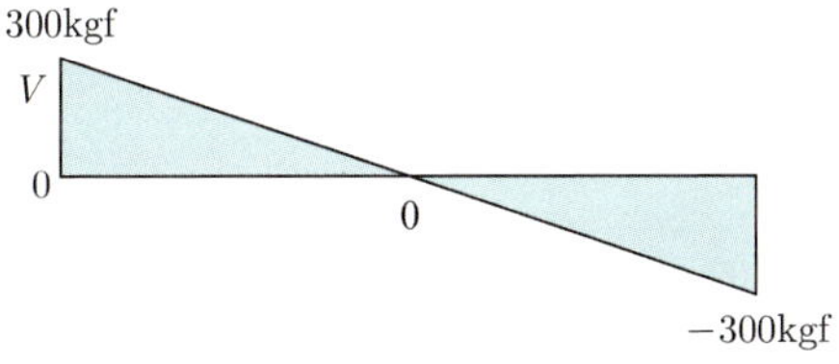

(2) 전단력 선도

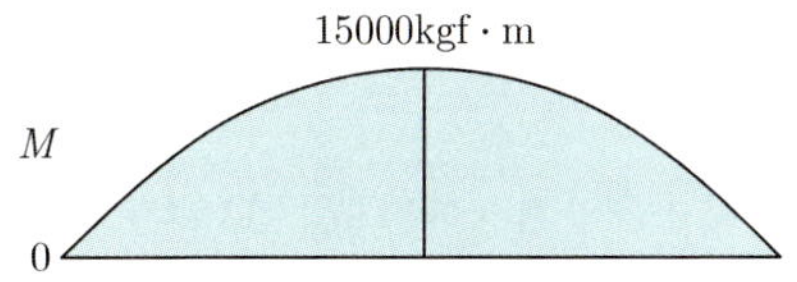

(3) 굽힘 모멘트 선도

12. (1) $R_B = 50 \times 4 = 200$ [kgf] (2) $V_{\max} = 200$ [kgf]

(3) $M_{\max} = 200 \times 200 = 40000$ [kgf · cm]

13. (1) $\frac{wL}{4}$ (2) $\frac{wL}{4}$ (3) $\frac{3wL^2}{32}$

14. $M_{\max} = 120\,\mathrm{N \cdot m}$

15. (1) $R_\mathrm{A} = 60\,\mathrm{kN}$, $R_\mathrm{B} = 180\,\mathrm{kN}$ (2) $M_\mathrm{C} = 80\,\mathrm{kN \cdot m}$

16. $V_\mathrm{C} = -3\,\mathrm{kN}$

17. $R_\mathrm{A} = 44\,\mathrm{kN}$, $R_\mathrm{B} = 20\,\mathrm{kN}$, $V_\mathrm{D} = 24\,\mathrm{kN}$, $M_\mathrm{D} = 4\,\mathrm{kN \cdot m}$

18. [정답 : ③] $\sum M_B = 0$: $R_A \times 10 - 12 \times 4 + 4 \times 2 = 0$ $\therefore$ $R_A = 4$[kN]

전단력 $V = 0$이 되는 점을 찾는다. 분포하중의 왼쪽 끝으로부터 거리를 x로 하고 절단된 보의 왼쪽을 고려하면

$$R_A - 2x = 0 \;;\; 4 - 2x = 0 \quad \therefore\; x = 2$$

$$\therefore\; M_{\max} = R_A(3+2) - 4 \times 1 = 4 \times 5 - 4 = 16[\mathrm{kN \cdot m}]$$

19. [정답 : ③] $\sum M_A = 0$: $P + 5R_B - 20 \times 3 = 0$ $\therefore$ $R_B = 12 - \frac{P}{5}$[kN]

전단력이 0이 되는 위치에서 보를 자르고 절단된 보의 오른쪽 부분을 고려하면

$R_B - 5 \times 2 = 0$; $12 - \frac{P}{5} - 5 \times 2 = 0$ $\therefore$ $P = 10$[kN]

20. [정답 : ④] $\sum M_B = 0$: $R_A(3) - 6 \times \frac{3}{2} - 3 \times 1 = 0$ $\therefore$ $R_A = 4$[kN]

x에서 보를 자르고 절단된 보의 왼쪽 부분을 고려하여 전단력 $V = 0$인 점을 찾는다.

$$V = R_A - 2x - \frac{2x}{3} \times x \times \frac{1}{2} = 0 \;;\; 4 - 2x - \frac{x^2}{3} = 0$$

$$x^2 + 6x - 12 = 0 \quad \therefore \quad x = -3 + \sqrt{21}\,[\text{m}]$$

21. [정답 : ④] A점에 대한 모멘트 평형조건을 적용하여 B점 반력을 구한다.

$$12R_B = 4x \times 2 + 16 \times (4+4) \quad \therefore \quad R_B = \frac{2x}{3} + \frac{32}{3}$$

최대휨모멘트가 발생하는 위치에서 전단력 $V=0$이므로 절단된 보의 오른쪽 부분을 고려하면 $R_B - 2 \times 7 = 0 \;;\; \frac{2x}{3} + \frac{32}{3} - 14 = 0 \quad \therefore \quad x = 5$

22. [정답 : ③] B점에 대한 모멘트 평형조건으로부터 R_A를 구한다.

$R_A \times 9 - (6 \times 12) \times 3 = 0 \quad \therefore \quad R_A = 24[\text{kN}]$

A점으로부터 거리 x에서 전단력은

$V_x = R_A - 6x = 24 - 6x$

이고, 최대 휨모멘트는 $V_x = 0$인 지점 $x = 4[\text{m}]$에서 발생한다.

$M_{\max} = R_A \times 4 - (6 \times 4) \times 2 = 24 \times 4 - (6 \times 4) \times 2 = 48[\text{kN} \cdot \text{m}]$

23. [정답 : ②]

$$V_B = \int_0^6 q_x dx = \int_0^6 \left(50 - 10x + \frac{x^2}{2}\right) dx = \left[50x - 5x^2 + \frac{x^3}{6}\right]_0^6$$

$$= 50 \times 6 - 5 \times 6^2 + \frac{6^3}{6} = 156[\text{N}]$$

24. [정답 : ①] 반력 $R_A = R_B = \frac{1}{2}(2P + wL) = \frac{5}{2}wL$

$$M_C = -P\left(a + \frac{L}{2}\right) + R_A \times \frac{L}{2} - \frac{wL}{2} \times \frac{L}{4}$$

$$= -2wL\left(a + \frac{L}{2}\right) + \frac{5wL}{2} \times \frac{L}{2} - \frac{wL}{2} \times \frac{L}{4} = 0$$

wL을 나눠주면

$$-2\left(a + \frac{L}{2}\right) + \frac{5L}{4} - \frac{L}{8} = 0 \;\rightarrow\; -2a + \frac{L}{8} = 0 \quad \therefore \quad \frac{a}{L} = \frac{1}{16}$$

25. [정답 : ③] 보 AB를 고려하면 $R_A = 50\text{kN}(\uparrow)$, $R_B = 50\text{kN}(\uparrow)$이므로 작용-반작용의 원리에 의해 보 CD에는 아래 반향으로 R_A, R_B가 작용한다. 그리고 $R_C = 50\text{kN}(\uparrow)$, $R_D = 50\text{kN}(\uparrow)$이다. 최대 휨모멘트는 보 중앙에서 발생한다.

$$M_{\max} = R_C \times (2+1) - R_A \times 1 = 50 \times 3 - 50 = 100[\text{kN} \cdot \text{m}]$$

26. [정답 : ①] A, B점에 대해 모멘트 평형조건을 적용하여 반력을 구하면

$$R_A = \frac{1}{3}(2P_C + P_D),\ R_B = \frac{1}{3}(2P_D + P_C)$$

이다. 휨모멘트선도의 값으로부터 $3R_A = 9,\ 3R_B = 6$이므로

$$2P_C + P_D = 9,\ 2P_D + P_C = 6$$

이고, 두 식을 연립해 풀면 $P_C = 4[\text{kN}],\ P_D = 1[\text{kN}]$

27. [정답 : ②] A에서 보를 절단하고 AC 부분을 고려한다.

C점 반력 $R_C = 60\text{kN}(\uparrow)$이다. C점으로부터 A점까지 거리를 x로 하면

$$V_A = 50x - R_C = 0 \ \rightarrow\ x = \frac{R_C}{50} = \frac{60}{50} = 1.2[\text{m}]$$

$$M_A = R_C x - 50x \times \left(\frac{x}{2}\right) = 60(1.2) - 25(1.2)^2 = 36[\text{kN} \cdot \text{m}]$$

5.1 연습문제

1. $v = \dfrac{V}{m} = \dfrac{3 \times 4 \times 5}{40} = 1.5\,[\text{m}^3/\text{kg}]$
2. $m = \rho V = 1.2 \times (2 \times 4 \times 5) = 48\,[\text{kg}]$
3. $V = mv = \dfrac{4}{3}\pi R^3 \quad \therefore\ R = \sqrt[3]{\dfrac{3mv}{4\pi}} = \sqrt[3]{\dfrac{3 \times 10 \times 0.16}{4 \times \pi}} \approx 0.726\,[\text{m}]$
4. (1) $T(℃) = \dfrac{5}{9}[T(°\text{F}) - 32] = \dfrac{5}{9}(50 - 32) = 10\,[℃]$

   (2) $T(℃) = \dfrac{5}{9}(-58 - 32) = -50\,[℃]$
5. (1) $T(°\text{F}) = \dfrac{9}{5}\,T(℃) + 32 = \dfrac{9}{5} \times 70 + 32 = 158\,[°\text{F}]$

   (2) $T(°\text{F}) = \dfrac{9}{5} \times (-80) + 32 = -112\,[°\text{F}]$
6. $T\,[\text{K}] = T\,[℃] + 273.15 = 25 + 273.15 = 298.15\,[\text{K}]$

   $T\,[\text{R}] = 1.8\Delta T\,[\text{K}] = 1.8 \times 298.15 = 536.67\,[\text{R}]$
7. $\Delta T\,[\text{R}] = \Delta T\,[°\text{F}] = 72\,[\text{R}],\ \Delta T\,[\text{K}] = \Delta T\,[\text{R}]/1.8 = 72/1.8 = 40\,[\text{K}]$

   $\Delta T\,[℃] = \Delta T\,[\text{K}] = 40\,[\text{K}]$
8. $Q = mC\Delta T = 200 \times 4.2 \times (80 - 20) = 50{,}400\,[\text{kJ}]$

9. $T_f = \dfrac{m_1 c_1 T_1 + m_2 c_2 T_2}{m_1 c_1 + m_2 c_2} = \dfrac{300 \times 0.45 \times 100 + 200 \times 4.2 \times 20}{300 \times 0.45 + 200 \times 4.2} \approx 31.1\,[℃]$

10. $Q = mc\Delta T = 0.2 \times 3 \times (20 - 5) = 9\ [\text{kJ}]$

11. $Q = mC\Delta T = mgh \quad \therefore \quad \Delta T = \dfrac{gh}{C} = \dfrac{9.8 \times 40}{0.4 \times 10^3} = 0.98\,[℃]$

12. $Q = mC(T_f - T_i) \quad \therefore \quad T_f = \dfrac{Q}{mC} + T_i = \dfrac{0.02 \times (10 \times 60)}{0.5 \times 3} + 20 = 28\,[℃]$

13. $Q = m_1 C(T_f - T_1) = m_2 C(T_2 - T_f)$

$\therefore \quad T_f = \dfrac{m_1 T_1 + m_2 T_2}{m_1 + m_2} = \dfrac{35 \times 10 + 65 \times 40}{35 + 65} = 29.5\,[℃]$

14. 같은 열원을 사용하므로 같은 시간 동안에 물과 액체가 공급받은 열량은 같다. 따라서 $Q = m_w C_w \Delta T_w = m_L C_L \Delta T_L$이고, 물과 액체의 온도 증가는 각각

$$\Delta T_w = 80 - 20 = 60\,[℃],\ \ \Delta T_L = 60 - 20 = 40\,[℃]$$

이므로 액체의 비열은 다음과 같다.

$$C_L = \frac{m_w \Delta T_w}{m_L \Delta T_L} \times C_w = \frac{4 \times 60}{10 \times 40} \times 1 = 0.6\,[\text{kcal/kg} \cdot ℃]$$

15. [정답 : ①]

16. [정답 : ③] $T = \dfrac{9}{5}T + 32, \quad 4T = -32 \times 5 \quad \therefore \quad T = -40$

17. [정답 : ③]

18. [정답 : ③]

19. [정답 : ④]

20. [정답 : ③]

21. $2 \times C \times (100 - 40) = 3 \times 1 \times (40 - 20) \quad \therefore \quad C = 0.5\,[\text{kcal/kg} \cdot ℃]$

22. [정답 : ③] : 물의 비열을 1kcal/kg · ℃로 가정한다. 물의 질량을 m, 구리의 비열을 C라 하면 처음 물에 구리 1kg을 넣었을 때

$$m \times 1(30 - 20) = 1 \times C(60 - 30) \quad \therefore \quad m = 3C$$

이고, 구리 1kg을 추가로 넣었을 때 열평형 온도를 T_f[°C]라 하면

$$1 \times C(100 - T_f) = m \times 1(T_f - 30) + 1 \times C(T_f - 30)$$

이다. 위 식에 $m = 3C$를 대입하여 T_f를 구한다.

$$C(100 - T_f) = 3C(T_f - 30) + C(T_f - 30)$$

$$(100 - T_f) = 3(T_f - 30) + (T_f - 30)$$

$$5T_f = 100 + 90 + 30 = 220 \quad \therefore \quad T_f = \frac{220}{5} = 44\,[℃]$$

23. [정답 : ②] $2 \times (2.3 \times 10^6) = (4.6 \times 10^3)t$

24. [정답 : ②] $0.2C(30-15)+0.1(30-15)=0.5(0.1)(100-30)$

5.2 연습문제

1. 단열되었으므로 $Q=0$이다. 따라서 $Q=\Delta U+W$에서 $0=-500+W$이므로 $W=$ 500kJ의 일을 하였다.
2. $Q=\Delta U+W$에서 $0=400+W$이므로 $W=-400\,\text{kJ}$이다. 즉, 계는 외부로부터 400kJ의 일을 받았다.
3. $Q=\Delta U+W$에서 $10\times 4.2=\Delta U+30 \quad \therefore\ \Delta U=12\,\text{kJ}$
4. 일 $W=P(V_2-V_1)=300\times(0.02-0.04)=-6\,[\text{kJ}]$

   $Q=\Delta U+W$에서 $-15=\Delta U-6 \quad \therefore\ \Delta U=-9\,\text{kJ}$
5. (1) $W=P(V_2-V_1)=3\times 10^5\,\text{Pa}\times(5-2)\times 10^{-3}\,\text{m}^3=900\,[\text{J}]$

   (2) $Q=\Delta U+W=400\,\text{J}+900\text{J}=1300\text{J}=1300\times\dfrac{1}{4.2}\,\text{cal}=309.5\,[\text{cal}]$
6. 일 $W=P\Delta V=100\times 0.03=3\,[\text{kJ}]$

   $Q=\Delta U+W$에서 $2\times 4.2=\Delta U+3 \quad \therefore\ \Delta U=5.4\,[\text{kJ}]$
7. $\Delta U=Q-W=10-1500\times 9.8\times\dfrac{1}{4.2}\times\dfrac{1}{1000}=6.5\,[\text{kcal}]$
8. $\Delta H=(U_2+P_2V_2)-(U_1+P_1V_1)=(U_2-U_1)+(P_2V_2-P_1V_1)$

   $=100+(300\times 0.5-100\times 0.2)=230\,[\text{kJ}]$
9. $\Delta H=P_2V_2-P_1V_1=(50\times 1.2-20\times 0.4)\dfrac{\text{N}}{(10^{-2}\text{m})^2}\cdot\text{m}^3$

   $=520\times 10^3\,\text{N}\cdot\text{m}=520\text{kJ}=520\times\dfrac{1}{4.2}\,\text{kcal}=123.8\,\text{k}[\text{cal}]$
10. $\Delta H=(U_2-U_1)+(P_2V_2-P_1V_1)$

    $=-20+(100\times 0.2-150\times 0.4)=-60\,[\text{kJ}]$
11. $Q=\Delta U+W=\Delta U+P(V_2-V_1)=150+200\times(0.7-0.4)=210\,[\text{kJ}]$
12. $H=U+PV=200+(3\times 10^2)\times 4=1400\,[\text{kJ}]$
13. 정압과정에서 $Q=\Delta U+P\Delta V$

    $\therefore\ \Delta V=\dfrac{1}{P}(Q-\Delta U)=\dfrac{1}{200}\times(400-250)\times 4.186=3.14\,[\text{m}^3]$
14. $h=u+Pv=2594.3+(1554.7)\cdot(0.1272)=2792.1\,[\text{kJ/kg}]$

15. $u = h - Pv = 3097.4 - (10{,}000) \cdot (0.0264) = 2833.4[\mathrm{kJ/kg}]$

16. [정답 : ①] $Q = \Delta U + W = -200 + 100 = -100\ [\mathrm{kJ}]$

17. [정답 : ④] 18. [정답 : ②] 19. [정답 : ②]

20. [정답 : ②] 21. [정답 : ①] 22. [정답 : ③]

23. [정답 : ④] 24. [정답 : ②] 25. [정답 : ①]

26. [정답 : ②] 27. [정답 : ①]

28. 압력 $P = 2\mathrm{MPa} = 2{,}000\mathrm{kPa}$로 일정하며, 처음 체적 $V_1 = 0.3\mathrm{m}^3$, 나중 최적 $V_2 = 0.6\mathrm{m}^3$, 내부에너지 변화 $\triangle U = 40\mathrm{kJ}$이다.

(1) 팽창과정 동안 한 일(W) : 압력이 일정한 과정이므로

$$W = \int_1^2 P dV = P(V_2 - V_1) = (2{,}000) \times (0.6 - 0.3) = 600[\mathrm{kJ}]$$

(2) 가해진 총 열량(Q) : 열역학 제1법칙에서

$$Q = \triangle U + W = 40 + 600 = 640[\mathrm{kJ}]$$

5.3 연습문제

1. $T_2 = T_1 \times \dfrac{V_2}{V_1} = (273.2 + 100) \times \dfrac{3}{4}[\mathrm{K}] = 279.9[\mathrm{K}] = 6.7[℃]$

2. (1) 산소 : $R = \dfrac{8.314}{M} = \dfrac{8.314}{32} = 0.2598\ [\mathrm{kJ/kg \cdot K}]$

(2) 이산화탄소 : $R = \dfrac{8.314}{M} = \dfrac{8.314}{44} = 0.1889\ [\mathrm{kJ/kg \cdot K}]$

3. $m = \dfrac{PV}{RT} = \dfrac{800 \times 4}{0.287 \times 500} = 22.3\ [\mathrm{kg}]$

4. 상태방정식 $PV = mRT$이고, 기체가 한 미소일 $\delta W = PdV$이다.

(1) $T_1 = \dfrac{P_1 V_1}{mR} = \dfrac{100 \times 2}{0.32 \times 2} = 312.5\ [\mathrm{K}]$

$T_2 = \dfrac{P_2 V_2}{mR} = \dfrac{300 \times 2}{0.32 \times 2} = 937.5\ [\mathrm{K}]$

(2) 부피 변화 $dV = 0$이므로 $\delta W = 0$이고 기체가 한 일 $W = \int \delta W = 0$이다.

5. 압력이 일정한 과정이므로 기체가 한 일 $W = \int_1^2 PdV = P(V_2 - V_1)$이다.

(1) $W = P(V_2 - V_1) = 200 \times (5-1) = 800\,[\text{kJ}]$

(2) $T_1 = \dfrac{P_1 V_1}{mR} = \dfrac{200 \times 1}{1.3 \times 0.5} = 307.7\ [\text{K}]$

$T_2 = \dfrac{P_2 V_2}{mR} = \dfrac{200 \times 5}{1.3 \times 0.5} = 1538.5\ [\text{K}]$

6. $W = mRT \ln\left(\dfrac{V_2}{V_1}\right) = 10 \times 0.3 \times 400 \times \ln\left(\dfrac{6}{2}\right) = 1318.3\ [\text{kJ}]$

7. (1) 온도가 일정하므로 $P_1 V_1 = P_2 V_2 \quad \therefore \quad V_1 = \dfrac{P_2 V_2}{P_1} = \dfrac{100 \times 3}{300} = 1\,[\text{m}^3]$

(2) $W = P_2 V_2 \ln\left(\dfrac{V_2}{V_1}\right) = 100 \times 3 \times \ln\left(\dfrac{3}{1}\right) = 329.6\,[\text{kJ}]$

8. [정답 : ④]　　9. [정답 : ②]　　10. [정답 : ④]

11. [정답 : ②]　　12. [정답 : ③]

13. $W = nRT_1 \ln\left(\dfrac{V_2}{V_1}\right) = 0.25(8.3)(273+127)\ln\left(\dfrac{0.5}{2.5}\right) = -830\ln 5 = -1328[\text{J}]$

기체가 1328[J]의 일을 받았다. 즉, 기체를 압축할 때 요구되는 일은 1328[J]이다.

14. 처음 체적 V_1, 압력 P_1, 온도 T_1, 나중 체적 $V_2 = 2V_1$이다.

(1) 정압과정 일 : 압력 $P = P_1$(일정)

$$W_1 = \int P dV = P_1(V_2 - V_1) = P_1(2V_1 - V_1) = P_1 V_1 \quad \cdots ②$$

(2) 등온과정 일 : 등온과정이므로 $PV = (\text{일정}) = mRT_1$이다.

$$W_2 = \int P dV = mRT_1 \int \frac{1}{V} dV = mRT_1 \ln\left(\frac{V_2}{V_1}\right) = mRT_1 \ln 2$$

상태방정식에서

$$P_1 V_1 = mRT_1 \quad \therefore \quad W_2 = mRT_1 \ln 2 = P_1 V_1 \ln 2 \quad \cdots ②$$

(3) 두 과정의 일의 비 $\dfrac{W_1}{W_2}$: 식 ①, ②로부터 $\dfrac{W_1}{W_2} = \dfrac{1}{\ln 2}$

15. $W = P_1 V_1 \ln\left(\dfrac{V_2}{V_1}\right) = 0.5 \times 2 \ln\left(\dfrac{16}{2}\right) = 3\ln 2\ [\text{MJ}]$

여기에서 5bar$= 0.5\,\text{MPa} = 0.5 \times 10^6 \dfrac{\text{N}}{\text{m}^2}$이다.

16. (1), (2) 온도가 일정하면 보일의 법칙에서 $PV = C$ (C는 상수)이므로 그래프는 다음과 같다.

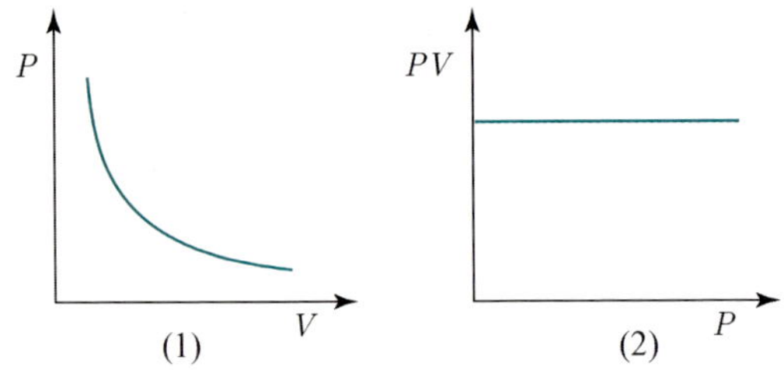

(3) $PV = n\overline{R}\,T$ (n은 몰 수, $\overline{R}$은 일반기체상수)

(4) 이상기체 1mol의 부피는 22.4L이므로 $PV = n\overline{R}\,T$로부터

$$\overline{R} = \frac{PV}{nT} = \frac{1\times 22.4}{1\times(0+273.15)} = 0.082\,[\text{atm}\cdot\text{L/mol}\cdot\text{K}])$$

17. 등온과정이므로 $PV = mRT =$ 일정이다.

(1) 팽창 후의 기체 압력 P_2(kPa) : $PV=$ 일정이므로 $P_1V_1 = P_2V_2$

$$\therefore\ P_2 = P_1 \times \frac{V_1}{V_2} = P_1 \times \frac{(4\pi R_1^3/3)}{(4\pi R_2^3/3)} = P_1 \times \left(\frac{R_1}{R_2}\right)^3$$

$$= 100 \times \left(\frac{0.1}{0.2}\right)^3 = 100 \times \frac{1}{8} = 12.5\,[\text{kPa}]$$

(2) 이 과정에 의해 기체가 행한 일 W(J) : $PV = P_1V_1$에서

$P = P_1V_1 \times \dfrac{1}{V}$이므로

$$W = \int_1^2 PdV = P_1V_1\int_1^2 \frac{1}{V}dV = P_1V_1\ln\left(\frac{V_2}{V_1}\right)$$

$$= (100\times 10^3)\times\left[\frac{4\pi}{3}\times(0.1)^3\right]\times \ln 8\,[\text{J}]$$

$$= (100\times 10^3)\times\left[\frac{4\times 3}{3}\times 10^{-3}\right]\times 2\,[\text{J}] = 800\,[\text{J}]$$

이상에서 부피비 $\dfrac{V_2}{V_1} = \left(\dfrac{R_2}{R_1}\right)^3 = \left(\dfrac{0.2}{0.1}\right)^3 = 2^3 = 8$이다.

† 반지름 R인 구의 부피는 $\dfrac{4\pi}{3}R^3$이다.

18. [정답 : ③] 이상기체 상태 방정식 $PV = n\overline{R}\,T$에서 $V = \dfrac{n\overline{R}\,T}{P}$이므로 부피는 $\dfrac{T}{P}$에 비례한다.

19. [정답 : ②]

20. [정답 : ②]

21. [정답 : ②] 부피와 온도가 일정하므로 $\frac{V}{T} = \frac{mR}{P} = C$이고 $\frac{m_1}{P_1} = \frac{m_2}{P_2}$

$\therefore\ \frac{15}{30} = \frac{m_2}{20}$에서 $m_2 = 10[\text{kg}]$이고 $m_1 - m_2 = 15 - 10 = 5[\text{kg}]$

22. [정답 : ④]

23. [정답 : ②] $[k] = \text{J/K} = \text{N} \cdot \text{m/K} = \left(\text{kg} \cdot \frac{\text{m}}{\text{s}^2}\right) \cdot \text{m}\,\text{K}^{-1}$

24. [정답 : ③] $Q = \Delta U + W = 0$, $W = \int P dV > 0$

25. [정답 : ③] $T_A < T_B$, $W_{AB} = 2PV$, $T_B > T_C$ (열 방출), $W_{BC} = 0$

5.4 연습문제

1. $\eta = \frac{W}{Q_H} = \frac{300}{1000} = 30\,[\%]$

2. $\eta = \frac{W}{Q_H} = \frac{1680}{1 \times 4200} = 40\,[\%]$

3. $W = \eta\, Q_H = 0.3 \times 10 \times 4.2 = 12.6\,[\text{kJ}]$

4. $\eta = 1 - \frac{T_L}{T_H} = 1 - \frac{273 + 27}{273 + 227} = 40\,[\%]$

5. 카르노기관의 효율이 가장 크다. $\therefore\ \eta = 1 - \frac{T_L}{T_H} = 1 - \frac{273 + 27}{273 + 127} = 25\,[\%]$

6. 열효율 $\eta = 1 - \frac{T_L}{T_H} = 1 - \frac{273 + 20}{273 + 250} = 0.44$

$\therefore\ W = \eta Q_H = 0.44 \times (50 \times 4.2) = 92.4\,[\text{kJ}]$

7. [정답 : ④] 8. [정답 : ③] 9. [정답 : ③]

10. ○ 일과 열량에 대한 효율의 정의로부터 열량을 구한다.

$$\eta = \frac{W}{Q_H} \quad \therefore\ Q_H = \frac{W}{\eta} = \frac{250}{0.8} = 312.5\,[\text{kJ}]$$

$$Q_L = Q_H - W = 312.5 - 250 = 62.5\,[\text{kJ}]$$

○ 열원의 온도에 대한 효율의 식으로부터 온도를 구한다.

$$\eta = 1 - \frac{T_L}{T_H} \quad \therefore \quad T_L = T_H(1-\eta) = 2000 \times (1-0.8) = 400\,[\mathrm{K}]$$

11. 열효율의 정의 $\eta = \frac{W}{Q_H} = 1 - \frac{T_L}{T_H}$ 로부터 온도(T_H)를 구한다.

$$T_H = \frac{T_L}{1 - W/Q_H} = \frac{(273+27)}{1 - 213.5/427} = 600\,[\mathrm{K}] = 327\,[℃]$$

12. [정답 : ③] 13. [정답 : ②]

14. [정답 : ③] : 열역학 제1법칙에 의해 기관의 일은

$$W = Q_1 - Q_2 = 500 - 300 = 200[\mathrm{kJ}]$$

$$\text{열효율 } \eta = \frac{\text{일}}{\text{흡수한 열}} = \frac{W}{Q_1} = \frac{200}{500} \times 100 = 40\,[\%]$$

15. [정답 : ④]

16. [정답 : ③] ㄱ, ㄴ은 열역학 제1법칙.

17. [정답 : ②] 건물 내부에서 외부로 초당 9kJ의 열에너지가 새어 나가므로 건물 내부 온도를 300K로 유지하기 위해서는 건물 내부로 초당 $Q_H = 9\mathrm{kJ}$의 열($\dot{Q}_H = 9\mathrm{kW}$)을 공급해야 한다.

$$COP_H = \frac{\dot{Q}_H}{\dot{W}} = \frac{T_H}{T_H - T_L} = \frac{300}{300-250} = 6 \quad \therefore \quad \dot{W} = \frac{\dot{Q}_H}{6} = \frac{9000}{6} = 1500[\mathrm{W}]$$

18. [정답 : ②] $\eta = \frac{W}{Q_H} = \frac{T_H - T_L}{T_H} = \frac{600-300}{600} = \frac{1}{2}$

$$\therefore \quad Q_H = 2W = 2(1200) = 2400[\mathrm{J}]$$

$$Q_L = Q_H - W = 2400 - 1200 = 1200[\mathrm{J}]$$

19. [정답 : ①] 20. [정답 : ③] 21. [정답 : ③]

22. [정답 : ③] $\eta = 1 - \frac{Q_L}{Q_H} \rightarrow Q_H = \frac{Q_L}{1-\eta} = \frac{600}{1-0.4} = 1000[\mathrm{J}]$

$$W = Q_H - Q_L = 1000 - 600 = 400[\mathrm{J}]$$

23. [정답 : ③]

$$\eta = \frac{W}{Q_H} = \frac{W}{Q_L + W} = \frac{W/Q_L}{1 + W/Q_L} \rightarrow \frac{W}{Q_L} = \frac{\eta}{1-\eta} = \frac{0.25}{1-0.25} = \frac{1}{3}$$

24. [정답 : ①] $\eta = \frac{T_H - T_{C,2}}{T_H} = 1.1 \times \left(\frac{T_H - T_C}{T_H}\right)$로부터

$$500 - T_{C,2} = 1.1 \times (500 - 300) \rightarrow T_{C,2} = 280\mathrm{K}$$

$$\therefore \quad T_{C,2} - T_C = 280 - 300 = -20[\mathrm{K}]$$

6.1 연습문제

1. (1) 밀도 $\rho = \dfrac{m}{V} = \dfrac{90}{0.1} = 900\,[\mathrm{kg/m^3}]$

   (2) 비중량 $\gamma = \rho g = 900 \times 9.8 = 8820\,[\mathrm{N/m^3}]$

   (3) 비중 $S = \dfrac{\gamma}{\gamma_w} = \dfrac{8820}{9800} = 0.9$

2. (1) 질량 $m = \rho V = 750 \times (50 \times 10^{-3}) = 37.5\,[\mathrm{kg}]$

   $$[\because \ 1\mathrm{cm}^3 = (10^{-2}\mathrm{m})^3 = 10^{-6}\mathrm{m}^3]$$

   (2) 무게 $W = mg = 37.5 \times 9.8 = 367.5\,[\mathrm{N}]$

3. 질량 $m = \rho V = 700 \times \dfrac{\pi(0.5)^2}{4} \times 0.9 = 123.7\,[\mathrm{kg}]$

4. $F = \dfrac{\mu VA}{H}$에서 $\mu = \dfrac{FH}{VA} = \dfrac{800 \times 0.003}{4 \times 2} = 0.3\,[\mathrm{Pa \cdot s}]$

5. $\nu = \dfrac{\mu}{\rho} = \dfrac{0.05}{0.86 \times 1000} = 5.81 \times 10^{-5}[\mathrm{m^2/s}]$

6. $\mu = \rho\nu = (2 \times 10^3) \times (5 \times 10^{-4}) = 1\,[\mathrm{N \cdot s/m^2}]$

7. $\tau = \mu\dfrac{V}{H}$에서 $V = \dfrac{\tau H}{\mu} = \dfrac{30 \times 0.004}{0.02} = 6\,[\mathrm{m/s}]$

8. $F = \dfrac{\mu VA}{t} = \dfrac{1.5 \times 0.3 \times (0.4 \times 0.4)}{0.002} = 36\,[\mathrm{N}]$

9. 절대압력 $P_{abs} = P_{atm} + P_{gage} = 1.01 \times 100\,\mathrm{kPa} + 1300\,\mathrm{kPa} = 1401\,[\mathrm{kPa}]$

   † 일반적으로 압력계는 계기압력을 측정하고, 기압계는 절대압력을 측정하는 장비를 말한다.

10. 절대압력 $P_{abs} = P_{atm} - P_{vacuum} = 102\,\mathrm{kPa} - 30\,\mathrm{kPa} = 72\,[\mathrm{kPa}]$

11. 진공압력 $P_{vacuum} = 100 \times 0.4 = 40\,[\mathrm{kPa}]$

    $\therefore$ 절대압력 $P_{abs} = P_{atm} - P_{vacuum} = 100\,\mathrm{kPa} - 40\,\mathrm{kPa} = 60\,[\mathrm{kPa}]$

12. $E = -\dfrac{\Delta P}{\Delta V/V} = -\dfrac{52}{(0.0095 - 0.01)/0.01} = 1040\,[\mathrm{MPa}]$

13. $\Delta P = -E \times \dfrac{\Delta V}{V} = -1.2 \times (-0.05) = 0.06[\mathrm{GPa}] = 60[\mathrm{MPa}]$

14. $F = \sigma \times 2L$ 이므로 표면장력 $\sigma = \dfrac{F}{2L} = \dfrac{0.007}{2 \times 0.1} = 0.035\,[\mathrm{N/m}]$

15. $\Delta P = \dfrac{2\sigma}{R} = \dfrac{2 \times 0.07}{0.01 \times 10^{-3}} = 14 \times 10^{3}\,[\mathrm{Pa}] = 14\,[\mathrm{kPa}]$

16. $D = \dfrac{4\sigma}{\Delta P} = \dfrac{4 \times 0.07}{140} = 2 \times 10^{-3}[\mathrm{m}] = 2[\mathrm{mm}]$

17. 표면장력 $\sigma = \dfrac{\rho g D H}{4\cos\beta} = \dfrac{996 \times 9.81 \times (0.2 \times 10^{-3}) \times 0.15}{4 \times \cos 0°}$

$$= 73.28 \times 10^{-3}[\mathrm{N/m}] = 0.073[\mathrm{N/m}]$$

18. 평판을 적시고 있는 액체의 길이를 L이라 하면 상승한 액체의 무게(W)와 표면장력에 의한 수직 방향의 힘(F)은 다음과 같다.

$$W = \gamma V = \gamma(whL), \quad F = (2L\sigma)\cos\beta$$

$W = F$이므로 다음과 같이 h가 구해진다.

$$\gamma whL = 2L\sigma\cos\beta \quad \therefore \quad h = \frac{2\sigma\cos\beta}{\gamma w}$$

19. $h = \dfrac{4\sigma\cos\beta}{\gamma D} = \dfrac{4 \times (30 \times 10^{-3}) \times \cos 10°}{(0.8 \times 9800) \times 0.002} = 7.54 \times 10^{-3}[\mathrm{m}] = 7.54[\mathrm{mm}]$

($\leftarrow$ $\mathrm{dyne/cm} = 10^{-5}\mathrm{N}/10^{-2}\mathrm{m} = 10^{-3}\mathrm{N/m}$)

20. $\sigma = \dfrac{\Delta P R}{2} = \dfrac{16 \times (10 \times 10^{-3}/2)}{2} = 0.04[\mathrm{N/m}]$

21. $\sigma = \dfrac{\gamma h d}{4\cos\beta} = \dfrac{8500 \times 0.005 \times 0.002}{4 \times \cos 20°} = 0.0226[\mathrm{N/m}]$

22. (1) $\nu = \dfrac{\mu}{\rho} = \dfrac{0.6 \times 10^{-3}}{800} = 7.5 \times 10^{-7}\,[\mathrm{m^2/s}]$

(2) $\tau = \mu\dfrac{V}{H} = (0.6 \times 10^{-3}) \times \dfrac{0.4}{0.25 \times 10^{-3}} = 0.96[\mathrm{N/m^2}] = 0.96[\mathrm{Pa}]$

23. [정답 : ③]　　　　24. [정답 : ④]

25. [정답 : ③] 뉴턴의 점성법칙은 유체에 작용하는 전단응력과 속도구배(속도기울기)가 비례한다는 것이고, 이때 비례상수가 점성계수이다.

26. [정답 : ③] 운동량 $[mv] = MLT^{-1}$

27. [정답 : ③] 이상유체 : 비점성, 비압축성 유체

28. [정답 : ④]

29. [정답 : ②] $\gamma_w = 9800\mathrm{N/m^3} = 9.8\mathrm{kN/m^3}$

30. [정답 : ①] 부착력이 응집력보다 크면 세관 내의 액체는 위로 올라간다.

31. [정답 : ②] $\mu = \dfrac{FH}{VA} = \dfrac{18(1\times10^{-3})}{0.3(2)} = 0.03[\mathrm{Pa\cdot s}]$

32. [정답 : ②] 평판 $h = \dfrac{2\sigma\cos\beta}{\gamma D}$, 유리관 $h = \dfrac{4\sigma\cos\beta}{\gamma D}$

33. [정답 : ④]

$$\Delta P = \frac{4\sigma}{D} = \frac{4\times70}{0.04} = 7000\frac{\mathrm{dyne}}{\mathrm{cm}^2} = 7000\times\frac{10^{-5}\mathrm{N}}{10^{-4}\mathrm{m}^2} = 700[\mathrm{N/m^2}]$$

34. [정답 : ④] $S = \dfrac{\gamma}{\gamma_w} = \dfrac{W/V}{\gamma_w} = \dfrac{2.72\times10^3/0.2}{10^3} = 13.6$

35. [정답 : ②] $\rho = \dfrac{m}{V} = \dfrac{W/g}{7} = \dfrac{8000}{7}\times\dfrac{1}{10} = 114.29[\mathrm{kgf\cdot s^2/m^4}]$

36. [정답 : ②]

$$E = -\frac{\Delta P}{\Delta V/V} \rightarrow \Delta V = -\frac{\Delta P}{E}V = -\frac{(200-100)}{2000}\times5 = -0.25[\mathrm{cm^3}]$$

$$\therefore\ V = V_0 + \Delta V = 5 - 0.25 = 4.75[\mathrm{cm^3}]$$

37. [정답 : ④] 유체 기둥의 무게 $W = \gamma V = \gamma\dfrac{\pi}{4}(D_2^2 - D_1^2)H$

표면장력 $F = \sigma(\pi D_1 + \pi D_2)\cos\beta = \pi\sigma(D_1 + D_2)\cos\beta$

$$W = F \quad\rightarrow\quad \gamma\frac{\pi}{4}(D_2^2 - D_1^2)H = \pi\sigma(D_1 + D_2)\cos\beta$$

$$\therefore\ H = \frac{4\sigma\cos\beta}{\gamma(D_2 - D_1)} = \frac{4(0.075)\cos0}{1(20-15)} = 0.06[\mathrm{cm}]$$

38. [정답 : ②] $\mu = \dfrac{FH}{VA} = \dfrac{1\times(20\times10^{-3})}{5\times(1000\times10^{-4})} = 0.04[\mathrm{N\cdot s/m^2}]$

39. [정답 : ③] 벽돌 무게 $W = mg$; $\quad W\sin\theta - \left(\mu\dfrac{V}{h}\right)A = 0$

$$V = \frac{hW\sin\theta}{\mu A} = \frac{(0.2\times10^{-3})(10\times10)\sin30°}{(0.4)(0.1)} = 0.25[\mathrm{m/s}]$$

40. [정답 : ④]

$$F = \mu A\left(\frac{\Delta V_{AB}}{H_{AB}} + \frac{\Delta V_{AC}}{H_{AC}}\right) = 2\mu A\left(\frac{\Delta V}{H}\right)$$

$$= 2(0.2)(0.1\times0.1)\left[\frac{0.4-(-0.2)}{0.1\times10^{-2}}\right] = 2.4[\mathrm{N}]$$

6.2 연습문제

1. (1) $P = \frac{mg}{A_1} = \frac{Mg}{A_2} \quad \therefore \quad M = \frac{A_2}{A_1}m = \left(\frac{D_2}{D_1}\right)^2 m = 2^2 \times 100 = 400\,[\mathrm{kg}]$

   (2) ○ 계기압력 $P_{gage} = \frac{mg}{A_1} = \frac{4mg}{\pi D_1^2} = \frac{4 \times 100 \times 9.8}{\pi \times 0.1^2} = 124.8\,[\mathrm{kPa}]$

   ○ 절대압력 $P_{abs} = P_{gage} + P_{atm} = 124.8 + 100 = 224.8\,[\mathrm{kPa}]$

2. $F = (P - P_0)A = (200 - 100) \times \frac{\pi}{4} \times (0.2)^2 = 3.14\,[\mathrm{kN}]$

3. $F = PA = (P_0 + \gamma h)A = (100 + 9.8 \times 10) \times \frac{\pi \times (0.5)^2}{4} = 38.88\,[\mathrm{kN}]$

4. (1) $F_p = PA = (\gamma h)A = (9.8 \times 3) \times \frac{\pi}{4} \times (2)^2 = 92.36\,[\mathrm{kN}]$

   (2) 힌지 점에 대한 모멘트 합은 0 ($\sum M_H = 0$)에서

$$F \times D = F_p \times \frac{D}{2} \quad \therefore \quad F = \frac{F_p}{2} = 46.18\,[\mathrm{kN}]$$

   † 수문에 작용하는 전압력은 수문의 중심(원의 중심)에 작용하는 하나의 힘으로 대체할 수 있다.

5. $P_B = P_A + \gamma_a \times 4 = 100000 + (1.2 \times 9.8) \times 4 = 100047.04\,[\mathrm{Pa}]$

$$P_C + (\gamma_a \times 3\mathrm{m}) + (\gamma_w \times 1\mathrm{m}) = P_B$$

   $\therefore \quad P_C = P_B - 3\gamma_a - \gamma_w = 100047.04 - 3 \times (1.2 \times 9.8) - 9800 = 90211.76\,[\mathrm{Pa}]$

6. $P_{abs} = P_{atm} - P_{vac} = (13.6 \times 9.8 \times 0.75) - 20 = 79.96\,[\mathrm{kPa}]$

7. $P = \gamma h = 9.8 \times 40 = 392\,[\mathrm{kPa}]$, 또는 $P = \frac{40}{10.33} \times 101.3 = 392\,[\mathrm{kPa}]$

8. $P = \gamma h = (13.6 \times 9.8) \times 0.4 = 53.3\,[\mathrm{kPa}]$, 또는 $P = \frac{400}{760} \times 101.3 = 53.3\,[\mathrm{kPa}]$

9. $P = \gamma h = (13.6 \times 9.8) \times 0.74 = 98.6\,[\mathrm{kPa}]$, 또는 $P = \frac{740}{760} \times 101.3 = 98.6\,[\mathrm{kPa}]$

10. $P = P_{air} + \gamma h = 70 + (0.9 \times 9.8) \times 3 = 96.46\,[\mathrm{kPa}]$

11. (1) 계기압력 $P_{gage} = \rho g h = 1260 \times 9.8 \times 0.2 = 2469.6\,[\mathrm{Pa}] = 2.47\,[\mathrm{kPa}]$

    (2) 절대압력 $P_{abs} = P_0 + P_{gage} = 100 + 2.47 = 102.47\,[\mathrm{kPa}]$

12. 대기압을 P_0라 하면 $P_x - 1.4 \times (0.9\gamma_w) = P_0 + 0.7 \times (13.6\gamma_w)$

    $\therefore$ 계기압력 $P_x - P_0 = (1.4 \times 0.9 + 0.7 \times 13.6) \times 9.8 = 105.6\,[\mathrm{kPa}]$

13. 오일의 비중을 S라 하면 오일과 물이 만나는 점과 같은 높이에서 압력이 같으므로 $P_{atm} + S\gamma_w \times 0.25 = P_{atm} + \gamma_w \times 0.2 \quad \therefore \quad S = 0.2/0.25 = 0.8$

14. 액주계의 오른쪽에서 물기둥의 높이는 $70-(20+30)=20\,[\text{cm}]$이다.
따라서 $P_A - 0.7\gamma_w + 0.2\gamma_{Hg} + 0.2\gamma_w = P_B$
$\therefore \quad P_B - P_A = -0.5\gamma_w + 0.2\gamma_{Hg} = (-0.5 + 0.2 \times 13.6) \times 9.8 = 21.756\,[\text{kPa}]$

15. 대기압을 P_0라 하면 $P_0 + \gamma h = P_A - \gamma_w H$
$\therefore$ 계기압력 $P_A - P_0 = \gamma h + \gamma_w H = (13.6 \times 0.1 + 1 \times 0.2) \times 9.8 = 15.288\,[\text{kPa}]$

16. $F = \gamma h_c A = 9800 \times \dfrac{0.4}{2} \times (0.4 \times 0.3) = 235.2\,[\text{N}]$

17. 수문의 왼쪽과 오른쪽 면에 작용하는 압력 힘을 각각 F_1, F_2라 하면

$$F_1 = \gamma h_c A = 9.8 \times \frac{6}{2} \times (6 \times 2) = 352.8\,[\text{kN}]\ (\rightarrow)$$

$$F_2 = \gamma h_c A = 9.8 \times \frac{4}{2} \times (4 \times 2) = 156.8\,[\text{kN}]\ (\leftarrow)$$

$$\therefore \quad F_{net} = F_1 - F_2 = 352.8 - 156.8 = 196\,[\text{kN}]\ (\rightarrow)$$

18. 물 위에 떠 있을 때 물체의 무게와 부력이 평형을 이루고 있다. 물체의 비중량과 물의 비중량을 각각 γ, γ_w, 물체의 부피와 물에 잠긴 물체의 부피를 각각 V, V_1으로 하면 $F_B = W \quad \therefore \quad \gamma_w V_1 = \gamma V$
이다. 따라서 물속으로 들어간 물체의 높이를 h라 하면

$$\gamma_w \times (40 \times 40 \times h) = (0.8\gamma_w) \times (40 \times 40 \times 40) \quad \therefore \quad h = 32\,[\text{cm}]$$

이다. 즉, 물속으로 32cm만큼 가라앉는다.

19. [정답 : ①] 물체 A의 부피 $V_A = 4V_B$, 물체 B의 밀도 $\rho_B = 2\rho_w$
(부력)$= \rho_w g\left(\dfrac{V_A}{2} + V_B\right) = 3\rho_w g V_B$
(A와 B의 무게)$= \rho_A g V_A + \rho_B g V_B = \rho_A g(4V_B) + (2\rho_w) g V_B = (4\rho_A + 2\rho_w) g V_B$
(부력)=(A와 B의 무게) $\rightarrow \ 3\rho_w g V_B = (4\rho_A + 2\rho_w) g V_B \quad \therefore \quad \rho_A = \dfrac{1}{2}\rho_w$

20. [정답 : ③]

21. [정답 : ①] 금속구의 부피를 V라 하면 A와 B는 같은 크기의 부력 $\rho_w g V$를 받는다. 따라서 A가 받는 알짜힘은 $2\rho g V - \rho_w g V$이고, B가 받는 알짜힘은 $\rho g V - \rho_w g V$이므로

$$2\rho g V - \rho_w g V = 2.5(\rho g V - \rho_w g V)$$

$$2\rho - \rho_w = 2.5\rho - 2.5\rho_w \quad \therefore \quad \rho_w = \frac{1}{3}\rho$$

22. [정답 : ①] $(1+V)\gamma_{빙산} = V\gamma_{해수}$

$$\therefore \quad V = \frac{\gamma_{빙산}}{\gamma_{해수} - \gamma_{빙산}} = \frac{0.9}{1.1-0.9} = 4.5$$

23. [정답 : ②] $m = \frac{1}{2} \times \left(\frac{4\pi}{3} R^3 \times \rho\right)$

24. [정답 : ④] 압력은 물체의 면에 수직으로 작용하고, 깊이가 깊을수록 압력이 증가한다($p = \gamma h$).

25. [정답 : ③] 나무토막의 단면적을 A라 하면
물체의 무게 $W = \rho g(HA)$, 부력 $F_B = \rho_1 g(hA)$

$$W = F_B \quad \therefore \quad h = \frac{\rho}{\rho_1} \times H = \frac{900}{1100} \times 6 \approx 4.9[\text{cm}]$$

26. [정답 : ④]

27. A 피스톤의 이동거리 $L_A = 10[\text{cm}]$, 단면적 $A_A = 20[\text{cm}^2]$이고, B 피스톤의 단면적 $A_B = 40[\text{cm}^2]$이다. B 피스톤의 상승 높이를 L_B라고 하면, A 피스톤이 밀어낸 유체의 부피가 B 피스톤을 밀어 올리는 유체의 부피와 같으므로

$$L_A A_A = L_B A_B \quad \therefore \quad L_B = \left(\frac{A_A}{A_B}\right) L_A = \left(\frac{20}{40}\right) \times 10 = 5\,[\text{cm}]$$

이다. A 피스톤의 내면에 작용하는 압력(P)은

$$P = \frac{F}{A} = \frac{1\text{N}}{20\text{cm}^2} = \frac{1\text{N}}{20 \times (10^{-2}\text{m})^2} = 500\frac{\text{N}}{\text{m}^2} = 500\text{Pa}$$

이고, 파스칼의 원리에 의해 이것은 B 피스톤의 내면에 작용하는 압력과 같다.

28. [정답 : ①] $F_1 = \left(\frac{R_1}{R_2}\right)^2 F_2 = \left(\frac{R}{10R}\right)^2 \times 10{,}000 = 100[\text{N}]$

29. [정답 : ④] $S_{유체} = \frac{\gamma_{유체}}{\gamma_{물}}$

30. [정답 : ①] 정지 상태 유체에서는 전단응력이 존재하지 않는다.

31. [정답 : ②] 부력 $= \gamma_{유체} \times$(잠긴 부분 체적)

32. [정답 : ④] $(20-5)\gamma_w = (15-10)\gamma_w + (10-5)\gamma \quad \therefore \quad \gamma = 2\gamma_w$

33. [정답 : ②] 물체 무게 $\gamma V = 3[\text{kgf}]$, 부력 $\gamma_w V = 3 - 1 = 2[\text{kgf}]$

$$S = \frac{\gamma}{\gamma_w} = \frac{3}{2}$$

34. [정답 : ③] $P = \rho(g+\alpha)h = 10^3(10+5)\times 2[\mathrm{N/m^2}] = 30[\mathrm{kN/m^2}]$

35. [정답 : ①] $P = \rho(g-\alpha)h = 10^3(9.8-4.9)\times 1[\mathrm{N/m^2}] = 4.9[\mathrm{kN/m^2}]$

36. [정답 : ④]

$F = P_2A_2 = (0.8\gamma_w \times 2 + \gamma_w \times 3)\times 4 = 10\times(1.6+3)\times 4 = 184[\mathrm{kN}]$

37. [정답 : ②] (가)=(나)=(다) : 수위가 같으면 압력($p=\gamma h$)이 같다.

38. [정답 : ④] 1tonf=1000kgf이다.

$$P = \gamma h_c A = 1000\times\frac{4}{2}\times(3\times 4)[\mathrm{kgf}] = 24[\mathrm{tonf}]$$

39. [정답 : ③] 물체 무게 W=50kgf, 부력 $F_B = \gamma_w V = 50-20 = 30[\mathrm{kgf}]$

○ 단위중량= $\dfrac{W}{V} = \dfrac{50}{30/1000} = 1667[\mathrm{kgf/m^3}]$

40. [정답 : ②] 정지유체 내에서는 전단응력이 발생하지 않는다.

41. [정답 : ④] 물체 무게=부력

$$\gamma_w\times(h\times 12\times 3) = 54\times 10^3 \rightarrow h = \frac{54\times 10^3}{\gamma_w\times(12\times 3)} = \frac{54\times 10^3}{10^3\times(12\times 3)} = 1.5[\mathrm{m}]$$

42. [정답 : ④]

$p = 0.8\gamma_w\times 2 + \gamma_w\times 1.5 = 10^3(0.8\times 2+1.5)\times 10^{-4} = 0.31[\mathrm{kgf/cm^2}]$

43. [정답 : ③] $P_A + \gamma_1 h_1 = P_B + \gamma_3 h_3 + \gamma_2 h_2$

$$P_A - P_B = \gamma_3 h_3 + \gamma_2 h_2 - \gamma_1 h_1$$
$$= 1000(0.8\times 0.3 + 10\times 0.5 - 1\times 0.25) = 4{,}990[\mathrm{kgf/m^2}]$$

6.3 연습문제

1. $[V] = L/T$, $[D] = L$, $[\nu] = L^2/T$ $\therefore$ $[Re] = [VD/\nu] = 1$ (무차원수)

2. $Re = \dfrac{VD}{\nu} = \dfrac{12\times 0.5}{1.5\times 10^{-5}} = 4\times 10^5$

3. $Re = \dfrac{VD}{\nu} = \dfrac{0.2\times(2\times 0.5)}{1.01\times 10^{-6}} = 1.98\times 10^5$

4. $V = \dfrac{\nu Re}{D} = \dfrac{(3\times 10^{-4})\times 2000}{0.2} = 3\,[\mathrm{m/s}]$

5. $Re = \dfrac{VD}{\nu} = \dfrac{VD}{\mu/\rho} = \dfrac{\rho VD}{\mu} = \dfrac{1.2\times 10\times 0.6}{1.8\times 10^{-5}} = 4\times 10^5$

6. $M = \dfrac{V}{a} = \dfrac{300 \times 1000/3600}{340} = 0.245$

7. $t = \dfrac{s}{V} = \dfrac{s}{Ma} = \dfrac{450 \times 1000}{0.2 \times 340} \times \dfrac{1}{3600} = 1.838\,[\text{hr}]$

8. (1) $Q = AV = \dfrac{\pi D^2}{4} \times V = \dfrac{\pi \times (0.2)^2}{4} \times 5 = 0.157\,[\text{m}^3/\text{s}]$

(2) $\dot{m} = \rho AV = \rho Q = (0.8 \times 1000) \times 0.157 = 125.6\,[\text{kg/s}]$

(3) $G = \gamma AV = \gamma Q = (0.8 \times 9800) \times 0.157 = 1230.9\,[\text{N/s}]$

9. $V = \dfrac{Q}{A} = \dfrac{Q}{\pi D^2/4} = \dfrac{4Q}{\pi D^2},\ \nu = \dfrac{\mu}{\rho} \quad \therefore\ Re = \dfrac{VD}{\nu} = \dfrac{(4Q/\pi D^2)D}{\mu/\rho} = \dfrac{4\rho Q}{\pi \mu D}$

10. $V = \dfrac{G}{\gamma A} = \dfrac{G}{\rho g(\pi D^2/4)} = \dfrac{4G}{\pi D^2 \rho g},\ \therefore\ Re = \dfrac{VD}{\nu} = \dfrac{(4G/\pi D^2 \rho g)D}{\mu/\rho} = \dfrac{4G}{\pi \mu g D}$

11. $Q = A_1 V_1 = A_2 V_2 \ \therefore\ V_2 = \dfrac{A_1}{A_2} V_1 = \left(\dfrac{D_1}{D_2}\right)^2 V_1 = \left(\dfrac{5}{8}\right)^2 \times 8 = 3.125\,[\text{m/s}]$

$Q = A_1 V_1 = \dfrac{\pi \times (0.05)^2}{4} \times 8 = 0.0157\,[\text{m}^3/\text{s}]$ (∵ 유량은 같다.)

12. $Q = A_1 V_1 = A_2 V_2 \quad \therefore\ V_2 = \dfrac{A_1}{A_2} V_1 = \left(\dfrac{D_1}{D_2}\right)^2 V_1 = \left(\dfrac{2}{3}\right)^2 V_1 = \dfrac{4V_1}{9}$

$\therefore\ V_1 : V_2 = 9 : 4$

13. $V_1 = \dfrac{Q}{A_1} = \dfrac{Q}{\pi D_1^2/4} = \dfrac{4 \times 0.05}{\pi \times (0.4)^2} = 0.398\,[\text{m/s}]$

$V_2 = \dfrac{Q}{A_2} = \dfrac{Q}{\pi D_2^2/4} = \dfrac{4 \times 0.05}{\pi \times (0.2)^2} = 1.592\,[\text{m/s}]$

14. $V = \dfrac{\dot{m}}{\rho A} = \dfrac{\dot{m}}{\rho(\pi D^2/4)} = \dfrac{50}{1000 \times \pi \times (0.3)^2/4} = 0.707\,[\text{m/s}]$

15. (1) 반지름 5cm 관 : $V_1 = \dfrac{Q}{A_1} = \dfrac{Q}{\pi D_1^2/4} = \dfrac{0.01}{\pi \times 0.05^2/4} = 5.09\,[\text{m/s}]$

(2) 반지름 15cm 관 : $V_2 = \dfrac{Q/2}{A_2} = \dfrac{Q/2}{\pi D_2^2/4} = \dfrac{0.01/2}{\pi \times 0.15^2/4} = 0.283\,[\text{m/s}]$

16. $V = \dfrac{Q}{A} = \dfrac{180/60}{0.04} = 75\,[\text{m/s}]$

17. $D_2 = 2D_1$이므로 $V_2 = V_1/4 = 2\,[\text{m/s}]$, 수평관에서 $z_1 = z_2$

$\therefore\ \dfrac{P_1}{\gamma} + \dfrac{V_1^2}{2g} = \dfrac{P_2}{\gamma} + \dfrac{V_2^2}{2g}$

$$P_2 - P_1 = \frac{\gamma(V_1^2 - V_2^2)}{2g} = \frac{\rho(V_1^2 - V_2^2)}{2} = \frac{1000 \times (8^2 - 2^2)}{2}[\text{Pa}] = 30[\text{kPa}]$$

18. $\dfrac{P_1}{\gamma} + \dfrac{V_1^2}{2g} + z_1 = \dfrac{P_2}{\gamma} + \dfrac{V_2^2}{2g} + z_2$

$$V_2^2 = V_1^2 + \frac{2(P_1 - P_2)}{\rho} + 2g(z_1 - z_2)$$

$$= 6^2 + \frac{2 \times (120 - 110) \times 10^3}{1000} + 2 \times 9.8 \times (-2) = 16.8[\text{m}^2/\text{s}^2]$$

$\therefore \quad V_2 = 4.1[\text{m/s}]$

19. $V_2 = \dfrac{A_1}{A_2} V_1 = \dfrac{50}{150} \times 9 = 3[\text{m/s}]$, 수평관 $z_1 = z_2$

$$\therefore \quad \frac{P_1}{\gamma} + \frac{V_1^2}{2g} = \frac{P_2}{\gamma} + \frac{V_2^2}{2g}$$

$$P_2 = P_1 + \frac{\rho(V_1^2 - V_2^2)}{2} = 110 + \frac{1000 \times (9^2 - 3^2)}{2} \times \frac{1}{1000}[\text{kPa}]$$

$$= 146[\text{kPa}]$$

20. $V_2 = \dfrac{A_1}{A_2} V_1 = \left(\dfrac{D_1}{D_2}\right)^2 V_1 = \left(\dfrac{10}{40}\right)^2 \times 8 = 0.5[\text{m/s}]$, 수평관에서 $z_1 = z_2$

$$\therefore \quad \frac{P_1}{\gamma} + \frac{V_1^2}{2g} = \frac{P_2}{\gamma} + \frac{V_2^2}{2g}$$

$$P_2 = P_1 + \frac{\rho(V_1^2 - V_2^2)}{2} = 150 + \frac{1000 \times (8^2 - 0.5^2)}{2} \times \frac{1}{1000}[\text{kPa}]$$

$$= 181.9[\text{kPa}]$$

21. 압력계 A는 정압, B는 전압을 읽는다.

$$V = \sqrt{\frac{2(P_2 - P_1)}{\rho}} = \sqrt{\frac{2(80 - 20) \times 10^3}{1000}}[\text{m/s}] = 10.95[\text{m/s}]$$

22. $V = \sqrt{2gh} = \sqrt{2 \times 9.8 \times 4} = 8.85[\text{m/s}]$

$$Q = AV = \frac{\pi D^2}{4} \times V = \frac{\pi \times 0.05^2}{4} \times 8.85 = 0.0174[\text{m}^3/\text{s}]$$

23. 지름이 일정하므로 $V_2 = V_1 = 2\,\text{m/s}$

베르누이 방정식 $\dfrac{P_1}{\gamma} + \dfrac{V_1^2}{2g} + z_1 = \dfrac{P_2}{\gamma} + \dfrac{V_2^2}{2g} + z_2$로부터

$$P_2 = P_1 + \gamma(z_1 - z_2) = 150 + 9 \times 2\,(\text{kPa}) = 168(\text{kPa})$$

24. [정답 : ④] 연속법칙에서 $V_2 = \frac{A_1}{A_2} V_1 = 0.5 \times 2 = 1$[m/s]이고, 베르누이정리로부터

$P_2 = P_1 + \frac{\gamma}{2g}(V_1^2 - V_2^2) = 30 + \frac{10}{2 \times 10}(2^2 - 1^2) = 31.5$[kPa]

γ의 단위가 kN/m^{3}이므로 압력의 단위가 kPa이 된다.

25. [정답 : ①] 마찰 손실을 무시하고 두 점 1, 2 사이에 베르누이 방정식을 적용한다. 관은 수평으로 놓여 있으므로 $z_1 = z_2$이다.

$$\frac{P_1}{\gamma} + \frac{V_1^2}{2g} = \frac{P_2}{\gamma} + \frac{V_2^2}{2g} \qquad \cdots ①$$

연속방정식에서 유량 $Q = A_1 V_1 = A_2 V_2$이고, $D_1 = 2D_2$이므로

$$\frac{\pi}{4} D_1^2 V_1 = \frac{\pi}{4} D_2^2 V_2 \quad \therefore \quad V_1 = \left(\frac{D_2}{D_1}\right)^2 V_2 = \left(\frac{D_2}{2D_2}\right)^2 V_2 = \frac{1}{4} V_2 \qquad \cdots ②$$

이다. 식 ②를 식 ①에 대입하여 정리하면

$$\frac{P_1 - P_2}{\gamma} = \frac{V_2^2}{2g}\left[1 - \left(\frac{1}{4}\right)^2\right] = \frac{15 V_2^2}{32g}$$

이므로 단면 2에서의 속도(V_2)는

$$V_2 = \sqrt{\frac{32g}{15} \times \frac{(P_1 - P_2)}{\gamma}} = \sqrt{\frac{32}{15} \times \frac{(P_1 - P_2)}{\rho}}$$

$$= \sqrt{\frac{32}{15} \times \frac{30 \times 1000}{1000}} = 8\,[\text{m/s}]$$

이다. 따라서 단면 1에서의 유속(V_1)은 다음과 같다.

$$V_1 = \frac{1}{4} V_2 = \frac{1}{4} \times 8 = 2\,[\text{m/s}]$$

26. (1) B 지점에서의 속도 v_B[m/s] : 공기의 압축성을 무시하므로 연속방정식에 의해 체적유량(Q)이 일정하다.

$$Q = v_A A_A = v_B A_B$$

$$\therefore \quad v_B = \left(\frac{A_A}{A_B}\right) v_A = \left(\frac{d_A}{d_B}\right)^2 v_A = \left(\frac{100}{50}\right)^2 \times 10[\text{m/s}] = 40[\text{m/s}]$$

† 안지름 d인 관의 단면적 $A = \frac{\pi}{4} d^2$이다.

(2) A 지점과 B 지점 사이의 압력차 $P_A - P_B$[Pa] : 공기의 밀도는 마노메타 안의 액체 밀도에 비해 아주 작으므로 공기의 무게를 무시하고 압력차를 구한다.

$$P_A - P_B = \rho_f g h = \rho_f g L \sin\theta = 9000 \times 10 \times 0.02 \sin 30^\circ [\text{Pa}] = 900[\text{Pa}]$$

† 표준상태에서 공기의 밀도는 약 $\rho_{air}=1.2[\text{kg/m}^3]$로서 마노메타 안의 액체 밀도 $\rho_f=9{,}000[\text{kg/m}^3]$)]에 비해 아주 작다.

27. (1) 점 A의 압력 P_A와 점 B의 압력 P_B의 차[kPa] : U자관 액주계의 왼쪽과 오른쪽을 각각 고려하면 점 ①, ②의 압력은

$$P_{①}=P_A-\gamma_1 h_1, \quad P_{②}=P_B-\gamma_1(h_1+h_2)$$

이고, 액주계의 중앙에서 점 ①과 같은 높이에서 압력은 같다는 조건을 적용하면 다음과 같이 압력 차(P_A-P_B)가 구해진다.

$$P_{①}=P_{②}+\gamma_2 h_2 \ \rightarrow \ P_A-\gamma_1 h_1=P_B-\gamma_1(h_1+h_2)+\gamma_2 h_2$$

$$\therefore \ P_A-P_B=(\gamma_2-\gamma_1)h_2=(15-10)\times 0.7=3.5[\text{kPa}]$$

(2) 점 A와 점 B 사이에 압력차가 발생하는 이유 : 점 A와 B 사이에 베르누이 방정식을 적용한다.

$$\frac{P_A}{\gamma}+\frac{V_A^2}{2g}=\frac{P_B}{\gamma}+\frac{V_B^2}{2g}$$

여기에서 두 지점의 단면적(A)의 크기는 $A_A>A_B$이므로 연속방정식 $A_A V_A=A_B V_B$에 의해 $V_A<V_B$이다. 따라서 위의 베르누이 방정식에서 압력은 $P_A>P_B$가 된다. 즉, 단면적의 차이에 의해 유속의 크기가 달라지고 이로 인해 압력차가 발생한다.

28. [정답 : ④] $Re=\dfrac{\rho VD}{\mu}$

29. [정답 : ②]

30. [정답 : ③] $v_A<v_B,\ P_A>P_B,\ P_A=P_B+\rho gh$

31. [정답 : ②] $v=\sqrt{2gh}=\sqrt{2(10)(1.8)}=6[\text{m/s}]$

32. [정답 : ④] $Q=Av=(\text{일정}),\ \dfrac{P}{\gamma}+\dfrac{v^2}{2g}=(\text{일정})$

33. [정답 : ③] $v=\sqrt{2gh}=\sqrt{2(10)(0.125)}=\dfrac{\sqrt{10}}{2}[\text{m/s}]$

34. [정답 : ③] $\dfrac{v^2}{2g}=\dfrac{\Delta P}{\rho g} \quad \therefore \ v=\sqrt{\dfrac{2\Delta P}{\rho}}=\sqrt{\dfrac{2(5\times 1000)}{1}}=100[\text{m/s}]$

35. ○ 베르누이 방정식 : $\dfrac{P_1}{\gamma}+\dfrac{V_1^2}{2g}=\dfrac{P_2}{\gamma}+\dfrac{V_2^2}{2g}$ … ①

○ 연속방정식 : $Q=A_1 V_1=A_2 V_2 \ \rightarrow \ V_1=\left(\dfrac{A_2}{A_1}\right)V_2$ … ②

식 ②를 식 ①에 대입하여 정리하면

$$\frac{P_1 - P_2}{\gamma} = \frac{1}{2g}\left(V_2^2 - V_1^2\right) = \frac{V_2^2}{2g}\left[1 - \left(\frac{A_2}{A_1}\right)^2\right] = \frac{V_2^2}{2g}\left[\frac{A_1^2 - A_2^2}{A_1^2}\right]$$

$$\therefore \ V_2 = A_1\sqrt{\frac{2(P_1 - P_2)}{\rho(A_1^2 - A_2^2)}}$$

36. [정답 : ②] $v = \sqrt{2gh} = \sqrt{2 \times 10 \times 0.2} = 2[\text{m/s}]$

37. [정답 : ①] $\frac{v^2}{2g} = \frac{\Delta P}{\gamma}$

38. [정답 : ②] $Re = \frac{VD}{\nu} \quad \therefore \ V = \frac{\nu Re}{D} = \frac{0.01 \times 2300}{5} = 4.6[\text{cm/s}]$

39. [정답 : ③] $[\sigma] = M/T^2$

40. [정답 : ②] 반지름 r에 $dA = (2\pi r)dr$인 면적요소를 잡는다.

$$Q = \int_0^R u(2\pi r)dr = 2\pi U_C \int_0^R \left(r - \frac{r^2}{R}\right)dr = 2\pi U_C\left(\frac{R^2}{2} - \frac{R^2}{3}\right) = \frac{1}{3}\pi U_C R^2$$

41. [정답 : ③] $v = \sqrt{\frac{2\Delta P}{\rho}} = \sqrt{\frac{2 \times (5 \times 1000)}{1}} = 100[\text{m/s}]$

42. [정답 : ②] $H = \frac{v^2}{2g} = \frac{3^2}{2 \times 10} = 0.45[\text{m}]$

43. [정답 : ①] 유속에 의한 동압은 $\frac{\rho_w V^2}{2}$이다.

$$\rho_w g\left(h_1 + \frac{D}{2}\right) + \frac{\rho_w V^2}{2} + \rho_w g h_2 = S\rho_w g h_3$$

$$\frac{V^2}{2} = g\left(Sh_3 - h_1 - h_2 - \frac{D}{2}\right) = g(11 \times 0.1 - 0.2 - 0.3 - 0.1) = 0.5g$$

$$V = \sqrt{2 \times 0.5g} = \sqrt{2 \times 0.5 \times 10} = \sqrt{10}[\text{m/s}]$$

44. [정답 : ①] $P_1 = 0.1\text{kgf/cm}^2 = 0.1 \times 10 \times 10^4\text{N/m}^2 = 10\text{kN/m}^2$

$$V_2 = \left(\frac{D_1}{D_2}\right)^2 V_1 = \left(\frac{5}{10}\right)^2 \times 4 = 1[\text{m/s}]$$

$$P_2 = P_1 + \frac{\rho}{2}(V_1^2 - V_2^2) + \rho g(z_1 - z_2)$$

$$= 10 + \frac{1000}{2}(4^2 - 1^2) \times \frac{1}{1000} - 1000 \times 10 \times 1 \times \frac{1}{1000}[\text{kN/m}^2]$$

$$= 7.5[\text{kN/m}^2]$$

45. [정답 : ②] 동일 유선 상에서 성립한다.

46. [정답 : ①] 비압축성선 유체에 대해 적용한다.

Reference 참고 문헌

[1] 교육부, 공업역학, 대한교과서(주), 1999.

[2] 권진회 외 공역, Meriam & Kraige 저, 정역학, 범한서적(주), 2006.

[3] 김영탁 외 공역, Riley & Sturges 저, 정역학, 사이텍미디어, 1998.

[4] 박정선 외 공역, J. M. Gere & B. J. Goodno 저, 재료역학, 교보문고, 2011.

[5] 서상호 외 공역, R. W. Fox, P. J. Pritchard, A. T. McDonald 저, 유체역학, 텍스트북스, 2009.

[6] 유주식, 쉽게 배우는 기본 재료역학, 경문사, 2020.

[7] 유주식, 쉽게 배우는 핵심 열역학, 교육과학사, 2020.

[8] 유주식, 쉽게 배우는 기본 유체역학, 교육과학사, 2021.

[9] 유주식, 쉽게 배우는 핵심 정역학, 교육과학사, 2021.

[10] 윤순현 외 공역, Munson, Young, Okiishi, Huebscj 저, 유체역학, 교보문고, 2011.

[11] 이장무 역, Beer & Johnston 저, vector-동역학, 희중당, 1993.

[12] 이장무 외 공역, Meriam & Kraige 저, 동역학, 범한서적(주), 2001.

[13] 이택식, 유정열 공역, R. L. Street 외 공저, 유체역학, 범한서적, 1997.

[14] D. Halliday, R. Resnick & J. Walker, Fundamentals of Physics, John Willey & Sons, Inc., 1993.

[15] M. Potter & D. Wiggert, Fluid Mechanics, Schaum's Outlines, Mcgraw Hill, 2008.

[16] R. V. Giles & J. B. Evett, Fluid Mechanics and Hydaulics, Schaum's Outlines, Mcgraw Hill, 1994.

[17] 사이버국가고시센터 (www.gosi.go.kr)

[18] 서울특별시 인재개발원 (hrd.seoul.go.kr)

[19] 한국교육과정평가원 (www.kice.re.kr)

Index 찾아보기

ㅊ

ㅋ

ㅌ

ㅍ

ㅎ

기타

저자와의
합의하에
인지를
생략합니다

알기 쉬운 기계공학 기초

지은이 유주식
펴낸이 조경희
펴낸곳 경문사
펴낸날 2022년 5월 6일 1판 1쇄
2023년 10월 31일 1판 2쇄
등 록 1979년 11월 9일 제1979-000023호
주 소 04057, 서울특별시 마포구 와우산로 174
전 화 (02)332-2004 팩스 (02)336-5193
이메일 kyungmoon@kyungmoon.com

값 26,000원

ISBN 979-11-6073-498-0